CMP BOOKS

机工IT

U0182265

"芯"科技前沿技术丛书

AI编译器

开发指南

汪岩◎著

机械工业出版社

CHINA MACHINE PRESS

本书结合专用 AI 加速器和 GPGPU 两类芯片架构，系统介绍了 AI 编译器的基本框架和开发流程，着重论述了在 AI 编译器开发过程中，针对这两类架构需要重点考虑的实现方法。全书共分为 7 章，内容涵盖了以 TVM 为代表的开源 AI 编译器实现分析和定制化方法，以及 GPGPU 编译器后端相关设计方法。在介绍 AI 编译器一般原理的同时，书中通过对开源编译器项目的源代码分析，使读者能通过实例对 AI 编译器开发过程有更直观的认识。

本书为读者提供了一些相关技术资料和高清学习视频，读者可以直接扫描二维码观看。

本书填补了 AI 编译器开发类书籍的空白，可作为从事 AI 软硬件设计、开发人员的参考用书，也可作为普通高等院校智能科学与技术、计算机科学与技术等专业的本科生和研究生的教辅书籍。

图书在版编目（CIP）数据

AI 编译器开发指南/汪岩著 . —北京：机械工业出版社，2022. 11
（2024.6 重印）
（"芯"科技前沿技术丛书）
ISBN 978-7-111-71674-7

Ⅰ.①A… Ⅱ.①汪… Ⅲ.①编译程序−程序设计−指南 Ⅳ.①TP314-62

中国版本图书馆 CIP 数据核字（2022）第 179097 号

机械工业出版社（北京市百万庄大街 22 号 邮政编码 100037）
策划编辑：李培培 责任编辑：李培培
责任校对：秦红喜 责任印制：单爱军
北京虎彩文化传播有限公司印刷
2024 年 6 月第 1 版第 5 次印刷
184mm×240mm·19. 75 印张·467 千字
标准书号：ISBN 978-7-111-71674-7
定价：119. 00 元

电话服务　　　　　　网络服务
客服电话：010-88361066　机 工 官 网：www.cmpbook.com
　　　　　010-88379833　机 工 官 博：weibo.com/cmp1952
　　　　　010-68326294　金 书 网：www.golden-book.com
封底无防伪标均为盗版　机工教育服务网：www.cmpedu.com

前　言
PREFACE

当前，新一轮科技革命和产业变革方兴未艾，人工智能已逐渐发展成为带动技术创新、推动产业升级的通用技术。为应对人工智能所带来的市场需求，主流 IT 厂商如谷歌、苹果、亚马逊、腾讯、百度、阿里等纷纷投入巨资自研 AI 芯片，AI 芯片创业公司也不断刷新融资纪录，AI 芯片设计和开发已俨然成为 IT 产业界的显学。

AI 应用和模型在 AI 芯片上运行离不开编译器的支持。面对 AI 芯片产业的快速扩张，芯片技术人才供不应求，编译器人才同样严重匮乏，如何改善编译器人才紧缺的局面成为急需解决的难题。编译技术是一门不断发展的技术，特别是针对新兴的 AI 应用，编译器开发目标和方法出现了新的变化。AI 编译器一方面要实现 AI 应用到芯片的自动化部署，另一方面要通过优化算法与芯片架构间的适配关系，协助提升 AI 应用的执行效率。市面上现有的编译器类书籍大多偏重经典理论和原理的阐述，这类书籍对于 AI 编译器初学者建立编译器相关基本概念当然是有帮助的，但因其滞后于 AI 芯片的发展形势，在为 AI 编译器开发提供可行的解决方案和指导建议方面力有不逮。因此，业界亟须一本完整介绍 AI 编译器开发的入门指导书籍，引导初学者由基本的编译器知识入手，逐步掌握 AI 编译器开发的基本过程。本书综合了各种现有的 AI 编译器设计理论和实践成果，旨在帮助初学者快速建立 AI 编译器开发领域知识图谱，理解 AI 编译器开发的各种关键技术，并为 AI 编译器实际开发过程中出现的问题提供有价值的指导和参考意见。

本书共分为 7 章，各章安排如下。

第 1 章从多个角度对现有 AI 编译器进行分类，总结了 AI 编译器通常采用的设计结构和特征，并介绍了 AI 编译器的产品设计和差异，以及 GPGPU 编译器基本组成。

第 2 章以 TVM、TensorFlow XLA 和 Glow 三种 AI 编译器为例，详细介绍了 AI 编译器的基本架构设计和实现方法。

第 3 章专注于以 TVM 为代表的开源 AI 编译器的实现分析及其定制化开发方法介绍。

第 4 章将 GPGPU 编译器后端设计方法作为 AI 编译器的重要补充加以阐述，重点分析了 GPGPU 编译器后端最重要的三个组成部分：指令选择、指令调度和寄存器分配。

第 5 章针对引人注目的 GPGPU 张量核专用处理模块，从张量核设计原理、编程方法和编译器支持角度对其做了系统论述。

第 6 章在分析模型性能衡量方法和影响因素的基础上，介绍了 LLVM 开源项目中的性能相关优化方法。

第 7 章介绍了对 AI 编译器设计有重要影响的软硬件接口设计方法，着重介绍了 AI 编译器与 AI 加速器硬件相关的接口设计和面向硬件的模型量化方法。

本书从开发实战的角度出发，将抽象的编译器概念，以源代码、结构框图、流程图等方式形象地表述，辅以开源项目中的源代码分析，尽量避免烦琐的公式推导，使读者能通过实际例子对 AI 编译器的开发有更直观的认识，将 AI 编译器原理与实践紧密结合起来，提高开发者解决实际问题的能力。本书适合 AI 编译器开发工程师、AI 芯片架构师、AI 芯片设计工程师、算法优化工程师、高等院校相关专业的本科生和研究生，以及其他对 AI 编译器感兴趣的人员阅读学习。

AI 芯片和编译技术的发展日新月异，由于篇幅限制，书中仅阐述了当前主要和主流的 AI 编译器相关技术，一些对 AI 编译器有重要影响的技术，如 MLIR、多面体模型等，书中未能充分论述。读者若对更深入和专门的议题感兴趣，可参考本书参考文献中提供的相关论文和网址。本书中涉及的 TVM、LLVM、NVDLA 等开源项目源代码可从 https://github.com/apache/tvm、https://github.com/llvm/llvm-project 和 https://github.com/nvdla 获得。

本书重点、难点部分配有二维码视频，读者可以扫码观看，本书附带配套免费资源可扫描封底二维码获取，或从以下 Github 链接获得 https://github.com/frankwang0818/AI_compiler_development_guide。

囿于个人经验，书中难免有不准确甚至错误之处，欢迎读者批评斧正。

感谢机械工业出版社策划编辑李培培，从选题到定稿再到本书的出版，她都提供了非常专业的指导和帮助。

感谢我的家人的照顾和支持，让我有时间和精力在工作之余完成本书的写作任务。

汪　岩

第3章　CHAPTER3

定制化 AI 编译器设计与实现　/　83

第4章　CHAPTER4

GPGPU 编译器后端设计　/　134

第7章 CHAPTER.7 AI芯片软硬件系统接口设计 / 277

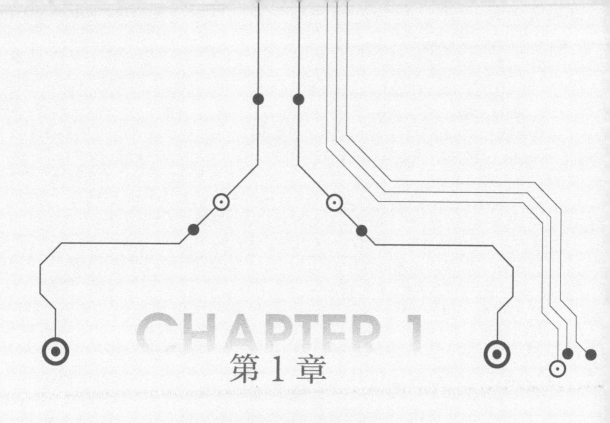

CHAPTER 1

第 1 章

AI编译器基础

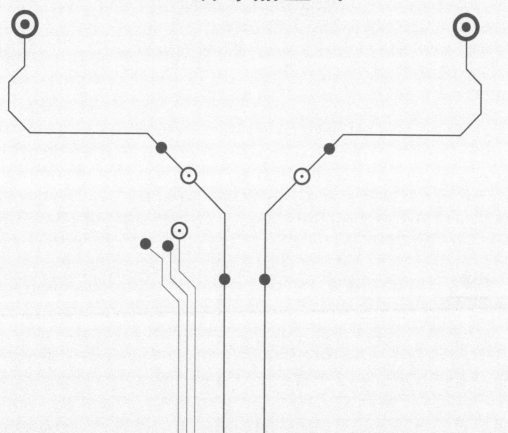

人工智能（Artificial Intelligence，AI）通常是指通过计算机程序来呈现人类智能的技术，是研究、开发用于模拟、延伸和扩展人的智能的理论、方法、技术及应用系统的一门新的技术科学。人工智能是计算机科学的一个分支，研究领域包括机器人、图像识别、自然语言处理和专家系统等。1956 年的达特茅斯人工智能夏季研究项目通常被认为是人工智能作为一个新研究领域的开创性事件。在随后的几十年里，人工智能经历了几次起起落落，直到 21 世纪初，由于大数据的普及和计算能力的快速增长，人工智能重新获得了巨大的关注和投资，人工智能的爆炸性增长正在变革自然科学和社会科学的方方面面。现阶段，人工智能算法一般以深度学习（Deep Learning，DL）算法为主。因此，本书中的 AI 模型或算法基本都指代深度学习模型或算法。

深度学习的兴起和发展不仅极大地推动了自然语言处理、计算机视觉等传统计算机科学的发展，而且在包括生物医药、智慧城市、电商平台等更广泛的应用中也取得了巨大成功。随着研究的深入，越来越多的深度学习算法，如卷积神经网络（Convolutional Neural Network，CNN）、递归神经网络（Recurrent Neural Network，RNN）、长短期记忆（Long Short-Term Memory，LSTM）和生成对抗网络（Generative Adversarial Network，GAN）等被提出。深度学习算法正在推动芯片和软件快速发展，以满足应用在处理能力、每瓦性能、内存延迟和实时连接性等方面的新要求。如何简化深度学习算法的编程实现，使其能在各种硬件平台快速、广泛部署变得至关重要。

由于不同应用场景对 AI 的需求越来越普遍，相关研究成果从工业界和学术界不断涌现，AI 芯片的种类也将变得更加多样化。为了兼容硬件的多样性，AI 模型必须能被高效地映射到各种 AI 芯片上。由于 AI 芯片的特殊性和高度定制化，在 AI 芯片上部署、运行 AI 模型远比运行一般的应用程序更困难，这促进了 AI 编译器的研究和开发。AI 编译器（也称为深度学习编译器）将深度学习框架描述的 AI 模型作为输入，将为各种 AI 芯片生成的优化代码作为输出。工业界和学术界提出了多种 AI 编译器，如 TVM（Tensor Virtual Machine）[1]、Glow（Graph-Lowering）[2] 和 TensorFlow XLA（Accelerated Linear Algebra）[3] 等。

本章 1.1 节将从多个角度对现有 AI 编译器进行分类，并在此基础上详细剖析 AI 编译器通常采用的设计结构和特征。1.2 节将以 TVM、Glow 和 TensorFlow XLA（简称 XLA）为例，介绍 AI 编译器产品设计和差异。由于 GPGPU（General-Purpose Graphics Processing Unit）在深度学习模型部署领域的重要地位，而且，部分 AI 编译器后端输出需要通过 GPGPU 编译器映射到 GPGPU 计算单元执行，本书将 GPGPU 编译器作为 AI 编译器的重要补充加以阐述。目前广泛采用的 GPGPU 编译器主要基于 LLVM（Low Level Virtual Machine），因此，1.3 节将先对 LLVM 做简单介绍，1.4 节将介绍 LLVM 中的 GPGPU 编译器基本组成。

1.1 AI 编译器概述

AI 编译器的目标是通过编译优化方法将深度学习框架产生的 AI 模型转换为与特定架构的 AI 芯片适配的可执行机器码。AI 编译器既与常规编译器有相通之处，又因 AI 模型和算法的独特性，使其与常规编译器有明显区别。深度学习框架与硬件平台在设计实现层面的脱节导致了对 AI 编译器

的现实需求。本节首先介绍 AI 芯片的基本概况，然后介绍 AI 编译器为了满足需求所应具备的结构与特征。

▶▶ 1.1.1　AI 芯片及其分类

从理论上说，任何 AI 算法都可以在传统 CPU（Central Processing Unit）或 GPU（Graphics Processing Unit）上部署。但由于传统 CPU 或 GPU 的设计服务对象不是 AI 算法和模型，因此，在 CPU/GPU 上部署 AI 模型运行速度慢、性能低，使其失去了实际使用价值。设计针对 AI 模型并能为 AI 模型做特殊加速处理的 AI 芯片势在必行。

AI 芯片的分类可以有不同维度。本节主要从能力、架构和部署位置对 AI 芯片做初步分类，如图 1-1 所示。

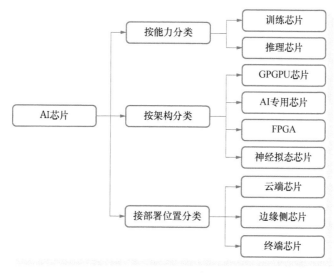

● 图 1-1　AI 芯片的分类

1. 按 AI 芯片的能力分类

深度学习模型从构建到实际应用需经过训练（training）和推理（inference）两个阶段。训练阶段通常需要大量的训练集数据和算力提供支持。训练过程中，根据模型输出结果与标准值的比较，不断地对模型进行调优和重复计算，使得模型具备良好的泛化性能。训练的结果是得到一个参数固定的复杂深度学习模型。训练过程由于涉及大量的训练数据和模型参数，因此对芯片算力、精度和存储能力要求都很高。推理阶段则是利用训练所得模型的推理能力，对训练集以外的数据做出判断，判断的效果由训练得到的模型参数决定。推理阶段消耗的计算量相对较少，但仍会用到大量矩阵乘、卷积等密集运算。

按训练和推理能力分类，AI 芯片可以分为两类。一类是兼顾训练和推理能力的 AI 芯片（简称训练芯片），如目前市场上通用的英伟达和 AMD 的 GPGPU 芯片。2020 年，国内的天数智芯推出了我国首款具有训练能力的 GPGPU 芯片。谷歌的 TPU（Tensor Processing Unit）从第二代开始，也具有了训练能力。

另一类是只做推理的加速器芯片（简称推理芯片），如谷歌的 TPU 1.0 芯片。TPU 是一种 ASIC 芯片方案，是谷歌为深度学习全定制的 AI 加速器专用集成电路。第一代 TPU 只支持 8 位整型计算和深度学习推理功能，功耗和成本大幅低于传统 GPU。从 TPU 2.0 开始，同时支持训练、推理以及高带宽片上存储 HBM。另外，寒武纪的 NPU（Neural Network Processing Unit）、地平线的 BPU（Brain Processing Unit）、英特尔的 Movidius 等都属于此类芯片。

2. 按 AI 芯片的架构分类

AI 芯片按技术架构可分为 GPGPU 芯片、AI 专用芯片、FPGA 和神经拟态芯片等。

GPU 是图形显卡的处理核心，早期功能仅用于图形渲染。GPU 中控制逻辑比较简单，绝大部分芯片面积都用于计算单元。随着技术进步，GPU 计算能力越来越强大，也因此扩展到计算密集型应用领域，这就是后来出现的 GPGPU（除非特别说明，本书中的 GPU 均指 GPGPU）。在当前的 AI 芯片领域，GPGPU 占据重要地位。因为 GPGPU 通过众核体系结构实现了高度并行性，在浮点运算、并行计算等方面可以提供数百倍、千倍于 CPU 的性能，有效缓解了 AI 模型的训练难题，释放了 AI 算法的潜能。GPGPU 可以通过硬件和软件优化来支持深度学习模型，是最具代表性的 AI 通用硬件。因为卷积和矩阵乘累加运算是深度学习算法的核心，占据了 90% 以上的计算量，乘累加（Multiply Accumulate, MAC）在 AI 模型的训练和推理过程中被广泛应用，因此，改善乘累加的计算效率对提高 AI 模型的性能影响重大。为了加速混合精度矩阵的乘累加并行计算，英伟达从 Volta 架构开始，引入了张量核（Tensor Core）。通过与硬件协同优化，英伟达还推出了高度优化的深度学习库和工具，如 cuDNN 和 TensorRT 等，可以进一步加速深度学习模型的计算。

专用集成电路 ASIC（Application-Specific Integrated Circuit）又称 AI 专用芯片，是为实现特定要求而定制的专用芯片。AI 专用芯片完全针对 AI 算法定制，定制的特性有助于提高 ASIC 的性能功耗比，可以将能效比提高到极致。AI 应用和算法的迅速流行促使许多初创公司开发专用的 AI 硬件，传统硬件厂商和云服务提供商，如谷歌、亚马逊和阿里巴巴等也在这一领域加大投入。AI 专用芯片的缺点是电路设计开发周期相对较长，功能难以扩展，但在功耗、可靠性、集成度等方面有优势，尤其在要求高性能、低功耗的移动应用端优势明显。谷歌的 TPU、寒武纪的 NPU、地平线的 BPU 都属于 AI 专用芯片。其中，最著名的 AI 专用芯片当属谷歌的 TPU 系列芯片。TPU 包括矩阵乘法器单元（Matrix Multiplier Unit, MXU）、统一缓冲器（Unified Buffer, UB）和激活单元（Activation Unit, AU），由主机处理器通过复杂指令集（Complex Instruction Set Computing, CISC）指令驱动。MXU 主要由脉动阵列组成。脉动阵列针对矩阵乘法操作在功率和面积效率方面进行了优化。与 CPU 和 GPU 相比，TPU 仍是可编程的，但使用矩阵而不是矢量或标量作为操作数，因此 TPU 不仅仅是支持某一种 AI 模型，而是支持 CNN、LSTM、全连接网络等各种模型。此外，TPU 还采用了更大的片上存储，以此减少对 DRAM 的访问，从而最大程度提升了性能。

FPGA（Field Programmable Gate Array）的中文全称为现场可编程逻辑门阵列，是包含可编程逻辑块阵列的可重编程集成电路。其基本原理是在 FPGA 芯片内集成大量的基本门电路及存储器，开发者可以在制造后对其进行配置，通过更新 FPGA 配置文件来定义这些门电路及存储器之间的连线。除了可重编程的特性外，FPGA 的低功耗和高性能特性还使其广泛用于通信、医疗、图像处理和 ASIC 原型设计等众多领域。在深度学习领域，高性能的 GPGPU 虽然高度可重编程，但是功耗很高，而低功耗的 ASIC 专为固定应用而设计，FPGA 可以弥合 GPGPU 与 ASIC 之间的鸿沟。FPGA 同时拥有硬件流水线并行和数据并行处理能力，适合以硬件流水线方式处理数据，且整数运算性能更高，这些都使得 FPGA 成为深度学习的重要平台。国内已有许多初创企业提供基于 FPGA 的解决方案，如已被赛灵思收购的深鉴科技。

神经拟态（Neuromorphic）计算可以模拟生物神经网络的计算机制，神经拟态芯片使用电子技术，主要从结构层面模拟人类大脑。这类代表产品是 IBM 的 TrueNorth 和英特尔的 Loihi。神经拟态芯片中的人工神经元之间有密切的互联关系，可复制与大脑组织类似的结构。其中的定制化数字处理内核被当作神经元，可以同时存储和处理数据，而内核中的内存被当作突触。也就是说，神经拟态芯片通常具有许多微处理器，每个微处理器都有少量的本地内存。这种逻辑结构与传统冯·诺依曼结构明显不同。传统芯片将处理器和内存分布在不同的位置，而神经拟态芯片的内存、CPU 和通信部件完全集成在一起，因此信息的处理在本地进行，消除了传统计算机内存与 CPU 之间的瓶颈。尽管神经拟态芯片离大规模商业化生产尚有差距，但神经拟态芯片旨在建立全新的架构、智能模型和体系的努力，为人工智能的探索提供了新的范式。

3. 按 AI 芯片的部署位置分类

AI 芯片按部署位置可分为云端芯片、边缘侧芯片和终端芯片，或者将后二者合称为边终端芯片。

云端 AI 芯片是指在云端完成 AI 计算的芯片，主要部署在公有云、私有云和混合云等大型数据中心。云端 AI 模型的训练和推理都需要用到 AI 芯片进行加速。云端 AI 模型的训练需要大量的数据操作，对 AI 芯片的算力、精度和通用性要求较高，因此主要使用高性能 GPGPU+ASIC。主流的云端硬件平台主要使用英伟达的 GPGPU 进行加速，不仅可以支持尽可能多的网络结构，保证算法的正确率和泛化能力，还可以支持浮点数运算。在推理阶段，由于训练出来的 AI 模型仍非常复杂，推理过程仍然属于计算密集型和存储密集型，可以选择将模型部署在云端。GPGPU 对于 AI 模型的加速能力使得 AI 变得流行，然而，GPGPU 的算力增长并不能满足企业用户对于 AI 算力需求的增长，况且 GPGPU 的高功耗也是一个重要的挑战，因此越来越多的云厂商和芯片厂商开始尝试 CPU+FPGA 或 CPU+ASIC 这样的异构方式。AI 专用芯片在云端规模应用也已出现。

在 5G 技术与新型基础设施建设的驱动下，从无人车、无人机到智能家居的各类物联网设备海量涌现，都在源源不断地提供数据，为 AI 模型训练、提高精度奠定了基础。这些设备也需要引入感知交互能力和 AI 计算能力。出于对实时性的要求，以及训练数据隐私等考虑，这些应用不能完全依赖云端，必须要有本地的软硬件基础平台支撑，这为边缘侧 AI 芯片提供了更大的发挥空间。

终端 AI 芯片市场目前主要集中在智能手机。为实现差异化竞争，各大手机厂商都在自家智能手机产品中增加了 AI 功能，通过在手机 SoC 芯片中加入 AI 引擎，或者直接加入 AI 协处理器来实现 AI 功能。与此同时，智能手机作为一种多传感器融合的综合数据处理平台，要求 AI 芯片具备通用性，能够处理多类型任务。而智能手机受制于电池容量和电池能量密度，在追求算力的同时，对

AI 芯片在功耗方面有严格限制。因此，主流厂商主要开发专用的 ASIC 芯片，或者使用功耗较低的 DSP 作为手机 AI 处理单元。

边终端 AI 芯片的设计与云端 AI 芯片有很大不同。首先，移动设备体积和存储空间有限，必须保证边终端 AI 芯片有很高的计算能效；其次，在高级辅助驾驶等设备对实时性要求很高的场合，推理过程必须在设备本身完成。因此，边终端 AI 芯片要求体积小、能耗少、性能可略低。也就是说，边终端 AI 芯片既要满足 AI 算力要求，具备足够的推理能力，还要兼顾低功耗、低延迟、低成本的要求。

▶▶ 1.1.2 AI 编译器的结构与特征

常规编译器通常被划分为三个部分：前端（frontend）、优化器（optimizer）和后端（backend）。编译过程以高级语言作为输入，前端主要负责解析源代码的词法和语法分析，检查语法错误，并将源代码转换为抽象语法树（Abstract Syntax Tree，AST）。优化器则是在前端的基础上，对中间代码进行优化，使代码更加高效。后端负责将已经优化的中间代码转换为针对硬件平台的机器代码。转换过程中尽量利用目标机器的特殊指令，提高机器代码的性能。这种划分的优点是，当系统需要支持新的高级语言时，只需要添加相应的编译器前端即可；当系统需要支持新的目标机器时，只需要添加相应的编译器后端即可。对于中间的优化器，可以使用通用的中间代码作为媒介。这种设计简化了编译器的组成结构，降低了编译器的开发难度。前端开发者只需要知道如何将高级语言转换为优化器能够理解的中间代码即可，不需要精通优化器的工作原理和目标机器的体系结构。同样地，后端开发者也只需要关注后端开发即可。常规编译器结构如图 1-2 所示。

● 图 1-2 常规编译器结构

图 1-2 中所示的 IR（Intermediate Representation）即中间表示，是用于表示中间代码的数据结构。IR 既是连接前端和后端的桥梁，又是前端和后端解耦合的工具。优化器的转换和优化都围绕 IR 实现。设计 IR 的目的是保证编译器的跨平台，因此，去除了硬件平台相关的特性，对于不同的硬件平台，使用相同的 IR 表示，这为系统支持新语言或新硬件提供了便利。

目前 AI 领域已有众多深度学习框架，如 TensorFlow、Keras、PyTorch 等，每种框架在不同的使用场景下具有不同优势。但由于前端接口和后端实现之间的差异，AI 模型开发者常常面临从一个框架切换到另一个框架的巨大困难。而且，AI 模型开发者希望，来自底层 DSA（Domain Specific Architecture）改进带来的性能增益能在第一时间反映在模型性能的提升上。框架开发者也面临同时维护多个后端并保证所有硬件平台性能的艰巨任务。而 AI 芯片厂商则需要为每一款芯片都提供多框架支持，每个训练框架中的计算工作负载又都有各自的表示和执行方式，因此，每个算子（operator），如卷积等，都可能需要以不同的方式定义和实现。这些因素共同催生了面向专用架构的 AI

编译器需求。深度学习框架与硬件平台的关系如图 1-3 所示。

为了解决上述问题，工业界和学术界提出了多种 AI 编译器，如 TVM、XLA、Glow、nGraph 和 TC（Tensor Comprehension）等。AI 编译器的作用如图 1-4 所示。

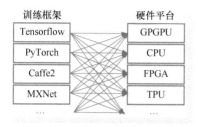

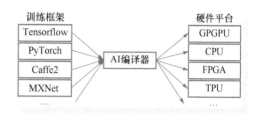

● 图 1-3　深度学习框架与硬件平台的关系　　　　● 图 1-4　AI 编译器的作用

由于目前 AI 编译器的发展仍处于早期阶段，再加上 AI 专用架构领域仍在积极演进，因此，尚未形成行业通用的 AI 编译器技术框架。但通过分析已有的 AI 编译器不难发现，AI 编译器的体系结构一般仍采用分层设计[4]，作用与常规编译器有相似之处，主要包括编译器前端、IR 和编译器后端。针对不同的模型规格和 AI 芯片体系结构，AI 编译器对模型定义和特定代码实现之间的转换进行了高度优化。具体来说，这些转换过程结合了面向深度学习的优化（如层和算子融合），从而实现了高效的代码生成。此外，AI 编译器还利用通用编译器（如 LLVM）的成熟工具链，在各种 AI 芯片体系结构之间提供了更好的可移植性。

AI 编译器结构（见图 1-5）中的 IR 同样起到连接前端和后端的作用。通常，IR 是程序的抽象，可用于程序优化。但是，由于 AI 应用的特殊性，AI 编译器不仅要解决跨平台问题，而且，在兼顾专用架构设计特性的同时，还要解决深度学习网络本身的优化问题，因此，单层 IR 已不能满足需求。因为编译器很难从低阶 IR 中抽取 AI 模型的高阶概念，并以此辅助后端优化。例如，LLVM 很难将低阶 IR 中的循环指令理解为卷积。因此，在 AI 编译器中采用了多阶 IR（multi-level IR）设计。多阶 IR 设计和针对 AI 模型的特定优化设计正是 AI 编译器的独特之处。AI 模型被 AI 编译器转换为多阶 IR，其中的高阶 IR 服务于前端，低阶 IR 服务于后端。AI 编译器前端基于高阶 IR 执行硬件无关的转换和优化，AI 编译器后端基于低阶 IR 执行硬件相关的编译、优化和代码生成。

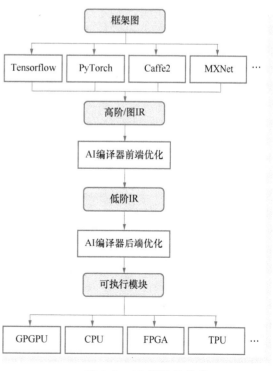

● 图 1-5　AI 编译器结构

几乎所有的 AI 编译器都有其独特的高阶 IR，而这些高阶 IR 都有相似的设计理念。高阶 IR 也称为图 IR，可用于表示与硬件无关的计算和控制流程。高阶 IR 的设计重点在于如何抽象计算和控制流。有了这种抽象能力，高阶 IR 就可以捕获和表达各种 AI 模型特性。高阶 IR 的目标是建立控制流及算子与数据之间的依赖关系，并为图优化提供接口。完善的高阶 IR，至少需要包括对计算图的表示，如使用 DAG（Directed Acyclic Graph）和 let-binding 等形式来构建计算图。同时，AI 编译器中的数据（如输入、权重和中间数据）通常以张量（tensor）或多维数组的形式进行组织。因此，高阶 IR 还需提供对数据张量和算子的支持，包括编译所需的语义信息，并为自定义算子提供可扩展性。所以，用高阶 IR 设计的数据和算子灵活性和可扩展性更好，可以支持各种 AI 模型。更重要的是，高阶 IR 与硬件无关，可以用于各种硬件后端。而低阶 IR 主要设计用于各种硬件相关的优化和代码生成。因此，低阶 IR 应该注重设计细节，并以更细粒度的表示形式反映硬件特性，准确表示硬件相关的内存布局、并行化模式等优化选项。此外，低阶 IR 还应该在编译器后端中兼容使用成熟的第三方工具链，利用已有编译器工具完成通用优化和代码生成，并将指令选择、寄存器分配等低级优化留给 LLVM 等下游编译器完成，重点关注下游编译器未涵盖的优化方法。

由图 1-5 可见，AI 编译器的输入是来自深度学习框架的 AI 模型。针对 AI 模型的编译、优化过程大体可分为两个阶段。第一阶段是与硬件平台无关的前端优化，第二阶段是与硬件平台相关的后端优化和代码生成。

首先，前端从深度学习框架中获取 AI 模型作为输入，并通过模型导入接口，将深度神经网络的高级规范转换为 AI 编译器特有的高阶/图 IR。此外，前端需要实现各种格式转换，以支持不同框架中的不同格式。高阶 IR 通常采用有向无环图形式。其中的每个节点代表一个计算操作，每条边代表操作之间的数据依赖关系。因此，前端可以在高阶 IR 上使用结合通用编译器优化和 AI 特定优化的图优化方法，对图中的算子做融合操作并优化数据布局，以减少冗余计算和内存访问，提高高阶 IR 的效率。在前端优化之后，将生成优化的计算图。

将高阶 IR 转换为低阶 IR 后，后端可执行硬件相关的后端优化。后端可以利用 AI 模型和硬件特性的先验知识，通过定制的优化 pass，增强数据局部性，优化调度，并充分利用硬件平台的并行性，将优化后的代码实现映射为 AI 芯片的可执行指令。常用的硬件相关的优化包括硬件 intrinsic 映射、内存延迟隐藏、并行化及针对循环的优化等。为了在大型优化搜索空间中确定最佳参数设置，在现有的 AI 编译器中广泛采用自动调度（如多面体模型）和自动调优（如 AutoTVM）。优化后的低阶 IR 通过 JIT（Just In Time）或 AOT（Ahead Of Time）编译，生成针对不同硬件目标的代码。

AI 编译器后端代码生成过程与硬件平台相关。鉴于 GPU 硬件平台是将并行计算性能发挥到极致的关键，特别是在 CUDA 编程模型出现后，GPU 的通用算力得到业界认可。而且，GPU 本身的性能也不断提升，这极大拓展了 AI 模型的能力和适用范围。因而，本书对 GPU 编译器后端部分着墨较多，力图从一个更完整的视角，更为清晰地勾勒出 AI 编译器的设计特征。

1.2 常用 AI 编译器介绍

为了实现 AI 模型的高效计算，主流 AI 硬件厂商都提供了高度优化的线性代数算子库和专门为 AI 模型量身定制的优化算子库，如 Nvidia 的 cuBLAS 和 cuDNN，以及 Intel 的 oneDNN 等。英伟达还推出了 TensorRT 深度学习推理平台，通过大量高度优化的 GPU 内核，支持图优化和低比特量化，进一步加快深度学习推理应用的执行速度。但是，依赖算子库的缺点是，算子库覆盖的硬件范围有限，而且库函数的开发和更新通常落后于 AI 模型的迅速发展，因此无法充分发挥 AI 芯片算力。为了解决算子库和工具的这些缺点，在工业界和学术界出现了上文提到的几种 AI 编译器，即 TVM、XLA 和 Glow 等。本节将简要介绍上述三种主流 AI 编译器的基本使用方法和工作流程。

▶▶ 1.2.1 TVM 整体架构

为了解决深度学习框架和硬件后端适配问题，华盛顿大学的陈天奇等人中提出了 TVM。TVM 是一个端到端的全栈编译器，包括统一的 IR 堆栈和自动代码生成方法，其主要功能是优化在 CPU、GPU 和其他定制 AI 芯片上执行的 AI 模型，通过自动转换计算图，实现计算模式的融合和内存利用率最大化，并优化数据布局，完成从计算图到算子级别的优化，提供从前端框架到 AI 芯片、端到端的编译优化。通过 TVM，只需花费少量工作即可在移动端、嵌入式设备上运行 AI 模型。

TVM 系统结构如图 1-6 所示。TVM 以 AI 模型作为输入，首先将其转换为计算图，然后执行高级数据流重写，为计算图生成优化图。算子级优化模块为优化图中的每个融合算子生成高效代码，并以声明式张量表达式指定算子。TVM 为给定硬件目标算子建立了可能的优化集合，这形成了巨大的搜索空间。因此，TVM 使用基于机器学习的代价模型搜索优化算子。最后，系统将生成的代码打包到可部署模块中。

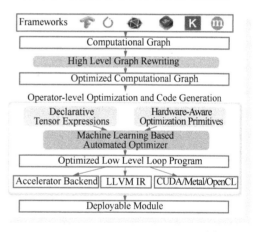

● 图 1-6 TVM 系统结构图[1]

以下示例代码演示了如何从深度学习框架中获取模型，然后调用 TVM API 获得可部署模块：

```
import tvm
import mxnet as mx
from mxnet.gluon.model_zoo.vision import get_model
...
block = get_model("resnet18_v1", pretrained=True)
shape_dict = {"data": (1, 3, 224, 224)}
mod, params = relay.frontend.from_mxnet(block, shape_dict)
```

```
target = "llvm"
with tvm.transform.PassContext(opt_level=3):
  graph, lib, params = relay.build(mod, target, params=params)
```

其中，relay.frontend.from_mxnet( )函数将导入的 MXNet 模型转换为 IRModule 类型的 relay 模块，并调用 relay.build( )接口编译整个 relay 模块。编译后的输出包括三个组成部分：以运行时可识别的 JSON 格式输出的优化计算图 graph、tvm.Module 类型的算子 lib 和模块参数 params。

以下示例代码演示了如何将模型部署到目标后端：

```
...
ctx = tvm.cpu()
module = graph_runtime.create(graph, lib, ctx)
module.load_params(params)
module.run(data=input_data)
out = module.get_output(0).asnumpy()
```

其中，graph_runtime.create( )函数为给定的计算图和模块生成运行时执行器（executor）。在加载序列化参数后，module.run( )函数依次执行图中的各个节点。

TVM 提供了两个中间表示层及相应的两级优化，可以有效地将高级深度学习算法降低到多硬件后端。本书的第 3 章将对 TVM 的中间表示和优化，以及其他组件的定制化开发做详细介绍。

▶▶ 1.2.2　TensorFlow XLA 整体架构

XLA（Accelerated Linear Algebra）是 TensorFlow 的图优化编译器。在 TensorFlow 2.0 中，XLA 作为一个正式特性发布。TensorFlow 的计算基础是图，图是操作和张量的集合，开发者可以通过不同的编程语言（如 Python、Java、C 等）构造图。TensorFlow 运行时中的执行引擎（executor）会遍历图中的节点，并找到节点对应的已编译 CPU 或 GPU 内核实现，然后由执行引擎分发到硬件上执行内核。TensorFlow 的一个显著优点是其在定义图时不一定要硬编码指定张量的形状和数值，而是可以在运算过程中通过其他有确定数值的数据对张量赋值，也就是可以在图执行时通过分析操作对操作数的依赖关系确定张量的形状。某些情况下，张量形状还可能与看似无关的操作及其数据依赖关系有关。这种灵活性对于 AI 模型开发者而言非常便利，但对编译器开发却非常不利。因为如果图中的张量形状是动态的，编译器难以确定应该将相关操作编译为何种代码实现。而且，这种动态性对于高效利用内存也有影响，因为编译器无法在图执行前估计需要为计算分配多少内存。

另外，TensorFlow 引入的算子数量和类型正在变得非常庞大，这主要有两个原因。第一，新模型中的操作可能是全新的类型，无法用现有算子集合中的算子表示；第二，为了支持在不同的硬件上进行计算，图中的一个算子往往会由多个内核函数的实现组合而成，例如，英伟达 GPU 的内核函数是由函数库 cuDNN、cuBLAS 等提供实现的。由于图中算子的抽象程度低，模型的数据流图往往包含大量节点，这些节点在 GPU 上的执行需要启动更多的内核执行。频繁的内核调用增加了数据流图的调度开销和内核函数之间的数据传输开销，影响了图的执行性能。通过手动内核融合可以在一定程度上解决这个问题，但是手动内核融合的可扩展性差，需要为每种硬件后端都实现相应的融合版本。

XLA 提供了解决上述问题的方案。XLA 包含优化编译器和运行时组件，可支持 CPU、GPU 和其他硬件加速器。与 TensorFlow 一次执行一个节点不同，XLA 在执行时一次考虑多个节点，并为这些节点生成优化的代码。这时，XLA 会将原有的某些内核替换，取而代之的是 XLA 特有的优化内核。例如，对于如下 reduce_sum 计算：

```
def model_fn(x, y, z):
    return tf.reduce_sum(x + y * z)
```

如果不开启 XLA，TensorFlow 为了完成 reduce_sum 计算需要调用三个内核函数：一个乘法内核函数、一个加法内核函数和一个归约（reduction）内核函数。而当自动聚类（auto clustering）功能开启后，XLA 可以优化图，将其中符合条件的节点通过聚类转换为子图（subgraph）。XLA 编译器工作在子图上，通过将加法、乘法和归约运算融合为单个 GPU 内核，只需调用一次内核就可以得到计算结果。而且，这种融合操作不需要将上述代码中的 y * z 和 x + y * z 表达式产生的中间结果写入内存，而是将这些中间结果直接输出给使用方，并保留在 GPU 寄存器中。因此，在多数情况下，XLA 可以提高 TensorFlow 的性能。两者之间的主要区别是 XLA 中的融合优化。XLA 不会像 TensorFlow 一样顺序执行图中的所有小内核，而是通过聚类等方法将其优化为更大的内核。这大大减少了带宽受限内核的执行时间。XLA 还提供了许多代数简化措施，远远优于 TensorFlow 所能提供的优化选项。

在 TensorFlow 整体架构中，每一种硬件后端都有对应的算子实现，XLA 可以被视为与其他后端对等的设备。开发者可以指定某些算子通过 XLA 编译运行，或者由 TensorFlow 通过聚类将图中的某些部分转换为子图，并由 XLA 编译生成可以运行于 XLA 后端硬件的内核机器码。XLA 模块在 TensorFlow 整体架构中的位置如图 1-7 所示。

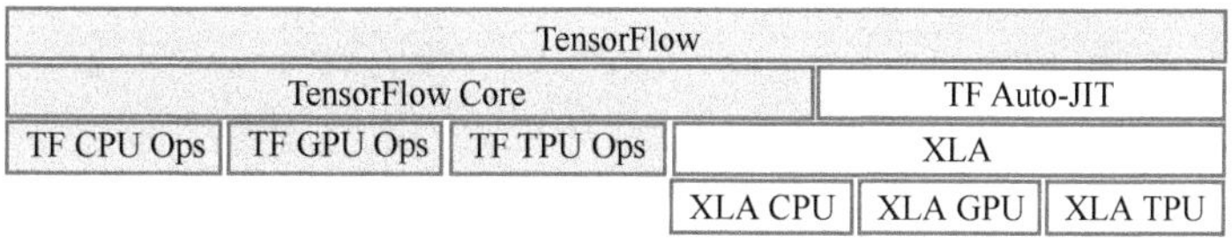

TensorFlow					
TensorFlow Core			TF Auto-JIT		
TF CPU Ops	TF GPU Ops	TF TPU Ops	XLA		
			XLA CPU	XLA GPU	XLA TPU

● 图 1-7　XLA 模块示意图

XLA 独立于默认的 TensorFlow 编译器，因此 XLA 可以注册属于自己的硬件设备，即 XLA GPU 或 XLA CPU 等，并且 XLA 注册硬件设备的约束条件与 TensorFlow 略有不同。对于 XLA 尚未实现的操作，仍然可以通过现有 TensorFlow 设备执行。

▶▶ 1.2.3　Glow 整体架构

Glow（Graph Lowering）编译器由 Facebook 开发，是一种可以为多平台生成高度优化代码的 AI 编译器。Glow 的架构和功能相对简单，可看作是在硬件加速器之上的抽象层，其主要目的是为 AI 模型提供编译和执行引擎功能。Glow 编译器现在已是 PyTorch 机器学习框架的一部分，其涵盖范围包括从云到台式机再到微控制器的各种软硬件平台。多家芯片公司已经宣布支持 Glow，其中包括 Cadence、Esperanto Technologies、英特尔、Marvell 和高通。

Glow 的系统结构（见图 1-8）和大多数 AI 编译器类似。Glow 前端加载来自 TensorFlow 或 Caffe2 等不同深度学习框架的 AI 模型，并将 AI 模型降级为两级强类型 IR。Glow 有强大的优化器和量化器。Glow 的编译优化流程从高阶 IR 开始。针对高阶 IR，编译器的高阶 IR 优化器专注于高阶算术和线性代数领域相关优化和转换，并由此得到低阶 IR。针对基于指令的低阶 IR，编译器的低阶 IR 优化器专注于硬件平台和存储相关的优化，如指令调度、静态内存分配、拷贝消除和低阶缓存及存储的重用优化。在最底层，优化器将低阶 IR 转换为加速器相关 IR，并利用掌握的具体硬件特性信息，在加速器相关 IR 上实现指令降级、目标相关优化和代码生成。由此可见，

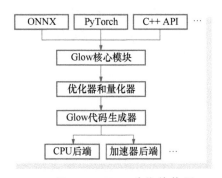

● 图 1-8　Glow 系统结构图

Glow 的优化分为三级。最上层的优化针对整个计算图，第二层的优化重点是存储利用率和缓存重用，最底层是针对不同硬件架构的后端相关的优化。

Glow 的代码生成器支持不同后端，并通过这些后端为不同硬件加速器生成代码。Glow 的独特之处是通过 IR 降级弥补软硬件差距，使编译器能够支持大量输入算子和目标硬件，避免为所有目标硬件实现所有算子，而是让上层模型专注于模型特性的实现，让硬件后端专注于线性代数原语的实现。Glow 主要关注软件栈的低层部分，可作为深度学习框架的后端，为 PyTorch 和其他框架提供针对低层次图和神经网络的编译优化和代码生成功能。

Glow 的输入是计算图，可通过两个阶段生成高度优化的机器代码。在第一个阶段，Glow 通过标准编译技术优化模型算子，如内核融合、转置消除，并将复杂操作降级为简单内核。在第二个阶段，Glow 通过 LLVM 实现目标相关优化。根据不同的运行环境，Glow 可以选择 JIT 或 AOT 两种编译模式中的一种。JIT 编译也称为运行时编译，是一种在程序执行过程中而不是在执行之前进行编译的方法。在编译过程中，每条 Glow 低阶 IR 指令都会被转换成一系列 LLVM IR 指令。Glow 首先加载预编译标准库，然后针对具体上下文，对算子实现做相应转换，将表示张量或缓冲区地址维度的函数参数替换为便于 LLVM 代码优化的常量。这种编译方式适合部署在数据中心上的 AI 硬件平台。AOT 是一种离线编译，生成的目标文件称为 Glow 包（Glow bundle）。Glow 包是一个自包含的已编译网络模型，可用于在分立模式下执行模型。包中有一个入口函数，通过该函数可执行模型推理。AOT 编译方式可减少编译时间和其他不必要的开销，从而减少计算次数和内存占用量，因此，适合部署在内存受限的低成本微控制器上。

1.3　LLVM 编译器基础

LLVM（Low Level Virtual Machine）起源于伊利诺伊大学厄巴纳-香槟分校的一个编译器基础设

施项目。LLVM 通过对编译器架构进行不同层次的抽象及模块分解，为开发者提供了各种与编译器相关的支持，其中包含一系列模块化的编译器组件和工具链，可用于编译器前端和后端的开发，并进行程序语言的编译期优化、链接优化、在线编译优化和代码生成等。LLVM 出色的系统模块化设计使其更灵活、更便于与不同框架和工具集成，因而，使编译器的开发和复用变得更为方便，并使其可作为多种编译器（包括 AI 编译器）的后台使用。

为了解决编译器代码重用的问题，LLVM 提供了一套适合编译器系统的 IR，即 LLVM IR。LLVM IR 充分考虑了各种应用场景，例如，在 IDE 中调用 LLVM 进行实时的代码语法检查，对静态语言、动态语言的编译、优化等，大量变换和优化都围绕其实现。LLVM IR 与具体的语言、指令集、类型系统无关，其中每条指令都是静态单赋值（Static Single Assignment，SSA）形式，即每个变量只能被赋值一次。这有助于简化变量之间的依赖分析。经过变换和优化后的 IR，可以转换为目标平台相关的汇编语言代码。

LLVM 支持与语言无关的指令集架构及类型系统，类型系统包括基本类型（整数或浮点数）及五个复合类型（指针、数组、向量、结构及函数）。

▶▶ 1.3.1　LLVM 前端工作流程

LLVM 主要由 Clang 前端、IR 优化器和 LLVM 后端构成。Clang 的目标是替换 GNU 编译器套装（GNU Compiler Collection，GCC），因此，Clang 支持 GNU 编译器大多数的编译设置及非官方语言的扩展，并支持 C、Objective-C 及 C++等高级语言。Clang 以程序源代码文件为输入，经词法语法分析后，将其解析为与代码对应的 AST，并通过 LLVM 内联 API 编译为 LLVM IR。然后使用 LLVM 后端，将 LLVM IR 编译为平台相关的机器语言。

典型的编译器前端包括词法分析器、语法分析器和语义分析器。词法分析器负责将输入源程序分解为若干独立的词法记号（Token），语法分析器在词法分析基础上识别出程序的语法结构，语义分析器按定义的语法将分散的记号组装成有意义的表达式、语句和函数等。前端的输出包含 AST，后端可以在此基础上做进一步优化、处理。Clang 前端的结构与此类似，但在某些方面又有显著不同。首先，Clang 的词法分析器与预处理器密切结合，Clang 的语义分析器则分离出来，成为一个单独的子系统，称为 Sema。Sema 负责生成 AST，并执行语义检查（Semantic Checking），如检测参与运算的变量是否属于同一类型，以及其他错误处理。图 1-9 所示为 Clang 的工作流程。

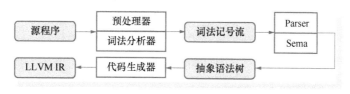

● 图 1-9　Clang 工作流程图

Clang 前端重视预处理器的作用，这是因为随着程序复杂度的增加和程序规模的扩大，预处理器越来越重要。预处理器不仅需要完成宏替换、头文件导入和预处理指令处理等常规任务，还要解决新出现的编程框架中的指令特殊用法。这些都需要词法分析器与预处理器密切协调，由词法分析器协助预处理器的所有操作。

Clang 的语法分析功能由 Parser 和 Sema 两个模块配合完成。Parser 模块负责处理预处理器和词法分析器生成的词法记号流，并构造其语法结构。Sema 子系统主要对语法分析器的结果执行语义检查和分析，然后生成 AST。

Clang 的代码生成器负责从顶至下的遍历和处理前一阶段输出的 AST，并生成等价的 LLVM IR。LLVM IR 随后由通用优化器完成死代码删除、常量折叠、传播优化等优化后，被 LLVM 后端编译为本地汇编代码或目标代码。

LLVM 中包含若干工具，如 Clang、llc、opt、llvm-lit 等。为了便于将 LLVM 分解为多个组件和工具，LLVM 在设计上强调组件间的交互以高度抽象的方式进行，并将不同的组件以独立库的形式分别实现，以 pass 插件的形式集成编译流程中的转换和优化组件。

需要注意的是，Clang 可执行程序不仅仅是编译器前端。除了具有前端功能，Clang 程序实际上还是编译器驱动。因为编译源代码是一个复杂的过程，中间牵涉到前端、中端（middle-end）、后端、汇编和链接等诸多步骤，以及各个步骤对应的核心编译组件和不计其数的参数及标志位（flag）。作为编译器驱动的 Clang 在这个过程中充当协调者，为核心编译组件提供必要的信息，并调度安排各个组件的执行顺序，而用户只需要在启动 Clang 时提供少数命令行参数即可。编译器驱动的代码见<llvm_root>/clang/lib/Driver。

LLVM 编译器不同部分之间的相互作用可以两种方式进行。在第一种方式中，上层工具（如Clang）将每个 LLVM 组件作为一个库，将前一个阶段的输出以内存中数据结构的方式输入到下一个阶段。在第二种方式中，用户启动不同的独立工具（如 llc 和 opt），将工具的输出写入文件，再以文件为输入，启动其他工具产生新的输出文件。在第一种方式中，上层工具可以通过将实现具体功能的库链接在一起，来合并多个较小的独立工具的功能。例如，Clang 是比 llc 和 opt 功能更强大和完备的上层工具，链接了 llc 和 opt 都使用的库，将上层工具的功能分解为一系列下层工具，因此可以覆盖 llc 和 opt 的全部功能。当然，Clang 的功能远不止 llc 和 opt。Clang 与各个库的依赖关系如图 1-10 所示。

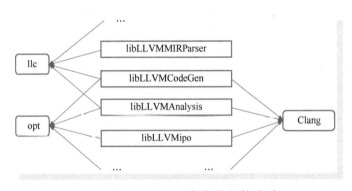

● 图 1-10　Clang 与库的依赖关系

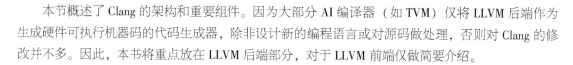

本节概述了 Clang 的架构和重要组件。因为大部分 AI 编译器（如 TVM）仅将 LLVM 后端作为生成硬件可执行机器码的代码生成器，除非设计新的编程语言或对源码做处理，否则对 Clang 的修改并不多。因此，本书将重点放在 LLVM 后端部分，对于 LLVM 前端仅做简要介绍。

▶▶ 1.3.2　LLVM IR 格式和语法

LLVM IR 是一种对指令集进行了抽象、类似汇编的底层语言，也是一种强类型的精简指令集（Reduced Instruction Set Computing，RISC）。LLVM IR 连接前端和后端，使得 LLVM 可以解析多种源语言，并为多个目标生成代码。LLVM 中与目标无关的优化大多是针对 LLVM IR，因此，LLVM IR 是 LLVM 优化和代码生成的重要环节。

LLVM IR 在设计时希望尽可能与目标无关，但在某些方面又不可避免地带有目标相关的特性。要理解这一点，可以设想在 Linux 系统中使用标准 C 头文件的情况。程序会从 bits Linux 头文件文件夹中隐式导入某些头文件，该文件夹包含目标相关的头文件，如宏定义等，这些宏定义会限定某些代码使用的数据类型与系统调用期望的类型相匹配。之后，当 Clang 解析源代码时，会根据代码运行的目标机器种类，使用不同长度的数据类型。这种情况下，库的头文件和 C 类型已然与目标相关。所以，即使在转换为 LLVM IR 之前，给定编译单元的已解析 AST 就已经与目标相关。此外，前端生成 IR 指令时用到的数据类型长度、调用约定和特殊库函数调用等都是与目标 ABI 定义相匹配的。

除了 LLVM IR 之外，LLVM 还可以用其他形式表示程序。例如，可以用 MachineFunction 类和 MachineInstr 类等表示程序。这些类使用目标机器指令表示程序，各个 LLVM 后端都可以在这些表示基础上，应用与目标无关的优化，如资源分配、指令和块调度等。这类 IR 称为机器 IR（Machine IR，MIR）。LLVM 中通常使用 Function 类和 Instruction 类表示在多个目标之间共享的公共 IR。这些公共 IR 大部分与目标无关（但不是完全无关），并且，这些 IR 是官方文档中认可的 LLVM IR。为避免混淆，虽然 LLVM 会用其他级别的中间形式来代表程序，而且从技术角度看，这些中间形式也是 IR，但本书中不将这些中间形式称为 LLVM IR，而是用 LLVM IR 特指用 Instruction 类表示的公共 IR，这也符合 LLVM 官方文档的术语表示习惯。

1. LLVM IR 格式说明

LLVM IR 有三种等效形式：第一种是保存在内存中的表示形式，包括 Instruction 类等。第二种是保存在磁盘上的位代码（bitcode）表示形式。位代码的编码方式空间效率高，适合 JIT 编译器快速读入，可以优化链接时间，并将同一文件中的多个模块合并，然后应用过程间优化。第三种是以易于理解的可读文本形式保存在磁盘上的.ll 文件。通过这种可读的 IR，开发者可以知道在最终生成目标代码之前的代码逻辑。LLVM 提供的工具和库可让开发者以各种形式操作和处理 IR。这些工具可以将 IR 在内存存储格式和磁盘存储格式之间来回转换并对 IR 做优化。下面举例说明如何使用 LLVM 中的自带工具，操作 LLVM IR 不同格式的文件。test.c 文件中的 C 程序代码如下：

```c
int add(int a, int b) {
  return a+b;
}
```

```
int main() {
  int c = add(1, 2);
  return 0;
}
```

如下命令可以生成位代码格式的 IR 文件：

```
Clang test.c -emit-llvm -c -o test.bc
```

其中，-emit-llvm -c 选项组合可控制 Clang 输出 LLVM 位代码文件。test.bc 是不可读文件。如果用编辑器强行打开，将显示类似如下的二进制内容：

```
4243 c0de 3514 0000 0500 0000 620c 3024 …
```

如果指定-emit-llvm -S -c 选项组合，Clang 则输出 LLVM IR 可读文件，命令如下：

```
clang test.c --target=x86_64 -emit-llvm -S -c -o test.ll
```

生成的可读 IR 文件内容如下：

```
; ModuleID = 'test.c'
source_filename = "test.c"
target datalayout = "e-m:e-p270:32:32-p271:32:32-p272:64:64-i64:64-f80:128-n8:16:32:64-S128"
target triple = "x86_64"
; Function Attrs: noinline nounwind optnone uwtable
define dso_local i32 @add(i32 %a, i32 %b) #0 {
entry:
  %a.addr = alloca i32, align 4
  %b.addr = alloca i32, align 4
  ...
  %add = add nsw i32 %0, %1
  ret i32 %add
}

; Function Attrs: noinline nounwind optnone uwtable
define dso_local i32 @main() #0 {
entry:
  ...
  %call = call i32 @add(i32 1, i32 2)
  store i32 %call, i32*%c, align 4
  ret i32 0
}

attributes #0 = { noinline nounwind optnone uwtable "disable-tail-calls"="false" "frame-pointer"="all" "less-precise-fpmad"="false" "min-legal-vector-width"="0"…}
  ...
```

使用 LLVM 汇编工具 llvm-as 可以汇编.ll 文件，可将可读 IR 文件转换为位代码格式的 IR 文件：

```
llvm-as test.ll -o test.bc
```

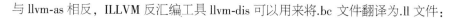

与 llvm-as 相反，ILLVM 反汇编工具 llvm-dis 可以用来将.bc 文件翻译为.ll 文件：

```
llvm-dis test.bc -o test.ll
```

2. LLVM IR 语法要点

本小节以上述 test.ll 代码为例，根据 LLVM 语言参考手册，按照示例代码顺序，依次说明代码中涉及的 LLVM IR 关键语法要点。

LLVM IR 文件用于定义 LLVM 模块。LLVM 模块是 LLVM IR 顶层数据结构，每个模块包含一系列函数，函数中又包含一系列基本块（basic block），基本块中又包含一系列指令。模块中还包含支持该模块所需的外围定义，如全局变量、目标数据布局、外部函数原型及数据结构声明等。

LLVM 标识符有两种基本类型：全局标识符和局部标识符。全局标识符（如函数、全局变量等）以@字符起始，局部标识符（如寄存器名称、类型等）以%字符起始。根据不同用途，有三种不同的标识符格式。

1）命名值表示为带前缀的字符串，正则表达式为"［%@］［a-zA-Z $._］［a-zA-Z $._ 0-9］*"。例如,%retval、@ add 等。

2）未命名值表示为带前缀的无符号数值。例如,%0、@ 2、%1 等。

3）常量，包括简单常量（如布尔常量、整数常量、浮点数常量和空指针常量等）和复合常量（如结构常量、数组常量、向量常量等）。

LLVM 局部值类似于汇编语言中的寄存器，可以是任何以%符号起始的名称。因此，上述可读 IR 文件 test.ll 中的语句"%add = add nsw i32 %0，%1"表示将局部值%0、%1 相加，并将结果放入新的局部值%add。

从这个示例可以看出 LLVM 如何表达基本属性。首先，LLVM IR 采用静态单赋值形式。静态单赋值给出了标准化的变量定值-使用（def-use）链，简化了数据流分析，可以高效利用很多编译器优化方法。其次，LLVM IR 代码被组织为三地址码指令，数据处理指令有两个源操作数，并将结果放在不同的目标操作数中。最后，LLVM IR 中的寄存器数量是无限的，对局部值命名中的%符号后的数字没有限制。

LLVM IR 模块中包括指定目标相关的数据布局（target data layout）字符串和描述目标主机的目标三元组（target triple）字符串。目标相关的数据布局指定如何在内存中摆放数据，某些优化需要根据目标的特定数据布局才能正确地转换代码。目标三元组是编译器的专用术语，用于描述代码运行的平台并定义目标主机架构。下面以 test.ll 中的目标数据布局规格和目标三元组为例，说明其含义。目标三元组一般形式是：

```
<architecture><sub>-<vendor>-<system>[-<abi>]
```

其中，architecture、sub、vendor、system、abi 字段分别表示处理器架构和子架构、供应商、操作系统和 ABI。各字段的设置规则如下。

- architecture：可设置为 x86、x86_64、amdgcn、arm、nvptx、nvptx64 等。
- sub：对于 kalimba, sub 可设置为 v3、v4、v5；对于 ARM, sub 可设置为 v4t、v5、v6m、v7、

v7em 等。

- vendor：可设置为 amd、nvidia、apple 等。
- system：可设置为 cuda、nvcl、linux、amdpal、win32 等。
- abi：可设置为 eabi、gnu、android、macho、elf 等。

例如，如果运行目标为 x86 平台，可将目标三元组设为 x86_64-linux-musl；如果运行目标为 ARM，可将目标三元组设为 aarch64-linux-musl；如果运行目标为 armv7 Soc，可将目标三元组设为 armv7-linux-musleabihf。

目标数据布局由一系列规格组成，并用 "-" 分隔。每个规格都以字母起始，并且可以在字母之后包含其他信息，用于定义数据布局的不同方面。LLVM 官方文档中定义的各种规格含义如下。

- E：指定目标以大端格式布置数据。即字数据的高字节存储在低地址中，字数据的低字节存放在高地址中。
- e：指定目标以小端格式布置数据。即字数据的低字节存储在低地址中，字数据的高字节存放在高地址中。test.ll 示例中为小端格式数据布局。
- p[n]：<size>：<abi>：<pref>：<idx>：指定地址空间 n 的指针长度及其 abi 与首选对齐方式。所有长度均以位为单位。如果省略可选项，则前面的 "："也应省略。地址空间 n 是可选的，如果未指定，则表示默认地址空间 0。n 的值必须在 $[1, 2^{23}]$ 范围内。
- i<size>：<abi>：<pref>：指定给定位长为<size>的整数类型的对齐方式。size 的值必须在 $[1, 2^{23})$ 范围内。test.ll 示例中的 "i64：64" 表示 i64 的 ABI 对齐方式为 64 位。
- v<size>：<abi>：<pref>：指定给定位长为<size>的矢量类型的对齐方式。
- f<size>：<abi>：<pref>：指定给定位长为<size>的浮点类型的对齐方式。size 的值必须是 32（浮点数）或 64（双精度数）。test.ll 示例中的 "f80：128" 表示 long double 类型的变量采用 128 位的 ABI 对齐。
- a<size>：<abi>：<pref>：指定给定位长为<size>的聚合类型的对齐方式。
- n<size1>：<size2>：<size3>…：以位为单位，为目标处理器指定一组本地整数宽度。例如，对于 32 位 PowerPC，指定为 "n32"；对于 PowerPC 64，指定为 "n32：64"；对于 x86-64，指定为 "n8：16：32：64"。test.ll 示例的目标处理器即为 x86-64。该集合的元素可用于支持大部分常规算术运算。
- S<size>：以位为单位，指定堆栈的自然对齐方式。堆栈对齐必须是 8 位的倍数。如果没有指定该选项，自然堆栈对齐方式即为默认的 "未指定"，这不会影响对齐方式提升。test.ll 示例中的 "S128" 说明自然堆栈对齐方式为 128 位对齐。
- m：<mangling>：指定在输出中改写的（mangling）llvm 名称。带有改写转义符 " \ 01" 的符号，会先删除转义符，然后传递给汇编器。改写风格选项包括以下几项。
  - e：ELF 改写，专用符号使用前缀 ".L"。
  - m：Mips 改写，专用符号使用前缀 " $ "。
  - o：Mach-O 改写，专用符号使用前缀 "L"，符号使用前缀 "_"。

- x：Windows x86 COFF 改写，专用符号使用通常的前缀。常规 C 符号使用 "_" 前缀。带有__stdcall、__fastcall 和__vectorcall 调用约定修饰符的函数可以有自定义改写修饰，并添加 "@ N"。其中 N 为用于传递参数的字节数。以 "?" 起始的 C++ 符号不会被改写。
- w：Windows COFF 改写，与 x 选项相似，但普通的 C 符号不用 "_" 前缀。
- a：XCOFF 改写，专用符号使用前缀 "L.."。

test.ll 示例中的 "m：e" 说明目标文件的格式为 ELF 格式，采用 ELF 改写风格。

编译器在为给定目标构建数据布局时，LLVM 会先提供一组默认规范。如果 LLVM IR 文件中有目标数据布局字段，则用 LLVM IR 文件的目标数据布局字段覆盖默认规范。

test.ll 示例中的语句 define dso_local i32 @ add（i32 %a，i32 %b）#0 定义了函数 add()。LLVM 函数定义由 define 关键字开始，其后紧跟可选项，如链接类型等。test.ll 示例中的运行时抢占限定符（runtime preemption specifier）为 dso_local，表示编译器假定函数会被解析为同一链接单元中的符号。如果没有为函数指定抢占限定符，则函数默认的抢占限定符为 dso_preemptable，表示函数或变量在运行时可以被链接单元外的符号替换。随后的 i32 表示函数 add() 的返回类型为 32 位整数。@ add（i32 %a，i32 %b）为函数名和参数列表。#0 表示函数的属性组，可以被 IR 中的对象（函数或变量）引用。属性组对于.ll 文件的可读性很重要，因为文件中多个函数可能使用同一组属性，其中包含用于构建该文件的重要命令行标志。因为属性组是模块级别的对象，所以，如果函数要使用属性组，必须引用属性组的 ID（如#0）。一个对象可能引用多个属性组，在这种情况下，来自不同组的属性将合并在一起。属性组中包括了很多属性，其详细含义可参考 LLVM 语言手册。

▶▶ 1.3.3 LLVM 后端工作流程

LLVM 后端的主要工作是通过若干代码生成分析转换 pass，将与目标平台无关的 IR 指令转换为目标平台相关的机器指令。LLVM 可以支持多种开源后端，包括 AMDGPU、NVPTX（Nvidia Parallel Thread eXecution）、RISC-V、ARM、Qualcomm Hexagon、MIPS、PowerPC、x86 等，每种后端都建立在 LLVM 目标无关代码生成器之上。LLVM 目标无关代码生成器提供了一套对不同后端都可重用的组件，是实现寄存器分配、指令调度等关键算法的通用框架。后端开发的任务就是配置和调整该框架，以满足不同后端目标指令集的特定需求。

本节首先介绍 LLVM 目标无关代码生成器构成及流水线结构，并在此基础上，介绍 LLVM 后端工具 llc 的功能和工作流程，以期对 LLVM 后端的总体框架有完整描述。

1. 代码生成器构成及流水线结构

LLVM 目标无关代码生成器由 6 个主要组件组成。

1）抽象目标描述接口：抽象目标描述接口是后端的核心。通过这些接口，可以描述目标平台各方面的重要属性，大部分后端代码都由其生成。如果开发者要在 LLVM 中为新目标添加后端，则需要为新目标实现目标描述接口。接口定义见<llvm_root>/llvm/ include/llvm/Target/。

2）机器代码描述类：在 LLVM 后端上层，LLVM IR 被转换为由 MachineFunction、MachineBasicBlock 和 MachineInstr 实例构成的机器相关表示。这种表示完全与目标无关，其目的是抽象表示任何目标机器的机器代码。类定义见<llvm_root>/llvm/include/llvm/ CodeGen/。

3）MC（Machine Code）框架：MC 框架的主要作用是对函数和指令做底层处理，并以机器代码的形式表示程序，消除其原有的程序高级信息，并辅助 LLVM 工具实现机器码汇编器和反汇编器。

4）目标无关算法：目标无关算法是指可完成代码生成各阶段功能的算法，如寄存器分配、指令调度等。目标无关算法代码见<llvm_root>/llvm/lib/CodeGen/。

5）具体目标平台的目标描述接口实现：在<llvm_root>/llvm/lib/Target/路径下与各个目标对应的子目录中，各个目标平台实现了各自的目标描述接口。这些机器描述利用 LLVM 组件，根据目标平台架构需要，有选择地实现各种定制化 pass，为目标平台构建完整的代码生成器。

6）目标无关的 JIT 组件：LLVM JIT 通过 TargetJITInfo 结构保存 JIT 需要的目标相关信息，并以此为接口，处理目标相关的需求，这确保了 JIT 的其他部分可以做到与目标完全无关。目标无关 JIT 的代码见<llvm_root>/llvm/lib/ExecutionEngine/。

LLVM 目标无关代码生成器的目的是高效地为基于寄存器的处理器生成高质量代码。该模型中的代码生成分为以下 7 个阶段。

1）指令选择：指令选择的目的是将输入的 LLVM IR 高效地映射为目标指令集中的指令。在这个阶段，除了由于目标约束或调用约定强制要求使用物理寄存器表示的变量外，程序中的其他变量使用虚拟寄存器表示。指令选择的输出是 DAG 形式的目标指令。

2）调度：该阶段根据寄存器分配策略或指令延迟等因素的需要，对指令选择阶段生成的指令进行重新排序。该阶段的输入是 DAG 形式的目标指令，输出则以 MachineInstrs 类表示。

3）基于 SSA 的机器码优化：该阶段为可选阶段，包括一系列针对 SSA 形式的机器码的优化，如窥视孔优化等。

4）寄存器分配：该阶段将目标代码中 SSA 形式的虚拟寄存器映射为目标中定义的物理寄存器。该阶段会引入溢出代码，并消除程序中所有虚拟寄存器引用。

5）前序（Prolog）和结束（Epilog）代码插入：为函数生成机器代码后，在该阶段，堆栈大小是已知的。此时，可以在每个函数的起始和结尾分别插入前序和结束机器指令，用于在进入函数或者从函数返回调用方时扩展堆栈，并利用堆栈大小信息，解析抽象堆栈位置引用。

6）后机器码优化：该阶段对最终机器代码进行优化，如溢出代码调度。

7）代码发射：该阶段为代码生成的最后阶段，目的是为当前函数输出目标汇编代码或机器代码。

本书第 4 章中还将对上述各阶段做更详细的论述。

2. llc 命令行功能与模块构成

针对目标平台实现上述组件和步骤后，需要将实现集成进用户可运行的工具，执行对 LLVM IR 的后端编译和代码生成功能，这个工具就是 llc。llc 是 LLVM 提供的静态编译工具，也是 LLVM 的原生代码生成器（native code generator）。llc 可以通过命令行方式将 **LLVM IR** 编译为指定体系结构后端的汇编代码，汇编代码可以通过汇编器和链接器生成与体系结构相应的机器码可执行文件。在运行 llc 时，可以通过命令行参数选择优化级别、调试选项和使能目标相关的优化。

llc 命令行格式如下：

```
llc -mtriple=<target triple> -mcpu=<target processor> -filetype=obj/asm <input file name>
-o <output file name> …
```

其中，mtriple 选项表示目标三元组，其含义和取值在 **LLVM IR** 语法介绍小节中已经说明，各字段值的枚举变量定义可参见源代码文件<llvm_root>/include/llvm/ADT/Triple.h。除非使用 llc 的 mtriple 选项覆盖默认值，否则 llc 将从输入文件中选择输出汇编代码的体系结构。在使用 llc 命令行时，mtriple 选项的某些字段可留空，如-mtriple = amdgcn--amdpal，其中只有 arch 字段和 sys 字段有值。如果没有指定 target-triple 选项，默认使用主机三元组，编译输出代码针对主机平台。march 选项指定生成汇编代码针对的架构，llc -version 命令可列出 llc 支持的架构列表，命令输出示例如下：

```
llc --version
  ...
  Registered Targets:
    nvptx - NVIDIA PTX 32-bit
    nvptx64 - NVIDIA PTX 64-bit
    x86 - 32-bit X86: Pentium-Pro and above
...
```

mcpu 选项指定生成代码针对的目标机器，llc -march = <target> -mcpu = help 命令可列出 llc 支持的<target>架构下的处理器，示例如下：

```
llc -march=nvptx -mcpu=help
Available CPUs for this target:
...
sm_72 - Select the sm_72 processor.
...
```

llc 命令行中的<input file name>选项可以是 LLVM 位代码或 IR 汇编文件，文件扩展名分别为.bc 和.ll。以上述 test.ll 文件为例，通过命令：

```
llc -O3 test1.ll -mtriple=x86_64 -o test.s
```

可生成 test.ll 在 x86 平台对应的汇编代码。与手写汇编代码相比，使用 LLVM 后端生成的汇编代码可以采用处理器最新架构支持的优化指令。由位代码生成对象文件的 llc 命令格式如下：

```
llc -filetype=obj main.bc -o main.o
```

上述命令未指定 mtriple 和 march 选项。在这种情况下，llc 会根据.bc 文件中指定的目标三元组选择匹配的后端。llc 的其他命令行选项解释可参见 LLVM 官方文档。

llc 的功能依赖于不同独立库的组合。下面是 llc 的 **LLVMBuild** 描述文件（见<llvm_root>/llvm/

tools/llc/LLVMBuild.txt）：

```
[component_0]
type = Tool
name = llc
parent = Tools
required_libraries = AsmParser BitReader IRReader MIRParser TransformUtils Scalar Vec-
torize all-targets
```

从上述文件可以看到，llc 依赖于 libLLVMAsmParser、libLLVMBitReader、libLLVMIRReader 等库，如图 1-11 所示。

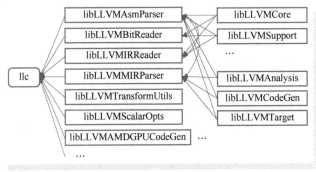

● 图 1-11　llc 与库的依赖关系

LLVM 设计方法强调最大限度地复用代码。在图 1-11 中，llc 调用 libLLVMCodeGen 库实现目标独立代码生成和机器代码级分析、转换功能，其他工具也可以调用该库，结合其他库的功能实现不同工具。例如，opt 同样可调用 libLLVMCodeGen 库实现其部分功能，但也可调用 libLLVMipo 库实现 opt 的 LLM IR 级优化功能。opt 与库的依赖关系如图 1-12 所示。

3. llc 工作流程

llc 代码主要位于<llvm_root>/llvm/tools/llc/llc.cpp，其主函数的主要功能是完成各种初始化和设置，流程图如图 1-13 所示。

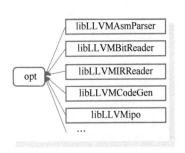

● 图 1-12　opt 与库的依赖关系

● 图 1-13　llc 主函数流程

（1）目标平台的初始化和注册

首先，主函数通过调用如下一系列函数，初始化 llc 支持的所有目标平台：

```
...
InitializeAllTargets();
InitializeAllTargetMCs();
InitializeAllAsmPrinters();
InitializeAllAsmParsers();
...
```

其中，InitializeAllTargets( )函数会进一步调用 InitializeAllTargetInfos( )和 LLVMInitialize##Target-Name##Target( )，如下所示：

```
inline void InitializeAllTargets() {
  InitializeAllTargetInfos();
#define LLVM_TARGET(TargetName) LLVMInitialize##TargetName##Target();
#include "llvm/Config/Targets.def"
}
```

通过宏扩展，InitializeAllTargets( )函数可以调用 llc 支持的所有目标后端中实现的各种初始化函数，初始化目标后端，并使这些目标后端可用。例如，如果 llc 支持 AMDGPU 和 NVPTX 后端，则 llc 的 InitializeAllTargets( )函数会调用 AMDGPU 后端实现的 LLVMInitializeAMDGPUTarget( )函数和 LLVMInitializeAMDGPUTargetInfo( )函数，以及 NVPTX 后端实现的 LLVMInitializeNVPTXTarget( )函数和 LLVMInitializeNVPTXTargetInfo( )函数。LLVMInitialize<target>Target( )函数中一般会初始化各后端实现的特有 pass。例如，NVPTX 后端的 LLVMInitializeNVPTXTarget( )函数会初始化 NVVMReflect 等仅适用于 NVPTX 后端的 pass。

LLVMInitialize<target>TargetInfo( )函数功能相对简单，主要是使用 RegisterTarget 模板注册目标对象。所有目标都应声明一个全局目标对象，该对象用于在注册过程中代表目标，以便其他 LLVM 工具在运行时通过 TargetRegistry 找到并使用该目标后端。在目标后端的<target>TargetInfo.cpp 文件中应定义该对象，例如，NVPTX 后端为 32 位 PTX 注册 TheNVPTXTarget32 对象，为 64 位 PTX 注册 TheNV-PTXTarget64 对象。

相应地，llc 的 InitializeAllTargetMCs( )函数会调用 AMDGPU 和 NVPTX 后端实现的 LLVMInitial-izeAMDGPUTargetMC( )函数和 LLVMInitializeNVPTXTargetMC( )函数；InitializeAllAsmPrinters( )函数会调用各个目标后端的 LLVMInitialize<target>AsmPrinter( )函数等。

LLVM 将各个后端的特性分别通过不同接口注册，原因是某些客户端或工具可能希望仅链接目标的某些部分功能。例如，JIT 代码生成器不需要使用后端的汇编输出功能，就不需要调用后端的 LLVMInitialize<target>AsmPrinter( )函数。

（2）pass 的初始化和注册

目标初始化和注册完成后，llc 主程序通过 LLVM PassRegistry 类，在 llc 启动时管理 pass 子系统的注册和初始化，并辅助 PassManager 处理不同 pass 之间的依赖关系。此时，需要注册和初始化哪些 pass 可视情况而定，通常可以只注册和初始化目标平台后端必要的 pass。初始化并注册 pass 的代码片段如下：

```
PassRegistry *Registry = PassRegistry::getPassRegistry();
initializeCore(*Registry);
initializeCodeGen(*Registry);
...
```

这里初始化和注册的都是 llc 正常运行所必需的基本 pass。其中，initializeCore( )函数初始化用于计算 DominatorTree 的分析 pass、模块打印 pass、函数打印 pass 等，这些 pass 都链接到 TransformUtils 库。initializeCodeGen( )函数初始化并注册代码生成要用到的 pass，包括活跃生存期分析 pass、intrinsic 降级 pass、寄存器分配 pass 等，这些 pass 都链接到 CodeGen 库。后续其他初始化函数还会初始化和注册 IR 优化分析所需的其他 pass。

（3）命令行参数解析

初始化并注册代码生成和 IR 优化分析所需的 pass 后，llc 接下来调用 cl::ParseCommandLineOptions( )函数完成命令行参数解析和其他必要的设置，代码如下：

```
cl::ParseCommandLineOptions(argc, argv, "llvm system compiler \n");
```

LLVM 采用 CommandLine 库处理命令行选项。CommandLine 库包含函数 cl::ParseCommandLineOptions( )和三个主要类：cl::opt、cl::list 和 cl::alias。CommandLine 库采用声明式语法表示命令行选项。声明式语法通过全局变量声明保存命令行选项解析值，即对于 llc 支持的每个命令行选项，都有一个全局变量声明保存选项值。例如，llc 支持常用的 "-o <文件名>" 选项，目的是为输出结果指定保存的文件。以 CommandLine 风格定义的 "-o" 选项变量声明如下：

```
static cl::opt<std::string>
OutputFilename("o", cl::desc("Output filename"), cl::value_desc("filename"));
```

此处声明的全局变量 OutputFilename 用于保存 o 参数（第一个参数）的值，并且通过 cl::opt 模板指定这是一个简单的标量选项（如果是矢量选项，则使用 cl::list 模板），并告诉 CommandLine 库数据类型是字符串。cl::ParseCommandLineOptions( )函数根据输入的 argc 和 argv 参数填充所有命令行选项变量的值。cl::ParseCommandLineOptions( )函数的第三个参数是字符串（这里字符串的值为"llvm system compiler"），用于在 llc 命令行指定 help 选项时显示提示信息。

（4）模块编译

命令行选项解析过程完成后，llc 开始执行其主要功能，即编译 IR 模块。编译 IR 模块功能由 compileModule( )函数完成。compileModule( )函数的处理流程如图 1-14 所示。

compileModule( )函数的主要作用是解析输入的 IR 文件。llc 可以处理两种格式的 IR。如果是.ll 扩展名的 LLVM IR 文件，则调用 parseIRFile( )函数解析；如果是.mir 扩展名的 MIR 文件，则调用 parseIRModule( )函数解析。MIR 是一种机器相关的可读 IR，主要用于测试 LLVM 中的代码生成 pass。下面以常见的.ll 文件为例说明模块编译过程。

● 图 1-14 IR 模块编译流程

经过层层调用，parseIRFile( ) 函数的实际功能在 LLParser 中实现。LLParser 是不依赖 LLVM 库的轻量级解析器，可实现针对.ll 文件的快速解析操作。根据 LLVM IR 文件的层次结构，LLParser 提供 parseDeclare( )、parseDefine( )、parseModuleAsm( )、parseDepLibs( ) 等接口，分别实现函数声明解析、函数定义解析、模块指令字符串解析和模块依赖库解析等功能。

IR 文件解析的结果是 LLVM Module 对象指针。LLVM Module 是所有 LLVM IR 对象的顶层容器，其中包含全局变量、函数、该模块依赖的库、符号表、目标数据布局和目标三元组等。通过 LLVM Module 对象的智能指针，可以调用 setTargetTriple( ) 函数，以 llc 命令行选项 mtriple 的值覆盖 IR 文件中指定的目标三元组，并以此目标三元组构造 Target 对象。代码如下：

```
M->setTargetTriple(Triple::normalize(TargetTriple));
```

得到目标三元组后，llc 调用 TargetRegistry::lookupTarget( ) 方法，根据架构名称 MArch 和目标三元组查找全局目标对象。

最后，以上述数据为参数构造 TargetMachine 对象指针 Target，TargetMachine 是对目标机器完整描述的接口，所有对目标机器相关信息的访问都要通过这个接口完成，代码如下所示。

```
Target = std::unique_ptr<TargetMachine>(TheTarget->createTargetMachine(
    TheTriple.getTriple(), CPUStr, FeaturesStr, Options, RM,
    codegen::getExplicitCodeModel(), OLvl));
```

在 compileModule( ) 函数中得到 TargetMachine 对象指针 Target 后，先定义 pass 管理器对象 PM，然后将 Target 转换为 LLVMTargetMachine 对象，并以该对象为参数生成 MachineModuleInfoWrapperPass 对象指针 MMIWP。LLVMTargetMachine 类描述了目标无关的代码生成器实现的目标机器，MachineModuleInfoWrapperPass 派生自 ImmutablePass，其作用并不是处理 IR，而是围绕编译单元收集模块的元信息，如行号、源文件名等信息，以此辅助模块编译。

如果 llc 没有通过 run-pass 命令行选项指定 llc 运行的特定 pass，则以 pass 管理器对象 PM、输出文件相应的流指针 OS、文件类型、MachineModuleInfoWrapperPass 类对象指针 MMIWP 等为参数调用 LLVMTargetMachine 的成员函数 addPassesToEmitFile( )，代码如下：

```
addPassesToEmitFile(PM, *OS, DwoOut ? &DwoOut->os() : nullptr, FileType, NoVerify, MMI-
WP);
```

addPassesToEmitFile( ) 函数的作用是向 pass 管理器添加 pass，然后通过后端代码生成流程，输出指定类型的汇编或对象文件。如果 llc 命令行选项 filetype 的值指定为 obj，则输出文件类型为 CGFT_ObjectFile；如果 filetype 的值指定为 asm，则输出文件类型为 CGFT_AssemblyFile。代码如下所示：

```
bool LLVMTargetMachine::addPassesToEmitFile(…) {
...
  if (TargetPassConfig::willCompleteCodeGenPipeline()) {
    if (addAsmPrinter(PM, Out, DwoOut, FileType, MMIWP->getMMI().getContext()))
      return true;
    } else {
      ...
```

```
        }
        PM.add(createFreeMachineFunctionPass());
        return false;
    }
```

其中调用的 addAsmPrinter( ) 函数会生成 MachineFunctionPass 类型的 AsmPrinter pass，并添加到 pass 管理器中。如果 llc 命令行选项指定的输出文件类型为汇编文件，在生成 AsmPrinter pass 时会调用各后端实现的 create<target>MCInstPrinter( ) 函数，生成 MCInstPrinter 对象指针。MCInstPrinter 类中实现了目标相关汇编指令打印输出功能。例如，NVPTX 后端的 createNVPTXMCInstPrinter( ) 函数实现代码如下：

```
    static MCInstPrinter *createNVPTXMCInstPrinter(…) {
        if (SyntaxVariant == 0)   return new NVPTXInstPrinter(MAI, MII, MRI);
        return nullptr;
    }
```

如果输出文件类型为对象文件，则调用后端实现的 create<target>AsmStreamer( ) 函数，生成 MCTargetStreamer 对象指针。MCTargetStreamer 类中实现了对目标相关汇编指令的处理。例如，NVPTX 后端的 createTargetAsmStreamer( ) 函数实现代码如下：

```
    static MCTargetStreamer *createTargetAsmStreamer(MCStreamer &S, …) {
        return new NVPTXTargetStreamer(S);
    }
```

最后，compileModule( ) 函数调用 pass 管理器的 run( ) 函数：

```
    PM.run(* M);
```

run( ) 函数运行已经添加到 pass 管理器中的所有 pass，包括上述 AsmPrinter pass。通过 MCInstPrinter 或 MCTargetStreamer 类，AsmPrinter pass 可以向输出文件分别输出对应不同目标的汇编代码或二进制代码。

1.4 GPGPU 编译器基础

作为通用编译器框架，LLVM 通过模块化设计可支持多种处理器架构，而且对重用性、可扩展性和灵活性非常重视。GPGPU 编译器和体系结构有自己的特点，这对于 AI、高性能计算（High Performance Computing，HPC）等应用在数据中心或超级计算机环境中的部署至关重要。与 HPC 应用类似，AI 模型，特别是深度学习模型中有大量的矩阵-矩阵乘法和矩阵-向量乘法，以及卷积运算，这些运算都可以通过 GPGPU 编译器映射到算力巨大的 GPU 硬件上。本节从工作流程、CUDA 程序处理和 IR 优化等几个方面，对 GPGPU 编译器的基础知识做初步介绍，本书第 4 章还将深入讨论 GPGPU 后端工作流程。

▶▶ 1.4.1 GPGPU 编译器工作流程

目前，市面上主流的 GPGPU 编程模型是 CUDA 和 OpenCL。这两种编程模型背后都有各自供应商提供专用开发环境给予支持。CUDA 是针对英伟达 GPU 平台开发的编程模型，OpenCL 则是由业界其他主流厂商（包括苹果、AMD、IBM 等）共同制定、开发的通用计算框架。GPGPU 编译器执行各种常规的或计算语言相关的优化，最终生成高性能机器代码。为了鼓励 CUDA 语言和编译器的发展，英伟达已经在 LLVM 中开源了 NVPTX 代码生成器，AMDGPU 编译器也已经在 LLVM 中开源。本书后续各章中的 GPGPU 编译器开发过程介绍主要以 AMDGPU 后端源代码为例进行说明。由于目前 CUDA 已经成为国际主流计算框架，GPGPU 芯片厂商可在产品推广初期通过编译工具做到与 CUDA 兼容，为客户提供与当前主流 GPGPU 体系的无缝兼容和市场化选择。因此，本节将基于 LLVM 和 Clang，阐述与 CUDA 兼容的 GPGPU 编译器系统架构和编译流程。

1. CUDA 语言特性

CUDA C/C++程序的标准编译过程是将运行在 GPGPU 设备上的函数编译为 PTX 代码。PTX（或称为 NVPTX）是在 CUDA 编程环境中使用的低级并行线程执行虚拟机和指令集体系结构。PTX 指令集是对硬件指令集和硬件架构功能特性的抽象，其中加入了用于高效并行计算的 GPU 专用指令，如线程同步指令、特定硬件功能指令和支持不同内存空间的指令。PTX 指令集侧重于规定指令的功能，而不是指令在硬件上的实现，因而与具体硬件架构耦合度较低，在不同硬件架构上的兼容性也较好。英伟达 GPU 驱动程序会在运行时调用 JIT 编译器，将 PTX 代码编译为着色器汇编器（Shader ASSembler，SASS）低级机器指令集代码，该指令集代码可在英伟达 GPU 硬件上执行。

与 OpenCL 编程模型将主机端代码和设备端代码分开保存不同的是，CUDA 源程序的主机端代码和设备端代码混合在同一个 C/C++源文件（或称为编译单元）中，并通过特殊的调用语法（即 <<< ...>>>）令主机端代码可以调用设备端代码。本节通过 CUDA 自带的示例程序 saxpy.cu，说明主机端代码和设备端代码特性。saxpy.cu 代码如下：

```
__global__ void saxpy(int n, float a, float *x, float *y) {
  int i = blockIdx.x*blockDim.x + threadIdx.x;
  if (i < n)    y[i] = a*x[i]+ y[i];
}

int main(void) {
...
  saxpy<<<(N+255)/256, 256>>>(N, 2.0f, d_x, d_y);
  ...
}
```

其中，main()函数是主机端函数，saxpy()函数是设备端内核函数（kernel function），saxpy 是 Single-precision A * X Plus Y 的缩写。CUDA 使用 __host__ 声明限定符（declaration specifier）修饰主机端函数（如果函数定义没有标明声明限定符，则默认为主机端函数），使用__global__ 声明限定符修饰内核函数。内核函数可以从主机端以 <<< ...>>>形式调用，或从计算能力 3 以上的设备端调用，并在设备端执行。另一个内核函数声明限定符是__device__，该内核函数只能从设备端调用、在设备端执行，也被称为设备函数（device function）。__host__和__device__这两个限定符可以联用，例如：

```
__host__ __device__ inline float foo(float x, float y) { return x+y; }
```

当编译器遇到上述 foo( )函数时，会生成两个版本的代码。一个版本用于主机端，另一个版本用于设备端。主机端代码对 foo( )函数的任何调用都将执行主机端版本，设备端代码对 foo( )函数的任何调用都将执行设备端版本。主机端函数和设备端函数之间的调用关系如图 1-15 所示。

● 图 1-15　CUDA 函数调用关系

2. GPGPU 编译器系统架构

CUDA 混合代码的编译与传统的 C/C++代码编译不同，因为编译器要针对两种不同体系结构的代码。分开编译（separate compilation）是编译混合模式源文件的一种方法，也是 NVCC 编译器（NVCC 编译器是与 CUDA Toolkit 捆绑安装的 CUDA 编译器）采用的方法。该方法借助一个名为拆分器（splitter）的组件，将混合模式代码拆分为主机端代码和设备端代码。由拆分器实现源代码到源代码的翻译，然后分别编译主机端和设备端源代码，最后将两个编译输出合并为一个二进制（称为 fatbinary）文件。

但是，分开编译也有缺点。首先，分开编译需要多次解析混合模式源文件，然后分别编译，这会增加编译时间。其次，分开编译所依赖的源代码到源代码翻译非常脆弱。例如，模板是 C++的一个重要特征，CUDA 也支持模板。但是，C++模板会使拆分混合模式源文件变得复杂。

编译混合模式源文件的另一种方法是双模式编译（dual-mode compilation），这种方法可以克服上述两个缺点。双模式编译前端不需要生成两个中间源文件，而是直接为主机和设备生成 LLVM IR，从而避免了源代码到源代码的转换。

Clang 的 CUDA 前端在生成 AST 后，以两种模式分别预处理和解析输入的混合模式源文件，一种模式为主机生成 LLVM IR，另一种模式为设备生成 LLVM IR。优化后的设备 IR 通过设备代码生成器降级到 PTX 汇编代码，然后，由主机代码生成器将 PTX 汇编代码以字符串形式注入主机 IR。在运行时，CUDA 驱动程序调用 JIT 编译器对 PTX 汇编代码进行编译并执行。CUDA 程序编译流程如图 1-16 所示。

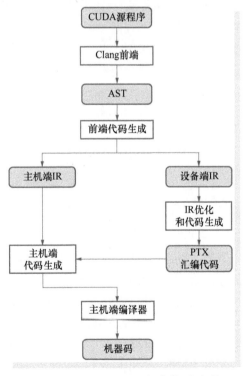

● 图 1-16　CUDA 程序编译流程

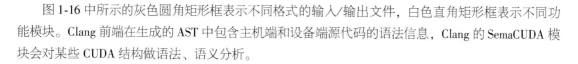

图 1-16 中所示的灰色圆角矩形框表示不同格式的输入/输出文件，白色直角矩形框表示不同功能模块。Clang 前端在生成的 AST 中包含主机端和设备端源代码的语法信息，Clang 的 SemaCUDA 模块会对某些 CUDA 结构做语法、语义分析。

▶▶ 1.4.2　Clang 对 CUDA 的处理

对于输入 CUDA 源文件，Clang 将其中使用__host__声明限定符的函数编译为主机端 IR，将使用__global__和__devicel__声明限定符的函数编译为设备端 IR。因为主机端代码和设备端代码分别使用 C/C++和 CUDA 语言，因此，Clang 需要了解二者的主要区别。

CUDA 支持 C/C++编程语言的大部分特性，但因为 CUDA 主要围绕高性能数值计算设计，在设备端编译期间，也可能不支持某些语言特性，如线程本地存储、异常和目标相关的内联汇编等。但是，Clang 仍要能够解析使用这些特性的主机端代码，并根据出现问题的代码目标来抑制某些错误/警告。

1. Clang 对 CUDA 预定义宏的处理

CUDA 语言和编译器工具链定义了一些提高代码可移植性的特性，包括主机端和设备端代码声明限定符及预处理器定义的宏（如__CUDACC__）等。通过这些特性，开发者编写的代码才能够在主机端和设备端上编译并运行。

首先，编译器前端对输入的 CUDA 源文件做预处理，将源文件中的宏及相关引用文件展开，然后，将 CUDA 系统定义的宏展开。CUDA 源文件包含的头文件中可能有目标相关的宏，如在 x86 上定义的宏__SSE__和在 NVPTX 上定义的宏__PTX__。为了预处理这些目标相关的宏，LLVM 编译器同时预定义了主机和设备相关的宏。宏__PTX__在<llvm_root>/clang/lib/Basic/Targets/NVPTX.cpp 中添加：

```
void NVPTXTargetInfo::getTargetDefines(const LangOptions &Opts, MacroBuilder &Builder)
const {
    Builder.defineMacro("__PTX__");
    ...
```

宏__SSE__在<llvm_root>/clang/lib/Basic/Targets/X86.cpp 中添加：

```
void X86TargetInfo::getTargetDefines(const LangOptions &Opts, MacroBuilder &Builder)
const {
    ...
    case SSE1:
      Builder.defineMacro("__SSE__");
    ...
```

LLVM 中使用 Builder.defineMacro( )接口定义内建（builtin）宏。Clang 可以将主机和设备相关的宏展开，并通过语义分析，区分哪些代码应该编译为主机端代码，哪些代码应该编译为设备端 PTX 代码。主机和设备相关的宏中比较常用的是__NVCC__、__CUDACC__和__CUDA_ARCH__。其中，__CUDA_ARCH__被称为体系结构标识宏（architecture identification macro）。在设备模式下，前端通过__CUDA_ARCH__设置来指示目标设备的计算能力，开发者可以根据该宏为不同的设备生成不同的代码。当编译器为计算能力为 compute_xy 的设备编译代码时，编译器会为宏__CUDA_ARCH__分配了一个三位数的值 xy0。例如，当 NVCC 编译器为计算能力为 compute_20（或 sm_20）的设备编译代码时，编译器将宏__CUDA_ARCH__定义为值 200。在主机端代码中，__CUDA_ARCH__是未定义的。因此，__CUDA_ARCH__也可以用于区分主机和设备编译，用法如下：

```
#ifndef __CUDA_ARCH__
//主机端代码
#else
//设备端代码
#endif
```

前文已经提到，__host__和__device__这两个限定符可以联用，这种组合可以减少异构应用程序中代码移植的工作量。下面是一个可移植代码示例[8]。代码中的函数用于对 32 位字中设置的位数进行计数，其中结合了限定符和预处理宏：

```
#if def __CUDACC__
__host____device__
#endif
int countLeadingZeros(unsigned int a) {
#if defined(__CUDA_ARCH__)
  return __popc(a);
#else
  a = a - ((a >> 1) & 0x55555555);
  a = (a & 0x33333333) + ((a >> 2) & 0x33333333);
  return ((a + (a >> 4) & 0xF0F0F0F) *  0x1010101) >> 24;
#endif
}
```

通过宏__CUDA_ARCH__，countLeadingZeros()函数可以执行不同的代码逻辑，这取决于该函数是在主机还是在设备上执行。示例中还用到宏__CUDACC__。该宏用来检测 NVCC 是否将源文件视为 CUDA 源文件。

2. 用 Clang 编译 CUDA

Clang 编译 CUDA 代码的工作原理类似于用 Clang 编译常规 C/C++代码。下面仍以 saxpy.cu 为例，用 Clang 编译 saxpy.cu，生成 LLVM IR。命令如下：

```
clang++ saxpy.cu --cuda-gpu-arch=sm_72 --cuda-path=/usr/local/cuda-10.1 -I/usr/local/
cuda/samples/common/inc/ --cuda-device-only -c -S -emit-llvm -o saxpy.ll
```

生成的 saxpy.ll 部分内容如下：

```
; ModuleID = 'saxpy.cu'
...
define dso_local void @_Z5saxpyifPfS_(i32 %n, float %a, float* %x, float* %y) #1 {
```

```
entry:
    ...
}
...
!nvvm.annotations = !{!3, !4, !5, !4, !6, !6, !6, !6, !7, !7, !6}
...
!3 = !{void (i32, float, float* , float* )* @_Z5saxpyifPfS_, !"kernel", i32 1}
```

saxpy.ll 中的大部分内容，如目标数据布局等，已经在之前的 LLVM IR 语法小节做了说明。此处值得注意的是 PTX 相关的元数据（Metadata）特性。LLVM IR 通过元数据将额外信息附加到程序的指令或模块中，并将这些信息传递给优化器和代码生成器。元数据在语法上以感叹号起始，并分为字符串和节点两类。saxpy.ll 示例中使用的是元数据节点。

元数据节点也以感叹号起始，其表示法类似于结构。节点的每个元素用逗号分隔，并用大括号将所有元素括起来。saxpy.ll 示例通过元数据将函数声明为内核函数，IR 中的元数据节点"！3"的第一个元素 void（i32, float, float *, float *）* @_Z5saxpyifPfS_是内核函数签名，第二个元素！"kernel"将函数 Z5saxpyifPfS_标注为内核属性，表示该函数编译后可以从主机端调用。

编译器前端处理完 CUDA 源文件后，设备代码生成器将前端生成的设备 IR 编译为 PTX。设备代码生成器有两个子模块：设备端 IR 优化器和 NVPTX 代码生成器。虽然 NVCC 可以免费使用，但 NVCC 不开源，开发者无法得到有关设计和优化过程的信息，也无法在 NVCC 中扩展自定义优化，而 LLVM 从 3.9 版本开始就支持 CUDA，因此，本节中将 LLVM IR 作为设备端 IR。

LLVM IR 优化器对输入 IR 执行一系列优化，并将优化后的 IR 传递给 NVPTX 代码生成器。PTX 和 LLVM IR 之间有相似之处，例如，两者都是低阶 IR，都有明确的指令集定义等，这降低了从 LLVM IR 到 PTX 转换的难度。NVPTX 代码生成器是 LLVM 中开源的 PTX 代码生成器，可以通过 llc 运行 NVPTX 代码生成器，将 LLVM IR 转换为 PTX。命令如下：

```
llc -mcpu=sm_72 saxpy.ll -o saxpy.ptx
```

生成的 PTX 部分内容如下：

```
// Generated by LLVM NVPTX Back-End
.version 6.1
...
.visible.entry _Z5saxpyifPfS_(
    .param.u32 _Z5saxpyifPfS__param_0, …
)// @_Z5saxpyifPfS_
{
    ...
// %bb.0:// %entry
    mov.u64 %SPL, __local_depot6;
    cvta.local.u64 %SP, %SPL;
    ...
```

```
fma.rn.f32 %f5, %f2, %f3, %f4;
  ...
}
```

通过比较上述两种 IR 语言可以看到，二者有诸多不同。例如，LLVM IR 指令使用 SSA 格式，而 PTX 未使用。PTX 使用的 GPU 特定指令，如 fma.rn.f32 等，不能直接映射为 LLVM IR 指令等。

得到 PTX 文件后，fatbinary 工具将编译设备端内核程序产生的二进制代码（CUDA 中的.cubin 文件）和 PTX 文件，并以字符串的形式一同写入 fatbin.c 文件中的数组。在编译主机端程序时，该 fatbin.c 文件会被包含在主机端代码中参与编译，而且.cubin 文件和 PTX 文件对应的字符串会被写入主机端可执行程序的 ELF 自定义节中。主机端程序在启动内核程序时，GPU 用户态驱动程序会检查主机端可执行程序中嵌入的 fatbinary 文件。如果 fatbinary 文件中的二进制文件版本与当前设备端 GPU 架构匹配，则直接执行二进制文件。否则，用户态驱动程序通过 JIT 接口，编译 fatbinary 文件中的 PTX，得到与当前设备端 GPU 架构匹配的二进制文件并执行。

▶▶ 1.4.3　GPGPU 编译器的 IR 优化

LLVM 通过一系列 pass 处理 LLVM IR 函数或模块，处理的方式可以是将 IR 以确定的方式做转换，也可以是仅收集 IR 信息，用于分析依赖关系等辅助目的，而并不改写 IR。LLVM 中针对 CPU 的 IR 优化方法已经很多，而针对 GPU 的 IR 优化方法仍然较少。因篇幅所限，本节仅介绍针对 GPU、有代表性的内存空间推断优化，从中可以了解 GPU 编译优化方法的一般特点和开发方法。

CUDA 源程序在声明变量时，通过变量内存空间限定符（Variable Memory Space Specifier，原称变量类型限定符）指定变量在设备上的存储位置。变量内存空间限定符包括：__device__、__shared__、__constant__和__managed__。如果在声明变量时，没有使用上述限定符中的任何一个，则变量通常位于寄存器中。

__device__限定符声明的变量位于设备上。__shared__、__constant__和__managed__三种类型限定符中，最多只能有一种可与__device__限定符联用，指定变量具体属于哪个内存空间。

如果__device__限定符未与其他任何限定符联用，则变量位于全局内存空间中，网格中的所有线程都可以访问该变量，并可以通过运行时库函数 cudaGetSymbolAddress()、cudaGetSymbolSize()、cudaMemcpyToSymbol()、cudaMemcpyFromSymbol()从主机端访问该变量。

当__constant__限定符与__device__限定符联用时，__device__是可选的，所声明的变量位于常量内存空间中，访问限制与__device__限定符相同。

当__shared__限定符与__device__限定符联用时，__device__也是可选的，所声明的变量位于线程块的共享内存空间中，但只能被线程块中的所有线程访问。

编译器可以根据内存空间限定符，生成速度更快的加载和保存指令。例如，共享内存中的加载操作可以转换为 ld.shared 指令，这条指令比普通 ld 指令速度更快。但是，内存空间限定符仅适用于变量声明。因此，CUDA 编译器必须通过内存空间限定符修饰的变量，推断出地址表达式的内存空间。或者通过指针运算，推断出从变量派生的指针的内存空间。LLVM 中的 InferAddressSpaces pass

实现了上述内存空间推断优化（代码见<llvm_root>/ lib/Transforms/Scalar/InferAddressSpaces.cpp）。

LLVM IR 使用地址空间来表示内存空间，二者的映射关系见表 1-1。

表 1-1　地址空间与内存空间的映射关系

地 址 空 间	内 存 空 间
0	通用
1	全局
2	内部使用
3	共享
4	常量
5	本地

每个全局变量和指针类型都会被分配到这些地址空间的其中一个中，默认地址空间为 addrspace（0），即通用内存空间。Clang 前端默认仅将限定内存空间的变量放在特定的地址空间中，然后通过 addrspacecast 指令将限定内存空间的变量转换到 addrspace（0），供其他指令使用。以如下 CUDA 内核函数为例：

```
__global__ void test( float *a, float *b, float *c) {
  __shared__ float cache[256];
  int cacheIdx = threadIdx.x;
  float temp = cache[cacheIdx];
  temp += 1.0;
}
```

其中，cache[256]是通过__shared__内存空间限定符声明为共享内存空间中的数组变量。变量 temp 在定义时没有指定内存空间限定符。如果不使用内存空间推断优化，Clang 编译上述 CUDA 代码输出的 LLVM IR 简化表示如下：

```
@cache = internal addrspace(3) global [256 x float]
...
%0 = addrspacecast [256 x float]addrspace(3) * @cache to [256 x float]*
%1 = getelementptr [256 x float], [256 x float]* %0, i64 0, i64 %i
%temp = load float, float* %1
...
```

其中，变量@ cache 在 addrspace（3），即共享内存中，符合__shared__内存空间限定符的规定。但经过 addrspacecast 指令转换，变量%0 指向 addrspace（0），变量%temp 也随之指向 addrspace（0）。由"%temp = load float, float * %1"语句转换得到的是性能较差的 ld.f32 指令。

内存空间推断优化的目的是将特定的地址空间从内存空间限定的变量声明传播到该变量的所有引用。如果上述 CUDA 示例代码经过内存空间推断优化处理，应该输出如下 LLVM IR：

```
%1 = getelementptr [256 x float]addrspace(3)*@cache , i64 0, i64 %i
%temp = load float addrspace(3)*%1
```

由上可见，变量@ cache 的地址空间 addrspace（3）传播给了变量%1，优化后的 PTX 相应指令变为性能更好的 ld.shared.f32。

综上所述，GPU 编译优化（包括 IR 优化）方法是建立在对 GPU 体系架构、存储结构充分理解的基础上，通过结合已有的或其他体系架构的优化方法，进一步改进而得到。例如，利用 GPU 存储空间在逻辑上不相交的特点，可以简化别名分析，使得死存储消除（Dead Store Elimination，DSE）更加高效。GPU 编译优化方法应针对应用的计算特点，充分利用 GPU 指令集的寻址模式、特殊指令等专门知识，从 IR 或其他级别指令中发掘更多优化规则。

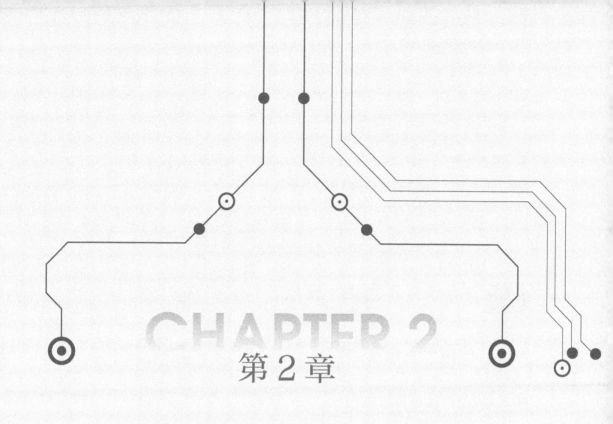

CHAPTER 2

第 2 章

开源AI编译器实现分析

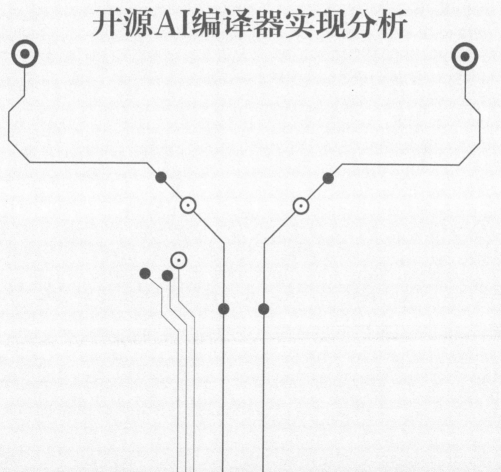

如第 1 章所述，AI 模型的复杂性和灵活性越来越高，仅依赖优化算子库的支持，难以充分利用硬件资源，也无法弥合深度学习框架和 AI 芯片硬件在量化、算子融合、存储空间分配等方面的差距，而 AI 编译器是解决这些问题的一个选项。

AI 编译器的输入是深度学习框架中定义的 AI 模型，其输出是在各种 AI 芯片硬件上生成的高效代码实现。与传统编译器类似，AI 编译器也采用分层设计，但 AI 编译器的独特之处在于其多层 IR 和针对 AI 模型的特定优化设计。

在第 1 章内容的基础上，本章各节从特定域表示、计算表达和调度优化等角度，分别介绍 TVM、XLA 和 Glow 这三种 AI 编译器的基础架构设计和实现方式差异。

2.1 TVM 的系统设计

1.2.1 节已经简要介绍了 TVM 的系统结构和编译流程。本节将从 TVM 的图级优化、TVM 的计算与调度，以及 TVM 的自动调优框架等方面介绍 TVM 的设计方法和基础设施。

▶▶ 2.1.1 TVM 的图级优化

TVM 提供两级 IR 及相应的两级优化，可以有效地将高级深度学习算法降低到多硬件后端。其中，计算图是一种高阶 IR，其中的节点表示张量运算或对程序输入的运算，边表示运算之间的数据依存关系，计算图的类型与其深度学习框架绑定。例如，TensorFlow 中的计算图采用固定拓扑的静态图，每次运行时计算图保持不变。在这种静态图上优化计算调度或算子更容易，但是开发者只能在 DSL（Domain Specific Language）中构造自己的操作。而 PyTorch 和 Chainer 所采用的动态计算图为描述算子提供了便利，但是很难在整个操作和硬件平台上优化。Relay 是 TVM 的前端，其从编程语言的角度，而不是从数据流表示的角度提出了一种新的高阶 IR，可为表达性和高效编译提供支持。

TVM 可以对计算图做各种图优化。按照优化的范围，TVM 的图级优化可分为局部优化和全局优化。局部优化是 TVM 图级优化的重点，其中的算子融合是 AI 编译器必不可少的优化方法。算子融合的核心思想是将多个算子合并为一个内核，因而无需将中间结果写回全局内存，减少了中间变量的分配，也减少了片上缓存和片外存储之间的数据传输。不同算子能融合在一起的前提条件是某个算子访问的数据是其他算子在其共享存储资源内生成的数据，即算子间应满足访存的局部性。通过算子融合（如合并循环嵌套）可以为进一步优化创造条件，而且还可以减少启动和同步开销，更好地共享计算资源。虽然就单个算子而言，融合后的算子可能会增加存储资源开销，但考虑到整体性能的提升，这种开销仍然是值得的。算子融合另一个需要注意的副作用是，融合后的算子可能破坏其后续算子之间的并行执行，即在融合前，某个算子的后续算子可以并行执行，但在将该算子与其他算子融合后，有些后续算子只能在融合算子执行结束后才能开始执行，这显然会影响整体性能。

局部优化中还包括典型的代数简化。代数简化考虑的是一系列节点，利用不同类型节点的交换律、结合律和分配律来简化计算，如强度消减、常量折叠等。通过强度消减，可以用开销小的算子代替开销大的算子；通过常量折叠，可以预先计算出可静态确定的图，用常量值替换常量表达式，从而节省执行开销。代数简化也可以应用于 AI 相关算子（如 reshape、转置和池化等）。

计算图提供了全局视图，TVM 可以在整个计算图中搜索特定特征，并针对这些特征执行特定全局优化操作。例如，计算图中的死代码通常是由其他图优化造成的。因此，在其他图优化之后还应执行死代码消除（Dead Code Elimination，DCE）和公共子表达式消除（Common Subexpression Elimination，CSE）操作。

虽然与不进行图优化相比，高阶图优化可以显著提高 AI 模型工作负载的效率，但高阶图优化的最好结果也只能达到与算子库优化相同的性能。尽管目前只有少数支持算子融合的深度学习框架要求算子库提供融合模式的实现，但随着引入的算子越来越多，可融合的内核数量会急剧膨胀。随着硬件后端种类不断增加，开发者将无法依赖算子库提供融合能力。因为融合模式的实现要考虑数据布局、数据类型和硬件相关的 intrinsic 函数等各种因素，为每种硬件后端上的算子手工实现优化内核会因工作量太大而变得不切实际。为此，TVM 提出一种代码生成方法，可为给定 AI 模型算子生成各种可能的实现。

▶▶ 2.1.2 TVM 的计算与调度

TVM 引入了张量表达式语言，可为自动代码生成提供支持。张量表达式语言支持常见的算术运算，并涵盖了常见的深度学习算子模式。张量表达式语言的每个计算操作可分为两部分：第一部分指定输出张量形状，第二部分描述张量中每个元素的计算规则。张量表达式语言没有指定执行细节，这为实现不同后端的硬件相关优化提供了灵活性。下面的官方示例代码声明了矩阵 A 和 B 的元素乘计算：

```
from __future__ import absolute_import, print_function
import tvm
from tvm import te
import numpy as np
n = te.var("n")
m = te.var("m")
A = te.placeholder((m, n), name="A")
B = te.placeholder((m, n), name="B")
C = te.compute((m, n), lambda i, j: A[i, j]*B[i, j], name="C")
```

其中，te.compute()接口的作用是通过指定的计算规则，在指定的矩阵形状上构造一个新的张量。其参数（m，n）指定了矩阵的形状，参数 lambda i, j: A[i, j] * B[i, j]通过 lambda 函数指定了计算规则（矩阵元素乘）。te.compute()接口调用不会触发实际计算，而是采用基于 lambda 表达式的张量表达式表示张量计算，即仅声明了进行何种计算。lambda 表达式是一种索引公式表达式，可通过变量绑定和替换描述计算。开发者可以使用 lambda 表达式快速定义计算，而无需实现新函数。

通过不同的计算实现方法可以得到相同的计算结果。但是，不同的计算实现方法在数据局部性和计算性能等方面有巨大差别。因此，TVM 要求开发者指定如何执行计算。例如，访问数据的顺序、多线程并行的方式等。TVM 中称这种执行计算实现方法的规划为调度（schedule）。上述示例代码中的变量 C 为输出张量，为算子生成调度的方法很简单，只需以 C.op 为参数调用 create_schedule( ) 接口即可：

```
s = te.create_schedule(C.op)
```

create_schedule( ) 接口返回的调度 s 为 tvm.te.schedule.Schedule 类对象，其中包含若干个阶段，每个阶段对应一个描述调度方式的操作。程序中可以通过 s[C] 或 s[C.op] 访问特定阶段。s[C] 和 s[C.op] 为 tvm.te.schedule.Stage 类对象。create_schedule( ) 接口根据参数指定的操作列表 C.op 创建调度。默认情况下，调度以行优先（row-major）方式串行计算张量，伪代码描述如下：

```
for (int i = 0; i < m; ++i) {
  for (int j = 0; j < n; ++j) {
    C[i][j] = A[i][j]*B[i][j];
  }
}
```

调度的伪代码按照输出的形状添加了 for 循环，以实现矩阵元素乘计算。由上述代码可以看到，TVM 将计算和调度分离。同一种计算可以通过不同调度实现，计算只定义了结果的计算方式，无论计算方式是什么，计算结果不依赖于运行程序的硬件平台。计算的实现由调度决定，通过优化调度（如并行化、向量化等）可以更好地利用硬件资源，提高性能。另一方面，调度通常取决于硬件，但是修改调度不应影响计算结果的正确性。

TVM 从 Halide[6] 继承了计算与调度分离的思想，并在其内部重用了部分 Halide 的调度原语，也引入了一些新的调度原语，用于优化 GPU 和专用加速器性能。调度可以表示张量表达式到底层代码的特定映射。为了在各种不同后端上实现高性能代码，TVM 必须支持足够多的调度原语，这样才能涵盖不同硬件后端的各种优化设置。例如，TVM 为 GPU 提供了一种协作式嵌套并行化调度原语，可将数据分配到 GPU 共享内存，帮助线程块获取所需的数据。这种优化利用 GPU 内存层次结构，通过共享内存实现线程间数据复用。此外，TVM 还将调度原语与硬件解耦，由此，编译器能够使调度模式与硬件实现相互匹配。

1. TVM 的张量化应用

由于 AI 模型中的输入大部分是多维数据，输入的长度可以是固定的，也可能是变化的，并且每个输入都有不同的数据布局。因此，类似于 SIMD（Single Instruction Multiple Data）体系结构的向量化计算，运行 AI 模型的硬件后端需要支持更高阶的张量化计算。

张量化是指将低阶数据转换或映射为高阶数据的过程。例如，低阶数据可以是向量类型，经过张量化得到的结果可以是矩阵、三阶或高阶张量。张量化是与现有编译器中的向量化类似的过程，同样需要优化器将程序分解并匹配到底层硬件张量计算单元。张量化比向量化更具挑战性，原因在于张量化涉及多维数据、可变输入数据长度和布局。此外，张量指令有时会多次重复使用相同的输入，这减少了所需的寄存器文件带宽。因此，在执行 MAC 操作时，张量指令比 SIMD 更有优势。

编译器必须为张量化计算定义有针对性的张量计算原语。但是编译器不能仅支持一组固定的张量计算原语，因为新出现的加速器可能有不同的张量指令。因此，TVM 通过张量 intrinsic 声明（即 decl_tensor_intrin）机制将目标硬件 intrinsic 与调度分离，从而实现了一个可扩展的解决方案。

目前，主流 CPU/GPU 硬件厂商都提供了专门用于张量化计算的张量指令，如英伟达的张量核指令、英特尔的 VNNI 和 ARM 的 DOT 指令等。利用张量指令的一种方法是调用硬件厂商提供的算子库，如英伟达的 cuBLAS 和 cuDNN，以及英特尔的 oneDNN 等。这些库函数通过使用张量指令，可实现性能高度优化的预定义内核。然而，当模型中出现新的算子或需要进一步提高性能时，这种方法便显露出局限性。因此，为了有效支持张量指令的编译，并为密集计算内核（如通用矩阵乘法或卷积）生成高效算子，TVM 针对这类计算定义了张量化（tensorize）调度原语。通过张量化原语，开发者可以用相应的 intrinsic 函数替换程序中原有的计算模式。在这种方式中，由编译器负责找到与计算模式匹配的硬件声明，并将计算模式降级为相应的硬件 intrinsic。生成的张量化调度代码将复杂的操作分解为一系列的微内核调用。这些微内核可以手工优化，并帮助扩展 TVM，为新的硬件体系结构提供支持。由此可见，硬件 intrinsic 映射可以将一组低阶 IR 指令转换为针对硬件高度优化的内核。在 TVM 中，硬件 intrinsic 映射在张量化方法中实现（见下面示例代码），该方法声明硬件 intrinsic 的行为和 intrinsic 映射的降级规则。通过硬件 intrinsic 映射，编译器后端可以将特定的操作模式映射为硬件实现或高度优化的手工微内核，从而显著提高性能。例如，假设某加速器支持通用矩阵向量乘法（GEneral Matrix-Vector，GEMV）。为了支持该硬件原语，需要定义 GEMV 的 intrinsic 函数（参见官方源代码）。intrinsic 函数包括两部分。第一部分是 GEMV 的计算定义，见下述 intrin_gemv() 函数实现。TVM 通过计算定义匹配相应的计算模式。计算模式包括声明张量和循环变量，并通过 te.compute() 接口用表达式表述计算，表达式中包含已声明的张量和循环变量。intrinsic 函数的第二部分指定了如何在设备上执行 GEMV，见下述 intrin_func() 函数实现：

```python
def intrin_gemv(m, l):
    a = te.placeholder((l,), name="a")
    b = te.placeholder((m, l), name="b")
    k = te.reduce_axis((0, l), name="k")
    c = te.compute((m,), lambda i: te.sum(a[k]* b[i, k], axis=k), name="c")
    Ab = tvm.tir.decl_buffer(a.shape, a.dtype, name="A", offset_factor=1, strides=[1])
    Bb = tvm.tir.decl_buffer(b.shape, b.dtype, name="B", offset_factor=1,
                             strides=[te.var("s1"), 1])
    Cb = tvm.tir.decl_buffer(c.shape, c.dtype, name="C", offset_factor=1, strides=[1])

    def intrin_func(ins, outs):
        ib = tvm.tir.ir_builder.create()
        aa, bb = ins
        cc = outs[0]
        ib.emit(tvm.tir.call_extern("int32", "gemv_update", cc.access_ptr("w"),
                aa.access_ptr("r"), bb.access_ptr("r"), m, l, bb.strides[0]))
        return ib.get()
    return te.decl_tenor_intrin(c.op, intrin_func, binds={a: Ab, b: Bb, c: Cb})
```

上述代码中的 te.decl_tensor_intrin( ) 函数声明了如何执行计算 c.op，第二个参数 intrin_func 指定了执行计算的 IR 语句，第三个参数 binds 是 Tensor 结构到 Buffer 结构的映射。Buffer 声明接口 tvm.tir.decl_buffer( ) 规定了 intrinsic 函数要求的形状和数据布局等信息。这些信息可用于后续的程序分析和代码生成。例如，tvm.lower( ) 在执行 StorageFlatten pass 并将多维数据读写扁平化为一维指针访问时，需要用到 tvm.tir.decl_buffer( ) 为各输入/输出张量声明的数据布局信息。

intrin_func( ) 函数的参数 ins 和 outs 是输入和输出占位符。intrin_func( ) 函数通过 tvm.tir.call_extern( ) 接口，调用外部函数 gemv_update( ) 生成表达式，其返回值包含外部函数的 IR 实现。intrin_gemv( ) 函数的调用方法如下：

```
gemv = intrin_gemv(factor, L)
s[C].tensorize(yi, gemv)
```

上述代码通过调用 tensorize( ) 接口在 yi 轴进行张量化，并用 intrinsic 函数替换原来的计算模式。调度 s 原有的计算模式为：

```
for (i: int32, 0, 1024) {
  for (j: int32, 0, 512) {
    C_2[((i* 512) + j)] = 0f32
    for (k: int32, 0, 64) {
      C_2[((i* 512) + j)] = …
    }
  }
}
```

替换后，原有的三重 for 循环将变为张量化后的二重 for 循环，原来的最内侧循环被降级为 gemv_update( ) 函数调用（此处省略了切分调度）。替换后的计算模式如下：

```
for (i: int32, 0, 1024) {
  for (j.outer: int32, 0, 32) {
    @tir.call_extern("gemv_update", …)
  }
}
```

其中的外部函数 gemv_update( ) 在 gemv_impl( ) 函数中定义，代码如下：

```
def gemv_impl():
cc_code = """
    extern "C" int gemv_update(float *cc, float *aa, float *bb, int m, int l, int stride) {
        for (int i = 0; i < m; ++i) {
            for (int j = 0; j < l; ++j) {
                cc[i]+= aa[j]*bb[i *stride + j];
            }
        }
        return 0;
    }
    """
    from tvm.contrib import utils, clang
```

```
temp = utils.tempdir()
ll_path = temp.relpath("temp.ll")
# Create LLVM ir from c source code
ll_code = clang.create_llvm(cc_code, output=ll_path)
return ll_code
```

上述代码的变量 cc_code 中用三个引号定义的字符串内容为 gemv_update( ) 函数的实现代码。该字符串通过 clang 模块的 create_llvm( ) 接口被编译为 LLVM IR 代码。接下来，开发者可以通过 pragma 属性 import_llvm 导入 gemv_impl( ) 函数返回的 LLVM IR 代码：

```
s[C].pragma(x, "import_llvm", gemv_impl())
```

这时得到的是矩阵向量乘法微内核，该微内核可以最大限度地减少内存占用。与未张量化的版本相比，将微内核表示为张量 intrinsic 可以使执行速度大幅提高。

TVM 使用张量表达式语言声明新硬件 intrinsic 行为，以及与之关联的降级规则。下面示例代码通过调用 te.exp( )，由 call_intrin( ) 接口创建 intrinsic 调用表达式（Call Expr）进行指数运算：

```
n = te.var("n")
A = te.placeholder((n,), name="A")
B = te.compute(A.shape, lambda i: te.exp(A[i]), name="B")
s = te.create_schedule(B.op)
...
```

综上所述，TVM 的张量化实现方法是在通过张量指令优化低阶算子性能的同时，通过前端调整高阶计算图，以取得更好的效果。在 TIR 上完成所有分析和转换后，TIR 会被降级为更底层的通用低阶 IR，如 LLVM IR，之后可以进行汇编代码生成。通过这种方法，编译器后端可以将特定的操作模式映射为硬件实现或高度优化的手工微内核，从而显著提高性能。

2. TVM 的 intrinsic 降级规则

TVM 可以通过转换规则将 intrinsic 调用转换为设备相关的外部调用。虽然 TVM 可能已经在后端预先注册了内部规则，但是开发者可以在运行时使用自定义规则更改已有 intrinsic 降级规则。下面示例代码实现了指数运算的自定义 CUDA 降级规则。

```
def my_cuda_math_rule(op):
    """ Customized CUDA intrinsic lowering rule """
    assert isinstance(op, tvm.tir.Call)
    name = op.op.name
    assert name.startswith("tir.")
    dispatch_name = name[4:]
    if op.dtype == "float32":
        # call float function
        return tvm.tir.call_pure_extern("float32", "%sf" % dispatch_name, op.args[0])
    elif op.dtype == "float64":
        # call double function
        return tvm.tir.call_pure_extern("float32", dispatch_name, op.args[0])
    else:
```

```
                # cannot do translation, return self.
                return op
tvm.target.register_intrin_rule("cuda", "exp", my_cuda_math_rule, override =True)
```

上述代码中的 tvm.target.register_intrin_rule( ) 函数功能是注册 intrinsic 函数生成规则。其第一个参数 cuda 指定了代码生成目标，第二个参数 exp 指定了 intrinsic 函数名，第三个参数 my_cuda_math_rule 指定了修改降级规则的函数，第四个参数 override 指定是否将新规则注册到 TVM 以覆盖现有规则。my_cuda_math_rule( ) 函数通过调用 tvm.tir.call_pure_extern（"float32", "%sf" % dispatch_name, op.args [0]）生成调用 expf( ) 外部函数的表达式。经过上述修改，新规则使用函数 expf( )，而不是快速版本函数_ _expf( )，完成 CUDA 后端上 32 位浮点数的指数运算。

▶▶ 2.1.3　TVM 的自动调优框架

开发者需要对调度进行优化后才能更好地发挥硬件性能。这种优化可以是基于已有经验的手动优化，但这种方法效率低下，因为开发者需要为每一种硬件后端选择调度优化策略（如修改循环顺序或针对内存架构进行优化）和调度相关的参数（如切片大小和循环展开因子）。这样的组合选择对每一种硬件后端来说都会形成一个巨大的算子实现搜索空间。

为了应对这一挑战，TVM 提供了一个自动调度优化框架。通过这个自动调度优化框架，TVM 可以为深度学习系统的复杂算子编译高性能底层代码实现。自动调优过程可分为两个步骤。第一步定义搜索空间，第二步运行搜索算法，探索算子实现空间。

此前提到的调度都是固定调度，即计算的操作顺序、内存访问、循环迭代拆分次数、循环轴排序等参数都是固定的。定义搜索空间可以看作是对调度的参数化，可将手动调优的固定调度提升为定义调度策略的可调调度模板（tunable schedule template）。通过可调调度模板，可以从预定义候选参数集中选择在不同目标硬件上最优的参数组合，保证调度代码在不同输入形状和不同目标硬件条件下都能输出高性能底层代码实现。以下面示例代码说明了可调调度模板在分片矩阵乘法实现中的用法：

```
@autotvm.template("matmul")
def matmul(N, L, M, dtype):
    A = te.placeholder((N, L), name='A', dtype=dtype)
    B = te.placeholder((L, M), name='B', dtype=dtype)
    k = te.reduce_axis((0, L), name='k')
    C = te.compute((N, M), lambda i, j: te.sum(A[i, k]*B[k, j], axis=k), name='C')
    s = te.create_schedule(C.op)
    # schedule
    y, x = s[C].op.axis
    k = s[C].op.reduce_axis[0]
    cfg = autotvm.get_config()
    cfg.define_split("tile_y", y, num_outputs=2)
    cfg.define_split("tile_x", x, num_outputs=2)
    # schedule according to config
```

```
        yo, yi = cfg["tile_y"].apply(s, C, y)
        xo, xi = cfg["tile_x"].apply(s, C, x)
        s[C].reorder(yo, xo, k, yi, xi)
        return s, [A, B, C]
```

上述代码中的@ autotvm.template（"matmul"）将接下来的函数 matmul（）修饰为可调调度模板。在固定调度代码中，通常使用常数指定分片因子（tiling factor），例如，下面的示例代码将分片因子指定为 8：

```
        yo, yi = s[C].split(y, 8)
        xo, xi = s[C].split(x, 8)
```

但是，固定的参数无法适应输入形状和目标硬件的变化。因此，定义搜索空间时，需首先通过调用 get_config（）接口获得当前配置对象 cfg。正因为有了配置对象，示例代码中的调度不再是固定调度，而是转变为可以根据不同配置得到不同调度的可调（或称可配置）调度模板。TVM 提供了调度模板规范 API，开发者可以调用这类 API 在调度空间中定义可调参数（参考文献［1］称之为 knob）。上述示例代码通过 define_split（）接口定义了两个分割可调参数（split knob）tile_y 和 tile_x，分别分割 y 轴和 x 轴。define_split（）接口的第三个参数 num_outputs 指定了分割后的轴数为 2。例如，如果 y 轴的长度是 32，经过分割后，y 轴变为两个轴（即内轴和外轴）。两个轴可能的取值可以构成 6 种组合：（32，1）、（16，2）、（8，4）、（4，8）、（2，16）和（1，32）。这 6 种组合就是可调参数 tile_y 的候选值。可调参数 tile_x 的候选值组合与此相同。开发者也可调用 define_knob（）接口定义可调参数，示例代码如下：

```
        cfg.define_knob("tile_y", [1, 2, 4, 8, 16])
        cfg.define_knob("tile_x", [1, 2, 4, 8, 16])
```

上述代码中的可调参数 tile_y 和 tile_x 有 5 个同样的候选参数值。这两组可调参数取值相互独立，组合生成的搜索空间大小为 5 × 5 = 25。通过模板规范 API 定义可调参数时，开发者可以将经验值与特定域知识作为参数候选值纳入搜索空间。其中，define_knob（）接口需要手动列举候选值。相比较而言，通过 define_split（）接口函数定义搜索空间更简洁，也更智能。

示例代码接下来通过调用 apply（）接口，分别将 tile_y 的候选值和 tile_x 的候选值应用于 s[C]。当 define_split（）接口的参数 num_outputs 指定的分割轴数较大时，使用 applyt（）接口可以使代码更简洁。

上述过程为自动调优提供了搜索空间中的候选参数值配置，接下来还需要通过调优器在搜索空间中找到最优调度。TVM 中提供了 4 种不同策略的调优器。

- RandomTuner：以随机顺序遍历配置空间。
- GridScarchTuner：以网格搜索顺序遍历配置空间。
- GATuner：用遗传算法搜索配置空间。这种调优器没有代价模型，因此只能在真实机器上运行性能测量实验。
- XGBTuner：这种调优器的代价模型基于模拟退火算法，并使用 XGBoost 算法训练类似决策树的模型，然后使用该模型预测可提供高性能的配置。

选择调优器时应考虑搜索空间的大小、时间成本等因素。搜索空间较小的情况下，可以使用 RandomTuner 和 GridSearchTuner。搜索空间较大时，使用 XGBTuner 搜索效率更高。下面的示例代码演示了选择 RandomTuner 进行自动调优的方法：

```
N, L, M = 512, 512, 512
task = autotvm.task.create("matmul", args =(N, L, M, "float32"), target ="llvm")
...
measure_option = autotvm.measure_option (builder="local",
                                          runner=autotvm.LocalRunner(number=5))
tuner = autotvm.tuner.RandomTuner(task)
tuner.tune(
    n_trial =10,
    measure_option=measure_option,
    callbacks =[autotvm.callback.log_to_file("matmul.log")],
)

with autotvm.apply_history_best("matmul.log"):
    with tvm.target.Target("llvm"):
        s, arg_bufs = matmul(N, L, M, "float32")
        func = tvm.build(s, arg_bufs)
```

其中，autotvm.task.create( )接口的作用是生成调优任务并初始化搜索空间。其第一个参数指定调优任务的名称为 matmul；第二个参数 args 指定矩阵的维度和数据类型；第三个参数 target 指定编译目标为 llvm。对每个配置的测试分为编译和运行两个步骤。autotvm.measure_option( )接口为这两个步骤设置测试的选项，其第一个参数 builder 指定如何编译程序，builder=" local "表示使用本机所有 CPU 参与编译；第二个参数 runner 指定如何运行程序，runner＝autotvm.LocalRunner（number=5）表示用生成的代码运行 5 次测试，并取其平均值作为最后结果。在生成调优任务和设置测试选项后，可以调用 RandomTuner 调优器的 tune( )接口开始调优。参数 n_trial 表示在真实机器上尝试运行配置的数量，示例中运行了 10 个配置。参数 callbacks 指定的回调函数会在每次测试时调用，示例中的回调函数 log_to_file( )将调优记录写入文件 matmul.log 中，然后通过调用 apply_history_best( )函数将文件中的最优配置应用于矩阵乘函数 matmul( )。当运行该函数时，就可以从其分发上下文获得与其参数对应的最优配置。获得最优配置的方式如下：

```
dispatch_context = autotvm.apply_history_best("matmul.log")
best_config = dispatch_context.query(task.target, task.workload)
```

开发者可以通过并行执行和重用以前的自动调优配置加速自动调优。TVM 支持开发者在本地编译，然后在多个目标上以不同的自动调优配置运行程序。TVM 生成的日志文件用于保存所有调度算子的最优配置，并在编译过程中从日志文件检索最优配置。

在选择调优器时，同样也可以选择 XGBTuner。XGBTuner 调优器的用法示例代码如下：

```
tuner = autotvm.tuner.XGBTuner(task)
tuner.tune(
    n_trial=20,
    measure_option=measure_option,
    callbacks=[autotvm.callback.log_to_file("conv2d.log")],
)
```

调优器必须为工作负载搜索大量候选参数才能确定合适的配置。对于大型搜索空间，遍历所有可能性并评估每一种配置在目标硬件上的性能显然不可接受。一种可行的办法是采用代价模型指导对特定硬件后端的搜索，并获得优化的算子。自动调优中采用的代价模型主要有三种：黑盒模型、基于机器学习的代价模型和预定义代价模型。

黑盒模型仅考虑最终执行时间，而不考虑编译任务的特征。建立黑盒模型很容易，但是在没有任务特征指导的情况下，最终得到的可能是次优解决方案。基于机器学习的代价模型是一种使用机器学习方法预测性能的统计方法。这种模型可以在探索新配置时进行更新，从而有助于实现更高的预测精度。TVM 采用了这种模型对搜索进行导引。预定义代价模型是基于编译任务特征的模型，可以用于评估编译任务的整体性能。与基于机器学习的模型相比，预定义代价模型在实际应用中产生的计算开销较小，但是需要考虑的性能影响因素较多，需要花费大量工作量才能在新 AI 模型和硬件上建立和运行。

对于每个调度配置，调优器使用机器学习模型预测循环程序在给定硬件后端上的性能，并以预测结果为依据，按批次选择候选配置，再将其代入测试中迭代运行。运行过程中收集的数据可作为训练数据用于更新模型。

TVM 的核心思想是计算和调度分离，而 TVM 通过复用 Halide 已有的调度原语，并引入新的调度原语，扩大和完善了调度优化的搜索空间。一般情况下，开发者应在自动调优之前指定搜索空间。TVM 开发者可以使用特定域知识指定搜索空间，并基于计算描述提取每个硬件目标的自动搜索空间。针对大型搜索空间，TVM 的 XGBTuner 调优器通过并行模拟退火算法寻找问题的最优解。XGBTuner 调优器起始于随机配置，其接下来的每一步都随机行走到一个附近的配置。如果代价模型预测的代价降低，则这次迁移就是成功的。反之，如果目标配置代价变得更高，就表示迁移很可能失败。模拟退火算法能够以一定的概率接受一个比当前解更差的解，因此有可能跳出局部最优解，得到全局最优解。TVM 自动优化框架一方面极大地减轻了开发者手动优化调用的负担，降低了将同一个算子部署到不同目标硬件上并获得满意性能的难度，使开发团队可以将主要人力放在根据需求开发和优化算子上。但另一方面，TVM 自动优化框架的覆盖率依赖于开发者在调度空间中定义的可调参数，而可调参数的选择依赖于开发者的主观判断。这使得用户可能对 TVM 自动优化框架能否在指定的搜索空间找到最优解存疑。

2.2 TensorFlow XLA 的系统设计

前文中已经提到，XLA 的图级聚类优化可加速 AI 模型的执行。本节首先介绍聚类过程，然后举例说明 XLA 的 IR 设计和编译过程，并详细介绍了 XLA JIT 的图优化过程涉及的三个 pass 和 XLA JIT 的代码生成流程。

▶▶ 2.2.1　XLA 的聚类过程

聚类过程如图 2-1 所示。

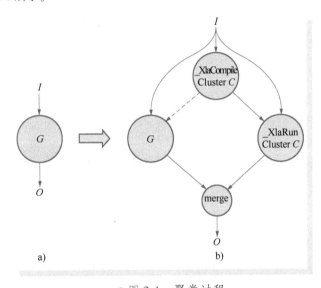

● 图 2-1　聚类过程

a）聚类前的计算图　b）聚类后的计算图

假设图 2-1a 中的 G 为计算图中的节点，其输入、输出集合分别为 I 和 O。启用 XLA 后，图 2-1a 被转换为图 2-1b。XLA 将节点 G 聚类为 C，并添加属性_XlaCompile，属性值设置为真。此时，C 只是操作的聚类，尚未被编译，也不能被编译，因为输入和输出张量的实际形状要等到执行时才能确定。对具有属性_XlaCompile 的节点（也称为_XlaCompile 节点），XLA 会尽力而为（best-effort）地为其编译，而原始节点 G 仍然保留在图中，以防 XLA 编译不成功时，仍可回退执行 G，而不是直接报错。但如果节点属性为_XlaMustCompile，XLA 编译不成功时会直接报错。聚类后，图中的合并（merge）节点将原生 TensorFlow 执行的输出和 XLA 执行的输出都传递给后继节点。

当 TensorFlow 运行时执行引擎到达上述计算图时，考虑到 XLA 编译带来的开销，前两次执行到_XlaCompile 节点并不会真正触发 XLA 编译（触发次数由静态变量 kDefaultCompilationThreshold 决定，此处假设该变量值为 2），而是通过图 2-1b 左侧虚线路径执行原始节点 G。只有在第三次执行到_XlaCompile 节点时，才可以断定节点 G 的执行频率较高，值得使用 XLA 编译。这时节点 G 对应的聚类 C 才会被编译为 XLA 库（即 XLA LocalExecutable），并生成对聚类节点及其输入形状和类型等元数据编码的密钥，该密钥被传递给与_XlaCompile 节点成对出现的_XlaRun 节点。_XlaRun 节点根据密钥，从保存编译结果的缓存中查找 XLA 库并执行。

随后的计算再次执行到图中的_XlaCompile 节点时，由于缓存中已经保存了之前的编译结果，

只要此时图和输入的形状没有变化，就可以跳过 XLA 编译过程，直接将聚类节点密钥传递给_
XlaRun 节点，并执行对应的 XLA 库，从而大大减少编译开销，这是 XLA 能够实现加速的主要原
因。但在输入频繁变化的应用场景中，_XlaCompile 节点的缓存不命中（cache miss）概率大大增加，
整体性能反而比常规 TensorFlow 执行引擎差。

对于 XLA 图中未被聚类的算子，TensorFlow 运行时的执行方式不变。XLA 编译器通过编译子
图，可以减少短时操作的执行时间，消减 TensorFlow 运行时开销。XLA 编译器还可以分析和调度内
存使用，消除中间存储缓冲区，融合流水线操作，从而减少内存开销。在改善执行效率和内存性能
的基础上，XLA 编译器可以使子图的性能接近手工优化的融合算子的性能，从而减少对定制算子的
需求。

▶▶ 2.2.2 XLA 的 IR 设计和编译过程

与 TVM 类似，在 XLA 整体架构中也包含两级 IR：HLO IR 和低阶 IR。HLO IR 是 XLA 的输入
语言，或简称为 HLO（High Level Optimization）。开发者首先通过 TensorFlow 构造图，并通过前端
［如 xla.compile( ) API 或其他方法］将图编译为目标无关的 HLO。例如，在 TensorFlow 中构造如下
矩阵乘标量后加偏置矩阵计算图（参见官方源代码）：

```
W = tf.get_variable(shape=[], name='weights')
b = tf.get_variable(shape=[], name='bias')
x_observed = tf.placeholder(shape=[None], dtype=tf.float32,  name='x_observed')
y_pred = W *x_observed + b
...
```

编译该图得到的 HLO 示例代码如下：

```
HloModule cluster_o_xlaCompiledkernel_true_xlaNumConstantArgs_0_xlaNumResourceArgs_0_0

%fused_computation (constant.0.2.param_1.1: f32[ ], arg1.0.1.param_1: f32[ ],
                    constant.0.3.param_2: f32[ ]) -> f32[ ]) {
  %arg1.0.1.param_1 =   f32[ ]parameter(1)
  %constant.0.3.param2 = f32[ ]parameter (2)
  %multiply.0.10 = f32[ ]multiply (f32[ ]%arg1.0.1.param_1,
                                   f32[ ]%constant.0.3.param_2), metadata={
op_type=" Mul "
op_name="bias/Initializer/random_uniform/mul" )
  %constant.0.2.param_1.1 = f32[ ]parameter (0)
  ROOT %add.0.11 = f32[ ]add (f32[ ]%multiply.0.10, f32[ ]%constant.0.2.param 1.1),
            metadata={ op_type=" Add " op_name="bias/Initializer/random_uniform" }
}

ENTRY %cluster_0 [_xlaCompiledkernel=true, _XlaNumConstantArgs=0,
xlaNumResourceArgs=0]0 (arg0.0.0: f32[ ], arg1.0.1: f32[ ]) -> (f32[ ], f32[ ]) {
  %constant.0.2 = f32[ ]constant (-1.73205078), metadata={ op_type=" Const "
                                op_name="bias/Initializer/random_uniform/min " }
  %arg0.0.0 = f32[ ]parameter (0), metadata={ op_name=" XLA Args " }
```

```
    %constant.0.3 = f32[ ]constant (3.46410155), metadata={ op_type="Const"
                                  op_name="bias/Initializer/random_uniform/sub" }
    …
ROOT %tuple.0.13 = (f32[ ], f32[ ]) tuple (f32[f]fusion.1, f32[ ]%fusion),
                                  metadata={ op_name="XLA Retvals" }
    }
```

其中的 **HloModule** 类表示 **XLA** 编译的模块。HloModule 是 HLO IR 的顶级单元，对应整个程序的数据流图。模块中包含若干操作，每个操作也称为指令，是 HloInstruction 类的实例。HLO 中包含经过选择的操作集，操作集中的指令数量有限，每个指令的语义由 XLA 操作语义文档明确定义。操作集的主要作用是通过有限数量的指令描述深度学习框架的 AI 模型算子功能。若干指令组成的序列称为计算（也可以将其理解为函数），计算是 HloComputation 类的实例。每个模块中都有一个特别的计算，即入口计算（entry computation），其作用类似于主函数。计算可以有若干输入参数，但只有一个输出，即根节点（root）。XLA 主要功能是借由 HLO IR 将 AI 模型抽象为细粒度的操作组合，然后通过 XLA 融合和代码生成框架优化由操作组合表示的计算，并为 CPU、GPU 和专用加速器等硬件平台生成机器代码。

HLO 中没有基本块或明确的分支指令。控制流由条件（kConditional）、循环（kWhile）和调用（kCall）这三种特别的 HloInstruction 表示。例如，kConditional HLO 可根据谓词的运行时数值，选择执行两种计算中的一个。这两种计算的参数数量和参数形状都必须相同，其根节点形状也必须相同。

XLA 提供的统一接口可以对 HLO 程序执行目标无关的编译和优化。因此，不同于 TensorFlow 这类前端框架，XLA 是一个优化 HLO 并将其降级为机器代码的后端框架。XLA 的输入是 HLO 定义的计算图，计算图被降级为硬件平台相关的 LLO（Low Level Optimization）或 LLVM IR，并被编译为适用于各种架构的机器指令。图 2-2 所示为 XLA 的编译过程。

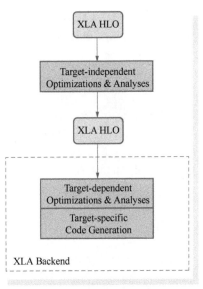

● 图 2-2　XLA 的编译过程[3]

XLA 提供了多种目标无关的优化分析过程、融合算法，以及用于为计算分配运行时内存的缓冲区分析方法。在此阶段，XLA 是在没有任何目标约束的情况下优化 HLO IR。完成与目标无关的步骤之后，XLA 生成优化的 HLO 代码，这些代码随后被送到 XLA 后端以生成目标相关的代码。XLA 后端执行进一步的 HLO 优化，此时将考虑目标相关的信息和需求。如果目标硬件是 TPU，XLA 编译器会将 HLO 转换为 LLO 代码，即可以在 TPU 上执行的 TPU 汇编代码。XLA 采用模块化设计，可以很方便地加入对新硬件架构的支持。图的构造和编译在主机端进行。一旦将编译后的 LLO 代码部署到 TPU 上，就可以在无需主机干预的情况下，重复执行计算步骤。如果目标硬件是 GPU，后端

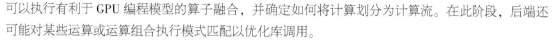

可以执行有利于 GPU 编程模型的算子融合，并确定如何将计算划分为计算流。在此阶段，后端还可能对某些运算或运算组合执行模式匹配以优化库调用。

完成目标相关优化后，下一步是针对特定目标生成代码。XLA 的 CPU 和 GPU 后端使用对应的 LLVM 后端进行 IR 降级、优化和代码生成。XLA 后端根据 XLA HLO 计算生成对应的 LLVM IR，然后调用 LLVM 后端为 LLVM IR 生成机器代码。目前，XLA GPU 后端通过 LLVM NVPTX 后端支持英伟达 GPU，XLA CPU 后端支持多个 CPU ISA，详细信息可参见 TensorFlow XLA 官网[3]。

当然，XLA 也有不足之处。例如，不是在所有情况下都能使用 XLA 加速所有模型。与原生 TensorFlow 执行相比，XLA 会增加两方面的开销：第一，XLA 必须在运行时编译代码，这会增加编译时间，增加的时间长短取决于生成聚类子图的大小及其编译的次数（XLA 需要为每个形状的实例编译一次）；第二，XLA 集成到 TensorFlow 时会在图中增加节点，这种接口方式也会增加图的执行时间。由 XLA 引起的性能开销通常很难确定发生位置。有些开销发生在模型开始执行时，有些开销发生在执行过程中的固定时间点，而有些开销则在执行过程无规律地发生。TensorFlow 具有细粒度地执行模型、允许复制和计算重叠的特点，而 XLA 做不到这一点。这些都会对模型执行的时序分析产生影响。除了这些性能开销外，由于设计原因，XLA 会增加内存需求，因而有可能会在执行期间出现内存不足问题。

▶▶ 2.2.3 开启 XLA 的方式

XLA 有 JIT 和 AOT 两种编译接口。其中，JIT 编译可以通过设置 global_jit_level 选项或调用 xla.compile( ) API 接口开启，AOT 编译则通过调用 tfcompile( ) API 接口开启。篇幅所限，本节主要关注 JIT 方式。

开启 XLA 的方式有三种。

1）方式一是通过调用 tf.function( ) 或 tf.xla.experimental.jit_scope( ) API 为模型的特定部分开启 XLA。这种方式也称为手动聚类（manual clustering）。开发者可以通过调用 tf.function( ) 或 jit_scope( ) 接口指定 XLA 优化范围。其中，tf.function( ) 接口的功能是将函数编译为可调用 TensorFlow 图（callable TensorFlow graph）。为了使用 XLA 编译函数，在调用 tf.function( ) 接口时，应指定参数 experimental_compile 为 True。示例代码如下：

```
@tf.function(experimental_compile=True)
def f(x, y):
   ...
```

tf.function( ) 接口参数 experimental_compile 默认为 None。当 f( ) 函数在除 TPU 以外的其他设备上运行时，由标准 TensorFlow 执行程序进行解释，并通过常规函数执行路径运行。执行程序会在算子内核变为可执行文件后，将其逐个分发到硬件执行。如果将参数 experimental_compile 设置为 True，则 f( ) 函数由 XLA 直接编译，并可在 TPU 上运行。当硬件设备为 TPU 或 XLA_GPU，或当应用为密集张量计算时，XLA 将融合所有操作并生成更高效的代码。

开启 XLA 的另一种方式是调用 tf.xla.experimental.jit_scope( ) 接口。JIT 编译器通过 XLA 编译并

运行 TensorFlow 图的一部分，tf.xla.experimental.jit_scope( )接口的功能是通过对指定范围内的算子添加属性值_XlaCompile＝true 开启或禁用 JIT 编译。函数声明如下：

```
tf.xla.experimental.jit_scope(compile_ops=True, separate_compiled_gradients=False)
```

其中，参数 compile_ops 指定在范围内开启还是禁用 JIT 编译。该参数值默认为 True，即开启 JIT 编译。下面的示例代码分别控制对 add 算子开启和禁用 JIT 编译：

```
with tf.xla.experimental.jit_scope():
  a = tf.add(x1, y1)
with tf.xla.experimental.jit_scope(compile_ops=False):
  b = tf.add(x2, y2)
```

jit_scope( )接口的参数 separate_compiled_gradients 如果设置为 true，则将每个梯度子图放入单独的编译范围。该参数提供了对编译单元更细粒度的控制。下面的示例代码将计算 a、b、c 并分别放在不同编译范围内：

```
with tf.xla.experimental.jit_scope(separate_compiled_gradients=True):
  a = tf.matmul(x1, y1)
  b = tf.gradients([a], [x1, y1], name='grads1')
  c = tf.gradients([a], [x1, y1], name='grads2')
```

其中，tf.gradients( )接口输出 [a] 对 [x1, y1] 的导数。通过参数 separate_compiled_gradients，可以控制将图中的前向计算和梯度函数分别放在不同的编译范围内进行编译。将梯度函数单独编译可以为某些图带来更好的性能。

2）方式二是通过 tf.config.optimizer.set_jit( ) API 或 global_jit_level 选项，在会话（session）级别开启 XLA。在会话级别开启 JIT 编译，影响的是整个会话范围，这将导致会话中的所有算子被尽可能地编译为 XLA 计算。每个 XLA 计算都会被编译为设备的一个或多个内核。

对于 TensorFlow 2.X 开发者，可通过下面代码在会话级别开启 JIT 编译：

```
tf.config.optimizer.set_jit(True)
```

对于 TensorFlow 1.X 开发者，可通过下面代码在会话级别开启 JIT 编译：

```
config = tf.ConfigProto()
config.graph_options.optimizer_options.global_jit_level = tf.OptimizerOptions.ON_1
sess = tf.Session(config=config)
```

其中，tf.ConfigProto( ) API 用于在创建会话时进行参数配置。可配置的部分很多，这里用到的类对象 graph_options 是关于 TensorFlow 图的配置项，类对象 optimizer_options 是图的优化配置项。OptimizerOptions 类的设置选项 global_jit_level 决定了是否开启全局自动聚类。

JIT 编译可以在会话级别开启，也可以在手动选择的范围内开启（如方式一所述）。这两种方法都支持零复制，即不通过复制即可在已编译 XLA 内核和同一设备上的 TensorFlow 算子之间传递数据。

3）方式三是通过设置环境变量开启 XLA。开发者可通过设置环境变量 TF_XLA_FLAGS 的选项 tf_xla_auto_jit 开启 XLA，并控制如何将图中节点编译为 CPU 和 GPU 设备的机器码。该环境变量可以设置为由空格分隔的一系列选项，选项取值说明见 <tensorflow_root>/tensorflow/compiler/jit/flags.cc。这种方法不需要修改源代码。设置方法如下所示：

```
TF_XLA_FLAGS = --tf_xla_auto_jit = 1
```

--tf_xla_auto_jit = 1 表示在可能会改善性能的情况下开启 XLA。其他的可能取值包括："0"，使用上述 ConfigProto 设置；"-1"，关闭 XLA；"2"，对图中所有节点开启 XLA。

环境变量 TF_XLA_FLAGS 对 TensorFlow 1.X 或 TensorFlow 2.X 都起作用。如果 XLA 已经开启，也可通过该环境变量禁用 XLA：

```
TF_XLA_FLAGS=--tf_xla_auto_jit=-1
```

另外，环境变量 TF_XLA_FLAGS 的其他选项可以用于协助定位错误。例如，2.2.2 小节中提到，由于设计原因，在 XLA 执行期间可能会出现内存不足问题，可以通过如下设置：

```
TF_XLA_FLAGS=--tf_xla_always_defer_compilation=true
```

控制 TensorFlow 不编译聚类，而是始终执行回退路径（即图 2-1b 中所示的原始节点 G）。如果执行回退路径仍然导致内存不足错误，则原因很可能是内存空间不足以同时放下输入 I 和输出 O；如果回退路径执行成功，则问题在于内存空间不足以同时放下 XLA 内核函数实现中的输入 I、输出 O 和所有中间张量。解决 XLA 中内存不足问题的方法是减少聚类中的操作数量，即控制聚类的规模。因为，聚类中操作的数量会影响输入、输出和中间张量的数量。

上述三种开启 XLA 的方式中，通过 tf.function( ) 开启 XLA 的方式优先于设置环境变量开启方式，而设置 global_jit_level 和 jit_scope 的方式优先级最低。

▶▶ 2.2.4　XLA JIT 的图优化过程

TensorFlow 运行时中有多种优化工具，如 Grappler、GraphOptimizer 和 GraphOptimizationPass 等。其中的 GraphOptimizationPass 和 JIT 编译关系密切，JIT 的每一种图优化器都是 GraphOptimizationPass 类的子类对象，JIT 通过这些优化器完成图优化和重构。

基于 GraphOptimizationPass 类的优化 pass 对 Graph 对象进行优化。TensorFlow 为优化 pass 提供了全局注册表 OptimizationPassRegistry，并在注册时通过参数为每个优化器指定不同的执行阶段。TensorFlow 中的 OptimizationPassRegistry 类定义如下（与 GraphOptimizationPass 类定义在同一文件中）：

```
class OptimizationPassRegistry {
public:
  // Groups of passes are run at different points in initialization.
  enum Grouping {
    PRE_PLACEMENT,           // after cost model assignment, before placement.
    POST_PLACEMENT,          // after placement.
    POST_REWRITE_FOR_EXEC,   // after re-write using feed/fetch endpoints.
```

```
    POST_PARTITIONING,        // after partitioning
  };
...
  // Run all passes in grouping, ordered by phase, with the same options.
  Status RunGrouping(Grouping grouping, const GraphOptimizationPassOptions& options);
...
private:
  std::map<Grouping, GraphOptimizationPasses> groups_;
};
```

通过 OptimizationPassRegistry 类可以注册并保存 JIT 中的优化器，类的成员变量 groups_ 保存所有图优化器实例。前文已经提到，在 TensorFlow 图运行前，聚类功能通过一系列优化和重构，将 TensorFlow 图中的节点转换为_XlaCompile 和 _XlaRun 节点。JIT 编译在_XlaCompile 节点中进行，其中涉及与 JIT 编译相关的 GraphOptimizationPass 优化器有三个：MarkForCompilationPass、Encapsulate-SubgraphsPass 和 BuildXlaOpsPass，其注册代码如下：

```
REGISTER_OPTIMIZATION(OptimizationPassRegistry::POST_REWRITE_FOR_EXEC, 10, MarkFor-
CompilationPass);
REGISTER_OPTIMIZATION(OptimizationPassRegistry::POST_REWRITE_FOR_EXEC, 50, Encapsu-
lateSubgraphsPass);
REGISTER_OPTIMIZATION(OptimizationPassRegistry::POST_REWRITE_FOR_EXEC, 60, BuildXl-
aOpsPass);
```

上述代码通过宏 REGISTER_OPTIMIZATION( ) 注册优化器，宏的三个参数分别为 grouping、phase 和 optimization。其中，参数 grouping 的作用是按照初始化过程中执行优化的时间点将优化器分组。枚举类型 grouping 的四个枚举常量在 OptimizationPassRegistry 类中定义，分别是 PRE_PLACE-MENT、POST_PLACEMENT、POST_REWRITE_FOR_EXEC 和 POST_PARTITIONING。这四个常量对应 GraphOptimizationPass 优化的四个阶段。上述代码中，三个优化器的 grouping 都为 POST_REWRITE_FOR_EXEC，意指在重写（re-write）图之后执行优化。参数 phase 指定优化器的执行顺序，同一个组内的优化器按 phase 值从小到大依次执行。optimization 用于指定优化器类型。优化器的执行在 OptimizationPassRegistry 的 RunGrouping( ) 成员函数中实现。

下面按执行顺序，分别介绍这三个与 JIT 编译相关的优化器。

1. MarkForCompilationPass 的功能

MarkForCompilationPass 优化过程的主要作用是进行聚类划分，将 TensorFlow 计算图转换为 XLA 计算图，并为图中的每个节点添加_XlaCluster 属性，其属性值为字符串 "cluster_" 加聚类编号。MarkForCompilationPass 主要功能分三步完成：首先，在 Initialize( ) 函数中进行初始化，确定符合聚类条件的节点；其次，在 RunEdgeContractionLoop( ) 函数中尽可能消除节点之间的边，创建 XLA 聚类；最后，在 CreateClusters( ) 函数中通过使用_XlaCluster 属性标记节点，并将聚类决策体现在图中。代码如下所示：

```
Status MarkForCompilationPassImpl::Run() {
...
  TF_ASSIGN_OR_RETURN(bool initialized, Initialize());
  if(!initialized) { return Status::OK(); }
  TF_RETURN_IF_ERROR(RunEdgeContractionLoop());
  TF_RETURN_IF_ERROR(CreateClusters());
  TF_RETURN_IF_ERROR(DumpDebugInfo());
  return Status::OK();
}
```

初始化函数 Initialize( ) 首先找到图中符合编译条件的节点，这里的编译条件包括：XLA 是否提供节点操作的内核函数实现、节点的_XlaCompile 属性值是否为真、XLA 注册的设备类型是否支持节点操作等。然后 Initialize( ) 函数检查图中是否存在环，以防止死锁。最后，对 2.2.3 小节中提到的开启 JIT 方式［jit_scope( ) API、global_jit_level 和 tf_xla_auto_jit 选项］进行检查。这里要用到两个范围属性：_XlaScope 和_XlaInternalScope。只有当通过边相连的两个节点的范围属性一致时，节点才符合聚类的条件。_XlaScope 属性通过 jit_scope( ) API 设置，而_XlaInternalScope 属性通过 global_jit_level 选项设置。如果 global_jit_level 选项关闭，则只检查_XlaScope；如果 global_jit_level 选项打开，则只检查_XlaInternalScope，代码如下：

```
absl::optional<string> MarkForCompilationPassImpl::GetXlaScope(Node* node) {
  if (global_jit_level_ != OptimizerOptions::OFF) {
    // If global_jit_level_ is ON, respect only _XlaInternalScope.
    const string& scope = GetNodeAttrString(node->attrs(), kXlaInternalScopeAttr);
    if (!scope.empty()) { return scope; }
  } else {
    // If global_jit_level_ is OFF, respect only _XlaScope.
    const string& scope = GetNodeAttrString(node->attrs(), kXlaScopeAttr);
    if (!scope.empty()) { return scope; }
  }
  return absl::nullopt;
}
```

从上述代码可以看到，global_jit_level 选项优先于 jit_scope( ) API。如果开启了 global_jit_level，_XlaScope 属性会被忽略，而只用_XlaInternalScope 属性。

通过检查这些设置，初始化函数会挑选出所有开启 JIT 并且支持 JIT 编译的节点，进行下一步行聚类分析。不同决策依据对包含多个节点的图做聚类分析可以产生不同聚类结果。如图 2-3a 所示，包含了四个节点（即 op0～op3）。假设其中的节点 op1 不能由 XLA 编译，则不能参与聚类。由于决策依据的不同，既可以将 op0 和 op2 聚合，如图 2-3b 所示，也可以将 op2 与 op3 聚合，如图 2-3c 所示。

虽然图 2-3b 和图 2-3c 都是有效聚类，但图 2-3b、c 的性能很可能不同，因为某些聚类决策可能比其他聚类决策更有助于提高性能。具体到图 2-3 中的例子，聚类决策需要决定是消除 op0 和 op2 之间的边，还是消除 op2 和 op3 之间的边更能帮助提高性能，这取决于 op2 的操作类型。例如，如果 op2 是 Size 操作，op2 应该与 op0 聚类，因为这可以减少 op0 输出的大张量在 op2 中的复制和计算开销。为了得到最优的聚类结果，RunEdgeContractionLoop( )函数会在所有重要的边上进行决策，并通过多轮迭代，确保所有最重要的边都尽可能被消除。

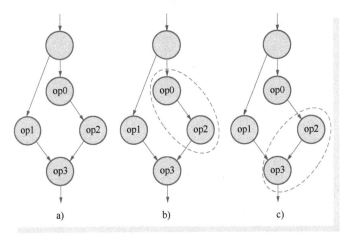

● 图 2-3　聚类决策的影响

a）聚类前的计算图　b）将 op0 和 op2 聚合后的计算图　c）将 op2 和 op3 聚合后的计算图

　　CreateClusters( )函数的目的是将符合 JIT 编译条件的节点划分到若干个聚类中，并为每个聚类中节点的_XlaCluster 属性分配"cluster_n"字符串值（n 表示聚类序号），同时将节点的另一聚类属性_XlaAlreadyClustered 设置为真。CreateClusters( )函数划分到聚类中的有效节点数应不小于 min_cluster_size 选项值（一般为 2），并支持功能性（functional）控制流（如 If 和 While 节点的聚类）且_XlaCompile 属性值为真。CreateClusters( )函数的实现代码如下：

```
Status MarkForCompilationPassImpl::CreateClusters() {
...
  std::unordered_map<int, string> cluster_names;
  for (Node* n : compilation_candidates_) {
    Cluster* cluster = GetClusterForNode(n);
    ...
    if (cluster->effective_cluster_size() >= debug_options_.min_cluster_size ||
        cluster->has_functional_control_flow() ||
        cluster->is_xla_compile_attr_true()) {
      string& name = cluster_names[cluster->cycles_graph_node_id()];
      if (name.empty()) {
        name = absl::StrCat("cluster_", GetNextClusterSequenceNumber());
      }
      n->AddAttr(kXlaClusterAttr, name);
      n->AddAttr(kXlaAlreadyClustered, true);
    }
  }
  return Status::OK();
}
```

仍以图 2-3 为例。假设 op0 与 op2 划分到同一聚类，则 MarkForCompilationPass 执行完成后的图为：op0 和 op2 节点被聚类为 cluster_0，op1 和 op3 节点因为不满足 JIT 编译条件，所以没有被分配到任何聚类中。MarkForCompilationPass 源代码实现参见<tensorflow_root>/tensorflow/compiler/jit/mark_for_compilation_pass.cc。

2. EncapsulateSubgraphsPass 的功能

EncapsulateSubgraphsPass 必须在 MarkForCompilationPass 后运行。根据 MarkForCompilationPass 为节点标记的聚类属性_XlaCluster，EncapsulateSubgraphsPass 将具有相同_XlaCluster 属性值的所有节点封装到函数中（即函数化或子图化），并将原图中包含聚类节点的子图替换为对该函数的调用，同时为调用标记_XlaCompiledKernel 属性，然后将函数调用的结果传递给 BuildXlaOpsPass。

如图 2-4 所示，其中所有_XlaCluster 属性值为 cluster_0 的节点，经过 EncapsulateSubgraphsPass 优化后被封装到名为 cluster_0 的节点中，并将节点的_XlaCompiledKernel 属性设置为真。EncapsulateSubgraphsPass 优化后的图如图 2-5 所示。

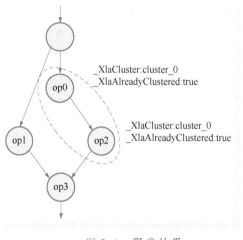

● 图 2-4　聚类结果

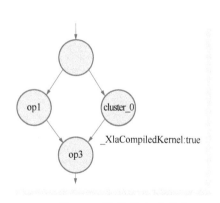

● 图 2-5　聚类节点函数化

因为后续的 XlaLocalLaunchOp 操作要求节点操作的参数顺序为常量参数在前，常规参数其次，资源参数最后。因此，EncapsulateSubgraphsPass 首先对图中的节点做常量折叠优化（前提条件是 tf_xla_disable_constant_folding 选项为真，而且不对输出张量类型为 DT_VARIANT 的节点做常量折叠），并通过后向数据流分析，找出图中必须为编译时常量的参数。通过交换顺序，找到的常量参数应排在参数列表的最前面，其后是常规参数和资源参数。常量参数和资源参数的数量分别写入属性_XlaNumConstantArgs 和_XlaNumResourceArgs 中，并将_XlaCompiledKernel 属性值设置为真，表示该节点是由 EncapsulateSubgraphsPass 产生的函数调用，后续应通过 XlaLaunch 算子对其进行编译。

EncapsulateSubgraphsPass 的主要功能是在 EncapsulateSubgraphsInFunctions ( ) 函数中实现，代码实现如下：

```
Status EncapsulateSubgraphsInFunctions(
    string group_attribute, const Graph& graph_in,
    const RewriteSubgraphFn& rewrite_subgraph_fn, bool reuse_existing_functions,
    std::unique_ptr<Graph>* graph_out, FunctionLibraryDefinition* library) {
  Encapsulator encapsulator(std::move(group_attribute), &graph_in);
  TF_RETURN_IF_ERROR(encapsulator.SplitIntoSubgraphs(library));
  TF_RETURN_IF_ERROR(encapsulator.BuildFunctionDefs(
    rewrite_subgraph_fn, reuse_existing_functions, library));
  std::unique_ptr<Graph> out(new Graph(library));
  out->set_versions(graph_in.versions());
  TF_RETURN_IF_ERROR(encapsulator.BuildOutputGraph(out.get(), library));
  *graph_out = std::move(out);
  return Status::OK();
}
```

EncapsulateSubgraphsInFunctions()函数的形参 group_attribute 在该函数被调用时接受的值实际是 _XlaCluster 属性值。上述代码中的 SplitIntoSubgraphs()函数查找节点标记有_XlaCluster 属性的子图，并对应每个_XlaCluster 属性值生成一个新子图。新子图中的节点和边除了从原图中复制外，SplitIntoSubgraphs()函数还会为跨子图边界的数据边新增加一个_Arg 节点和一个_Retval 节点，分别用于从图中接受输入和向图中返回输出。处理过程如图 2-6 所示。

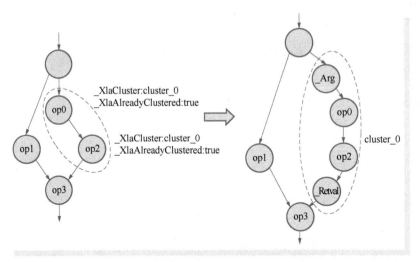

● 图 2-6　SplitIntoSubgraphs()函数功能

接下来的 BuildFunctionDefs()函数为每个子图对象创建对应的 FunctionDef 对象。FunctionDef 是 TensorFlow 中一种以 protobuf（Protocol Buffer）格式定义的嵌套消息，概念上与函数对应。FunctionDef 可以看作独立的计算图，可以被实例化和调用。BuildFunctionDefs()函数实现如下：

```
Status Encapsulator::BuildFunctionDefs(…) {
  for (auto& subgraph_entry : subgraphs_) {
  …
    TF_RETURN_IF_ERROR(subgraph.BuildFunctionDef(
```

```
        name, rewrite_subgraph_fn, reuse_existing_functions, library));
  }
  return Status::OK();
}

Status Encapsulator::Subgraph::BuildFunctionDef(
    const string& name_in, const RewriteSubgraphFn& rewrite_subgraph_fn,
    bool reuse_existing_functions, FunctionLibraryDefinition * library) {
...
  FunctionDef fdef ;
...
  TF_RETURN_IF_ERROR(GraphToFunctionDef(*graph_, name, lookup, &fdef));
  const FunctionDef* original_fdef = library->Find(name);
  if (!reuse_existing_functions ||original_fdef == nullptr) {
    TF_RETURN_IF_ERROR(library->AddFunctionDef(fdef));
  } else if (!FunctionDefsEqual(*original_fdef, fdef)) {
    TF_RETURN_IF_ERROR(library->ReplaceFunction(name, fdef));
  }
  return Status::OK();
}
```

上面代码中的 GraphToFunctionDef( ) 函数将子图转化为 FunctionDef 实例 fdef。例如，将图 2-6 中所示的_Arg 节点转换为函数的输入，将_Retval 节点转换为函数的输出。如果之前从未为子图创建 FunctionDef 实例，则调用 AddFunctionDef( ) 函数，将新创建 FunctionDef 实例添加到运行时函数定义库（FunctionLibraryDefinition 类对象）library 中。如果因子图变化，导致新创建 FunctionDef 实例与之前不同，则调用 ReplaceFunction( ) 函数，用新 FunctionDef 实例替换库中原有的 FunctionDef 实例。

最后，EncapsulateSubgraphsInFunctions( ) 函数调用 BuildOutputGraph( ) 函数，创建新的输出计算图。BuildOutputGraph( ) 函数将原图中不在任何子图中的节点复制到新的输出图中，并将子图都替换为函数调用，函数的名字为_XlaCluster 属性值，如 cluster_0。BuildOutputGraph( ) 函数实现代码如下：

```
Status Encapsulator::BuildOutputGraph(Graph* graph_out,
                                      FunctionLibraryDefinition* library) {
  // Map from nodes in the input graph to nodes in the output graph.
  std::unordered_map<const Node* , Node* > node_images;
  TF_RETURN_IF_ERROR(CopyNodesToOutputGraph(graph_out, &node_images));
  TF_RETURN_IF_ERROR(AddFunctionCallNodes(node_images, graph_out));
  TF_RETURN_IF_ERROR(AddEdgesToOutputGraph(node_images, graph_out));
  return Status::OK();
}
```

其中，CopyNodesToOutputGraph( ) 函数将子图之外的节点复制到输出图中，AddFunctionCallNodes( ) 函数将 BuildFunctionDef( ) 函数中初始化的函数调用节点加入输出图中，AddEdgesToOutputGraph( ) 函数将跨聚类子图边界的边或聚类子图之外的边复制到输出图中，完成输出图的数据和控制依赖关系的构造。

综上所述，经过 EncapsulateSubgraphsPass 优化后，原计算图中的聚类节点转换为 Tensor-Flow 的一个函数子图，原图中用函数调用节点表示函数在原图的位置，如图 2-7 所示。

EncapsulateSubgraphsPass 源代码实现参见 <tensorflow_root>/tensorflow/compiler/jit/ encapsulate_subgraphs_pass.cc。

3. BuildXlaOpsPass 的功能

经过 EncapsulateSubgraphsPass 优化之后，BuildXlaOpsPass 优化将图中_XlaCompiledKernel 属性值为真的节点替换为 _XlaCompile 和 _XlaRun 节点。其中，_XlaCompile 节点负责将

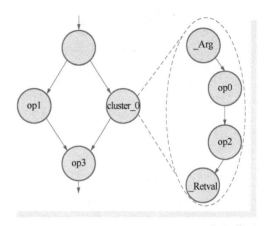

● 图 2-7　EncapsulateSubgraphsPass 优化结果

函数编译为 LocalExecutable，_XlaRun 节点负责执行 LocalExecutable。对于图中的发送节点、接收节点、控制流节点和 _XlaCompiledKernel 属性值为假的节点，BuildXlaOpsPass 不做处理。BuildXlaOpsPass 的代码实现如下：

```
Status BuildXlaOpsPass::Run(const GraphOptimizationPassOptions& options) {
  Graph* graph = options.graph->get();
  ...
  bool lazy_compilation_enabled =
      enable_lazy_compilation_ ? *enable_lazy_compilation_
        : GetBuildXlaOpsPassFlags()->tf_xla_enable_lazy_compilation;
  jit::DeviceInfoCache device_info_cache;
  ...
  for (Node* n : xla_compiled_kernels) {
    TF_RETURN_IF_ERROR(ReplaceNodeWithXlaCompileAndXlaRun(
        &device_info_cache, options, *options.flib_def,
        lazy_compilation_enabled, debugging_opts, graph, n));
  }
  return Status::OK();
}
```

_XlaCompile 和_XlaRun 节点支持延迟编译（lazy compilation），开发者可以通过前文提到的环境变量 TF_XLA_FLAGS 选项 tf_xla_enable_lazy_compilation 开启或禁用延迟编译。禁用延迟编译（此时称为严格编译）设置如下：

```
TF_XLA_FLAGS=--tf_xla_enable_lazy_compilation=false
```

在严格编译模式下，图 2-8a 中的回退路径不会保留，相应的合并节点也不再需要，计算图变得如图 2-8b 所示。

在严格编译模式下，聚类在第一次执行时就必须被编译，这对于需要执行多次的节点会有性能上的收益。在延迟编译模式下，_XlaCompile 节点可以选择不编译聚类。这时可调用常规 TensorFlow 函数而不是通过_XlaRun 节点执行聚类。

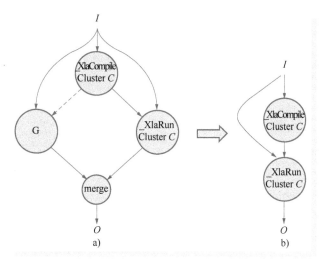

● 图 2-8　严格编译时的计算图变化

a）聚类后的计算图　b）严格编译后的计算图

_XlaCompile 和_XlaRun 节点替换发生在 ReplaceNodeWithXlaCompileAndXlaRun ( ) 函数中，该函数的实现代码如下：

```
Status ReplaceNodeWithXlaCompileAndXlaRun(…) {
  XlaClusterInfo cluster_info;
  ...
  ops::_XlaCompile xla_compile(root.WithOpName("xla_compile"), …);
  ...
  std::vector<Output> xla_run_args = GetXlaRunArgs(root, cluster_info, debugging_
opts);
  if (requires_compilation) {
    ops::_XlaRun xla_run(root.WithOpName("xla_run"), xla_run_args,
                    xla_compile.key, n->output_types());
  ...
  } else {
...
    ops::Switch s(root.WithOpName("predicated_compilation_key"),
                xla_compile.key, xla_compile.compilation_successful);
    Output predicated_compilation_key = s.output_true;
    Output inverse_predicated_compilation_key = s.output_false;
    ops::_XlaRun xla_run(root.WithOpName("xla_run"), xla_run_args,
                    predicated_compilation_key, n->output_types());
    ...
  return Status::OK();
}
```

上述代码中调用的 ops∷_XlaCompile 和 ops∷_XlaRun 是在 TensorFlow 系统中使用接口 REGISTER_OP ( )注册的运算接口（简称 Op）。_XlaCompile Op 和_XlaRun Op 注册代码（见<tensor-flow_root>/tensorflow/compiler/jit/ops/xla_ops.cc）如下：

```
REGISTER_OP("_XlaCompile")
   …
   .Output("key : string")
   .Output("compilation_successful : bool")
   …
   .Doc(…);

REGISTER_OP("_XlaRun")
   …
   .Input("key : string")
   .Doc(…);
```

_XlaCompile Op 返回的布尔变量 compilation_successful 表示 XLA 编译是否成功。如果成功，则执行_XlaRun Op；否则，调用常规 TensorFlow 函数。_XlaCompile Op 的另一个返回值是密钥（key），接下来_XlaRun Op 将该密钥作为输入，从缓存（XlaExecutableClosureStore 类对象）中取得 LocalExecutable 对象并执行。上述代码中，_XlaRun Op 的处理分为两种情况。严格编译模式下，每次调用_XlaCompile Op 都将编译聚类并调用_XlaRun Op。延迟编译模式下，由图中新增的 ops::Switch 节点根据_XlaCompile Op 返回的 compilation_successful 值，决定是调用_XlaRun Op 还是调用 TensorFlow 函数。_XlaCompile 和_XlaRun OpKernel 的注册代码如下：

```
REGISTER_KERNEL_BUILDER(Name("_XlaCompile").Device(DEVICE_CPU),XlaCompileOp);
REGISTER_KERNEL_BUILDER(Name("_XlaCompile")
                         .Device(DEVICE_GPU)
                         .HostMemory("constants")
                         .HostMemory("key")
                         .HostMemory("compilation_successful")
                         .HostMemory("resources"),
                         XlaCompileOp);
REGISTER_KERNEL_BUILDER(Name("_XlaRun").Device(DEVICE_CPU), XlaRunOp);
REGISTER_KERNEL_BUILDER(Name("_XlaRun").Device(DEVICE_GPU).HostMemory("key"), Xla-
RunOp);
```

Op 和 OpKernel 通过注册时使用相同的名字相互联系起来。_XlaCompile OpKernel 的 Compute() 函数调用 CompileToLocalExecutable() 函数，编译生成 LocalExecutable 对象，并返回密钥 compilation_key 和布尔值 compilation_successful。每次执行_XlaCompile OpKernel 都会生成一个新的 XlaExecutableClosure 对象，并通过其 Produce() 函数生成对应的密钥。Compute() 函数实现代码如下：

```
void XlaCompileOp::Compute(OpKernelContext* ctx) {
  xla::LocalClient* client;
  const XlaCompiler::CompilationResult* kernel;
  xla::LocalExecutable* executable;
  …
    Status status = CompileToLocalExecutable(ctx, …, &client, &kernel, &executable);
  …
  XlaExecutableClosureStore::KeyT key =
```

```
XlaExecutableClosureStore::Global()->Produce(XlaExecutableClosure(
        client, executable, kernel, std::move(variables), constants_.size())));
Tensor compilation_key(cpu_allocator, DT_STRING, TensorShape({}));
compilation_key.flat<tstring>()(0) = key;
Tensor compilation_successful(cpu_allocator, DT_BOOL, TensorShape({}));
compilation_successful.flat<bool>()(0) = true;
ctx->set_output(0, compilation_key);
ctx->set_output(1, compilation_successful);
}
```

_XlaRun OpKernel 的 Compute( ) 函数首先从上下文中获得之前由_XlaCompile OpKernel 生成的密钥,并根据密钥从缓存 XlaExecutableClosureStore 对象中取得之前编译生成的 LocalExecutable 对象并运行。代码片段如下:

```
void XlaRunOp::Compute(OpKernelContext* ctx) {
Tensor key_tensor = ctx->input(ctx->num_inputs() - 1);
const XlaExecutableClosureStore::KeyT& key = key_tensor.flat<tstring>()(0);
XlaExecutableClosure closure =
    XlaExecutableClosureStore::Global()->Consume(key);
...
xla::StatusOr<xla::ExecutionOutput> execution_output;
if (! stream || platform_info_.platform_id() == se::host::kHostPlatformId) {
  execution_output =
    closure.executable()->Run(std::move(*execution_inputs), run_options);
} else {
  execution_output = closure.executable()->RunAsync(
    std::move(*execution_inputs), run_options);
}
...
```

此处需要注意 XlaCompilationCache 类和 XlaExecutableClosureStore 类的区别。XlaCompilationCache 类的设计目的是保存编译状态和编译结果,避免对相同签名的函数重复编译。XlaExecutableClosureStore 类的设计目的是保存编译结果和对应密钥,以便于从缓存中快速获取并执行编译结果。XlaCompilationCache 对象中缓存了由 XlaCompiler 对象编译的 TensorFlow 图的输出结果。由于 XLA 编译要求静态形状,因此,XlaCompilationCache 对象为每一组输入形状生成对应的 XLA 编译结果。

CompileToLocalExecutable( ) 函数实现代码如下:

```
static Status CompileToLocalExecutable(...,
    const XlaCompiler::CompilationResult ** compilation_result,
    xla::LocalExecutable** executable) {
...
  XlaCompilationCache* cache;
...
  return cache->Compile(options, function, *args, compile_options,
                    lazy ? XlaCompilationCache::CompileMode::kLazy
                         : XlaCompilationCache::CompileMode::kStrict,
                    compilation_result, executable);
}
```

XlaCompilationCache 类的 Compile( )函数输出参数之一是 CompilationResult 对象，该对象可用于执行编译 TensorFlow 函数后得到的 XLA 计算，并缓存在 XlaCompilationCache 对象维护的缓存队列中。Compile( )函数的实现函数 CompileImpl( )首先根据函数名称和参数信息（包括常量参数值、参数维度等）生成函数签名，并以签名为索引从缓存队列中取出已有缓存项。

如果缓存队列中没有与签名对应的缓存项，则新建一个缓存项，并综合考虑是否开启延迟编译、是否为第一次执行、请求编译次数是否达到 kDefaultCompilationThreshold（默认值为 2）设置门限等多个因素后，决定是否调用 XlaCompilationCache::BuildExecutable( )函数编译当前 TensorFlow 函数。如果最终决定启动编译，编译结果将保存在新建缓存项的 compilation_status、compilation_result 和 executable 字段中。如果缓存队列中已经缓存与签名对应的缓存项，并且缓存项的 compiled 表明当前 TensorFlow 函数已经编译过，则不需要再次编译，只需从缓存项的 compilation_result 和 executable 字段中取出已编译结果。

XlaCompilationCache 缓存队列结构如图 2-9 所示。该缓存队列只能通过 XlaCompileOp::Compute( )函数添加和读取缓存项。

XlaExecutableClosureStore 维护了全局唯一标识（即字符串类型的密钥）和 XlaExecutableClosure 实例之间的映射关系。XlaExecutableClosure 实例中保存了编译结果及相关内容。执行 XlaCompileOp::Compute( )函数时会生成 XlaExecutableClosure 实例及对应密钥，代码片段如下：

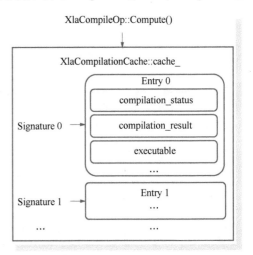

● 图 2-9　XlaCompilationCache 缓存队列结构

```
void XlaCompileOp::Compute(OpKernelContext* ctx) {
...
  XlaExecutableClosureStore::KeyT key =
      XlaExecutableClosureStore::Global()->Produce(XlaExecutableClosure(
          client, executable, kernel, std::move(variables), constants_.size()));
...
}
```

执行 XlaRunOp::Compute( )函数时可取出密钥，并通过密钥得到相应的编译结果，代码如下：

```
void XlaRunOp::Compute(OpKernelContext* ctx) {
...
  XlaExecutableClosure closure = XlaExecutableClosureStore::Global()->Consume(key);
...
  execution_output =
      closure.executable()->Run(std::move(* execution_inputs), run_options);
...
}
```

XlaExecutableClosureStore 缓存队列结构如图 2-10 所示。该缓存队列通过 XlaCompileOp::Compute( )
函数添加缓存项,通过 XlaRunOp::Compute( )函数读取缓存项。

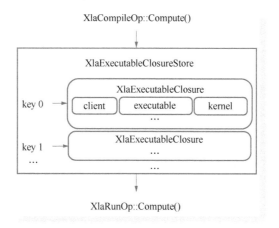

XlaCompileOp::Compute()

XlaExecutableClosureStore

XlaExecutableClosure

key 0 → | client | executable | kernel |
...

key 1 → | XlaExecutableClosure |
... ...
... ...

XlaRunOp::Compute()

● 图 2-10　XlaExecutableClosureStore 缓存队列结构

BuildXlaOpsPass 源代码实现参见<tensorflow_root>/tensorFlow/compiler/jit/ build_xla_ops_pass.cc。

▶▶ 2.2.5　XLA JIT 的代码生成

XLA JIT 的代码生成是 BuildXlaOpsPass 中_XlaCompile OpKernel 编译过程的延续。XlaCompileOp::
Compute( )函数调用 CompileToLocalExecutable( )函数编译生成 LocalExecutable 对象和 CompilationResult
对象。CompileToLocalExecutable( )函数调用 XlaCompilationCache 对象的 Compile( )函数后,经过层层
调用,再由 2.2.4 节提到的 BuildExecutable( )函数通过 LocalClient 对象 (即下面代码中的 client_)
调用 LocalClient 类的 Compile( )函数,并最终调用 LocalService 类的 CompileExecutables( )函数,完成
服务端编译计算,同时返回指向 LocalExecutable 的指针向量 executables 和 XlaComputation 实例 com-
putation。XlaCompilationCache::BuildExecutable( )和 LocalClient::Compile( )函数实现代码如下:

```
Status XlaCompilationCache::BuildExecutable(...) {
...
  TF_ASSIGN_OR_RETURN(auto executables ,
    client_->Compile(*result.computation, argument_layouts, build_options));
  *executable = std::move(executables[0]);
  return Status::OK();
}


StatusOr<std::vector<std::unique_ptr<LocalExecutable>>> LocalClient::Compile(
  const XlaComputation& computation, …) {
  ...
  TF_ASSIGN_OR_RETURN(std::vector<std::unique_ptr<Executable> executables ,
            local_service_->CompileExecutables(
              computation , argument_layouts, updated_options));
```

```
...
  return std::move(local_executables);
}
```

其中的 XlaComputation 实例 computation 是由 TensorFlow 子图生成的 XLA 计算，也是 XlaCompilationResult 类的成员变量。代码生成的过程是从表示 XLA 计算的 XlaComputation 实例向底层 IR 转换的过程。其中的第一步是由 LocalClient 对象调用 LocalService 对象，将封装在 XlaComputation 类中的 HloModuleProto 实例转换为 HloModule 实例。

XLA 的 Client 类中封装了 XLA Service 类的方法。XLA 的客户端/服务框架分为本地模式和远程模式。本地模式下，LocalClient 类和 LocalService 类分别是 Client 类和 Service 类的实现类，二者运行在同一进程中，实际的编译功能由 LocalService 类通过后端完成。

HloModuleProto 实例转换为 HloModule 实例的过程由 LocalService 类的 CompileExecutables() 函数调用 Service::BuildExecutable() 函数完成，实现代码如下：

```
StatusOr<std::vector<std::unique_ptr<Executable>>>
LocalService::CompileExecutables(const XlaComputation& computation, ...) {
  const HloModuleProto& proto = computation.proto();
  ...
  if (build_options.num_partitions() == 1) {
    TF_ASSIGN_OR_RETURN(std::unique_ptr<Executable> executable,
            BuildExecutable(proto, std::move(module_config),…);
    std::vector<std::unique_ptr<Executable>> executables;
    executables.push_back(std::move(executable));
    return executables;
  } else {
  ...
  }
}
```

远程模式下，TensorFlow 默认的分布式通信框架是基于 protobuf 序列化协议的 gRPC（google Remote Procedure Call）机制。gRPC 客户端通过存根（stub）提供与服务器相同的方法。图 2-11a 和

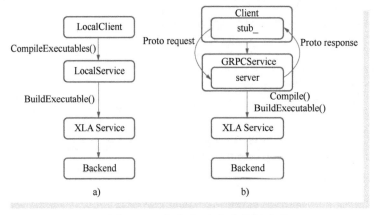

● 图 2-11　客户端到后端调用流程

a）本地模式调用流程　b）远程模式调用流程

图 2-11b 分别描述了本地模式和远程模式下，从客户端到服务端，再到后端的调用流程。本节内容以本地模式的调用流程分析为主。

由图 2-11 可见，不论是本地模式还是远程模式，都是由 XLA Service 类的 BuildExecutable( ) 函数在服务端编译计算。Service：：BuildExecutable( ) 函数的实现代码如下所示：

```
StatusOr<std::unique_ptr<Executable>> Service::BuildExecutable(
  const HloModuleProto& module_proto, …) {
  …
  TF_ASSIGN_OR_RETURN(std::unique_ptr<HloModule> module,
      CreateModuleFromProto(module_proto, *module_config, run_backend_only));
  if (!run_backend_only) {
    TF_ASSIGN_OR_RETURN(module, backend->compiler()->RunHloPasses(
                                std::move(module), executor, options));
  }
  TF_ASSIGN_OR_RETURN(
      std::unique_ptr<Executable> executable,
      backend->compiler()->RunBackend(std::move(module), executor, options));
  …
  return std::move(executable);
}
```

Service：：BuildExecutable( ) 函数中的 CreateModuleFromProto( ) 函数调用 HloModule：：CreateFromProto( ) 函数，将 HloModuleProto 对象转换为 HloModule 对象。HloModule：：CreateFromProto( ) 函数实现代码如下：

```
StatusOr<std::unique_ptr<HloModule>> HloModule::CreateFromProto(
  const HloModuleProto& proto, …) {
  …
  for (const HloComputationProto& computation_proto : proto.computations()) {
    TF_ASSIGN_OR_RETURN(
      std::unique_ptr<HloComputation> computation,
      HloComputation::CreateFromProto(computation_proto, …));
    …
  }
```

HloModule：：CreateFromProto( ) 函数遍历 HloModuleProto 实例中封装的 HloComputationProto 对象数组，并调用 HloComputation：：CreateFromProto( ) 函数，将 HloComputationProto 对象转换为 HloComputation 对象。HloComputation：：CreateFromProto( ) 函数实现代码如下：

```
/* static */ StatusOr<std::unique_ptr<HloComputation>>
HloComputation::CreateFromProto(const HloComputationProto& proto, …) {
  ...
  for (const HloInstructionProto& instruction_proto : proto.instructions()) {
    TF_ASSIGN_OR_RETURN(std::unique_ptr<HloInstruction> instruction,
          HloInstruction::CreateFromProto(instruction_proto, …));
    …
  }
  …
```

类似地，HloComputation∷CreateFromProto( )函数遍历 HloComputationProto 实例中封装的 HloInstructionProto 对象数组，并调用 HloInstruction∷CreateFromProto( )函数，将 HloInstructionProto 对象转换为 HloInstruction 对象。HloInstruction∷CreateFromProto( )函数实现代码如下：

```
StatusOr<std::unique_ptr<HloInstruction>> HloInstruction::CreateFromProto(
  const HloInstructionProto& proto, …) {
…
HloOpcode opcode;
auto opcode_or = StringToHloOpcode(proto.opcode());
…
  opcode = opcode_or.ConsumeValueOrDie();
…
std::unique_ptr<HloInstruction > instruction;
…
switch (opcode) {
  case HloOpcode::kBatchNormTraining :
    instruction =
      CreateBatchNormTraining(shape, operands(0), operands(1), operands(2),…);
    break;
…
return std::move(instruction);
}
…
```

HloInstruction∷CreateFromProto( )函数的主体是一个 switch-case 结构，其中根据 HloInstructionProto 实例的操作码 opcode 调用对应的函数［如操作码 kBatchNormTraining 对应的 CreateBatchNormTraining( )函数］，生成 HloInstruction 对象。

图 2-12 总结了上述过程中涉及 HloModule、HloComputation 和 HloInstruction 相关类的封装嵌套关系。

HloModuleProto、HloComputationProto 和 HloInstructionProto 类分别是 HloModule、HloComputation 和 HloInstruction 类的序列化表示，也是构造 HloModule、HloComputation 和 HloInstruction 对象的输入数据。完成 HloModule 对象的构造只是启动编译过程的前提条件，仅完成了从 XLA 计算到 HLO 的转换，后续还需要通过 XLA Service 实例完成 HLO 优化，并调用 CPU 或 GPU 后端，完成从 HLO 到可执行输出的转换。

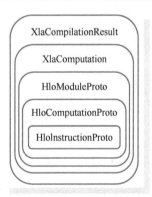

● 图 2-12　HLO 相关类的封装嵌套关系

XLA Service 类支持 CPU 和 GPU 两种后端，并有各自的实现（代码分别位于<tensorflow_root>/tensorflow/compiler/xla/service/cpu/和<tensorflow_root>/tensorflow/ compiler/xla/service/gpu/）。

当 Service∷BuildExecutable( )函数执行到 RunHloPasses( )时，根据后端类型，分别调用 CpuCompiler 类和 GpuCompiler 类的 RunHloPasses( )接口（代码实现见 cpu_compiler.cc 和 gpu_compiler.cc）可完成 HLO 优化。CpuCompiler 类和 GpuCompiler 类都是 LLVMCompiler 类的派生类。LLVMCompiler 类是基于

LLVM 的编译器接口，其中的成员变量 user_pre_optimization_hook_ 和 user_post_optimization_hook_
（二者均为 ModuleHook 类对象）可以在编译过程优化 HloModule 之前和之后检查 LLVM IR。Cpu-
Compiler::RunHloPasses( ) 实现代码如下：

```
StatusOr<std::unique_ptr<HloModule>> CpuCompiler::RunHloPasses(
    std::unique_ptr<HloModule> module, …) {
  …
  TF_RETURN_IF_ERROR(RunHloPasses(module.get(), …));
  return std::move(module);
}
Status CpuCompiler::RunHloPasses(HloModule* module, bool is_aot_compile,
                                 llvm::TargetMachine* target_machine) {
  LLVMTargetMachineFeatures target_machine_features(target_machine);
  TF_RETURN_IF_ERROR(RunHloPassesThroughLayoutAssn(module, …));
  return RunHloPassesAfterLayoutAssn(module, …);
}
```

其中的 RunHloPassesThroughLayoutAssn( ) 函数和 RunHloPassesAfterLayoutAssn( ) 函数对 HloModule
执行的优化 pass 包括：Inliner、ConvCanonicalization、ReshapeMover、HloCSE、CpuInstructionFusion、
CpuLayoutAssignment HloPassFix < HloPassPipeline >、HloPassFix < AlgebraicSimplifier >、HloDCE、
HloCSE 等。GpuCompiler::RunHloPasses( ) 代码实现如下：

```
StatusOr<std::unique_ptr<HloModule>> GpuCompiler::RunHloPasses(
    std::unique_ptr<HloModule> module,…) {
  …
  TF_RETURN_IF_ERROR(
    OptimizeHloModule(module.get(), stream_exec, options.device_allocator));
  TF_RETURN_IF_ERROR(PrepareHloModuleForIrEmitting(module.get()));
  return std::move(module);
}
```

其中，OptimizeHloModule( ) 函数对 HloModule 执行的优化 pass 包括：GpuScatterExpander、Batch-
NormExpander、LogisticExpander、HloPassFix < HloPassPipeline >、HloDCE、ReshapeMover、HloCon-
stantFolding 等。而 PrepareHloModuleForIrEmitting( ) 函数中添加的 pass 会修改 HloModule，保证后续
IrEmitter 输入 HloModule 的正确性。这些 pass 包括：AliasPassthroughParams、LoopScheduleLinearizer、
GpuCopyInsertion、GpuSanitizeConstantNames。

Service::BuildExecutable( ) 函数调用 RunHloPasses( ) 函数完成 HloModule 优化之后，接下来调用
RunBackend( ) 函数完成剩余编译过程。CpuCompiler 类的 RunBackend( ) 函数实现代码片段如下：

```
StatusOr<std::unique_ptr<Executable>> CpuCompiler::RunBackend(
    std::unique_ptr<HloModule> module, …) {
  …
  auto jit = SimpleOrcJIT::Create(CompilerTargetOptions(module->config()),
    CodeGenOptLevel(module->config()), …);
  …
  TF_ASSIGN_OR_RETURN(HloSchedule schedule,
```

```
                            ScheduleModule(module.get(), BufferSizeBytesFunction(),..);
      // Run buffer allocation on the HLO graph.
  TF_ASSIGN_OR_RETURN(
      std::unique_ptr<BufferAssignment>assignment,
      BufferAssigner::Run(module.get(),
                          absl::make_unique<SequentialHloOrdering>(schedule), …);
...
  IrEmitter ir_emitter(&mlir_context, *module, *assignment, llvm_module.get(), …);
...
  for (auto embedded_computation :
      entry_computation->MakeEmbeddedComputationsList()) {
...
    TF_RETURN_IF_ERROR(
      ir_emitter.EmitComputation(embedded_computation, …));
  }
...
  llvm::orc::ThreadSafeModule thread_safe_module(std::move(llvm_module),…);
  cantFail((*jit)->AddModule(std::move(thread_safe_module)));
  cpu_executable.reset(new CpuExecutable(
      std::move(*jit), std::move(assignment), std::move(module), function_name,…));
...
  return std::move(cpu_executable);
}
```

对于给定的 HloModule，优化的关键是通过分析模块中各个操作的生存期，决定缓存区在各个操作间的分配。上述代码通过调用 BufferAssigner 类（类实现代码见<tensorflow_root>/tensorflow/compiler/xla/service/buffer_assignment.cc）的 Run（）函数为 HloModule 构造 BufferAssignment 实例，其中实现了缓冲区的分配，从中可以知道 HLO 节点使用了哪些缓冲区。

缓冲区分配结果（即 BufferAssignment 对象 assignment）、HloModule 实例 module 和新生成的 LLVM IR 模块实例（llvm_module）一同作为参数构造 IrEmitter 实例（ir_emitter）。此时的 LLVM IR 模块实例中只包含目标数据布局和目标三元组等基本信息，作为 LLVM IR 模块主体的函数部分还需要调用 IrEmitter 类的接口填充。XLA 针对 CPU 平台和 GPU 平台分别实现了各自的 IrEmitter 类。其中，cpu::IrEmitter 类中封装了 HLO 计算到 LLVM IR 转换的编译器顶层 API 接口。cpu::IrEmitter 类的成员函数 EmitComputation（）可将 HloModule 对象中的所有 HloComputation 对象转为 LLVM IR 函数。所有 HloComputation 对象遍历结束后，HloComputation 对象中的所有 HloInstruction 对象就降级为 LLVM IR 模块中的 LLVM IR 指令。

上述代码中的 SimpleOrcJIT 类提供了简化的 LLVM ORC（On-Request Compilation）JIT API 接口，其中只包含 XLA 编译用到的 ORC 功能。Orc JIT 编译是 LLVM JIT 编译方法中的一种，CpuCompiler 类的 RunBackend（）函数中主要用到的 JIT API 是 AddModule（）。该接口用于向 JIT 执行引擎添加 LLVM IR 模块。该 IR 模块经过 LLVM 后端的代码生成和 MC（Machine Code）框架处理后，在内存中生成机器码。如果将此机器码写入硬盘，可得到目标平台对应的对象文件。但 JIT 不会将机器码写入硬盘，而是将其保留在内存中。XLA 的 CPU 后端代码生成过程总结如图 2-13 所示。

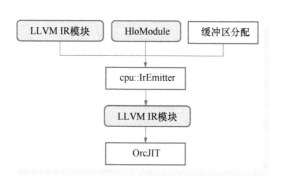

● 图 2-13　CPU 后端代码生成过程

因为涉及内核函数，GPU 平台上的编译过程与 CPU 有所不同。GpuCompiler 类的 RunBackend( )函数实现代码片段如下：

```
StatusOr<std::unique_ptr<Executable>> GpuCompiler::RunBackend(…) {
…
  CompileModuleResults compile_module_results;
  TF_RETURN_IF_ERROR(CompileModuleToLlvmIrImpl(
      module.get(), &llvm_context, target_triple_, data_layout_,…);
  if (user_pre_optimization_hook_) {
    user_pre_optimization_hook_(*compile_module_results.llvm_module);
  }
…
  using BackendCompileResult = std::pair<std::string, std::vector<uint8>>;
  TF_ASSIGN_OR_RETURN(
      BackendCompileResult backend_result,
      CompileToTargetBinary(module->config(),
                    std::move(compile_module_results.llvm_module),
                    stream_exec, options, module.get())));
…
  auto* gpu_executable = new GpuExecutable(
      {std::move(backend_result.first), std::move(backend_result.second), …});
…
  return std::unique_ptr<Executable>(gpu_executable);
}
```

GPU 平台的缓冲区分析和分配与 CPU 平台实现方法类似，都是通过调用 BufferAssigner::Run( )函数完成。上述代码中的 CompileModuleToLlvmIrImpl( )函数调用了 BufferAssigner 类的 Run( )函数，并得到了缓冲区分配结果。CompileModuleToLlvmIrImpl( )函数中还会生成 IrEmitter 对象。针对 GPU 平台的 gpu::IrEmitter 类是抽象类，该类有两个具体子类：IrEmitterNested 类和 IrEmitterUnnested 类。IrEmitterNested 类将 HLO 计算转换后得到的是非内核函数（non-kernel function），而 IrEmitterUnnested 类将 HLO 计算转换后得到的是内核函数。XLA 中的内核函数不能调用另一个内核函数。例如，HLO 计算 A 需要调用另一个 HLO 计算 B 作为子函数，那么 HLO 计算 B 只能使用 IrEmitterNested 类生成对应的非内核函数。IrEmitterUnnested 类为非嵌套计算生成 LLVM IR 表示的内核函数。非嵌套计算是一种 HloComputation 对象，这种 HloComputation 对象中包含的每个 HloInstruction 对象都对应一个或多个内核函数，非嵌套计算 HloComputation 对象的执行就是调用执行这些内核函数。相应地，IrEmitterNested 类为嵌套计算生成 LLVM IR 表示的非内核函数。嵌套计算同样也是一种 HloComputation 对象，这种 HloComputation 对象不需要用到内核调用。

CompileModuleToLlvmIrImpl( ) 函数中生成的是 IrEmitterUnnested 对象，并以访问者模式处理每条 HLO 指令，将 HloModule 转换为 LLVM IR 表示的 GPU 内核。CompileModuleToLlvmIrImpl( ) 函数代码片段如下：

```
static Status CompileModuleToLlvmIrImpl(…, CompileModuleResults* results) {
  *llvm_module = absl::make_unique<llvm::Module>("", *llvm_context);
…
  TF_ASSIGN_OR_RETURN(
      results->buffer_assignment,
      BufferAssigner::Run(
          hlo_module, hlo_schedule->ConsumeHloOrdering(), …);
…
  TF_ASSIGN_OR_RETURN(
      auto ir_emitter,
      IrEmitterUnnested::Create(hlo_module->config(), &ir_emitter_context));
…
}
```

GPU 平台的 LLVM IR 到机器码编译过程根据硬件平台的不同，分别由 AMDGPU 或 NVPTX 后端的代码生成 pass 完成。GpuCompiler::RunBackend( ) 函数中的 CompileToTargetBinary( ) 函数进一步调用 CompileTargetBinary( ) 完成编译。XLA 针对英伟达 GPU 和 AMD GPU 分别提供了 NVPTXCompiler 类和 AMDGPUCompiler 类实现，其中都包含 CompileTargetBinary( ) 接口。根据硬件平台的不同，不同接口分别生成针对英伟达 GPU 和 AMD GPU 的 PTX 和 Hsaco 文件。GpuCompiler::RunBackend( ) 函数执行流程如图 2-14 所示。

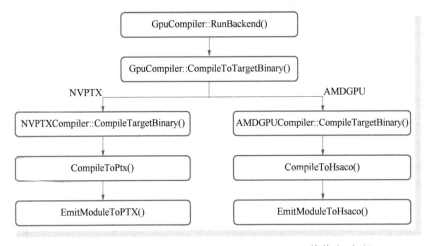

● 图 2-14　GpuCompiler::RunBackend( ) 函数执行流程

图 2-15 中的 Hsaco（HSA code object）是一种标准的 ELF 文件，其中的.text 节保存已编译的 OpenCL 内核代码，也可以包含调试信息。PTX 的详细介绍参见第 1 章。XLA 的 GPU 后端代码生成过程总结如图 2-15 所示。

● 图 2-15　GPU 后端代码生成过程

2.3　Glow 的系统设计

Glow 编译器主要关注软件栈的低层部分，在将神经网络数据流图降级为两级强类型 IR 的基础上，为深度学习框架提供高效代码生成器。其高阶 IR 优化器专注于线性代数类的特定域优化，其低阶 IR 优化器专注于硬件平台和存储相关的优化。Glow 的最底层执行硬件相关的代码生成。

▶▶ 2.3.1　Glow 的高阶 IR

Glow 的高阶 IR 是基于数据流节点的图表示。针对高阶 IR 的图优化可以分为两类。第一类是针对 AI 特定域的优化和转换，如 BatchNorm 和卷积操作的融合、转置消除（Transpose Elimination）等。第二类是传统的编译器优化技术，如公共子表达式消除等。当 Glow 加载 AI 模型后，模型中的每个算子被转换为图中的一个或多个节点，Glow 可在编译时对高阶 IR 中的节点进行一些基本转换。例如，Glow 可将图中需要转置的常量节点在编译时就替换为转置后的常量节点，从而消除转置节点，并节省模型运行时的转置操作时间。这属于第一类优化。第二类优化的例子是，如果图中有一个矩阵乘节点，随后是一个缩放（scaling）节点，可将矩阵乘的结果乘以一个常数。对这种情况的优化方法是，在编译时将矩阵乘的常量操作数矩阵乘以前述缩放常数，这样就可将原有的缩放节点消除。

Glow 的高阶 IR 是强类型的，输入和输出张量都有类型，包括张量的形状和其中元素的类型。而且，编译器会对操作数做类型检查。例如，对元素加法（element-wise addition）指令，编译器会检查两个操作数类型是否相同。

与 XLA HLO 类似，Glow 高阶 IR 的张量计算采用基于函数的表示形式，这种表示形式在 AI 编译器设计中应用最为广泛。Glow 图是一个模块，其中包含若干函数，函数中又包含若干节点。其中，存储（Storage）节点为模块所有，同一模块的所有函数都可以访问存储节点，这使其类似于C/C++程序中的全局变量。其他的节点为函数所有，可用于表示模型中的不同操作，如卷积、Max-Pool、矩阵乘等都可表示为节点。这些节点可以引用并访问同一模块中的存储节点。存储节点派生出常量节点和占位符节点，常量节点和占位符节点类定义如下：

```
class Storage : public Node {
public:
…// some functions
};

class Constant : public Storage{
/// The tensor payload that the constant holds.
Tensor payload_;
public:
…
};

class Placeholder : public Storage {
/// Specifies if the placeholder is trainable.
bool isTrainable_;
public:
…
};
```

常量节点在编译时表示某个具体的已知张量。因此，优化器可以视情况检查和优化常量节点。例如，优化器可以删除未使用的常量节点，或对其进行转置、量化及执行常量传播等。预训练权重是一种常见的常量节点，可在推理时作为卷积节点输入。

占位符节点是符号节点，可以表示在编译后才会指定或修改的张量。优化器无法检查或优化占位符节点的内容，这一点与常量节点不同。占位符节点的常见用法是表示模型的输入图像数据张量。输入的图像数据张量可以在计算过程中被修改，而无需重新编译。

低阶 IR 模块可以包含多个函数，如包含一个推断函数和对应的梯度函数。初始化时，由梯度函数训练得到的权重会被创建为占位符节点，这是因为权重在训练过程中会被不断更新。训练完成后，推理函数中的节点可以引用和访问权重占位符节点。因此，编译器可以将权重占位符节点转换为常量节点，以便在编译过程中更好地优化推理函数。

图 2-16 描述了表达式 A/B 的高阶 IR 计算图。该图将由 Glow 自动微分，并且变量 A 的值会根据表达式的梯度进行更新。Glow 将计算表达式梯度和随机梯度下降（Stochastic Gradient Descent，SGD）的节点降级为一系列低级算子。

Glow 的图也可以用文本方式表示，示例如下：

```
pool
name : "pool"
input : float<8 x 28 x 28 x 16>
output : float<8 x 9 x 9 x 16>
```

```
kernel : 3
stride : 3
pads : [0, 0, 0, 0]
kind : max

convolution
name : "conv"
input : float<8 x 9 x 9 x 16>
output : float<8 x 9 x 9 x 16>
filter : float<16 x 5 x 5 x 16>
bias : float<16>
kernel : 5
stride : 1
pads : [2, 2, 2, 2]
depth : 16

relu
name : "conv"
input : float<8 x 9 x 9 x 16>
```

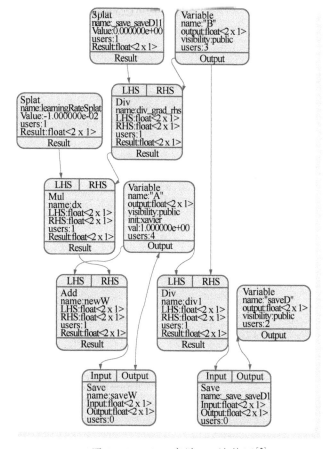

● 图 2-16　Glow 高阶 IR 计算图[2]

每种深度学习框架中都包含数百到数千种算子，而且算子数量还在不断增加。Glow 如果要在所有目标硬件上为所有框架中的所有算子提供支持，必然碰到可扩展性问题。为了解决对目标硬件支持的可扩展性问题，并保证对深度学习框架算子的覆盖率，Glow 不是直接编译高级算子，而是通过节点降级，将复杂的高级算子节点分解为简单的低级线性代数算子节点集合。AI 编译器的工作过程总体上是一个算子渐进降级的过程，这种实现方式有利于及时支持新的 AI 模型算子和灵活切换目标硬件。开发者只需将这些简单的线性代数算子节点映射到目标硬件即可。例如，通过节点降级函数，可将全连接节点表示为矩阵乘法节点和批量加法（batched add）节点。全连接节点的降级函数实现代码（见 <glow_root>/lib/Optimizer/Lower/Lower.cpp）如下：

```
static void lowerFullyConnectedNode(Function *F, CompilationContext &cctx,
                                    const FullyConnectedNode &FC) {

    auto W = FC.getWeights();
    TypeRef OT = FC.getResult().getType();
    auto *mul =
        F->createMatMul(DECORATE_NODE_NAME(FC, "dot"), OT, FC.getInput(), W);
    auto *add = F->createBatchedAdd(DECORATE_NODE_NAME(FC, "bias"), OT, mul,
                                    FC.getBias());
    replaceAllUsesOfWith(cctx.loweredInfoMap, FC.getResult(), add);
    ...
}
```

因此，编译器后端不必实现全连接层和其他高级算子，而只需实现低级矩阵乘法即可。通过不断补充，这种简单的线性代数算子节点的组合可以形成对模型行为的完备描述，足以表示已有的及尚未出现的高级算子，同时满足框架开发者的易用性要求和目标硬件的可扩展性要求。

▶▶ 2.3.2　Glow 的低阶 IR

随着编译阶段接近指令选择，IR 变得对目标更有针对性。这种设计并非 Glow 独有，许多编译器都采用类似的技术来逐步优化程序，并将 IR 降级为指令流。在经过与目标无关的优化和节点降级后，线性代数算子节点通过 Glow 的 IR 生成（IR Generation）阶段输出低阶 IR。IR 生成是一个一对多的转换过程，每个高级算子节点被转换为一条或多条 IR 指令。因此，Glow 的低阶 IR 是一种基于指令的表示形式，可以对通过地址引用的张量进行操作。这样，Glow 就能够执行低级内存优化，这在高阶 IR 很难实现，因为高阶 IR 不能直接表示内存。通过基于低级指令的 IR，编译器可以表示目标相关的操作，如异步 DMA 操作。

低阶 IR 中的函数包含声明和程序两部分，示例代码如下。在低阶 IR 的第一部分中，声明了在整个程序生存期中都有效的所有内存区域（memory region），其作用类似于 C 语言中的全局变量。低阶 IR 的第二部分是指令列表，其中的每个变量都标注了程序应进行的初始化种类。

```
declare {
  %input = weight float<8 x 28 x 28 x 1>, broadcast, 0.0
  %filter = weight float<16 x 5 x 5 x 1>, xavier, 25.0
  ...
```

```
    %result = weight float<8 x 10>
  }

  program {
    %allo = alloc float<8 x 28 x 28 x 16>
    %conv = convolution [5 1 2 16]@out %allo, @in %input, @in %filter3, @in %bias0
    %allo0 = alloc float<8 x 28 x 28 x 16>
    ...
    %deal9 = dealloc @out %allo9
  }
```

上述示例代码中有两类内存区域。程序段中的内存区域是本地分配区域（locally allocated region），声明段中的内存区域是全局内存区域。示例中的本地分配区域（如%allo、%allo0 等）类似于 LLVM IR 中通过 alloca 指令分配的内存区域。但低阶 IR 的 alloc 指令不会真正分配内存，而只是标记活跃生命周期。

IR 指令的操作数可以是全局内存区域，也可以是本地分配区域。如指令"%conv = convolution [5 1 2 16] @out %allo，@in %input，@in %filter3，@in %bias0"中，操作数%allo 是本地分配区域，%input、%filter3 和%bias0 都是全局内存区域。每个操作数都用限定符@in、@out 或@inout 进行标注。其中，@in 表示从缓冲区中读，@out 表示向缓冲区中写，@inout 表示指令可以读写缓冲区。这些限定符可以辅助编译器完成后续的优化过程。

▶▶ 2.3.3 Glow 的量化方法

深度学习网络结构庞大，计算复杂度高，参与计算的参数数量巨大。如何以最小的精度损失代价，减小 AI 模型尺寸并降低推理延迟，是深度学习领域的一个研究热点。这个问题的解决方法大致可分为两类。第一类方法是通过提出新的 AI 模型网络结构，更好地利用计算或内存操作，即通过网络结构的优化减小模型规模和推理延迟。第二类方法是将 AI 模型的权重和特征输入从 32 位浮点数量化为更小的定点数表示。与浮点相比，定点计算对于 AI 模型的计算精度已经足够，而且定点算法的资源占用量更少，可以显著减少芯片的面积和能耗。

AI 模型不同部分的浮点值范围变化很大。在某些部分，浮点值的可能范围在 0~1 之间，但在另外某些部分，浮点值的范围也许达到数百。为整个网络选择单一的缩放比例是行不通的，因为单一比例值对于小浮点值可能不精确，而又可能截断大浮点值。因此，量化方案可在不同部分采用不同量化的粒度，如逐层量化和逐通道量化。逐层量化是在网络的每一层采用同一个阈值进行量化，不同层则采用不同阈值进行量化。而逐通道量化是对每一层的每个通道都用不同的阈值进行量化，从而实现精度的提升。

Glow 为开发者提供了一个支持 INT8 和 INT16 的对称和非对称线性量化工具集，该工具集采用探测引导（profile-guided）的量化方法。在推理过程中，Glow 解释器后端通过运行量化工具观察执行情况，并以观察结果为依据，估计神经网络不同部分的可能数值范围，进而得到各部分的量化偏置参数和缩放参数。这些参数就是由工具生成的量化探测（quantization profile）输出。

Glow 中的张量元素既可以是浮点数类型，也可以是量化的非浮点数类型，如 Int8 和索引类型。Glow 中采用的量化方案为 $r=S(q-Z)$。这等效于整数量化值 q 到实数 r 的仿射（affine mapping）。其中，q 的取值范围为 $[-128,127]$。常数 S 和 Z 是量化参数。S 是任意正实数，用于缩放（scale）操作，在程序中通常以浮点数表示。常数 Z（或称为偏置参数）是与实数值 0 对应的量化值，其与量化值 q 具有相同的类型。

Glow 采用的探测引导量化方法可分为两个阶段。首先，Glow 在网络中放入探测节点（profiling node），用于记录网络中各部分的激活数值范围，并对包括探测节点在内的整个网络做优化。然后，Glow 用这些探测信息重新编译 AI 模型，将模型转换成量化版本，并对量化的计算图进行优化。

为了得到量化探测输出，可以使用 Glow 提供的工具 model-profiler。该工具的使用命令如下：

```
model-profiler -model=<model-path> -dump-profile=profile.yaml \
        -input-dataset=<name1,format1,source1,opts1>              \
        -input-dataset=<name2,format2,source2,opts2>              \
```

其中，命令行参数 model 指定了 ONNX 或 TensorFlow Lite 模型的路径，命令行参数 dump-profile 指定了输出的量化探测文件，命令行参数 input-dataset 指定了为模型提供输入的数据集。

Glow 支持对称量化、非对称量化、uint8 对称量化和 2 次幂对称（symmetric with power of 2 scale）量化四种量化模式。其中，对称量化模式可将浮点数映射到以 0 为中心的量化范围，因此，这种模式下的偏移量始终为 0。为了实现量化范围的对称，该模式可能会浪费一些编码空间。非对称量化模式可将浮点数映射到不以 0 为中心的量化范围，这是 Glow 的默认量化模式。uint8 对称量化模式产生的量化范围可以为 int8 类型的 $[-128；127]$，也可以为 uint8 类型的 $[0；255]$，实际上，此模式使用偏移量为 -128 的 int8 类型的范围表示 uint8 类型的范围。因此，在使用此模式时，生成的探测文件将有两种量化范围：一种量化范围的偏移量为 0，另一种量化范围的偏移量为 -128。次幂对称量化模式产生以 0 为中心的对称量化范围，但缩放参数限定为 2 的幂。这种限制为 2 的幂可能会影响量化精度，但对量化后模型的性能提升有利。

▶▶ 2.3.4　Glow 的后端设计

Glow 通过 LLVM 实现目标相关的代码生成优化，并支持 AOT 编译离线生成目标文件，也称为 Glow 包（bundle）。Glow 包是一个自包含的已编译网络模型，其中包含运行模型所需的所有代码。因此，Glow 包可与应用程序代码链接在一起发布，并在独立模式（standalone mode）下，通过命令行方式执行模型。生成 Glow 包时，优化过程会去除所有不必要的计算和内存开销，非常有利于在内存受限和低成本的微控制器上进行部署。

通过 CPU 后端构建 Glow 包的命令如下：

```
model-compiler -backend=CPU -model=<model-path> -emit-bundle=<bundle-dir>
```

命令行中的 model-compiler 是 Glow 提供的模型编译器前端工具，可将命令行参数 model 指定的 ONNX、Caffe2 和 TensorFlow Lite 模型编译成 Glow 包。命令行参数 backend 指定了生成 Glow 包的后端，命令行参数 emit-bundle 指定了 Glow 包的输出目录。

Glow 包的内存组织由 constantWeight、mutableWeight 和 activations 三个独立的内存区域构成。其中，constantWeight 内存区域中包含二进制或文本格式的模型权重常量数据。开发者可分别通过 C 语言的标准读文件接口或#include 预编译指令，将二进制或文本格式的权重数据加载到 constantWeight 内存区域中。mutableWeight 内存区域中包含模型的所有输入/输出张量数据。应用程序在推理过程前向 mutableWeight 内存区域载入输入张量数据，在推理过程后从 mutableWeight 内存区域读出输出张量数据。activations 内存区域用于存放图计算过程中产生的中间结果。

上述三种内存区域必须由开发者在应用程序代码中通过 Glow 包接口分配，并指定内存区域的大小。constantWeight 内存区域分配并初始化的示例代码如下：

```
uint8_t constantWeight[MY_BUNDLE_CONSTANT_MEM_SIZE]= {
#include "my_bundle.weights.txt"
};
```

其中，my_bundle.weights.txt 文件是文本格式的模型权重文件。在执行模型时，constantWeight 和 mutableWeight 内存区域的基地址必须通过 Glow 包中的入口函数参数提供给模型，推理过程由此可获得输入张量和权重数据。推理过程完成后，模型的输出张量数据可由 mutableWeight 内存区域得到。

为支持 LLVM 后端，Glow 自带 LLVM 位代码格式的小型标准库，其中的卷积和矩阵乘算子实现都经过手工优化。在编译过程中，Glow 无需将每条 Glow 低级指令都转换为一系列 LLVM IR 指令，因为将所有操作都转换为 LLVM IR 的做法太过低效。相反，Glow 从硬盘中加载位代码标准库，将模型中的算子转换为位代码标准库中的实现，并通过提供张量维度和循环遍历次数等参数，辅助 LLVM（主要是向量化器）优化并生成高效代码。此外，寄存器分配和指令编码等工作也都由 LLVM 后端完成。

LLVM 无法完成的是那些需要高层数据结构支持的优化。例如，在操作序列 add（c, mul（a, b））中，操作数 a、b、c 为张量，加法和乘法操作都为元素操作。在加法操作执行前，乘法操作通过遍历元素生成的乘法结果中间张量需要先从缓存写入内存，当执行加法操作时，再从内存载入中间张量，并遍历张量中的元素，执行加法操作。这种做法无疑引入了冗余的内存访问和遍历开销。为了解决此问题，Glow 在其 CPU 后端实现了数据并行算子堆叠优化。算子堆叠是一种循环融合优化，和算子融合有相似之处。算子融合在许多编译器中均有运用，其目的主要是通过将计算图中的多个算子融合为一个高效算子，提高执行速度，改善内存使用，减少对自定义操作的依赖。算子堆叠也可以达到类似的性能提升。而且，Glow 会为堆叠后的算子生成 LLVM IR，实现只用一次遍历即可执行所有操作。Glow 算子堆叠的循环融合效果如图 2-17 所示。

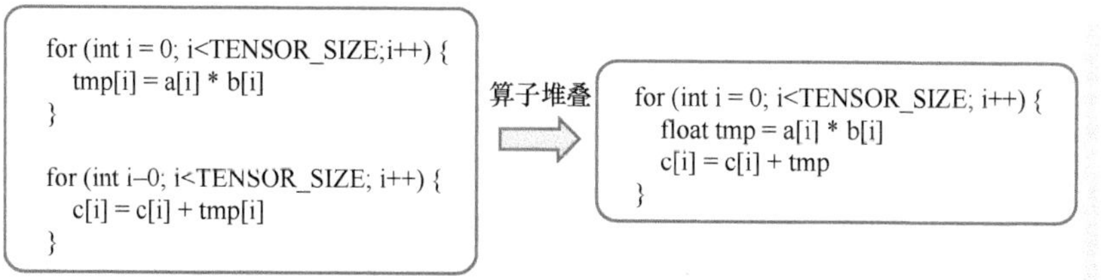

```
for (int i = 0; i<TENSOR_SIZE;i++) {
    tmp[i] = a[i] * b[i]
}

for (int i-0; i<TENSOR_SIZE; i++) {
    c[i] = c[i] + tmp[i]
}
```

算子堆叠

```
for (int i = 0; i<TENSOR_SIZE; i++) {
    float tmp = a[i] * b[i]
    c[i] = c[i] + tmp
}
```

● 图 2-17 算子堆叠实现的循环融合效果

正是因为 Glow 能够通过上述流程，将 AI 模型的计算图降级为多层次的强类型 IR，并对每个层次的 IR 进行分析和优化，才能最终为各种后端生成高效代码。

2.4 AI 编译器特性总结

前文阐述了包括 TVM、XLA 和 Glow 在内的三种 AI 编译器的设计特点、基本结构和实现方式。选择这三种编译器是因为这三种编译器在业界已经广为人知，而且维护良好并被广泛使用。因此，可以从业界和学术界获得相关研究论文、设计文档和社区讨论[4,5]。在上述工作的基础上，本节从多阶 IR 设计、前端优化（包括节点级、块级和数据流级优化）和后端优化（包括硬件相关优化、自动调优和优化的内核库）三个角度，对现有 AI 编译器的设计特性进行总结，剖析现有 AI 编译器的常用设计架构，并分析其关键设计组件，尤其侧重于 IR 设计和优化方法的总结。

▶▶ 2.4.1 AI 编译器的多阶 IR 设计

AI 编译器的优化效果和 IR 的完备性有密切关系。前文已经提到，由于传统编译器中的 IR 表示能力较弱，限制了 AI 模型中复杂计算的表达。现有 AI 编译器多采用多阶 IR 和某些特殊设计，以求达到高效的代码优化。多阶 IR 设计的根本作用是为 AI 模型到目标硬件的映射提供完备表示，其设计方法受到目标硬件特性、应用需求和可用资源等诸多因素的约束。AI 模型首先被 AI 编译器转换为多阶 IR。AI 编译器前端基于高阶 IR 执行硬件无关的转换和优化，AI 编译器后端基于低阶 IR 执行硬件相关的优化、代码生成和编译。根据目标硬件特性、应用需求和可用资源的不同，不同级别的 IR 承受的优化压力也不同。

1. 高阶 IR 设计

高阶 IR 的设计可以不受目标硬件的限制，因此是 AI 编译器模块中标准化程度和可重用性较高的部分。高阶 IR 的表示方式决定了 AI 编译器分析高阶 IR 的方式。因为高阶 IR 的表示方式不同，所以不同 AI 编译器表示张量计算的方式也不同。XLA HLO 和 Glow 高阶 IR 的张量计算采用基于函数的表示形式，TVM 采用基于 lambda 表达式的张量表达式表示张量计算。在 TVM 中，张量表达式中的算子由包括输出张量形状和计算规则的 lambda 表达式定义。

AI 编译器中的张量数据可以通过占位符方式表示，并以此将数据提供给计算图。占位符一般是具有明确形状信息的变量，包含张量每个维度的大小。某些情况下，张量的维度大小也可以标记为未知。占位符可以没有初始值，声明时只会分配必要的内存，但在计算的稍后阶段，可以使用某种方法［如 TensorFlow 通过 feed_dict( ) 接口］馈送数据。例如，TensorFlow 中用下面的方法定义占位符：

```
tf.placeholder(dtype,shape=None,name=None)
```

其中，参数 dtype 指定占位符的数据类型，并且必须在声明占位符时指定。参数 shape 指定输入张量的形状。如果 shape 的值为 None，则表示未指定形状，并可以输入任何形状的张量。参数

name 指定操作的名称，也可以不指定。借助于占位符，开发者在描述操作并构建计算图时，可以不考虑具体数据元素，从而实现计算定义与 AI 编译器执行的分离。而且，开发者可以通过占位符改变输入/输出和中间数据的形状，而不需要改变计算定义。

此外，高阶 IR 的张量与数据布局有密切关系。数据布局描述了张量在内存中的组织方式，其通常表现为一个从逻辑索引到内存索引的映射。构造合适的数据布局对性能来说非常关键，特别是对于像深度学习模型这类内存密集型的应用而言，精心设计的数据布局可以显著提高缓存命中率和缓存行（cache line）利用率。数据布局描述通常包括维度顺序（如 NCHW 或 NHWC）、分片（tiling）、填充（padding）、跨距（striding）等。TensorFlow 采用 C 语言样式的行优先数据布局，即最右侧的索引值递增对应于内存中的单步位移。XLA 的 Layout 消息描述了数组在内存中的表示方式。Layout 消息包含以下字段：

```
message Layout {
  repeated int64 minor_to_major = 1;
  repeated int64 padded_dimensions = 2;
  optional PaddingValue padding_value = 3;
}
```

其中，minor_to_major 字段描述了形状中从次要维度到主要维度的排序。padded_dimensions 字段描述了每个维度填充的大小（宽度）。如果该字段存在，padded_dimensions 中的元素数量必须与形状的秩相等。padding_value 字段是填充值。

在实现算子时，TVM 和 Glow 将数据布局信息作为算子参数，因为计算和优化需要这些参数信息。将数据布局信息与算子（而不是张量）组合在一起便于某些算子的实现，并可减少编译开销。

AI 编译器支持的算子用于表示 AI 模型工作负载，其种类通常包括代数算子、神经网络算子、张量操作算子，以及控制流算子。不同 AI 编译器实现算子的方式各不相同。例如，对于控制流算子，XLA 通过条件（kConditional）、循环（kWhile）和调用（kCall）这三种特别的 HloInstruction 对象表示，TVM 则提供 if 算子和递归函数来实现控制流。

在项目开发过程中，开发者通常需要根据需求定制算子，增强 AI 编译器的可扩展性。但不同 AI 编译器定制算子所需的工作量不同。例如，在 Glow 中定义新算子时，开发者除了需要实现逻辑和节点封装外，还需要实现降级、操作 IR 生成和指令生成等。而在 TVM 中，除了描述计算实现外，定义新算子的编程工作量较少，只需描述计算和调度，并声明输入/输出张量的形状即可。第 3 章将详细介绍 TVM 中的算子实现方法。

2. 低阶 IR 设计

高阶 IR 与低阶 IR 之间的主要区别在于，高阶 IR 的中间数据项是大型的多维张量，而低阶 IR 的中间数据项是各种类型的变量，而且，低阶 IR 能以更细粒度的表示形式描述 AI 模型的计算，并通过提供计算调优和内存访问功能，实现目标相关的优化。因此，低阶 IR 应重点关注如何挖掘目标硬件的性能潜力。但由于各个 AI 硬件厂商采用的专用架构多种多样，使得开发者无法用统一的抽象表示描述其硬件特性和公共语意，导致低阶 IR 的设计和实现缺少稳定的基础，而只能根据需要，基于已有低阶 IR 设计做扩展。现有 AI 编译器中常用的低阶 IR 实现方式主要有三类：基于 Halide 的 IR、基于多面体的 IR 和其他 IR。尽管这些低阶 IR 在设计上有所不同，但是都可通过已有的成熟编译器工具链和基础结构，为开发者提供硬件相关的优化和代码生成接口。

Halide 是一种开源领域专用语言，最初被用于并行化图像处理。TVM 的设计中借鉴了 Halide。实践证明，Halide 能够有效地表达 AI 模型中的计算，并具有很好的可扩展性。Halide 的拆分表示法将调度与底层算法分离，采用 Halide 的编译器不会直接给出特定的方案，而是通过自动搜索和尝试各种可能的调度选项，决定最佳方案。经过改进，TVM 与 Halide IR 已有显著不同。首先，TVM 消除了 Halide IR 对 LLVM 的依赖，并重构了项目模块和 Halide IR 设计的结构，优化了代码组织，使得图 IR 和前端语言更易于被编译器所理解。并且，通过运行时分发机制，开发者可以方便地添加自定义算子，IR 的可重用性也可由此得到改善。其次，TVM 将变量定义从字符串匹配简化为指针匹配，确保每个变量都以 SSA 形式表示。

多面体模型（polyhedral model）是并行编译领域的一种数学抽象模型。多面体模型主要关注循环的优化，其通常使用线性编程（linear programming）、空间几何的仿射变换（affine transformation）和其他数学方法，优化基于 loop 循环的代码实现。由于能够处理深度嵌套的循环，有些 AI 编译器采用了多面体模型（或与其他 IR 结合）作为其低阶 IR，使其可以应用于各种多面体转换。与 Halide 相比，内存引用和循环嵌套的边界可以是多面体模型中具有任何形状的多面体。这种灵活性使多面体模型在通用编译器中得到广泛使用。但是，这种灵活性也妨碍了多面体模型与调优机制的集成。

在具体设计某种 AI 编译器的低阶 IR 时，可以根据需要采用不同的设计思想。例如，TC 编译器的低阶 IR 设计结合了 Halide 和多面体模型，用基于 Halide 的 IR 表示计算，用基于多面体的 IR 表示循环结构。而 Glow 的低阶 IR 既未采用 Halide，也未采用多面体模型，而是一种基于指令的表达式，可对通过地址引用的张量进行操作。

大多数 AI 编译器的低阶 IR 可以降级到 LLVM IR，并利用 LLVM 成熟的优化器和代码生成器产生机器码。但是，如果直接将低阶 IR 转换为 LLVM IR，传统的编译器生成的代码质量可能无法满足要求。而且，二者之间的转换会引入额外的开销。为了避免这种情况，AI 编译器可采用两种方法来实现硬件相关优化。第一种方法是在上层 IR 执行目标相关的循环转换；第二种方法是为优化 pass 提供更多硬件目标相关信息，帮助改善优化效果。大多数 AI 编译器同时应用这两种方法，但是侧重点有所不同。TVM 和 XLA 等注重前端的 AI 编译器，更专注于第一种方法，而注重后端的 AI 编译器（如 Glow）可能更专注于第二种方法。

▶▶ 2.4.2　AI 编译器的前端优化

AI 编译器的前端优化是一种针对计算图的图优化。图优化将计算图作为输入，并生成在功能上等效于输入的另一计算图。由于计算图提供了计算的全局视图，因此很容易在图这个级别识别、判断并执行各种优化方法。大多数图优化方法的目的是通过删除冗余节点、融合多个节点或重构某些算子来简化计算图。这些优化方法与硬件无关，仅适用于计算图，而不适用于后端实现。从这个角度看，AI 编译器的前端优化和传统编译器的前端优化类似，并可将其标准化。AI 模型被导入 AI 编译器并转换为计算图后，AI 编译器可以确定操作的输入和输出张量的形状。然后，AI 编译器可根据形状信息执行前端优化。和传统编译器类似，AI 编译器的前端优化同样通过各种 pass 实现对计算图节点的遍历并执行图转换。为此，需要从计算图捕获特定特征，并以此为基础完成图的重写，以便进行后续优化。

AI 编译器前端可以对计算图做不同类型和层次的图优化。例如，通过算子融合，可以将多个小操作融合在一起，减少数据传输；通过常量折叠，可以减少执行开销；通过静态内存规划 pass，可以为中间张量预先分配内存。这些优化方法都是图的局部块级优化。2.1.1 节介绍了涉及多个优化过程的全局图优化方法。例如，数据布局转换是全局图优化的重要环节，其目的是优化计算图中张量的数据布局，因为相同操作在不同数据布局上执行性能可能不同，而且，不同硬件的最优数据布局也各不相同。通过数据布局转换，将内部数据布局转换为对后端友好的布局形式，可更好地在目标硬件执行计算。例如，在 GPU 上，NCHW 格式的操作通常运行速度更快，因而其他格式的张量可以先转换为 NCHW 格式。

现有的实验结果已经证明，深度神经网络计算图的图优化效果明显。AI 编译器前端通过不同层次的优化，同时结合 AI 模型特性和常规编译优化技术，可有效减少 AI 模型的计算冗余，提高计算图的性能。

▶▶ 2.4.3 AI 编译器的后端优化

AI 模型整体执行性能的提高除了需要 AI 编译器前端在全局视图内对计算图进行表达优化，和在局部对算子进行融合等优化外，还需要 AI 编译器后端在硬件和内核计算特性约束下，以前端优化后的子图为输入，借助自动调优技术，完成各种硬件相关优化和代码生成指令优化。此外，AI 模型性能优化也离不开内核库的支持。硬件相关优化可以针对不同硬件目标实现高效的代码生成。传统编译器的目标是生成优化的通用代码，而 AI 编译器的目标是为特定算子（如卷积，矩阵乘等）生成性能达到或超过手动调优算子的代码实现。作为代价，AI 编译器可能要牺牲编译时间以搜索最优配置。AI 编译器后端优化的一个目的是将低阶 IR 转换为 LLVM IR，以利用 LLVM 基础结构生成优化的 CPU/GPU 机器码。另一个目的是利用 AI 特定域知识设计定制化优化方法，从而更高效地利用目标硬件。

AI 编译器中采用的硬件相关优化方法主要包括：硬件 intrinsic 映射、内存延迟隐藏、循环优化和并行化。硬件 intrinsic 映射是一种将低阶 IR 中的特定操作模式映射为优化内核的机制。而内存延迟隐藏的基本思想是通过重叠内存计算操作，使内存利用率和计算效率最大化。2.1.2 节介绍了在 TVM 中使用硬件 intrinsic 映射的方法和示例代码，TVM 中的内存延迟隐藏实现方法将在第 4 章中介绍。循环优化和并行化是提高深度学习模型中计算密集操作效率的关键。循环优化中采用的关键技术包括循环融合、滑动窗口、分片、循环重新排序和循环展开。LLVM 已经集成了循环优化技术，可以在 AI 编译器后端直接使用。Halide 使用并行调度原语来并行化计算任务，为线程级并行指定循环的并行化维度。其中的每个并行任务可以进一步递归地细分为子任务，以便充分利用目标体系结构上的多级线程层次结构。Halide 可以用向量语句替换循环，然后通过硬件 intrinsic 映射将向量语句映射为硬件相关的 SIMD 操作码。Glow 依赖于厂商提供的优化算子库，而且 Glow 将向量化处理放到 LLVM 中完成，因为只要有张量尺寸和循环轮次信息，LLVM 自动向量化功能就完全可以正常工作。上述编译器后端的各种设计技术利用软硬件设计特性可以实现更好的数据局部性和并行化，最终将 AI 模型的计算图转换为不同硬件上的高效机器码实现。

编译器后端优化中的自动调优技术是为了减轻在大型参数调优的搜索空间中推导最优参数配置的手动工作量。2.1.3 节已经了介绍 TVM 的自动调优机制。XLA 也支持自动调优。当在 TPU v2 和 v3 上运行 AI 模型时，XLA 会通过自动调优搜索最快的融合配置，并可以此将某些 AI 模型上的速度提高 15%。

自动调优实现与代价模型、搜索技术等多个因素有关。代价模型对于编译优化和手动优化内核作用非常重要，通常代价模型越准确优化决策性能越好。与在真实硬件上生成和运行代码相比，在编译器的自动调优框架中使用代价模型可以更快、更好地得到优化决策。2.1.3 节通过示例介绍了 TVM 自动调优框架的用法。XLA 的自动调优方法是在实际硬件上评估每个配置，并且搜索时间主要取决于编译和执行 XLA 程序所花费的时间。因此，编译大型 XLA 程序时，自动调优无法在有限时间内完成对搜索空间的遍历。

通用处理器和定制 AI 加速器的生态建设离不开内核库的支持。开发者在编译器后端优化过程中，应对优化内核库特性有充分的了解，这其中包括英伟达的 cuDNN、cuBLAS、cuRAND、英特尔的 DNNL 和 AMD 的 MIOpen 等。TensorFlow、PyTorch 等深度学习框架中已经集成了 cuDNN 等内核库。内核库根据硬件功能优化了计算密集型算子和内存带宽受限型算子。AI 编译器可以在代码生成期间生成对库函数的调用，并通过这种方式将部分工作量从编译器转移到算子开发上。相反，如果 AI 编译器具有足够强大的算子组合和高效的代码生成能力，则可以减少软件栈对优化内核库的依赖，因为内核库在提供优化算子的同时，不可避免地引入了转换和优化开销。

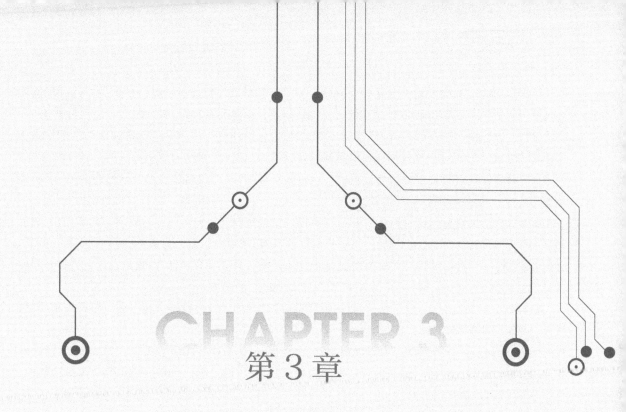

第 3 章

定制化AI编译器设计与实现

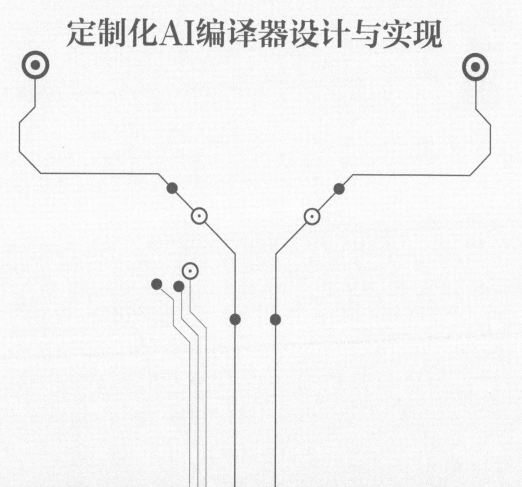

针对深度学习的 GPGPU 和专用硬件日渐完善，这为 AI 模型的大规模应用部署提供了必要的硬件条件。但是如何应对不断增长的可用数据集和新一代 AI 模型更高的计算需求，并在大规模分布式、并行和异构的计算环境中正确地调度、训练和部署这些模型，仍是目前业界亟待解决的问题。这要求开发者对 AI 软硬件堆栈的各个层面都应充分思考，从可扩展系统的视角出发，定制或重新设计现有软硬件堆栈，满足 AI 模型计算需求的增长，为其实现最佳性能。AI 编译器的定制化设计和实现是一个重要的环节。

本章 3.1 节以 TVM 为例首先介绍了 AI 编译器的定制化设计框架，然后在 3.2 节和 3.3 节中，以 TVM 高阶、低阶 IR 的表达和实现为主线，论述了如何在 TVM 中实现对新算子的定制化支持，以及通过描述 TVM 中的运行时组件和代码生成器的定制过程，说明了在 TVM 中支持自定义 AI 硬件平台的方法。最后，在 3.4 节中介绍了 TVM 前后端优化的主要方法。

TVM 是一种具有多层结构的编译堆栈和面向深度学习的运行时系统，其中涉及一系列重要优化，包括算子融合和布局转换等高阶优化、图级和算子级的内存复用、张量化计算和延迟隐藏等。TVM 通常将深度学习框架模型特有的计算图 IR 转换为另一种公共图 IR，然后，通过各种优化和转换 pass，将计算图从图级（graph level）IR 降级为张量级（tensor level）IR。在图级 IR 上，TVM 优化模型的计算图结构；在张量级 IR 上，TVM 主要优化表示张量算子的循环结构。经过图级和张量级优化 pass，TVM 最终使用 LLVM、NVCC 等现有代码生成模块或自定义底层代码生成模块，将模型转换为硬件平台的机器代码。因此，与深度学习框架相比，AI 编译器更能有效地处理前端深度学习框架和后端硬件平台的多样性，从而简化 AI 模型的部署和执行。

3.1 定制化 AI 编译器设计框架

目前，包括 TVM 在内的主要 AI 编译器仍以解决 AI 模型编译的共性问题为主。对于硬件厂商提供的新指令（如专用于张量运算的张量核指令等）和 AI 模型中出现的新算子，如果没有编译技术的改进和增强与之配合，新指令或算子的适用性将受到限制，很难在硬件平台上为新指令或算子生成和优化代码，从而发挥新指令和算子的作用。虽然开发者可以用硬件厂商提供的硬件库函数实现新指令和算子对应的内核（如计算密集型内核），而且，这些库函数在预定义内核中也可以使用新指令实现高性能，但当涉及新的 AI 模型或需要进一步提高模型性能时，这种方法的灵活性仍显不足。而且，因为算子和硬件算子库紧密耦合，导致算子不可分解（即算子的原子性），从而妨碍了算子的进一步优化，使其难以在硬件平台上高效执行。因此，更好的做法是通过 TVM 的定制化处理，使新指令和算子易于集成和使用，并可以复用 TVM 现有的分析和转换 pass 完成编译任务。

在 TVM 中实现对新算子的支持需要解决三个问题：深度学习框架多样性、算子计算方法多样性和 AI 硬件平台多样性。深度学习框架多样性的原因是包含新算子的 AI 模型可以来自不同深度学习框架，TVM 的新算子支持方案要能支持不同框架产生的、包含新算子的所有模型。算子计算方法多样性的原因是开发者应该根据不同应用的不同要求选择算子计算方法，TVM 的新算子支持方案要能表示不同的计算方法。AI 硬件平台多样性的原因是编译后的算子需要在不同 AI 硬件平台上高效执行,TVM 的新算子支持方案要能兼容不同 AI 硬件平台,并充分利用其硬件指令集对算子的支持。

AI 编译器定制化框架完整设计如图 3-1 所示。图中的彩色矩形框表示不同数据格式,白色矩形框表示不同功能模块或接口。开发者首先根据需要在 TVM 中定义和添加新算子。通常,TVM 的新算子对应深度学习框架中定义的算子。然后,开发者应为新算子定义相关图级优化 pass,并通过自定义图级优化 pass,描述如何将该算子降级为一系列 TVM 已有或自定义 Relay(图级)算子的组合。自定义图级优化 pass 的作用和其他图级优化 pass 类似,旨在完成目标无关的图转换功能,二者的主要区别在于,新算子的自定义图级优化 pass 对新算子计算特性敏感。所谓计算特性是指某个算子区别于其他算子、和计算相关的特点。例如,卷积的计算特性是卷积类型、数据布局、填充、步长等;量化的计算特性是量化缩放尺度、零点和数据类型等。对于不同算子,图级优化 pass 应能处理相关计算特性,这与其他通用 Relay IR pass 的关注点不同。图级优化 pass 之后的功能,开发者可以通过复用现有的 TVM 基础设施完成,也可以根据需要对 TVM 现有基础设施的某些部分(如代码生成和运行时组件)做定制化开发。开发者可以首先运行 Relay IR 优化 pass,例如,死代码消除和图融合等。在此之后,每个融合算子被降级为张量级 IR(简称 TIR),并执行一系列张量级优化 pass。这时,开发者可以只关注那些与新算子计算特性(如操作数的数据类型、是否可以使用硬件指令集中的特定指令等)有关的算子,并为每个硬件平台定制内核实现。最后,使用 TVM 现有代码生成器(如 LLVM 或 NVCC),将优化后的 TIR 编译成可执行模块。对于自定义硬件平台,开发者还应为其定制 TVM 代码生成器和运行时组件。

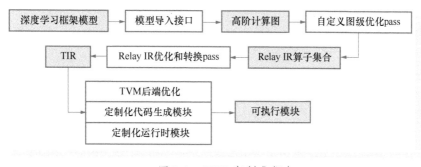

● 图 3-1　TVM 定制化框架

3.2　TVM 的高阶中间表示

因为传统编译器中采用的 IR 限制了 AI 模型中复杂计算的表达,现有的 AI 编译器都会采用高阶 IR 和一些特殊设计,以求为 AI 模型实现高效的代码优化。AI 模型依赖于可微计算(即可以计算数学导数的计算),为了保证 AI 模型的这种特性,现有深度学习框架对程序的计算表达做了限制。例如,TensorFlow 框架使用静态图表示可微计算。静态图是具有固定拓扑结构的数据流图,编译器可以很容易地为这种图做出优化决策,但开发者需要用 DSL 构建程序,而且编译开销也会增加。与之相对的命令式编程(imperative programming)更有表现力,且允许使用动态拓扑构造计算图,如

PyTorch 就是一种命令式编程框架。这种表达方式对开发者编程有利，但限制了现有框架优化图的能力。而且，PyTorch 模型执行需要 Python 解释器，这无疑增加了 PyTorch 模型硬件部署的难度。总之，静态图容易优化，但缺乏高级语言中的表达能力；动态图提供了表达能力，但引入了新的编译和执行问题，增加了在异构硬件上部署的难度。

▶▶ 3.2.1 TVM 高阶中间表示的表达

TVM 高阶 IR 的表示方式决定了 TVM 分析高阶 IR 的方式。如前所述，TVM 有两级 IR：Relay IR 和张量级 IR。Relay IR 作为 TVM 中的一种高阶图级 IR 和语言，可以在函数式编程语言的支持下，结合静态图和动态图各自的优点，表示完整的模型，做到在编译效率、表达能力和可移植性之间保持均衡。Relay IR 不仅是一种中间表示，其设计的出发点是作为一种表示 AI 模型的可微计算编程语言，这使其能最大限度地利用函数式编程、类型系统和编译器技术的研究成果，改善模型训练和推理时间、功耗和存储利用率，减少硬件部署开销。作为 TVM 软件栈的一部分，Relay 位于 TVM 软件栈的顶层。Relay 不是低阶 IR，开发者可以使用 Relay 实现和优化算子，relay.transform 模块中定义了各种 Relay IR 转换和优化 pass。

Relay IR 的表达同时采用基于 DAG 的 IR 和基于 let-binding[4][7] 的 IR，如此便可同时获得两者的益处。基于 DAG 的 IR 的计算图中，其节点和边组织为有向无环图的形式。借助 DAG 计算图，AI 编译器可以分析各种算子之间的依赖关系，并用分析得到的依赖关系指导对 DAG 计算图进行进一步的优化。基于 DAG 的 IR 表达方式简单，便于编程和编译，但是由于基于 DAG 的 IR 缺少计算范围定义，因而存在诸如语义二义性这类缺陷。为此，Relay 引入了一种新的重要构造：let-binding。let-binding 通过在有限范围内为某些函数提供 let 表达式来消除语义二义性。let-binding 的数据结构 let(var，value，body) 中有三个字段。当解释器评估 let 表达式时，首先评估 value 部分，并将评估得到的值指定给 var，然后在 body 表达式中返回评估结果。开发者可以在程序中使用一系列的 let-binding 来构造一个逻辑上等效于数据流程序的程序。如图 3-2 所示的代码示例分别以有 let-binding 和无 let-binding 两种形式定义了二节点计算（数据流）图。

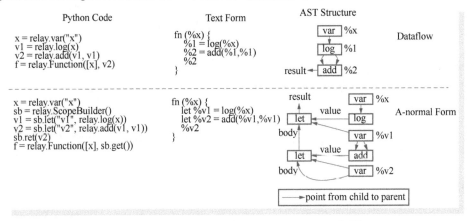

● 图 3-2 let-binding 和无 let-binding 比较[7]

TVM 中的 Relay 不仅是一种编程语言，还是一个由一系列基本模块组成的系统，其中包括将 Python 代码翻译为 Relay C++数据结构的 Python 前端、Relay 程序的自动微分模块、与张量形状相关的张量类型系统和运行时系统。Relay 有两个面向用户的交互接口，包括 Python 和 C++代码的编程接口和 Python 前端。Python 接口包括库和装饰器（decorator）。库中包含标准深度学习算子和 Relay 特有的函数。装饰器将 Python 代码转换为 Relay AST 表示，并生成一个封装函数，该函数使用 Relay 的求值机制执行该代码。虽然 Relay 的核心代码用 C++编写，但是可以通过 TVM 节点系统将系统的内部函数暴露给 Python，从而实现 C++和 Python 两种语言之间的互操作，开发者可以通过继承特定类并在 Python 中编写类存根的方式在 Python 中暴露 C++类。

▶▶ 3.2.2　TVM 高阶中间表示的数据表示实现

TVM 中的高阶 IR 实现包括数据表示和算子实现。本节介绍数据表示实现，算子实现在后续各节中介绍。TVM 中的数据（如输入、权重和中间数据）通常以张量的形式进行组织。TVM 可以直接通过内存指针表示张量数据，或者通过更灵活的占位符（placeholder）方式表示，占位符包含张量每个维度的大小。如果 Relay 已有算子不能满足方言算子或框架算子的功能要求，开发者可按需求定制 Relay 算子。出于优化的需要，TVM 将数据布局作为算子参数，使数据布局信息与算子结合，便于某些算子的实现，并可减少编译开销。

TVM 的数据表示包括张量数据表示、形状表示、数据布局和边界推断（bound inference）等。本小节对上述内容逐一阐述，并重点介绍对性能有重要影响的数据布局和边界推断。

TVM 中的张量数据一般通过占位符表示。占位符用于将数据提供给计算图，是具有明确形状信息的变量。TVM 在 Python 端用下面方法定义占位符：

```
data = te.placeholder(shape=data_shape, name="data", dtype=data_dtype)
```

其中，dtype 是占位符的数据类型，必须在声明占位符时指定，shape 是张量的形状，name 是张量的名称。通过占位符，开发者可以在不考虑具体数据元素的情况下描述操作并构建计算图，这有助于计算定义与执行的分离，开发者可以通过占位符很方便地改变输入、输出和中间数据的形状，而不需要改变计算定义。

1. 数据布局及其转换 pass

张量具有特定数据布局和形状。2.4.1 节中已经提到，数据布局通常包括维度顺序、分片、填充和跨距等，而且相同操作在不同数据布局中的执行性能不同，不同硬件的最优数据布局也不同。TVM 中的后端有各自偏好的数据布局，如 CUDA 后端偏好的数据布局为 NCHW。因为前端框架和 TVM 后端的数据布局限制各不相同，因此，TVM 在整个编译过程中都必须关注数据布局问题，并通过插入布局转换，使框架的数据布局和后端支持的数据布局之间相互匹配。

TVM 在转换数据布局时，会对图中算子分类处理。虽然张量的数据布局对模型最终性能有重要影响，但布局转换本身也要消耗存储和计算资源，客观上也会引入开销。因此，如果因为前后端数据布局不同，对所有算子都执行布局转换，会因布局转换操作太多，反而导致性能下降。实际上，如果算子的属性中包含数据布局相关信息，则其功能和性能上受数据布局的影响较大；反之，则较小。因此，不同 Relay 算子受数据布局影响的程度各不相同。TVM 根据这种受影响程度，将 Relay 算子分为对布局无感、对布局轻度敏感和对布局重度敏感三类。

TVM 还引入了 ConvertLayout pass，希望能以最少的数据布局转换次数改变整个图的数据布局，并根据算子类型分别指定不同的 FTVMConvertOpLayout 和 FInferCorrectLayout 属性值。数据布局的变化主要来自对布局重度敏感的算子。这类算子的 FTVMConvertOpLayout 属性值为对应的 Python 回调函数，其作用是根据开发者为算子指定的新数据布局和新卷积核布局生成新的算子。一旦前驱算子的输出数据布局发生改变，后继算子的数据布局和相关算子属性也要相应改变。这种改变是根据前驱算子产生的新布局和后继算子原有布局推断得到，因此称为布局推断，由算子的 FInferCorrectLayout 属性值指定的函数完成。如果布局推断得到的新布局与原有布局不同，则自动插入布局转换。

ConvertLayout pass 按顺序在每个算子上执行上述步骤，最终实现图的数据布局和后端支持的数据布局之间相互匹配。ConvertLayout pass 不是默认的 relay.build() 流水线的一部分，需要开发者在 relay.build() 模块调用之间调用该 pass。ConvertLayout pass 的部分实现代码如下，详细实现可参考 TVM 源代码。

```
...
Expr ConvertLayout (const Expr& expr, const Map < String, Array < String > > & desired_
layouts) {
    ConvertTransformMemorizer transformMemorizer(
        make_object<ConvertTransformMemorizerNode>(desired_layouts));
    auto fcontext = [&](const Call& call) -> ObjectRef { return transformMemorizer; };
    return ForwardRewrite(expr, LayoutRewriter<ConvertTransformMemorizer>, fcontext);
}
}  // namespace convert_op_layout

namespace transform {
Pass ConvertLayout(const Map<String, Array<String>>& desired_layouts) {
    runtime::TypedPackedFunc<Function(Function, IRModule, PassContext)> pass_func =
        [=](Function f, IRModule m, PassContext pc) {
        return Downcast<Function>(relay::convert_op_layout::ConvertLayout(f,desired_lay-
outs));
        };
    return CreateFunctionPass(pass_func, 3, "ConvertLayout", {"InferType",
                                                "CanonicalizeOps"});
}
TVM_REGISTER_GLOBAL("relay._transform.ConvertLayout").set_body_typed(ConvertLayout);
}  // namespace transform
```

其中涉及到 relay.build 过程，以及 TVM pass 的功能和实现都将在本章的后序小节中详细介绍。

2. 边界推断及其实现

TVM 在编译 AI 模型时，使用边界推断来确定迭代器的边界，其功能在 InferBound pass 中实现。InferBound pass 在执行降级步骤时调用，具体位置在规范化（normalize）之后，ScheduleOps 之前。

代码参见<tvm_root>/python/tvm/driver/build_module.py，其中的 form_irmodule( )函数实现如下：

```
def form_irmodule(sch, args, name, binds):
...
    sch = sch.normalize()
    bounds = schedule.InferBound(sch)
    stmt = schedule.ScheduleOps(sch, bounds)
...
```

InferBound pass 的代码实现如下：

```
Map<IterVar, Range> InferBound(const Schedule& sch) {
...
  Array<Operation> roots;
...
  ctx.feed_graph = CreateFeedGraph(CreateReadGraph(roots));
...
  ctx.attach_path = CreateAttachPath(sch);
  std::unordered_map<IterVar, Range> ret;
  for (size_t i = sch->stages.size(); i != 0; --i) {
    const Stage& stage = sch->stages[i-1];
    InferRootBound(stage, ctx, &ret);
    ...
    PassDownDomain(stage, &ret, &analyzer);
    ...
    }
...
  }
TVM_REGISTER_GLOBAL(" schedule.InferBound ").set_body_typed(InferBound);
```

InferBound( )接受 Schedule 调度对象作为参数，该调度对象及其成员包含正在编译的程序信息。其输出是一个从 IterVar（IterVar 是表示迭代变量的类，描述了某个整数区间上的迭代器）到 Range（Range 是表示迭代器范围的类）的映射，即边界映射。该边界被映射为程序中的每个迭代器范围。这些边界被传递给 ScheduleOps，并在 ScheduleOps 中用这些边界设置 for 循环的范围及缓冲区大小。

TVM 中的张量表示可以描述输入和输出数据，边界推断通常根据计算图和已知占位符，以递归或迭代方式推断其他迭代器的未知边界。例如，在 TVM 中，迭代器形成有向无环超图，其中图的每个节点表示一个迭代器，每条边表示两个或多个迭代器之间的关系（如分割、融合或变基）。一旦根据占位符的形状确定了根迭代器的边界，就可以根据相互关系递归地推断出其他迭代器的边界。

TVM 调度由若干个阶段组成。每个阶段只有一个操作，如 ComputeOp（每次操作一个标量的计算操作）或 TensorComputeOp（每次操作一个张量切片的计算操作），每个操作都有一个 root_iter_vars 列表。root_iter_vars 列表是根迭代变量的列表，决定了输出张量的形状。每个操作还包含若干代表迭代器的 IterVar，所有这些迭代器通过该操作的 IterVarRelations 列表关联在一起。每个 IterVar-Relation 代表迭代器间的关系，目前在 InferBound pass 中支持四种调度关系，包括拆分（split）、融合（fuse）、变基（rebase）和单例（singleton）。调度的各个阶段（即操作）形成了一个调度阶段

DAG 图，其中每个阶段都是图中的一个节点。节点之间的边代表两个阶段的输入输出张量连接，这两个阶段也因此形成生产者-消费者关系，构造调度阶段 DAG 的功能由上述 InferBound pass 代码中的 CreateReadGraph( )接口实现。InferBound pass 从图 3-3 中的彩色节点代表的输出阶段开始，通过对图的节点执行逆向拓扑排序，沿边的相反方向向上移动，对每个阶段调用两个函数：InferRootBound( )和 PassDownDomain( )。

如上所述，InferBound pass 会遍历由阶段组成的图，该图中的每个阶段节点又是由迭代器和迭代器关系构成迭代器 DAG 图，如图 3-4 所示。其中的每个节点对应于迭代器，每条边对应迭代器关系（包括切分、融合、变基和单例四种迭代器关系）。该阶段有一个根迭代器 root_iter_var，在图中用圆环表示。root_iter_var 通过迭代器关系衍生出其他子节点。有些子节点继续衍生出其他子节点，有些子节点不再衍生，成为叶迭代器，在图中用彩色节点表示。InferRootBound( )和 PassDownDomain( )函数在这些迭代器 DAG 图上执行消息传递。

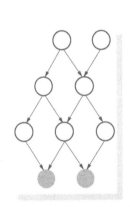

● 图 3-3 调度阶段 DAG 图

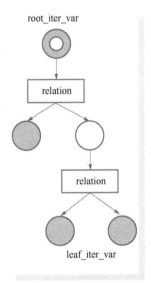

● 图 3-4 迭代器 DAG 图

InferRootBound( )函数的目的是设置 InferBound pass 正在处理的当前阶段中每个根迭代器的范围（不设置当前阶段中其他迭代器范围）。如果当前阶段是输出阶段或占位符，InferRootBound( )函数只需将根迭代器范围设置为输出的形状；如果当前阶段不是输出阶段或占位符，InferRootBound( )函数遍历当前阶段的所有消费者阶段，通过以下四步确定当前阶段的根迭代器的范围。第一步确定消费者阶段中每个叶迭代器的范围，并在第二步通过 PassUpDomain( )函数将叶迭代器范围传播到消费者阶段的根迭代器。第三步用这些根迭代器范围可确定消费者阶段的输入张量维度和域数据（定义为数据结构 TensorDom）。最后，在处理完所有消费者阶段之后，在第四步中，整合所有消费者阶段的输入张量维度和域数据，根据当前阶段的操作类型，设置当前阶段根迭代器的范围。

PassDownDomain( )函数遍历当前阶段中的所有迭代器关系，将上述 InferRootBound( )函数得到的当前阶段根迭代器的范围传播给当前阶段的其余迭代器。当 PassDownDomain () 函数返回时，当前阶段的所有迭代器都具有确定的范围。

▶▶ 3.2.3　TVM 高阶中间表示的算子实现

TVM 的算子用于表示 AI 模型的工作负载，算子也是计算图中的节点。算子的种类通常包括代数算子（如加、乘、exp 和 topK 等）、AI 算子（如卷积和池化等）、张量算子（如 reshape、resize 和复制等）、广播和归约算子（如 min 和 argmin 等），以及控制流算子（如条件和循环等）。

开发者可以出于特定目的定制算子，支持定制算子可改善 TVM 的可扩展性。在 TVM 中定义新算子时，开发者需要描述计算和调度，并声明输入、输出张量的形状。此外，定制算子还可以通过钩子（hook）集成 Python 函数。TVM 通过指定调度和调度配置，将 Relay 算子转换为 Tensor IR 表示，并根据 Tensor IR 生成 C/C++代码或其他编译对象。通常，如果要在 TVM 中添加新算子，各层 IR 都需要做改动。例如，在图级 IR 上，需要为新算子设置新的计算规则，在张量级 IR 上，需要为每个 AI 硬件平台实现新的计算，并实现相关的计算内核。这些实现方法会严重限制新算子在 AI 模型中的应用。

1. 方言算子实现

为了解决这个问题，TVM 在 Relay 核心张量算子（Core Tensor Operator）中定义了基于 Relay IR 的方言（dialect）算子。核心张量算子涵盖了前端框架常用的算子，并随 AI 模型的演进不断扩充。所有的算子按功能分为 11 个级别（第 7 级到第 9 级未定义），其中的第 11 级为方言算子。目前 TVM 预定义的方言算子有三个：QNN 算子、VM 算子和内存算子，每个方言算子被设计用于支持特定类型的优化。其中，QNN 算子对应于深度学习框架中定义的量化算子，用于导入量化模型并最终被降级为 Relay 算子，VM 算子用于支持动态输入，内存算子用于内存分配和优化。

TVM 读取 AI 模型后，开发者可通过方言扩展编译器的内部表示形式，并复用 TVM 大部分已有基础设施，为各种 AI 硬件平台生成高效代码。这是一种端到端的解决方案，能够将特定指令映射为 AI 模型中的特定操作。方言和 Relay IR 具有框架无关性，开发者可以将模型从任何框架转换为框架无关的图 IR，解决了框架多样性问题。

方言是在图级 IR 之上的 IR。TVM 允许在方言中增加新的算子，并通过该方言算子，在比图级 IR 更高的级别上表示计算构造，但不必在 TVM 中为该算子定义任何图级或张量级的优化，而是将这些算子降级为一系列 TVM 已有算子的组合，TVM 已经为这些算子定义了完善的图级和张量级优化。因此，方言中的新算子并未引入任何新的语义，而是用作逻辑分组机制，为方言算子提供通用 Relay 算子支持，并且可以复用几乎所有现有 TVM 基础设施。开发者只需关注如何添加对新硬件平台的支持，以及那些受新算子特性影响较大的内核实现。当然，开发者也可以为新算子定义新的方言优化 pass，将计算图转换为适合硬件平台的形式，使计算图满足硬件指令集的要求。通过复用现有的 TVM 基础结构，方言算子减少了开发者在硬件平台上执行 AI 模型的工作量。

方言算子实际上是具有计算特性上下文的封装器，即开发者只需定义如何将方言算子表示为已有 Relay 算子序列，并通过计算特性上下文进行图级 IR 转换和优化，满足计算特性要求，如硬件指令集的数据类型要求。因此，开发者不必为方言算子添加任何循环级 **TIR** 描述。而且，通过方言算子，TVM 可以跨硬件平台完成计算功能。不同的硬件平台执行方式的主要区别在于计算方式和接受的数据类型，因此，方言算子的目标是形成一种统一的、可扩展的编译流程，实现跨平台编译，优化 AI 模型中的操作，并可以轻松地将当前方言算子扩展到具有其他数据类型和操作的指令和算子。

为了使方言算子尽可能抽象地表达算子的计算特性，开发者应从常用深度学习框架中收集相应算子，从 AI 模型上下文中捕获算子共同的计算模式，并为框架算子总结得到合适的方言算子。需要注意的是，对于不同的框架，相同的框架算子名称可能表示不同的计算方式。因此，方言算子的粒度可视情况调整，最终达到将框架的算子映射到方言算子和 Relay 算子序列的目的。

方言算子可以处理部分或所有计算特性。如果只是处理部分计算特性，则需要在方言中定义多个方言算子，覆盖所有计算特性。这样，开发者可以在 TVM 中支持不同的计算方法，实现对不同类型框架算子的支持，解决了算子计算方法多样性问题。

以 QNN 算子为例，为了解析来自框架的量化卷积算子，QNN 算子包括多个方言算子，如负责转换量化张量的缩放尺度和零点的再量化（requantize）算子，负责将 32 位浮点输入量化为 8 位整数或无符号整数输出的量化算子，负责将已量化的 8 位整数或无符号整数输入反量化为 32 位浮点输出的反量化算子，负责完成量化数据与量化内核卷积操作的卷积算子等。此处仅以 QNN 卷积算子为例，说明方言算子的代码实现。下面的代码（见 <tvm_root>/python/tvm/relay/qnn/op/qnn.py）是暴露给 Python 端 QNN conv2d 接口的，其中的_make 包含了对 QNN 卷积算子 qnn.conv2d 的调用。

```
def conv2d(data, ···, data_layout="NCHW", kernel_layout="OIHW",
                out_layout="", out_dtype="int32"):
    padding = get_pad_tuple2d(padding)
    return _make.conv2d(data,···, data_layout, kernel_layout, out_layout, out_dtype)
```

QNN 卷积算子和函数的注册代码如下：

```
Expr MakeQnnConv2D(Expr data, Expr weight, ···) {
  auto attrs = make_object<Conv2DAttrs>();
  attrs->strides = std::move(strides);
  ...
  static const Op& op = Op::Get("qnn.conv2d");
  return Call(op, {data, weight, input_zero_point, kernel_zero_point,
            input_scale, kernel_scale}, Attrs(attrs), {});
}

RELAY_REGISTER_OP("qnn.conv2d")
    .describe(···)
    .set_attrs_type<Conv2DAttrs>()
    .set_num_inputs(6)
    ...
    .set_support_level(11)
    .add_type_rel("QnnConv2D", QnnConv2DRel)
```

```
.set_attr<TNonComputational>("TNonComputational", true)
.set_attr<FTVMLegalize>("FTVMQnnCanonicalize", QnnConv2DCanonicalize)
.set_attr<FInferCorrectLayout>("FInferCorrectLayout", QnnConvInferCorrectLayout);

TVM_REGISTER_GLOBAL("relay.qnn.op._make.conv2d").set_body_typed(MakeQnnConv2D);
```

上述代码中通过 RELAY_REGISTER_OP 和 TVM_REGISTER_GLOBAL 分别注册了 QNN 卷积算子 qnn.conv2d 及其函数 MakeQnnConv2D( )，算子注册和函数注册的细节将在本章后续小节论述。

开发者可根据需要添加方言优化 pass。方言优化 pass 使用开发者提供的序列将方言算子转换或降级为 Relay 算子序列，支持算子在各种硬件平台的执行，其功能与常见的编译 pass 有类似之处。例如，将 IR 转换为使用硬件平台本地支持指令的合法化也属于方言优化 pass 需要完成的功能。降级过程必须逐个算子进行，降级的难度因算子的计算复杂度而异，复杂算子会被分解为多个 Realy 算子。降级之后的其他转化和优化 pass 与算子计算特性无关，不再需要图级计算特性上下文，因此可以复用现有的 Relay 和张量级基础结构。方言优化 pass 属于 TVM pass 的一种，3.4.1 节将详细介绍 TVM pass。

2. Relay 算子实现

从深度学习框架导入新 AI 模型时，或将方言算子转换或降级为 Relay 算子时，有可能出现 TVM 预定义 Relay 算子不支持或不能完全支持新模型算子或方言算子的情况。这时，需要开发者手动实现满足要求的 Relay 算子。

（1）Relay 算子注册流程

为了使用 Relay 算子，首先需要将其在 Relay 中注册，保证算子被集成进 Relay 的类型系统。此处仍以 QNN 算子降级过程为例，说明 Relay 算子的注册流程。为了实现 QNN 算子的降级，TVM 提供了 QNN 规范化 pass，其功能是按照给定顺序将 QNN 算子（QNN 池化、QNN 卷积和 QNN 再量化）转换为 Relay 算子序列。其中，QNN 卷积算子可拆分为四项，其中每一项都可用 Relay 算子表示。拆分过程在注册 QNN 卷积算子时指定的 FTVMQnnCanonicalize 属性值对应函数 QnnConv2DCanonicalize( ) 中实现，其代码片段如下：

```
Expr QnnConv2DCanonicalize(...) {
...
  auto term1 = Conv2DFirstTerm(padded_data, weight, param);
  auto term2 = Conv2DSecondTerm(...);
  auto term3 = Conv2DThirdTerm(...);
  auto term4 = Conv2DFourthTerm(...);
  return Conv2DCombineTerms(term1, term2, term3, term4, ...);
}
```

以降级序列中的第一项为例，其最终被降级为 Relay 算子 nn.conv2d：

```
Expr Conv2DFirstTerm(const Expr& padded_data, const Expr& weight,
                     const Conv2DAttrs* param) {
  // Lowering for Term 1
```

```
    Array<IndexExpr> padding({0, 0, 0, 0});
    return Conv2D(…);
}

static inline Expr Conv2D(…) {
    return MakeConv <Conv2DAttrs>(…, "nn.conv2d");
}

inline Expr MakeConv(…, std::string op_name) {
...
    const Op& op = Op::Get(op_name);
    return Call(op, {data, weight}, Attrs(attrs), {});
}
```

其中，MakeConv( )函数根据算子名称" nn.conv2d "调用 Op::Get( )函数，从 Relay 算子注册表已注册的 Relay 算子中找到对应的算子，然后将卷积核大小、通道数量等卷积参数和算子一起打包为 Call 类对象（即调用节点）。该算子必须事先通过宏 RELAY_REGISTER_OP 注册到算子注册表中。算子注册表类 OpRegistry 是类模板 AttrRegistry 的别名：

```
    using OpRegistry = AttrRegistry<OpRegEntry, Op>;
```

AttrRegistry 类中实现了算子注册表注册接口 RegisterOrGet( )和从算子注册表获取注册项接口 Get( )。Op::Get( )函数调用了 AttrRegistry 类的获取算子注册项接口 Get( )，而宏 RELAY_REGISTER_OP 展开后调用了 AttrRegistry 类的算子注册接口 RegisterOrGet( )。AttrRegistry 类中的 RegisterOrGet( )和 Get( )函数实现代码（见<tvm_root>/src/node/ attr_registry.h）如下：

```
    const EntryType* Get(const String& name) const {
      auto it = entry_map_.find(name);
      if (it != entry_map_.end()) return it->second;
      return nullptr;
    }

    EntryType& RegisterOrGet(const String& name) {
      auto it = entry_map_.find(name);
      if (it != entry_map_.end()) return *it->second;
      uint32_t registry_index = static_cast<uint32_t>(entries_.size());
      auto entry = std::unique_ptr<EntryType>(new EntryType(registry_index));
      auto* eptr = entry.get();
      eptr->name = name;
      entry_map_[name] = eptr;
      entries_.emplace_back(std::move(entry));
      return *eptr;
    }
```

Relay 算子注册表定义为 unordered_map 变量 entry_map_，其中以键值对的形式存储 Relay 算子注册项。键值对中的"键"为算子名称字符串，"值"为算子注册项。AttrRegistry::Get( )函数查找以算子名称为"键"的键值对，如果找到，则返回该键值对的算子注册项；否则返回空指针。

宏 RELAY_REGISTER_OP 定义如下：

```
#define RELAY_REGISTER_OP(OpName) TVM_REGISTER_OP(OpName)
#define TVM_REGISTER_OP(OpName)                        \
  TVM_STR_CONCAT(TVM_OP_REGISTER_VAR_DEF, __COUNTER__) = \
      ::tvm::OpRegEntry::RegisterOrGet(OpName).set_name()
```

宏 TVM_REGISTER_OP 定义了 OpRegEntry 类的静态引用变量。其中的 __COUNTER__ 是编译器内建宏，保证了变量名的唯一性。OpRegEntry 是算子注册的辅助类，每一个注册的算子有一个对应的 OpRegEntry 实例。无论是预定义算子，还是自定义算子，都应通过宏 RELAY_REGISTER_OP 和 OpRegEntry 类接口指定算子属性类型、输入数量、支持级别、类型关系等信息，完成注册。

OpRegEntry::RegisterOrGet() 函数通过全局访问点 OpRegistry::Global() 获得 AttrRegistry 类的单例，转而调用 AttrRegistry 接口 RegisterOrGet()。如前所述，AttrRegistry 类中的 RegisterOrGet() 函数如果在 Relay 算子注册表 entry_map_ 中未找到算子，则为其生成新的注册项。OpRegEntry::RegisterOrGet() 函数代码实现（见<tvm_root>/src/ir/op.cc）如下：

```
OpRegEntry& OpRegEntry::RegisterOrGet(const String& name) {
  return OpRegistry::Global()->RegisterOrGet(name);
}
```

nn.conv2d 算子的注册代码（见<tvm_ root>/src/relay/op/nn/convolution.cc）如下：

```
RELAY_REGISTER_OP("nn.conv2d")
    .describe(…)
    .set_attrs_type<Conv2DAttrs>()
    .set_num_inputs(2)
    .add_argument("data", "Tensor", "The input tensor.")
    .add_argument("weight", "Tensor", "The weight tensor.")
    .set_support_level(2)
    .add_type_rel("Conv2D", Conv2DRel<Conv2DAttrs>)
    .set_attr<FInferCorrectLayout>("FInferCorrectLayout",
                                    ConvInferCorrectLayout<Conv2DAttrs>);
```

上述示例中，指定输入参数数量为 2，参数名称为" data "和" weight "，类型为 Tensor，算子支持级别为 2（表示卷积算子）。算子支持级别数值越大表示完整或外部支持的算子越少。算子注册不包含算子的计算过程，只是向注册表提供了算子相关信息。算子的计算过程将在低阶 IR 相关章节中阐述。

（2）Relay 算子的输入/输出类型关系

类型关系（type relation）是 Relay 类型系统的一部分，描述了 Relay 函数的输入和输出类型之间的关系。Relay 中的算子类型由输入/输出类型关系表示，这是因为 Relay 中的大部分类型检查可看作约束求解问题，其以输入/输出类型为变量集合，以算子的计算特性为约束条件集合，求出满足所有约束的解。类型关系提供了一种灵活且相对简单的方法，既可发挥 Relay 中的依赖类型的作用，又不增加 Relay 类型系统的复杂性。而且，这可以让算子在注册时有更好的灵活性，在 Relay 中表示类型时，表达能力更强、粒度更大。输入/输出类型关系以函数的形式表示。类型关系函数以输入/输出类型列表为输入参数，输出的是另一个满足关系定义的输入/输出类型列表。函数的返回值为布尔类型，如果输入/输出类型满足关系定义，则函数返回 true；如果不满足关系定义，则输出 false。类型关系函数的一个功能是通过检查输入类型，强制执行必要的类型规则。例如，IdentityRel( )函数（代码实现参见 type_relations.cc 文件）表示同类型关系（identity type relation），确保输出类型的形状就是输入类型的形状。IdentityRel( )函数代码实现如下：

```
bool IdentityRel(const Array<Type>& types, int num_inputs, const Attrs& attrs,
                 const TypeReporter& reporter) {
for (size_t i = 1; i < types.size(); ++i) {
 reporter->Assign(types[i],types[0]);
 }
 return true;
}
```

其中，输入参数 types 中包含输入和输出类型，types[0] 为输入类型（输入类型在 types 数组的前半部分，输出类型在后半部分），其余为输出参数类型。输入数量在注册算子时指定，如下面的代码中，输入数量为 1，因此只有 types[0] 为输入类型。IdentityRel( )函数保证了所有输出类型与输入类型相同。IdentityRel( )函数在通过宏 RELAY_REGISTER_OP 注册算子时，通常作为类型关系函数参数。下面是 nn.softmax 算子的注册代码示例：

```
RELAY_REGISTER_OP("nn.softmax")
    .describe(⋯)
    .set_attrs_type<SoftmaxAttrs>()
    .set_num_inputs(1)
    .add_argument("data", "Tensor", "The input tensor.")
    .set_support_level(1)
    .add_type_rel("Identity",IdentityRel);
```

算子的类型关系函数除了执行类型规则外，另一个主要作用是计算输出类型。例如，在注册 nn.conv2d 算子时添加的类型关系函数 Conv2DRel( )中，除了对不满足输入数据布局要求、卷积核布局要求、输出数据布局要求等情况均返回 false 外，还会根据输入数据类型和填充、跨距等卷积参数，计算得到输出数据类型和形状。

（3）TVM FFI 机制与算子调用

Python 语言设计简单、可移植性和可扩展性好，可以用少量 Python 代码在 TVM 上快速进行 AI 模型原型设计，并高效验证，使开发者将关注重点放在模型本身。但模型中对性能至关重要的部分，如 Relay 的核心代码和算子计算过程等部分仍需用 C++语言实现，因为 C++语言在运行速度等方面有明显的优势。因此，开发者必然会遇到将 C++编写的例程通过某种机制暴露给 Python 端的问题。解决该问题的机制称为 FFI（Foreign Function Interface），即外部函数接口。FFI 解决方案有很多，TVM 项目中的 FFI 机制采用了函数式编程的思想，已公开的 C++语言 API 数量仅数十个，并且可以在其上构建新的 API，因而具有简单、直观和高效等优点。例如，nn.conv2d 算子已经在算子注册表中注册，如果算子的计算过程也已经定义，就可以从 Python 接口调用算子的 C++实现，执行卷积操作，示例如下：

```
import tvm
from tvm import relay
    y = relay.nn.conv2d(x, w, strides=[2, 2], padding=[1, 1, 1, 1], kernel_size=[3, 3])
```

方言算子实现部分提到了通过 **TVM_REGISTER_GLOBAL** 注册 QNN 卷积算子函数 MakeQnnConv2D( )。对于这类函数，不能直接从 Python 端调用，通常的做法是将其封装在另外的 Python 函数中。所有 Python 端的 Relay 算子封装函数定义都位于 **<tvm_root>**/python/tvm/relay/op 包中，卷积相关算子封装函数在 **<tvm_root>**/python/tvm/ relay/op/nn 包中定义。其中的 nn.py 文件中定义的卷积函数封装了_make 模块的 API 接口 conv2d( )：

```
from.import _make
def conv2d(data, weight, strides=(1, 1), …):
    …
    padding = get_pad_tuple2d(padding)
    return _make.conv2d(data, weight, strides, …)
```

Python 封装函数为改善算子接口提供了机会。例如，上述代码在为算子 nn.conv2d 生成调用节点之前通过调用 get_pad_tuple2d( )函数，可将不同格式的 padding 参数转换为统一的（pad_top，pad_left，pad_down，pad_right）格式，并传给 nn.conv2d 算子。为了从 Python 端调用 Relay 算子，开发者必须实现_make 模块的 API 接口函数（称为算子函数），通过算子函数将算子参数（如卷积参数）传递给算子，并返回算子调用节点，将算子函数替换为调用节点。

在同一目录下的_make.py 文件中，通过调用_init_api( )函数，实现了_make 模块 API 的初始化：

```
import tvm._ffi
tvm._ffi._init_api("relay.op.nn._make", __name__)
```

_init_api( )函数的第一个参数为命名空间，第二个参数为目标模块名称。此处的命名空间为" relay.op.nn._make "，目标模块名称为 __name__ 的值，即" tvm.relay.op.nn._make "。

_init_api( )函数实现代码（见 **<tvm_root>**/python/tvm/_ffi/registry.py）如下：

```
def _init_api(namespace, target_module_name=None):
    …
    if namespace.startswith("tvm."):
        _init_api_prefix(target_module_name, namespace[4:])
    …
def _init_api_prefix(module_name, prefix):
    …
    for name in list_global_func_names():
        if not name.startswith(prefix): continue
        fname = name[len(prefix) + 1 :]
        target_module = module
        f = get_global_func(name)
        ff = _get_api(f)
        ff.__name__ = fname
        setattr(target_module, ff.__name__, ff)
```

_init_api( )函数调用_init_api_prefix( )函数，根据已注册函数名称调用 get_global_func( )从全局函数注册表中获取已注册的函数，并将已注册函数名称（在本例中为 relay.op.nn._make.conv2d）作为_make 模块的属性名，将从全局注册表中得到的 PackedFunc 函数对象设置为该属性的值。因此，nn.py 文件中定义的卷积函数可以通过访问_make 模块属性的方式，调用 PackedFunc 函数对象代表的函数，即上述代码中的_make.conv2d( )。PackedFunc 函数的细节内容将在 3.3 节中介绍。

Python 端实现的 get_global_func( )函数通过<tvm_root>/src/runtime/registry.cc 中实现的接口_LIB.TVMFuncGetGlobal( )最终调用到 Registry::Get( )函数。代码如下所示：

```
def get_global_func(name, allow_missing=False):
    return _get_global_func(name, allow_missing)

def _get_global_func(name, allow_missing=False):
    handle = PackedFuncHandle()
    check_call(_LIB.TVMFuncGetGlobal(c_str(name), ctypes.byref(handle)))
    if handle.value:
        return _make_packed_func(handle, False)
    ...

int TVMFuncGetGlobal(const char* name, TVMFunctionHandle* out) {
  API_BEGIN();
  const tvm::runtime::PackedFunc* fp = tvm::runtime::Registry::Get(name);
  if (fp != nullptr) {
    *out = new tvm::runtime::PackedFunc(*fp);  // NOLINT(*)
  }
  ...
}
```

其中，_LIB 表示由<tvm_root>/python/tvm/_ffi/base.py 中的_load_lib( )函数加载的 TVM 运行时动态共享库 libtvm.so，这是 TVM FFI 基本库。_load_lib( )函数的代码实现如下：

```
...
_LIB, _LIB_NAME = _load_lib()
...
def _load_lib():
    lib_path = libinfo.find_lib_path()
    ...
    lib = ctypes.CDLL(lib_path[0], ctypes.RTLD_GLOBAL)
...
```

上述_load_lib( )函数中的 ctypes 是 Python 外部函数库，其中提供了 C/C++的兼容数据类型，可将 C/C++动态库中的函数包装成 Python 函数进行调用。ctypes 暴露 CDLL( )接口用于加载库，库中的函数使用标准 cdel 调用约定。

Registry::Get( )函数根据已注册函数的名称从全局注册表中查询并获得已注册函数 PackedFunc 对象后，开发者可以像调用普通函数一样，从 C++或 Python 端调用 PackedFunc 函数。调用时，TVM FFI 规范可以屏蔽函数参数的类型信息，所有 C++函数调用都通过 TVM 运行时库的 API TVM-

FuncCall( ) 完成。类型信息通过静态转换在函数体中获得，并由运行时类型检查确保类型转换正确。例如，在执行 tvm.build( ) 过程中需要调用 CUDA 编译函数时，通过 Registry::Get( ) 函数可从全局注册表中获得 CUDA 编译函数对应的 PackedFunc 指针：

```
const PackedFunc* bf = runtime::Registry::Get(build_f_name);
return (*bf)(mod, target);
```

Registry::Get( ) 函数代码实现（见 <tvm_root>/src/runtime/registry.cc）如下：

```
const PackedFunc* Registry::Get(const std::string& name) {
  Manager* m = Manager::Global();
  std::lock_guard<std::mutex> lock(m->mutex);
  auto it = m->fmap.find(name);
  if(it == m->fmap.end()) return nullptr;
  return &(it->second->func_);
}
```

其中，build_f_name 变量值即为完整函数名称，该函数名称应与通过宏 TVM_REGISTER_GLOBAL 注册函数时指定的完整函数名称保持一致。Manager 类的功能是管理已注册函数，其成员变量 fmap 是维护函数名与注册表映射关系的键值映射容器。fmap 每个元素的"键"都是函数名字符串，"值"都是 Registry 对象指针，指向函数的注册表对象。Registry 类实现了 TVM 全局函数注册表，其目的是实现 TVM 后端与前端语言的融合，其中的注册函数前后端均可调用。Registry 类中关键的成员变量是 PackedFunc 对象 func_，由 set_body( ) 在注册函数时设置。

TVM 也支持将 Python 函数转换成 C++ 类型的函数，并在 C/C++ 代码中调用。例如，在 relay.build( ) 过程中调用 LowerInternal( ) 函数实现降级操作时调用的 relay.backend.lower( ) 函数：

```
if (const auto* f = runtime::Registry::Get("relay.backend.lower")) {
  cache_node->funcs = (*f)(cfunc->schedule, all_args, cache_node->func_name,
                           key->source_func);
}
```

下述代码通过 register_func( ) 接口将 Python 实现的 lower( ) 函数注册到全局函数注册表中：

```
@tvm._ffi.register_func("relay.backend.lower")
def lower(sch, inputs, func_name, source_func):
...
    try:
        f = tvm.driver.lower(sch, inputs, name=func_name)
...
```

register_func( ) 函数同样是通过 _LIB 调用 libtvm.so 的另一个 API 接口 TVMFuncRegisterGlobal( ) 函数，进而调用 Registry::Register( ) 函数，将 lower( ) 函数以名称 relay.backend.lower 注册到全局注册表中。

TVM 中的函数注册主要通过宏 TVM_REGISTER_GLOBAL 完成。例如，3.2.2 节中的布局转换函数、边界推导函数，本节方言算子实现部分中提到的方言算子函数都是通过宏 TVM_REGISTER_GLOBAL 完成注册。nn.conv2d 算子函数也同样如此，其注册代码（见 <tvm_root>/src/relay/op/nn/

convolution.cc）如下：

```
TVM_REGISTER_GLOBAL("relay.op.nn._make.conv2d")
    .set_body_typed([](Expr data, Expr weight, Array<IndexExpr> strides, …) {
        return MakeConv<Conv2DAttrs>(data, weight, strides, …, "nn.conv2d");
});
```

MakeConv（）函数的作用在介绍 Relay 算子注册时已经提到，其中包括调用 Op::Get（）函数从 Relay 算子注册表中获得已注册 Relay 算子信息，并构造调用节点。TVM_REGISTER_GLOBAL 宏定义如下：

```
#define TVM_REGISTER_GLOBAL(OpName) \
  TVM_STR_CONCAT(TVM_FUNC_REG_VAR_DEF,
          __COUNTER__) = ::tvm::runtime::Registry::Register(OpName)
```

TVM_REGISTER_GLOBAL 宏展开后调用的 Registry::Register（）函数会将名称为 OpName 的函数注册到全局函数注册表中，其功能与 Registry::Get（）函数获取已注册函数的功能正好相反。二者相互配合，完成全局函数注册表的存取。上例中，注册时的完整函数名称为" relay.op.nn._make.conv2d "，命名空间或函数名前缀为" relay.op.nn._make "。在调用_init_api_prefix（）获取算子函数时，可根据命名空间过滤其他命名空间的已注册算子函数。Registry::Register（）函数的实现代码如下：

```
Registry& Registry::Register(const std::string& name, bool can_override) {// NOLINT(*)
  Manager* m = Manager::Global();
  std::lock_guard<std::mutex> lock(m->mutex);
  ...
  Registry* r = new Registry();
  r->name_ = name;
  m->fmap[name] = r;
  return *r;
}
```

由上述代码可知，Registry::Register（）函数通过 Manager 类的单例操作全局函数注册表 fmap，并为新注册函数生成 Registry 对象，设置该对象的 name_字段。Registry 对象的 func_变量由 set_body（）函数设置。

TVM 将需要导出的 C++函数打包成 PackedFunc 对象，并通过 set_body_typed（）［最终调用 set_body（）函数］将其保存到 Registry 类的成员变量 func_中，Registry::Get（）函数获取已注册函数正是从 func_中得到函数的 PackedFunc 对象。set_body（）函数实现代码如下：

```
Registry& Registry::set_body(PackedFunc f) {  // NOLINT(*)
  func_ = f;
  return *this;
}
```

算子注册和调用过程总结如下。

1）通过宏 TVM_REGISTER_OP 注册算子。宏展开后，调用 OpRegEntry::RegisterOrGet（）接口

及 AttrRegistry::RegisterOrGet( )接口，为算子生成新的算子注册表 entry_map_注册项。

2）通过宏 TVM_REGISTER_GLOBAL 注册算子函数。宏展开后，调用 Registry::Register( )接口，生成新的函数注册项，并将其 name_字段设置为算子函数名称。

3）通过 set_body_typed( )接口，将算子函数 lambda 表达式打包成 PackedFunc 对象，并设置为函数注册项的 func_字段。在 lambda 表达式中通过 MakeConv( )函数调用 Op::Get( )函数获得已注册算子。

4）_make 模块初始化时，调用 Registry::Get( )接口，遍历全局函数注册表 fmap，从中获得所有函数注册项的 func_字段中保存的 PackedFunc 对象，并将其设置为_make 模块属性值。

5）通过 Python 端封装函数调用注册的同名算子函数。

6）通过 _make 模块以 PackedFunc 对象格式调用算子函数，并通过其中的 Op::Get( )函数获得已注册算子。

算子注册和调用过程如图 3-5 所示。

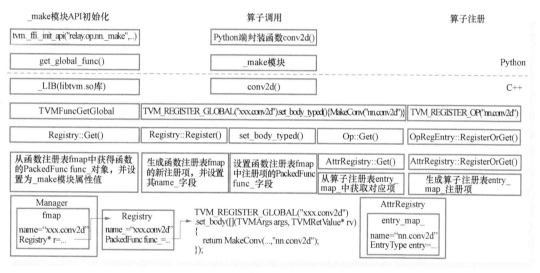

● 图 3-5　算子注册和调用过程

3. PackedFunc 机制

由前文可知，TVM 通过 TVM_REGISTER_* 宏将 C++函数以 PackedFunc 对象的形式暴露给 Python 端。PackedFunc 是一种消解类型（type-erased）的函数，其函数签名不限制输入类型或返回类型，其参数可通过打包（packed）格式传递。PackedFunc 是 TVM 实现 C++和 Python 互操作的重要机制。除此之外，TVM 将已编译对象定义为模块，并以 PackedFunc 形式返回其中的已编译函数，因此，PackedFunc 也是调用已编译函数的统一接口。由此可见，PackedFunc 在 TVM 中有广泛的应用，不仅可用于模型部署，TVM 还使用 PackedFunc 机制向前端公开各种 API，而且，TVM 中的所有编译 pass 也是以 PackedFunc 的形式暴露给前端，如 3.2.2 节中介绍的 InferBound pass。PackedFunc 类定义（见<tvm_root>/include/tvm/runtime/packed_func.h）如下：

```
class PackedFunc {
public:
  using FType = std::function<void(TVMArgs args, TVMRetValue* rv)>;
  PackedFunc() {}

  PackedFunc(std::nullptr_t null) {}  // NOLINT(* )
  explicit PackedFunc(FType body) : body_(body) {}
  template <typename…Args>
  inline TVMRetValue operator()(Args&&…args) const;
  inline void CallPacked(TVMArgs args, TVMRetValue* rv) const;
  inline FType body() const;
  ...
private:
  FType body_;
};
```

其中，**FType** 是 std::function 对象别名，该 std::function 对象是对函数原型 void（TVMArgs args，TVMRetValue * rv）的封装。通过 PackedFunc 类的显式构造函数获得 PackedFunc 对象后，可以像调用普通函数那样调用 PackedFunc 打包函数。示例代码如下：

```
void MyPackedFunc(TVMArgs args, TVMRetValue* rv) {
  int a = args[0];
  int b = args[1];
  *rv = a + b;
}

void CallPackedFunc() {
  PackedFunc mypkfunc=PackedFunc(MyPackedFunc);
  int c = mypkfunc(1, 2);
}
```

上述代码定义了 PackedFunc 函数 MyPackedFunc（）。其中，args 为输入参数，rv 为返回值。当 PackedFunc 函数被调用时，输入参数打包进 TVMArgs 结构体，执行结果由 TVMRetValue 结构体返回。TVM 规定 TVMArgs 和 TVMRetValue 结构体只能传递有限的数据类型，包括 int、float 和 string 等简单类型，也包括表示编译模块的 Module 对象、表示交换张量对象的 DLTensor 指针和表示 IR 对象的 TVM Object 数据结构。在 PackedFunc 函数体中使用参数时，可以将其自动转换为合适的数据类型。

正是由于 PackedFunc 函数的消解类型特性，开发者可以从 Python 端调用 PackedFunc 函数。调用前，应将导出的 C++函数打包成 PackedFunc 函数，并通过宏 TVM_REGISTER_GLOBAL 注册到全局函数注册表中。以上文中已经提到的 nn.conv2d 算子函数注册为例：

```
TVM_REGISTER_GLOBAL("relay.op.nn._make.conv2d")
  .set_body_typed([](Expr data, Expr weight, Array<IndexExpr> strides, …) {
    return MakeConv<Conv2DAttrs>(data, weight, strides, …, "nn.conv2d");
  });
```

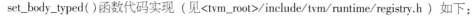

set_body_typed( ) 函数代码实现（见<tvm_root>/include/tvm/runtime/registry.h）如下：

```
template <typename FLambda>
Registry& set_body_typed(FLambda f) {
  using FType = typename detail::function_signature<FLambda>::FType;
  return set_body(TypedPackedFunc<FType>(std::move(f), name_).packed());
}
```

以上代码中的 function_signature 是用于获得函数签名的类模板，TypedPackedFunc 是 PackedFunc 的封装类，可将函数或 lambda 表达式打包成 PackedFunc 函数。set_body( ) 函数将 PackedFunc 对象保存到 Registry 类的成员变量 func_ 中，以便 get_global_func( ) 等接口从该成员变量获取全局函数注册表中的已注册函数。

4. 梯度算子实现

神经网络实质上是由多个基础函数组合而成的复合函数，函数的参数由训练过程根据给定的数据集训练得到。训练过程中的反向传播会根据输出的梯度推导出参数的梯度，因而，计算参数梯度的梯度算子对于编写 Relay 可微分程序很重要。为了减轻开发者实现参数梯度计算的工作量，Relay 提供了自动微分机制，可自动完成参数的梯度计算，并在每此迭代中自动更新梯度。自动微分可以是编译时的（compile-time），也可以是运行时的（run-time）。TVM 目前只支持编译时自动微分，并正在努力提供代数算子和神经网络算子（二者合称为基础算子）的梯度算子，让开发者可以使用这些梯度算子来构建自定义算子的梯度。不支持梯度算子的 AI 编译器无法提供模型训练的功能。例如，nn.conv2d 算子的梯度算子实现代码（见<tvm_root>/python/tvm/relay/op/_tensor_grad.py）如下：

```
@register_gradient("nn.conv2d")
def conv2d_grad(orig, grad):
    ...
    backward_data = _nn.conv2d_transpose(...)
    ...
    backward_weight = _nn.conv2d (...)
    ...
    return [backward_data, backward_weight]
```

上述代码中的装饰器 register_gradient( ) 可将 nn.conv2d 算子的梯度算子计算函数 conv2d_grad( ) 注册为 nn.conv2d 算子的 FPrimalGradient 属性，该属性在自动微分算子中使用。register_gradient( ) 函数实现代码（见<tvm_root>/python/tvm/relay/op/ _tensor_grad.py）如下：

```
def register_gradient(op_name, fgradient=None, level=10):
    return tvm.ir.register_op_attr(op_name, "FPrimalGradient", fgradient, level)
```

TVM 可以实现一阶微分和高阶微分两种模式，但是不管哪种模式，最终都会调用 Op::GetAttrMap( ) 函数，从 FPrimalGradient 属性中取得梯度算子。示例代码如下（见 <tvm_root>/src/relay/transforms/gradient.cc 中的 FirstOrderReverseAD 和 ReverseAD 结构体定义）：

```
const OpAttrMap<FPrimalGradient> rev_map =
                    Op::GetAttrMap<FPrimalGradient>("FPrimalGradient");
```

梯度算子 conv2d_grad 将输出梯度 grad 和基础算子的输入数据 orig 作为求导算子的输入，然后计算基础算子的梯度。梯度算子返回一个列表，其中包含的元素数量与基础算子的输入数量相同，其中第 i 个索引处的元素是对算子第 i 个输入的导数。

在实现梯度算子时，不仅要考虑如何计算函数的梯度，还应该考虑如何将函数梯度和其他梯度组合起来，这样才能在整个程序中累积梯度。这是上述 conv2d_grad 梯度算子实现代码中存在 grad 项的原因。

既然装饰器 register_gradient( ) 的目的是将梯度算子计算函数注册为算子的 FPrimalGradient 属性，由算子属性设置和获取过程分析可知，直接通过宏 RELAY_REGISTER_OP 在注册算子时调用 set_attr( ) 接口也可以达到同样目的。register_op_attr( ) 接口与 set_attr( ) 接口的功能类似。此处仍以 nn.conv2d 算子注册为例：

```
RELAY_REGISTER_OP("nn.conv2d")
    .describe(…)
        ...
    .set_attr<FPrimalGradient>("FPrimalGradient", Conv2dGrad);
```

这时的梯度算子需要用 C++编写。目前，TVM 中用 Python 编写梯度算子尚不多见。

本节 Relay 算子实现部分中提到的 AttrRegistry 类除了实现算子注册表 entry_map_ 及其操作接口外，还实现了算子属性表 attrs_ 及其操作接口。通过宏 TVM_REGISTER_GLOBAL 注册 OpSetAttr( ) 和 OpSetAttr( ) API 时，分别调用了 AttrRegistry 类的设置属性接口 UpdateAttr( ) 和获取属性接口 GetAttrMap( )。算子属性设置过程如下。

1）通过 Python 端封装函数 set_attr( )（代码实现见<tvm_root>/python/tvm/ir/op.py）调用已注册 API 接口 OpSetAttr( )：

```
def set_attr(self, attr_name, value, plevel=10):
    _ffi_api.OpSetAttr(self, attr_name, value, plevel)
```

2）通过宏 TVM_REGISTER_GLOBAL 注册名称为" ir.OpSetAttr "的 API，并在 lambda 表达式中调用辅助结构 OpRegEntry 中定义的接口 set_attr( ) 设置算子属性（代码实现见<tvm_root>/src/ir/op.cc）：

```
TVM_REGISTER_GLOBAL("ir.OpSetAttr")
.set_body_typed([](Op op, String attr_name, runtime::TVMArgValue value, int plevel) {
    auto& reg = OpRegistry::Global()->RegisterOrGet(op->name).set_name();
    reg.set_attr(attr_name, value, plevel);
});
```

3）OpRegEntry::set_attr( ) 函数调用 UpdateAttr( ) 函数（代码实现见<tvm_root>/include/tvm/ir/op.h）：

```
template <typename ValueType>
inline OpRegEntry& OpRegEntry::set_attr( // NOLINT(*)
const std::string& attr_name, const ValueType& value, int plevel) {
    runtime::TVMRetValue rv;
    rv = value;
```

```
    UpdateAttr(attr_name, rv, plevel);
    return *this;
}
```

4）OpRegEntry::UpdateAttr( ) 函数通过全局访问点 OpRegistry::Global( ) 获得 AttrRegistry 类的单例，转而调用 AttrRegistry 接口 UpdateAttr( )（代码实现见 <tvm_root>/src/ir/op.cc）：

```
void OpRegEntry::UpdateAttr(const String& key, TVMRetValue value, int plevel) {
  OpRegistry::Global()->UpdateAttr(key, op_, value, plevel);
}
```

5）UpdateAttr( ) 函数按照属性名称从属性表 attrs_ 中找到对应项并设置属性值（代码实现见 <tvm_root>/src/node/attr_registry.h）。

```
void UpdateAttr(const String& attr_name, const KeyType& key,
                runtime::TVMRetValue value, int plevel) {
using runtime::TVMRetValue;
std::lock_guard<std::mutex> lock(mutex_);
auto& op_map = attrs_[attr_name]
...
uint32_t index = key->AttrRegistryIndex();
...
std::pair<TVMRetValue, int>& p = op_map->data_[index];
if (p.second < plevel && value.type_code() != kTVMNullptr) {
    op_map->data_[index] = std::make_pair(value, plevel);
}
}
```

算子属性获取过程如下。

1）通过 Python 端封装函数 get_attr( ) 调用已注册 API 接口 OpGetAttr( )（代码实现见 <tvm_root>/python/tvm/ir/op.py）：

```
def get_attr(self, attr_name):
    return _ffi_api.OpGetAttr(self, attr_name)
```

2）通过宏 TVM_REGISTER_GLOBAL 注册名称为" ir.OpGetAttr "的 API，并在 lambda 表达式中调用 Op::GetAttrMap( ) 函数根据属性名称获取对应算子属性（代码实现见 <tvm_root>/src/ir/op.cc）：

```
TVM_REGISTER_GLOBAL("ir.OpGetAttr")
    .set_body_typed([](Op op, String attr_name) -> TVMRetValue {
    auto op_map = Op::GetAttrMap<TVMRetValue>(attr_name);
    TVMRetValue rv;
    if (op_map.count(op)) { rv = op_map[op]; }
    return rv;
});
```

3）Op::GetAttrMap( ) 函数调用 Op::GetAttrMapContainer( ) 函数（代码实现见 <tvm_root>/

include/tvm/ir/op.h）：

```
template <typename ValueType>
inline OpAttrMap<ValueType> Op::GetAttrMap(const String& key) {
    return OpAttrMap<ValueType>(Op::GetAttrMapContainer(key));
}
```

4）Op::GetAttrMapContainer()函数通过全局访问点 OpRegistry::Global()获得 AttrRegistry 类的单例，转而调用 AttrRegistry 接口 GetAttrMap()（代码实现见<tvm_root>/src/ir/op.cc）：

```
const AttrRegistryMapContainerMap<Op>&
                        Op::GetAttrMapContainer(const String& attr_name) {
    return OpRegistry::Global()->GetAttrMap(attr_name);
}
```

5）GetAttrMap()函数按照属性名称从属性表 attrs_中找到对应项并返回属性值（代码实现见<tvm_root>/src/node/attr_registry.h）：

```
const AttrRegistryMapContainerMap<KeyType>& GetAttrMap(const String& attr_name)
{
    std::lock_guard<std::mutex> lock(mutex_);
    auto it = attrs_.find(attr_name);
    return *it->second.get();
}
```

算子属性设置和获取过程的比较总结如图 3-6 所示。

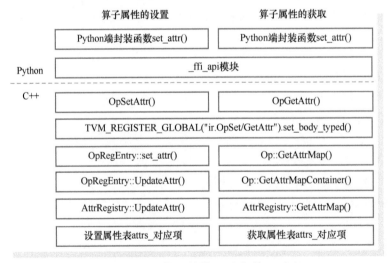

● 图 3-6　算子属性设置和获取过程

3.3　TVM 的低阶中间表示

高阶 IR 表示形式有助于执行通用优化，如内存重用、布局转换和自动区分。与高阶 IR 相比，低阶 IR 以更细粒度的表示形式描述 AI 模型的计算，并通过提供计算调优和内存访问接口，实现目标相关的优化。TVM 项目的早期版本中采用 Halide 项目中的 Halide IR，并对其做改进后作为自己的低阶 IR，即 TIR。

Halide 是一种用于优化图像处理流水线中的并行性、局部性和重复计算的语言和编译器，最初是为并行化图像处理而设计的。AI 模型与图像处理有许多相似之处，例如，二者都由若干操作的低计算强度的长计算序列组成，二者都有模版计算和流程序问题，二者的高性能实现都需要由经验丰富的工程师通过 C、CUDA 或汇编手动编写，而且最终实现既不便移植到不同的体系结构中，也不便与其他算法组合使用。而 Halide 为解决这些问题的方法提供了很好的借鉴，因此，将 Halide 应用于 AI 编译器中效果显著，且具有很好的可扩展性。

Halide 的领域专用语言以简约的函数风格描述图像处理流水线，并将计算（算法定义）与调度（执行策略）分开，采用高级抽象和有效的调度方法来提高可移植性和可组合性。有效的抽象和自动优化使程序能够实现比手动调优更好的性能，而且这种方法同样可以应用于其他的体系结构。Halides 的领域专用语言比大多数函数式语言简单，避免了使用高阶函数、动态递归和复杂的数据结构，这种表示形式足以描述各种图像处理算法。Halide 的算法被定义为在无限整数域上的纯函数，而不是提供特定值来描述函数，这些函数链接起来形成处理流水线。将 Halide 应用于 AI 编译器的后端时，需要对 Halide 的原始 IR 做一些修改，因为 AI 编译器需要知道数据的确切形状，以便将算子映射为硬件指令。

Halide 的调度表示可以有效描述并行、向量化、分片、融合和重新排序等功能的实现。采用 Halide 的 AI 编译器不会直接给出具体的方案，而是尝试各种可能的调度选项并选择其中的最佳方案。Halide 早期版本中的优化是半自动的，调度由用户指定。但由于并行执行、重新排序、向量化或展开、缓存行为，以及不同设备的代码生成实现等因素的不同组合，形成巨大的调度搜索空间，因此，Halide 调优器采用随机搜索和遗传算法来优化流水线调度器，并在随后又提出了模型驱动的自动调度器，通过代价函数来估算性能改进。这些方法为 Halide 调度器提供了针对各种硬件体系结构的流水线优化能力，使自动调优器能以最小代价选择最佳的调度策略。

TVM 项目的 Halide IR 从 Halide 项目中分离出来并重构后，被改进为独立的符号 IR。TVM 主要的改进包括五点：第一，TVM 消除了 Halide IR 对 LLVM 的依赖；第二，TVM 重构了项目模块和 Halide IR 的设计结构，优化了代码组织，使图 IR 和前端语言（如 Python）更易于理解 Halide IR；第三，将所有 IR 结构都改为可序列化，并且可以从前端语言（如 Python）公开访问，简化了 Python 中的原型设计和开发；第四，通过引入运行时分发机制，可以方便地添加自定义算子，因此，可重用性也得到了改善；第五，TVM 简化了变量定义，将变量定义从字符串匹配改为指针匹配，确保每个变量具有唯一定义位置，即变为 SSA 形式。TIR 综合了已有图像处理语言（如 Halide）和循环转换工具（如基于循环和基于多面体分析）的思想，专注于表达深度学习工作负载，可以直接针对各种目标硬件（包括 GPU 和加速器）做优化，并准确表示目标硬件相关的内存布局、并行化模式、局部性等优化选项。虽然后继的 TVM 版本试图淡化 Halide 的色彩，但 TIR 仍和 Halide IR 之间有明显的继承关系。

▶▶ 3.3.1 TVM 低阶中间表示的表达

TVM 中有两个级别的 IR 及其优化。前端模块通过模型导入接口，将 AI 模型从不同深度学习框架导入 IRModule 对象，其中包含表示模型的 relay.Function 对象。IRModule 类是所有 IR 转换 pass 的基本单元，也是 TVM 栈中的一种主要数据结构，作为 IRModuleNode 类的引用类，IRModule 保存了模块中的函数和类型定义。依 IR 层级不同，IRModule 中包括两类函数。由 relay::Function 类表示的函数是函数高阶表示，可将其视为计算图。而且，relay::Function 类还附带有控制流、递归和复杂数据结构等信息。relay.Function 对象除了由前端导入模型后，通过类名 relay.Function 构造得到以外，还可以通过 relay.var()、relay.add() 等 relay 操作先构造计算图，再由类名 relay.Function 构造得到，如 3.4.1 节示例代码所示。

得到包含 relay.Function 对象的 IRModule 对象后，TVM 对其做与目标无关的转换，将其中的 Relay IR 降级为更接近目标的低阶 TIR，并进行 TIR 函数级优化，得到包含 tir.PrmFunc 对象的 IRModule 对象。与 Relay IR 的目标无关优化和转换不同，TIR pass 除了优化目的以外，很多用于降级目的，例如，3.4.3 节中介绍的将 TVM intrinsic 函数降级为目标相关 intrinsic 函数的过程。所有通过 TIR pass 优化和转换的函数都使用 tir::PrimFunc 类表示。tir.PrimFunc 是 TIR 中的一种低级程序表示数据结构，通常用于表示模型中的算子，其中的元素包括循环嵌套选择、多维加载/存储、线程和向量/张量指令等。在编译时，一个 Relay 函数可以降级为多个 tir.PrimFunc 函数，即将一个端到端的 Relay 函数分解为多个 tir.PrimFunc 子函数，后续的 TIR pass 对每个子函数进行编译和优化。

与通过类名 relay.Function 构造 relay.Function 对象类似，tir.PrimFunc 对象也可通过类名构造。示例代码如下：

```
...
mod = tvm.IRModule.from_expr(tvm.tir.PrimFunc([A], body).with_attr(…))
fcode = tvm.build(mod, None, "llvm")
...
```

在 Python 类 tir.PrimFunc 的构造函数中，可通过 _ffi_api 模块（后文将介绍）调用已注册函数 tir.PrimFunc()，并在其中生成并返回 C++ PrimFunc 类对象。函数注册代码如下：

```
TVM_REGISTER_GLOBAL("tir.PrimFunc")
    .set_body_typed([](Array<tir::Var> params, Stmt body, Type ret_type,
                    Map<tir::Var, Buffer> buffer_map, DictAttrs attrs, Span span) {
      return PrimFunc(params, body, ret_type, buffer_map, attrs, span);
    });
```

PrimFunc 类是 PrimFuncNode 类的引用类。PrimFuncNode 类的成员变量中维护了函数参数（params）、包含 TIR 语句的函数体（body）、函数返回类型（ret_type），以及参数到 Buffer 数据结构的映射（buffer_map）等信息。除了 TIR 数据结构以外，TVM 还通过 TVM_REGISTER_OP 和 TVM_REGISTER_GLOBAL 宏为 TIR 注册了一系列算子、intrinsic 函数和转换 pass。

对于封装了 relay.Function 对象的 IRModule 对象，应调用 tvm.relay.build( ) 接口进行编译：

```
mod = tvm.IRModule.from_expr(relay.Function([x, y], x + y))
compiled_lib = tvm.relay.build(mod, tvm.target.create("llvm"), …)
```

而对于封装了 tir.PrimFunc 对象的 IRModule 对象，应跳过 Relay IR 转换和优化，调用 tvm.build( ) 接口进行编译。

tvm.relay.build( ) 和 tvm.build( ) 接口编译过程将在 **3.3.2** 节中介绍。不管调用哪种编译接口，编译器都将 IRModule 转换为目标指定的后端代码，并封装在 runtime.Module 对象中返回。该对象可被目标运行时环境加载和执行。

▶▶ 3.3.2　TVM 代码生成的定制化开发

经过 Relay 优化和降级过程之后，已优化算子通过 TIR、降级为 C++/CUDA，或者降级为 LLVM IR，然后利用 NVCC 或 LLVM 等成熟后端优化器和代码生成器产生机器码。如果直接将 TIR 转换为 LLVM IR，生成代码的质量完全由传统编译器决定。对于许多简单的算子，如加法或 ReLU，几乎没有数据重用的可能，除了依赖现有的代码生成器（如 LLVM 或 NVCC）来获得高性能的机器代码之外，没有太多进一步优化的空间。然而，有些算子，如卷积或矩阵乘等算子，需要进行 TIR 优化（在 TVM 中也称为计算和调度实现）来高效地实现数据重用。由于架构上的巨大差异，每个平台都需要进行这种优化工作。对于受计算特性影响较大的算子，可以为其实现独有的调度，通过定制化的代码生成器，利用硬件提供的特殊快速指令获得理想的性能，并为优化 pass 提供更多硬件目标相关信息，扩大覆盖硬件平台范围，解决硬件平台多样性问题。

本节主要介绍在硬件厂商提供自有硬件设备和算子库的前提下，开发者应如何在 TVM 中实现定制化代码生成器。TVM 代码生成器接口有两个，分别是 tvm.build( ) 和 tvm.relay.build( )。其中，tvm.build( ) 接口是针对算子的代码生成，而 tvm.relay.build( ) 接口是针对整个 relay 计算图（或模型）的代码生成。因而，tvm.relay.build( ) 在编译算子时会调用 tvm.build( ) 接口。本节内容分为算子代码生成和计算图代码生成两部分，分别介绍上述两个编译接口。

1. 算子的代码生成实现

tvm.build( ) 接口（定义见 <tvm_root>/python/tvm/driver/build_module.py）的第一个输入参数可以是调度对象，也可以是 IRModule 对象，或由多个"编译目标字符串：IRModule 对象"键值对构成的字典。该参数的不同取值对应 tvm.build( ) 的不同处理过程。最常见的情况是以调度对象作为 tvm.build( ) 的第一个输入参数。这时，tvm.build( ) 的处理过程可分为两步：第一步，将高阶循环结构降级为低阶 IR；第二步，由低阶 IR 生成机器码。其中，第一步的降级功能由 tvm.lower( ) 函数完成（代码见 <tvm_root>/python/tvm/ build_module.py），第二步的算子代码生成功能由 _build_for_device( ) 函数调用 codegen.build_module( ) 函数完成。

如果 tvm.build( ) 接口的第一个输入参数是 IRModule 对象，则很有可能已经在 tvm.build( ) 接口外调用 tvm.lower( ) 函数，得到了 IRModule 对象。此时，在 tvm.build( ) 接口内不需要再调用 tvm.

lower( )函数。

如果 tvm.build( )接口的第一个输入参数是字典变量，如 ｛" llvm "：mod0，" cuda "：mod1｝，则第一个 IRModule 对象 mod0 为主机端模块，第二个 IRModule 对象 mod1 为设备端模块，tvm.build( )接口为其分别调用 codegen.build_module( )函数，完成代码生成。

tvm.lower( )函数调用 form_irmodule( )函数执行边界推断（详见 3.2.2 节），推断所有循环界限和中间缓存（如 CUDA 的共享内存）大小，并调用 ScheduleOps( )生成初始循环嵌套结构。然后，form_irmodule( )函数为支持 TensorCore 还将对 ScheduleOps( )生成的 AST 做修改，并为后续 TIR 优化生成 tir.PrimFunc 对象。最后，form_irmodule( )函数以 tir.PrimFunc 对象为参数，为给定调度生成 IRModlue 对象。上述过程结束后，tvm.lower( )函数在 IRModlue 对象上执行一系列 TIR 转换 pass，优化其中的 tir.PrimFunc 函数。

降级完成后，tvm.build( )接口针对已降级 IRModlue 对象，再次调用 codegen.build_module( )函数，生成目标相关机器码和负责内存管理和内核启动的主机端代码，并包含在 runtime.Module 对象中返回。runtime.Module 模块对象中包含的已编译函数可通过函数调用语法调用。

TVM 的算子代码生成功能入口为 Python 端的 codegen.build_module( )函数（定义见<tvm_root>/python/tvm/target/codegen.py）。该函数最终调用 C++端的编译函数 codegen∷Build( )（定义见<tvm_root>/src/target/codegen.cc），codegen∷Build( )的输入参数为 IRModule 对象和目标对象。为了从 Python 端调用 Build( )函数，开发者必须实现_ffi_api 模块的 API 接口。在 <tvm_root>/python/tvm/target/目录下的_ffi_api.py 文件中，通过调用_init_api( )函数，实现了_ffi_api 模块 API 的初始化：

```
import tvm._ffi
tvm._ffi._init_api("target", __name__)
```

_init_api( )函数的实现已经在 3.2.3 节中详细分析，此处不再赘述。

Build( )函数根据目标对象的类型名称，从全局函数注册表中查找与目标对象对应的编译函数。自定义后端应按照现有目标对象的实现流程，定制后端编译函数。例如，如果目标对象的类型名称为 cuda，则后端编译函数名称为 target.build.cuda，其注册的后端编译函数为 BuildCUDA( )。注册代码如下：

```
TVM_REGISTER_GLOBAL("target.build.cuda").set_body_typed(BuildCUDA);
```

BuildCUDA( )函数基于降级后的 IR 模块调用 CodeGenCUDA 类的 AddFunction( )等功能函数，生成 CUDA 内核源代码。CodeGenCUDA 类是 CUDA 的代码生成器类，该类派生自 CodeGenC 类。CodeGenC 类生成的并非可以被 MSVC 或 GCC 编译的普通 C/C++代码，而是像 CUDA、OpenCL 这类 C/C++语言的变体。如果编译器后端采用 LLVM（如 AMDGPU），则代码生成器应以 CodeGenLLVM 类为基类。CodeGenLLVM 类可将 TIR 转换为 LLVM IR，并执行若干 LLVM 优化 pass 生成目标机器代码。自定义后端可视情况选择合适的基类，定义自己的代码生成器类。

如果目标对象的类型名称为 rocm，则后端编译函数名称为 target.build.rocm，其注册的后端编译函数为 BuildAMDGPU( )。注册代码如下：

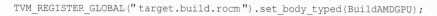

```
TVM_REGISTER_GLOBAL("target.build.rocm").set_body_typed(BuildAMDGPU);
```

与 BuildCUDA( ) 函数类似，BuildAMDGPU( ) 函数调用 CodeGenAMDGPU 类的功能函数和 LLVM Pass 管理器管理的优化 pass，为 LLVM IR 模块生成汇编文件和 Hsaco 格式的二进制文件。

BuildCUDA( ) 和 BuildAMDGPU( ) 等编译函数返回的都是 Module 对象。该对象是目标相关的 ModuleNode 对象的容器。ModuleNode 类是一个抽象类，不同后端可以通过派生 ModuleNode 子类实现各自的运行时组件。ModuleNode 子类实现方法将在 3.3.3 节中介绍。Module 对象由后端编译函数调用各自的 Module 对象生成函数生成。对于 CUDA 和 AMDGPU 后端，生成函数分别为 CUDAModuleCreate( ) 和 ROCMModuleCreate( )。Module 对象生成函数将后端各自的 ModuleNode 子类对象封装在 Module 对象中返回给 Python 端的 codegen.build_module( ) 函数。后续的已编译代码执行流程将在 3.3.3 中介绍。CUDA 和 AMDGPU 算子代码生成过程总结如图 3-7 所示。

● 图 3-7　CUDA 和 AMDGPU 算子代码生成过程

2. Relay 图的代码生成实现

TVM 的典型编译过程是首先将深度学习框架的模型导入并转换成 Relay IR，然后将 Relay IR 编译和优化为后端硬件可以执行的低阶 IR，再将低阶 IR 和运行时库，以及模型参数打包为 tvm. Module 对象返回。该过程的后半部分由 3.3.1 节介绍的算子代码生成过程完成。

相比算子代码生成过程，Relay 图代码生成过程大部分功能在 C/C++端实现，逻辑也更复杂。由于 Relay 图包含算子，Relay 图代码生成实现可以复用部分算子代码生成实现。

Relay 计算图代码生成主要实现由 tvm.relay.build( )接口 （代码实现见<tvm_root>/ python/tvm/relay/build_module.py ） 完成。开发者通过 tvm.relay.build( )接口调用图编译功能时，对图中节点顺序执行三个操作：第一，通过算子注册表查找算子实现；第二，生成算子的计算表达式和调度；第三，将算子编译为二进制文件。tvm.relay.build( )的用法示例如下：

```
...
mod, params = relay.frontend.from_mxnet(…)
with tvm.transform.PassContext(opt_level=3, …):
    graph, lib, params = tvm.relay.build(mod, params=params, target="cuda")
...
```

其中，relay.frontend.from_mxnet( )接口将 MXNet 模型转换为 IRModule 对象形式的 Relay 模块和参数数组。视框架的不同，此处可以调用不同的模型转换函数，如 from_caffe2( )等。PassContext 类用于配置编译选项和 pass 的行为，包括优化级别和必需及禁用的 pass 等。此处指定 Pass 的优化级别为 3。tvm.relay.build( )接口和 tvm.build( )接口的输入参数类型均可为 IRModule 类型，之前版本使用的 relay.Function 类型输入参数需先调用 tvm.IRModule.from_expr( )，转换为 IRModule 类型之后才能使用。二者的返回值均可为 Module 对象。当 tvm.relay.build( )接口只有一个返回值时，其类型为 GraphRuntimeFactoryModule 对象。tvm.relay.build( )接口的实现代码片段如下所示：

```
def build(mod, target=None, target_host=None, params=None, mod_name="default"):
...
    with tophub_context:
        bld_mod = BuildModule()
        graph_json, mod, params = bld_mod.build(mod, target, target_host, params)
        mod = _graph_runtime_factory.GraphRuntimeFactoryModule(graph_json, mod,…,
                                                                params)
        return mod
...
```

其中，输入参数 mod 和 params 分别代表 Relay 图和图参数。tvm.relay.build( )接口的主要逻辑在 BuildModule 类的 build( )函数中实现。BuildModule 类是一个封装类，其作用是将 C++实现的 RelayBuildModule 类接口 （实现代码见 tvm_root/src/relay/backend/ build_module.cc） 暴露给 Python 端。因此，tvm.relay.build( )接口首先生成 BuildModule 对象 bld_mod，并通过 bld_mod 调用 BuildModule 类的 build( )函数，编译生成可以在 TVM 运行时上运行的 IRModule 对象。在 BuildModule 类的构造函数中调用了_build_module._BuildModule( )函数，该函数通过全局函数注册表，实际上调用的是 RelayBuildModule 实例生成函数 RelayBuildCreate( )，代码如下：

```
from tvm.relay import _build_module
class BuildModule(object):
    def __init__(self):
        self.mod = _build_module._BuildModule()
```

```
            self._build = self.mod["build"]
            self._optimize = self.mod["optimize"]
            ...
    def build(self, mod, target=None, target_host=None, params=None):
            ...
            self._build(mod, target, target_host)
            ...
            graph_json = self.get_json()
            mod = self.get_module()
            params = self.get_params()
            return graph_json, mod, params
```

Python 端通过_build_module 模块调用 RelayBuildModule 类接口。_build_module 模块接口的初始化通过在<tvm_root>/python/tvm/relay/目录下的_build_module.py 文件调用_init_api( )接口完成：

```
    import tvm._ffi
    tvm._ffi._init_api("relay.build_module", __name__)
```

_init_api( )接口的实现分析见 3.2.3 节。_build_module._BuildModule( )接口注册代码如下：

```
    runtime::Module RelayBuildCreate() {
      auto exec = make_object<RelayBuildModule>();
      return runtime::Module(exec);
    }

    TVM_REGISTER_GLOBAL("relay.build_module._BuildModule").set_body([](
                                      TVMArgs args, TVMRetValue* rv) {
      *rv = RelayBuildCreate();
    });
```

由上述代码可见，_build_module._BuildModule( )接口返回 Module 对象 self.mod。当 self.mod 通过［］运算符取值时，将调用 Module 类的__getitem__( )方法。该方法调用 Module 类的 get_function( )接口，通过libtvm.so 库的 TVMModGetFunction( )接口进一步调用 RelayBuildModule 类的 GetFunction( )函数。GetFunction( )函数的参数为字符串类型的函数名称（由 self.mod［］指定），并以 PackedFunc 对象的形式，为 Python 端返回 RelayBuildModule 类中与函数名称参数对应的成员函数。例如，self.mod［"build"］返回的是 RelayBuildModule 类的成员函数 Build( )，self.mod［"optimize"］返回的是 RelayBuildModule 类的成员函数 Optimize( )。代码如下：

```
    PackedFunc GetFunction(const std::string& name, …) final {
    ...
      } else if (name == "build") {
        return PackedFunc([sptr_to_self, this](TVMArgs args, TVMRetValue* rv) {
          ICHECK_EQ(args.num_args, 3);
          this->Build(args[0], args[1], args[2]);
        });
      } else if (name == "list_params") {
    ...
```

```
    } else if (name == "optimize") {
    return PackedFunc([sptr_to_self, this](TVMArgs args, TVMRetValue* rv) {
        ICHECK_EQ(args.num_args, 2);
        *rv = this->Optimize(args[0], args[1], this->params_);
    });
    ...
```

RelayBuildModule::Build( )函数调用 BuildRelay( )函数。该函数实现了将 Relay IR 模块编译为运行时模块的主要逻辑，其中又包括 Relay 图优化、Relay IR 降级和 TIR 代码生成三部分。BuildRelay( )函数代码实现如下：

```
    void BuildRelay(IRModule relay_module,
            const std::unordered_map<std::string, tvm::runtime::NDArray>& params) {
    relay_module = Optimize(relay_module, targets_, params);
    ...
    graph_codegen_ = std::unique_ptr<GraphCodegen>(new GraphCodegen ());
    graph_codegen_->Init(nullptr, targets_);
    graph_codegen_->Codegen(func);
    ...
    auto lowered_funcs = graph_codegen_->GetIRModule();
    ...
      ret_.mod = tvm::build(lowered_funcs, target_host_);
    ...
```

（1）Relay 图优化

Optimize( )函数在 IRModule 对象上执行图优化。由于 Relay 图提供了计算的全局视图，因此，在图这个级别可以识别、判断并执行各种与硬件无关的优化方法。Relay 图优化是进一步提升 AI 模型性能的关键，也是实现超额加速比的主要来源。Relay 图优化通过 pass 定义，并通过遍历 Relay 图的节点，捕获特定特征并重写图，完成图转换。TVM 中已经提供了一系列预定 Relay 图优化 pass，开发者也可以根据需要在前端定制 Relay 图优化 pass。TVM 中的 pass 既包括标准优化 pass，如常量折叠、死代码消除等，也包括深度学习相关的优化 pass，如布局变换、算子融合、缓冲区处理和循环变换等。这些 pass 是扩展 TVM 功能集和优化程序执行的主要接口，TVM 的一些重要的内建功能也是由各种 pass 完成。

Optimize( )函数首先构造一个优化 pass 列表，其中除了目标无关的常规编译器优化方法（包括 EliminateCommonSubexpr、SimplifyExpr、FoldConstant 等）外，还包括算子设备类型标注、并行算子合并、算子融合等图优化方法。Relay 的所有标准优化 pass 声明可以在 <tvm_root>/include/tvm/relay/transform.h 路径下找到，其实现在 <tvm_root>/src/ relay/transforms/路径下。

接下来，Optimize( )函数调用优化 pass。Sequential 类是 TVM pass 基础结构的一部分，该类由构造函数获得 pass 列表并将其中的优化 pass 依次应用于 IRModule 对象中的每个函数，从而获得转换后的 IRModule 对象。优化 pass 在保证功能正确的前提下，改善图执行的性能，减少算子间内存数据传输和内核启动开销。BuildRelay( )函数的其余部分在 Optimize( )函数优化的基础上，将 Relay 图编译为可执行代码。

（2）Relay IR 降级

Relay 图优化完成后，BuildRelay( ) 函数创建 GraphCodegen 实例进行代码生成。GraphCodegen 是 GraphRuntimeCodegenModule 类的封装结构，其构造函数通过全局函数注册表调用 GraphRuntimeCodegenModule 实例生成函数。GraphCodegen 结构的构造函数代码如下：

```
GraphCodegen() {
  auto pf = GetPackedFunc("relay.build_module._GraphRuntimeCodegen");
  mod = (*pf)();
}
```

其中，pf 是 PackedFunc 指针，指向 CreateGraphCodegenMod( ) 函数。mod 是封装了 GraphRuntimeCodegenModule 对象的运行时 Module 对象。CreateGraphCodegenMod( ) 函数的实现和注册代码如下：

```
runtime::Module CreateGraphCodegenMod() {
  auto ptr = make_object<GraphRuntimeCodegenModule>();
  return runtime::Module(ptr);
}

TVM_REGISTER_GLOBAL("relay.build_module._GraphRuntimeCodegen")
    .set_body([](TVMArgs args, TVMRetValue* rv) { *rv = CreateGraphCodegenMod(); });
```

在 BuildRelay( ) 函数中，通过 graph_codegen_ 指针调用的 Init( ) 函数会进一步通过 mod.GetFunction( ) 调用 GraphRuntimeCodegenModule 类的相应函数完成初始化，而通过 graph_codegen_ 指针调用的 Codegen( ) 函数会进一步通过指向 GraphRuntimeCodegen 对象的指针 codegen_，调用 GraphRuntimeCodegen::Codegen( ) 函数进行图代码生成。GraphRuntimeCodegenModule::GetFunction( ) 代码片段如下：

```
virtual PackedFunc GetFunction(const std::string& name,
                               const ObjectPtr<Object>& sptr_to_self) {
  if (name == "init") {
    return PackedFunc([sptr_to_self, this](TVMArgs args, TVMRetValue* rv) {
      void* mod = args[0];
      TargetsMap targets;
      ...
      codegen_ = std::make_shared<GraphRuntimeCodegen>(
                   reinterpret_cast<runtime::Module*>(mod), targets); });
  } else if (name == "codegen") {
    return PackedFunc([sptr_to_self, this](TVMArgs args, TVMRetValue* rv) {
      Function func = args[0];
      this->output_ = this->codegen_->Codegen(func);
    });
  }
}
```

GraphRuntimeCodegen::Codegen( ) 函数首先通过全局函数注册表调用 GraphPlanMemory( ) 函数为节点分配内存。然后调用 VisitExpr( ) 接口遍历 func 节点，对除外部函数外的函数执行降级操作。

最后调用 LowerExternalfunctions 对外部函数执行降级操作，完成 IR 节点到 TIR 节点的降级。
GraphRuntimeCodegen∷Codegen( )函数实现代码片段如下：

```
LoweredOutput Codegen(relay::Function func) {
    auto pf = GetPackedFunc("relay.backend.GraphPlanMemory");
    storage_device_map_ = (*pf)(func);

    heads_ = VisitExpr(func->body);
    ret.external_mods = compile_engine_->LowerExternalFunctions();
    return ret;
}
```

其中，pf 是 PackedFunc 指针，通过全局函数注册表指向 GraphPlanMemory( )函数。

GraphRuntimeCodegen 类派生自 ExprFunctor 类。ExprFunctor 类是用于遍历 Relay 程序的基类。
ExprFunctor 类提供的公共接口是 VisitExpr( )，该函数接受一个表达式和零个或多个参数，并返
回某种类型的实例。GraphRuntimeCodegen 类在扩展 ExprFunctor 类时，通过重载每种类型的 Visi-
tExpr_( )函数实现来定义节点遍历并记录节点信息。VisitExpr( )和 VisitExpr_( )之间的关系与节
点或表达式类型分发机制有关。每个 VisitExpr_( )函数针对的是特定的节点或表达式类型，但是
开发者并不一定知道要访问的类型。为了解决这个问题，并更好地控制类型分发，ExprFunctor
类自定义了不同于 C++的虚函数表 vtable，VisitExpr( )接口通过自定义 vtable，将给定节点或表达
式类型分发到被子类覆盖的对应 VisitExpr_( )函数处理。

GraphRuntimeCodegen 类还实现了针对 VarNode、ConstantNode、TupleNode、CallNode 等多种类
型的 VisitExpr_( )处理函数。在 Relay 中，所有数据流节点都是 CallNode 对象。因此节点遍历的主
要功能在处理 CallNode 对象的 VisitExpr_( )函数中实现，代码片段如下：

```
std::vector<GraphNodeRef> VisitExpr_(const CallNode* op) override {
    Expr expr = GetRef<Expr>(op);
    Function func;
    if (op->op.as<OpNode>()) {
    ...
    } else if (op->op.as<FunctionNode>()) {
      func = GetRef<Function>(op->op.as<FunctionNode>());
    } else {
    ...
    auto pf0 = GetPackedFunc("relay.backend._make_CCacheKey");
    auto pf1 = GetPackedFunc("relay.backend._CompileEngineLower");
    ...
    CachedFunc lowered_func = (*pf1)(compile_engine_, key);
    ...
```

CallNode 类中包含类型为 RelayExpr 的成员变量 op。op 可以支持各种类型，但上述代码中只支
持处理 op 中为 Function 引用的情况。在全局函数注册表中，" relay.backend._CompileEngineLower "函
数名对应的函数为 CompileEngineImpl∷Lower( )函数，因此上述代码中的 PackedFunc 指针 pf1 指向

该函数，该函数进一步调用 LowerInternal（）函数。LowerInternal（）函数会对除外部函数（External Function）之外的函数调用 CreateSchedule（）函数，生成调度对象，并最终调用 tvm::lower（）函数。这个过程和算子代码生成中的降级过程相似，此处不再赘述。

（3）TIR 代码生成

降级过程完成后，BuildRelay（）函数继续调用 tvm::build（）函数，tvm::build（）函数进一步调用 codegen.Build（）函数。这与算子代码生成过程从 Python 端的 codegen::build_module（）函数调用 codegen::Build（）函数的目的一样，最终都会根据目标对象的类型名称，通过 runtime::Registry::Get（）接口获得后端编译函数。具体过程参见本节算子的代码生成实现部分。Relay TIR 代码生成过程总结如图 3-8 所示。

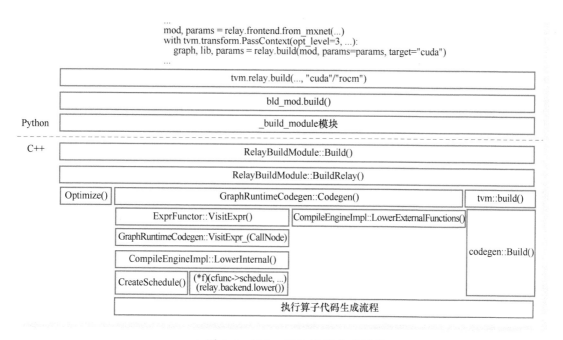

• 图 3-8　Relay TIR 代码生成过程

▶▶ 3.3.3　TVM 运行时的定制化开发

TVM 运行时是部署和执行已编译模块的主要方式，其主要目标是提供可与前端语言交互的 API 集合。本节介绍定制化 TVM 运行时的开发流程，包括定制化 TVM 运行时的实现步骤和如何注册定制化 TVM 运行时。本小节内容主要以 GPU 类硬件的运行时为例说明，其他硬件类型的运行时可参照实现。

TVM 运行时有两个基础模块：PackedFunc 和 ModuleNode。3.2.3 节中已经对 PackedFunc 做了详细介绍。TVM 代码生成将已编译对象封装为 Module 对象，并以 PackedFunc 对象形式返回其中的已编译函数。Module 类是 ModuleNode 类的引用类。ModuleNode 类是抽象类, 其基类是 Object 类 (Object 类是除了 PackedFunc 类以外, TVM 运行时中的最主要的数据结构), 自定义硬件平台后端应通过派生 ModuleNode 子类实现各自的运行时模块, 并在其中添加目标相关的运行时 API 调用。例如, CUDA 后端实现了 CUDAModuleNode 类, 用于管理 CUDA 驱动 API; AMDGPU 后端实现了 ROCM-ModuleNode 类, 用于管理 ROC 内核驱动 API。后端编译接口函数 [如 BuildCUDA( ) 函数] 通过调用 ModuleNode 子类的实例生成函数, 将 ModuleNode 对象封装在 Module 对象中返回 Python 端。目前, TVM 已支持 CUDA、Metal、OpenCL 等模块。ModuleNode 类使得 TVM 引入新设备支持更加便利, 并且开发者不需要为每种类型的设备重新生成主机代码。ModuleNode 子类定义及其实例生成函数示例代码如下所示:

```
class <target>ModuleNode : public runtime::ModuleNode {
public:
...
  PackedFunc GetFunction(const std::string& name,
                         const ObjectPtr<Object>& sptr_to_self) final;
  void SaveToFile(const std::string& file_name, const std::string& format) final {…}
  void SaveToBinary(dmlc::Stream* stream) final {…}
...
};

Module <target>ModuleCreate(std::string data, std::string fmt,
                 std::unordered_map<std::string, FunctionInfo> fmap, …,
                 std::string assembly) {
  auto n = make_object <<target>ModuleNode >(data , fmt , fmap , …, assembly);
  return Module(n);
}
```

实例生成函数<target>ModuleCreate( )使用 make_object 生成<target>ModuleNode 实例, 并返回 runtime::Module 对象。该对象是目标相关的 ModuleNode 对象的容器。函数参数中的 data 为子图数据, fmt 为子图数据字符串, fmap 是从 IRModule 对象中提取的参数类型、全局链接器符号等函数信息, <target>_source 是子图源代码。例如, 对于 CUDA 后端来说, 子图数据 data 为 ptx 文件, 子图格式 fmt 为 ptx。开发者可以根据实际情况在此处增加自定义参数。

本节所用示例中的子类命名为<target>ModuleNode (示例中的其他与子类相关的类和函数名等的命名也以<target>为前缀), 其中的构造函数、GetFunction( )函数、SaveToBinary( )函数、Load-FromBinary( )函数和 GetSource( )函数等虚函数必须实现。

<target>ModuleNode 类构造函数在通过 make_object 生成 <target>ModuleNode 实例时接受子图作为输入, 子图格式可以由开发者自行定义, 并作为下面函数的输入。<target>ModuleNode 类构造函数代码实现如下:

```
explicit <target>ModuleNode(std::string data, std::string fmt,
                     std::unordered_map<std::string, FunctionInfo> fmap,…)
```

```
    : data_(data), fmt_(fmt), fmap_(fmap), …{
    std::fill(module_.begin(), module_.end(), nullptr);
}
```

上述构造函数的函数体仅完成了内部模块 module_ 的初始化，开发者可根据实际情况在此处增加自定义功能。

ModuleNode 成员函数中比较重要的是和运行时执行有关的 GetFunction( ) 函数，以及和序列化有关的 SaveToBinary( ) 函数等。

1. 模块序列化和反序列化函数实现

无论是在 CPU 上还是 GPU 上部署 TVM 运行时模块，TVM 都需要通过动态共享库实现统一的模块序列化机制，这涉及 TVM 模块序列化格式标准及实现细节。例如，在下面示例代码中，开发者调用 Python 运行时 Module 类的 export_library( ) 接口，将模型编译后得到的模块及已导入设备代码导出到动态库 deploy.so 中：

```
...
resnet18_mod, resnet18_params = relay.testing.resnet.get_workload(num_layers=18)
_, resnet18_lib, _ = relay.build_module.build(resnet18_mod, "cuda",
                                              params=resnet18_params)
temp = utils.tempdir()
path_lib = temp.relpath("deploy.so")
resnet18_lib.export_library(path_lib)
...
```

其中的 export_library( ) 函数是模块序列化的入口函数。当该函数被调用时，TVM 会收集共享库中的 DSO（Dynamic Shared Object）模块，包括 LLVM 模块和 C 模块。如果 TVM 启动了 LLVM，则将共享库中的 CUDA、OpenCL 等导入模块通过运行时接口 ModulePackImportsToLLVM( )，打包到 LLVM 模块，完成序列化。如果 TVM 未启动 LLVM，则调用运行时接口 ModulePackImportsToC( )，将导入模块打包到 C 文件。ModulePackImportsToLLVM( ) 和 ModulePackImportsToC( ) 接口都会进一步调用 SerializeModule( ) 函数，该函数又调用 SaveToBinary( ) 函数，将运行时模块序列化为二进制格式以便后续部署。

CUDA、AMDGPU 等 GPU 设备运行时的 SaveToBinary( ) 函数实现都类似且非常简单，只需将构造函数中提到的子图数据、格式和模块信息写入 dmlc 流中即可，代码如下：

```
void SaveToBinary(dmlc::Stream* stream) final {
    stream->Write(fmt_);
    stream->Write(fmap_);
    stream->Write(data_);
}
```

定制化运行时是否需要实现 SaveToBinary( ) 函数可视情况而定。当加载共享库需要用到模块中的信息时，则需要实现 SaveToBinary( ) 函数。对于 CUDA 模块，在加载动态库时需要将模块中的某些二进制数据传递给 GPU 驱动，这时就需要实现 SaveToBinary( ) 函数，将这些二进制数据序列化。

但是对于主机端模块，如 DSO，在加载动态库时不需要其他信息，也就不需要实现 SaveToBinary( )
函数。

与模块序列化相对的是模块反序列化。反序列化的入口为 load_module( ) 函数。在下面的示例
代码中，开发者调用 Python 运行时，Module 类的 load_module( ) 接口从文件中加载模块：

```
...
loaded_lib = tvm.runtime.load_module(path_lib)
input_data = tvm.nd.array(np.random.uniform(size=data_shape).astype("float32"))
module = graph_runtime.GraphModule(loaded_lib["default"](ctx))
module.run(data=input_data)
```

load_module( ) 接口进一步调用 Module∷LoadFromFile( ) 函数，该函数根据加载模块文件格式调
用相应的 runtime.module.loadfile_*( ) 函数。这里的"*"代表文件格式名称或扩展名。定制化运
行时可以增加自定义文件格式加载函数<target>ModuleLoadFile( )，并将其注册为 runtime.module.
loadfile_*( ) 函数：

```
TVM_REGISTER_GLOBAL("runtime.module.loadfile_*").set_body_typed(<target>ModuleL-
oadFile);
```

由于开发者可以使用自定义图 IR，因此必须确保<target>ModuleLoadFile( ) 函数能够通过反序列
化 SaveToBinary( ) 生成二进制文件，并重构相同的运行时模块。

2. PackedFunc 对象的生成与执行

GetFunction( ) 函数是<target>ModuleNode 类中最重要的成员函数，用于按函数名称获取
PackedFunc 对象。当 TVM 在后端运行时执行子图时，会从后端相应的定制化运行时模块调用其 Get-
Function( ) 函数。该函数提供函数名和运行时参数，并将返回的 PackedFunc 对象交由 TVM 运行时和
设备驱动执行。

编译接口函数将 ModuleNode 对象封装在 Module 对象中返回 Python 端后，可直接在 Python 端调
用已编译模块。由此可见，PackedFunc 对象和 Module 对象分别封装了算子级和端到端模型级已编
译对象。示例代码如下：

```
...
func = tvm.build(s, arg_bufs)
a_np = np.random.uniform(size=(N, L)).astype(np.float32)
b_np = np.random.uniform(size=(L, M)).astype(np.float32)
c_np = a_np.dot(b_np)
c_tvm = tvm.nd.empty(c_np.shape)
func(tvm.nd.array(a_np), tvm.nd.array(b_np), c_tvm)
...
```

在上述代码中，tvm.build( ) 接口返回的 Module 对象 func 可视为已编译函数和设备 API 的结合，
可以在 Python 端以 TVM NDArray 对象为参数直接调用。当通过 func( ) 调用已编译模块时，实际是
将 Module 对象 func 作为可调用对象，这时，Module 类的 __call__( ) 方法会被调用。该方法进一步
调用了 Module 类的 get_function( ) 接口，通过 libtvm.so 库的 TVMModGetFunction( ) 接口进一步调用

后端自定义 ModuleNode 子类的 GetFunction( ) 函数，获得可用于内核调用的 PackedFunc 对象。自定义 <target>ModuleNode 子类的 GetFunction( ) 函数代码实现如下：

```
PackedFunc <target>ModuleNode::GetFunction(const std::string& name,
                                          const ObjectPtr<Object>& sptr_to_self) {
...
  auto it = fmap_.find(name);
  if (it == fmap_.end()) return PackedFunc();
  const FunctionInfo& info = it->second;
  <target>WrappedFunc f;
  f.Init(this, sptr_to_self, name, info.arg_types.size(), info.thread_axis_tags);
  return PackFuncVoidAddr(f, info.arg_types);
}
```

其中，name 为被调用函数名称，PackFuncVoidAddr( ) 函数返回由空地址类型函数 f 生成的 PackedFunc 对象，f 的函数签名（TVMArgs args, TVMRetValue * rv, void * void_args）的最后一项为空指针。<target>WrappedFunc 是获得 PackedFunc 的封装函数类。以 CUDA 和 AMDGPU 后端为例，二者分别定义了 CUDAModuleNode 和 ROCMModuleNode 类，用于管理驱动 API。而且，二者通过各自的 CUDAWrappedFunc 和 ROCMWrappedFunc 封装类，分别调用 CUDA 驱动 API 和 AMD HIP（Heterogeneous compute Interface for Portability）API 执行已编译代码。PackFuncVoidAddr( ) 函数调用 <target>WrappedFunc 对象的重载函数来调用运算符，其中调用驱动的内核启动函数。例如，CUDAWrappedFunc 和 ROCMWrappedFunc 封装类中分别调用了 CUDA 驱动 API cuLaunchKernel( ) 和 AMD HIP API hipModuleLaunchKernel( )，完成内核启动。代码片段如下：

```
class CUDAWrappedFunc {
public:
  ...
  void operator()(TVMArgs args, TVMRetValue* rv, void** void_args) const {
  ...
    CUresult result = cuLaunchKernel(…);
  ...

class ROCMWrappedFunc {
  public:
  ...
  void operator()(TVMArgs args, TVMRetValue* rv, void* packed_args,
                  size_t packed_nbytes) const {
  ...
    ROCM_DRIVER_CALL(hipModuleLaunchKernel(…));
}
...
```

综上所述，CUDA 和 AMDGPU 运行时执行已编译模块流程如图 3-9 所示。

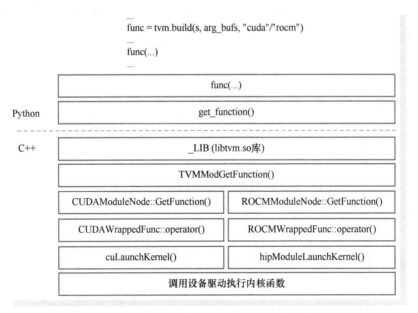

```
...
func = tvm.build(s, arg_bufs, "cuda"/"rocm")
...
func(...)
...
```

func(...)	
get_function()	
_LIB (libtvm.so库)	
TVMModGetFunction()	
CUDAModuleNode::GetFunction()	ROCMModuleNode::GetFunction()
CUDAWrappedFunc::operator()	ROCMWrappedFunc::operator()
cuLaunchKernel()	hipModuleLaunchKernel()
调用设备驱动执行内核函数	

Python 和 C++ 标注在左侧

● 图 3-9　CUDA 和 AMDGPU 运行时执行流程

3.4　TVM 的前后端优化

TVM 软件栈的设计涉及一系列重要优化，其中包括算子融合和布局转换等高阶优化、图级和算子级的内存复用优化、张量化计算和延迟隐藏等低阶优化。本节从 TVM 前端和后端优化两个方面，分别论述 TVM 的主要优化方法和实现。

▶▶ 3.4.1　TVM pass 的功能与实现

在 Relay 图和算子代码生成过程中，Relay IR 和 TIR 经过转换和优化，成为后端目标代码。这个过程可分解为若干个独立的步骤，这些步骤称为 pass。Relay IR 和 TIR 都包含一系列对应的优化和分析 pass，通过这些 pass 可以修改或收集相关 AST 信息，改善模型性能指标。由于编译器中 pass 数量众多，为了使 pass 以正确的顺序执行，需要一个专门的模块负责正确安排 pass 执行顺序，管理 pass 之间的依赖关系。因此，在成熟的编译器中都有 pass 管理器，TVM 也不例外。TVM 的 pass 管理器称为 TVM pass 基础架构，通过 pass 基础架构可以管理不同层次 IR 的优化 pass。开发者借助 pass 基础架构提供的接口，只需要实现少量逻辑就能根据需要将优化 pass 接入代码生成过程。

为了适应 TVM 框架设计的前后端模式，TVM pass 基础架构也分为前端和后端。前端为开发者提供简单的交互 API，开发者可用 Python 实现 pass，并由 pass 基础架构控制其执行。后端实现基础架构的主要逻辑。本节以最简单的公共子表达式消除（Common Subexpr Elimination，CSE）pass 为

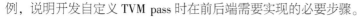

例，说明开发自定义 TVM pass 时在前后端需要实现的必要步骤。

如果表达式 E 的值已经计算得到，并且自计算得到值后 E 的值就不再改变，就可以说，表达式 E 在后续计算中是一个公共子表达式。在这种情况下，E 的值仅计算一次，在后续计算中应避免重新计算。AI 编译器会在整个计算图中搜索公共子表达式，并用已计算得到的值替换后续计算中出现的公共子表达式。下面是包含公共子表达式 Relay 图定义代码：

```
shape = (1, 64, 54, 54)
...
y = relay.add(conv, y)
z = relay.add(y, c)
z1 = relay.add(y, c)
z2 = relay.add(z, z1)
f = relay.Function([x, weight], z2)
mod_before_CSE = tvm.IRModule.from_expr(f)
CSE = relay.transform.EliminateCommonSubexpr()
mod_after_CSE = CSE(mod_before_CSE)
```

执行 print（mod_before_CSE）和 print（mod_after_CSE）语句后，可分别打印公共子表达式消除前后 IRModule 对象的内容，从中可以观察公共子表达式消除的效果。可以发现，Relay 图中的 z1 = relay.add（y，c）节点被消除。因为表达式 z1 = relay.add（y，c）在前一表达式 z = relay.add（y，c）中已经计算过，只需用前面计算过的表达式结果代替即可。

mod_before_ CSE 模块的部分内容如下：

```
def @main(%x: Tensor[(1, 64, 56, 56), float32], %weight: Tensor[(64, 64, 3, 3),…]) {
...
  %3 = add(%0, %2);
  %4 = add(%3, meta[relay.Constant][0]);
  %5 = add(%3, meta[relay.Constant][0]);
  add(%4, %5)
}
```

mod_after_CSE 模块的部分内容如下：

```
def @main(…) {
...
  %3 = add(%0, %2);
  %4 = add(%3, meta[relay.Constant][0]);
  add(%4, %4)
}
```

TVM pass 实现主要由 pass 基础架构的 Python 接口和遍历 Relay IR 的 C++ 类构成。上述代码中的 relay.transform.EliminateCommonSubexpr( ) 接口是对已注册的公共子表达式消除 pass（代码见 <tvm_root>/src/relay/transforms/fold_constant.cc）的封装：

```
def EliminateCommonSubexpr():
    return _ffi_api.EliminateCommonSubexpr()
```

relay.transform.EliminateCommonSubexpr( ) 接口同时可用作 TVM pass 基础架构的 Python 接口。通过该接口返回的 pass 对象可作为 pass 列表的元素，用于构造 TVM pass 基础架构的 Sequential 实例。Python 端可通过调用 Sequential 实例调用公共子表达式消除 pass。示例代码如下：

```
optimize =
    relay.transform.Sequential([···, relay.transform.EliminateCommonSubexpr(), ...])
mod = relay.Module.from_expr(graph)
mod = optimize(mod)
```

公共子表达式消除 pass 的 pass 函数实现及注册代码如下：

```
Expr EliminateCommonSubexpr(const Expr& expr, PackedFunc callback) {
  return CommonSubexprEliminator(callback)(expr);
}

namespace transform {
Pass EliminateCommonSubexpr(PackedFunc fskip) {
  runtime::TypedPackedFunc<Function(Function, IRModule, PassContext)> pass_func =
    [=](Function f, IRModule m, PassContext pc) {
      return Downcast<Function>(EliminateCommonSubexpr(f, fskip));
    };
  return CreateFunctionPass(pass_func, 3, "EliminateCommonSubexpr",
                            {"InferType"});
}

TVM_REGISTER_GLOBAL("relay._transform.EliminateCommonSubexpr")
  .set_body_typed(EliminateCommonSubexpr);
}  // namespace transform
```

上述代码中的 CreateFunctionPass( ) 函数作用是生成 FunctionPass 对象。FunctionPass 工作在 Relay 模块中的每一个 Relay 函数对象上。TVM 为开发者提供了生成各类 pass 的函数。为了将 pass 注册到 pass 基础架构，开发者首先需要决定在哪个代码级别执行该 pass。当该 pass 执行在 Relay 函数级别时，开发者应调用 CreateFunctionPass( ) 接口生成 FunctionPass 对象；当该 pass 执行在 Relay 模块级别时，开发者应调用 CreateModulePass( ) 接口生成 ModulePass 类对象，依此类推。在 Python 前端，可以通过相应的装饰器 @relay.transform.module_pass 或 @relay.transform.function_pass 等生成 pass。

CreateFunctionPass( ) 函数的第一个参数 pass_func 是 TypedPackedFunc 对象，真正的 pass 优化功能由该对象调用 pass 函数 EliminateCommonSubexpr( ) 完成。CreateFunctionPass( ) 函数的第二个参数是优化级别。当通过 pass 基础架构调用该 pass 时，会检查 pass 的优化级别。只有当该 pass 的优化级别不低于 pass 上下文中配置的优化级别时，才能启用执行该 pass。CreateFunctionPass( ) 函数的第三个参数是函数 pass 名称，第四个参数的大括号 "{ }" 中列出了公共子表达式消除 pass 依赖的其他 pass。因为需要类型信息，因此在参数中列出了 InferType pass 名称。

在实现 Python 接口后，公共子表达式消除 pass 还应实现遍历 Relay IR 的 C++类，即 CommonSubexprEliminator 类，完成 Relay IR 中的公共子表达式消除功能。EliminateCommonSubexpr( ) 函数的

功能是返回 CommonSubexprEliminator 类对象。Relay IR 遍历的 C++实现类是 ExprFunctor 类的派生类。CommonSubexprEliminator 类与 MixedModeMutator、ExprMutator、ExprFunctor 类的继承关系如图 3-10 所示。

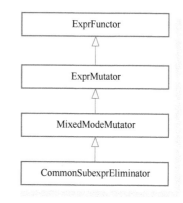

● 图 3-10　ExprFunctor 类及其派生类

CommonSubexprEliminator 类通过重载 Rewrite_( )方法实现公共子表达式消除功能。该方法将处理过的表达式保存在 unordered_map 变量 expr_map_中。在每次通过 Rewrite_( )方法处理当前表达式［如上例中的 z1 = relay.add（y, c）］时，先从 expr_map_中查找是否有相同操作类型的已处理表达式。如果有，再判断当前表达式与已处理表达式的属性和参数是否相同。如果这些条件都满足，则返回满足条件的已处理表达式［如上例中的 z = relay.add（y, c）］。relay.add（y, c）作为公共子表达式被消除，并改写受其影响的表达式 z2 = relay.add（z, z1）的输入 z1。Rewrite_( )方法实现代码如下：

```
class CommonSubexprEliminator : public MixedModeMutator {
public:
  ...
  Expr Rewrite_(const CallNode* call, const Expr& post) final {
    Expr new_expr = post;
    const CallNode* new_call = new_expr.as<CallNode>();
    ...
    auto it = expr_map_.find(new_call->op);
    if (it != expr_map_.end()) {
      for (const Expr& candidate_expr : it->second) {
        if (const CallNode* candidate = candidate_expr.as<CallNode>()) {
          bool is_equivalent = true;
          if (!attrs_equal(new_call->attrs, candidate->attrs)) { continue; }
          for (size_t i = 0; i < new_call->args.size(); i++) {
            if (!new_call->args[i].same_as(candidate->args[i]) &&
                !IsEqualScalar(new_call->args[i], candidate->args[i])) {
              is_equivalent = false;
              break;
            }
          }
          if (!is_equivalent) continue;
          return GetRef<Call>(candidate);
        }
      }
      ...
```

TVM pass 的 C++实现类中的另一个常用接口是 VisitExpr_( )，该接口在 3.3.2 节中已经提到。TVM pass 的 C++实现类在扩展 ExprVisitor 或 ExprMutator 类时，如果 VisitExpr_( )的默认实现与表达式类型的遍历行为不符，可以通过重载每种表达式类型的 VisitExpr_( )函数，另行定义 AST 遍历模式。VisitExpr_( )接口在 TVM pass 中的用法可参考常量折叠 pass 实现（代码见<tvm_root>/src/relay/

transforms/fold_constant.cc）。

本节中的 TVM pass 举例仅涉及高阶 Relay IR pass，TIR pass 主要用于底层代码生成时的优化，3.4.3 节中介绍的 LowerIntrin pass 就是一种 TIR pass。

▶▶ 3.4.2 TVM 的前端优化

本节及 3.4.3 节将从函数级和模块级两个优化层次，分析 TVM 中的优化方法。不同层次的优化方法可将常规的编译优化技术与 AI 模型特性结合起来，在不同层次上减少计算冗余，提高模型整体性能。在 3.3.2 节中的 Relay 图优化部分已经涉及前端优化的内容。前端优化方法通过遍历 Relay IR，并从中捕获特定计算特征，以此指导图重写和图转换，完成优化功能。前端优化与硬件无关，仅适用于计算图，不适用于后端实现。

1. 函数级优化

TVM 中的优化 pass 大部分都属于函数级优化 pass，如前文中介绍的公共子表达式消除优化 pass。函数级 pass 可实现 Relay 或 TIR 模块的各种函数内部优化。函数级 pass 从模块的函数列表中依次提取函数进行优化，并生成重写后的 relay.Function（即 Relay 函数）或 tir.PrimFunc 对象。函数级 pass 的作用范围是 relay.Function 或 tir.PrimFunc。因此，函数级 pass 可消除函数中不必要的算子，或将某些算子替换为其他低成本算子，但不能添加或删除函数，因为函数级 pass 没有全局信息。除了公共子表达式消除，TVM 中已实现的其他函数级优化 pass 包括：常量折叠（FoldConstant）、算子融合（FuseOps）和死代码消除（Dead Code Elimination，DCE）等。自定义函数级优化 pass 的实现方法可参考前文公共子表达式消除优化 pass 的实现方法介绍，此处不再赘述。

2. 模块级优化

模块级优化用于实现过程间优化和分析。模块级优化 pass 工作在 tvm.IRModule 对象上，将整个程序作为处理单元，几乎可以对程序执行任何操作。例如，模块级优化 pass 可以对其中任何函数体做删改。因此，前端模块级 pass 需要对模块有全面了解，而且可以完全控制 Relay 程序。

下面以 TVM 中实现的移除无用函数（Remove Unused Functions）pass 为例，介绍模块级优化 pass 的实现方法。模块级优化 pass 的注册方法与其他 pass 类似，此处略过不提。移除无用函数 pass 在 Python 端的用法示例如下：

```
mod = tvm.IRModule({})
...
mod["main"]= relay.Function(…)
mod = relay.transform.RemoveUnusedFunctions()(mod)
```

移除无用函数 pass 的 pass 函数定义和 pass 定义代码如下：

```
IRModule RemoveUnusedFunctions(const IRModule& module,
                               Array<runtime::String> entry_funcs) {
  std::unordered_set<std::string> called_funcs{};
  for (auto entry : entry_funcs) {
```

```
      auto funcs = CallTracer(module).Trace(entry);
      called_funcs.insert(funcs.cbegin(), funcs.cend());
    }
    auto existing_functions = module->functions;
    for (auto f : existing_functions) {
      auto it = called_funcs.find(f.first->name_hint);
      if (it == called_funcs.end()) { module->Remove(f.first); }
    }
    return module;
  }
  ...
Pass RemoveUnusedFunctions(Array<runtime::String> entry_functions) {
    runtime::TypedPackedFunc<IRModule(IRModule, PassContext)> pass_func =
            [=](IRModule m,  PassContext pc) {
      return relay::vm::RemoveUnusedFunctions(m, entry_functions);
    };
    return CreateModulePass(pass_func, 1, "RemoveUnusedFunctions", {});
  }
```

移除无用函数 pass 是一个模块级 pass，因此调用 CreateModulePass( ) 函数生成 ModulePass 类对象，函数参数含义与 CreateFunctionPass( ) 函数相同。CreateModulePass( ) 函数的实现非常简单，代码（见<tvm_root>/src/ir/transform.cc ）如下：

```
Pass CreateModulePass(const TypedPackedFunc<IRModule(IRModule, PassContext)>&
                      pass_func,  int opt_level, String name,
                      tvm::Array<String> required) {
  PassInfo pass_info = PassInfo(opt_level, name, required);
  return ModulePass(pass_func, pass_info);
}
```

该函数首先生成 PassInfo 类对象，这与 CreateFunctionPass( ) 函数实现类似。PassInfo 类中包含辅助 pass 优化和分析所需的基本信息及元数据。其中的成员变量 name 是优化或分析 pass 的名称，成员变量 opt_level 表示启用该 pass 的最小优化级别，成员变量 required 是字符串数组，其中记录了执行该 pass 所依赖的其他 pass。在注册 pass 时，开发者可以指定 pass 的名称、pass 执行的优化级别和所需的 pass。opt_level 变量可辅助 pass 基础架构确定在特定优化级别下是否需要执行某个 pass。

真正的 pass 优化功能在 pass 函数 RemoveUnusedFunctions( ) 中完成。该函数调用了结构 CallTracer（继承自 ExprVisitor 类）的成员函数 Trace( )，获取 IRModule 对象中的 main 函数调用的所有函数，并将其保存在 unordered_set 类型变量 called_funcs_中。然后，RemoveUnusedFunctions( ) 函数遍历 IRModule 对象中的所有函数，将不在 called_funcs_集合中的函数视为无用函数，并将其从 IRModule 对象中删除。

由上述分析可知，移除无用函数 pass 分析的 IRModule 对象中一定要有 main 函数，否则在运行该 pass 时会因找不到 main 方法报错。因为在定义 RemoveUnusedFunctions( ) Python 接口（代码见<tvm_root>/relay/transform/transform.py ）时，已经指定 main 作为入口函数名称，并以此为参数调用 pass：

```
def RemoveUnusedFunctions(entry_functions=None):
    if entry_functions is None:
        entry_functions = ["main"]
    return _ffi_api.RemoveUnusedFunctions(entry_functions)
```

在上述移除无用函数 pass 示例代码中，调用 pass 的方法是 relay.transform.RemoveUnusedFunctions()
(mod)。这实际上是将 Pass 对象作为可调用对象，这时，Pass 类的__call__()方法（代码见 <tvm_
root>/python/tvm/ir/transform.py）会被调用。该方法调用 _ffi_transform_api 模块的 RunPass()接口，
RunPass()接口进一步调用 ModulePassNode 类的重载函数调用运算符（代码见 <tvm_root>/src/ir/
transform.cc），并最终调用到 pass 函数。代码实现如下：

```
class Pass(tvm.runtime.Object):
    ...
    def __call__(self, mod):
        return _ffi_transform_api.RunPass(self, mod)

TVM_REGISTER_GLOBAL(" transform.RunPass ").set_body_typed([](Pass pass, IRModule
mod) {
    return pass(std::move(mod));
});

IRModule ModulePassNode::operator()(IRModule mod,
                                    const PassContext& pass_ctx) const {
    ...
    mod = pass_func(std::move(mod), pass_ctx);
    ...
    return mod;
}
```

ModulePassNode 类是纯虚类 PassNode 类的派生类。PassNode 类是不同粒度的优化 pass 的基础。
该类包含几个虚函数，必须由子类在模块、函数等不同级别上实现。其中最重要的就是重载函数调
用运算符。从 ModulePassNode 类的重载函数调用运算符可以看出，pass 工作在某个上下文中的 IR-
Module 对象上，其返回值也是 IRModule 对象。因此，pass 是以模块到模块的方式设计和实现的。

TVM 中还提供了 Sequential 类（在 3.3.2 节中已提及）作为 TVM pass 基础结构的一部分。严格
说来，Sequential 类只是将若干单个 pass 组成一个 pass 序列，并依次将 pass 应用于 IRModule 对象，
但每个 pass 的优化层次并没有变化。

▶▶ 3.4.3　TVM 的后端优化

TVM 前端产生高阶 IR 和低阶 IR 指令后，前端优化 pass 在 IR 指令上完成必要的优化。在此基
础上，TVM 后端将与硬件无关的 IR 指令转换成设备相关的指令或更低阶的 LLVM IR。TVM 的后端
优化不仅针对低阶 IR 做优化，更针对不同硬件目标，结合硬件特性和后端优化技术，实现高效的
代码生成。

针对不同硬件类型，TVM 的后端优化可通过不同方式实现。一种方式是针对自定义加速器硬

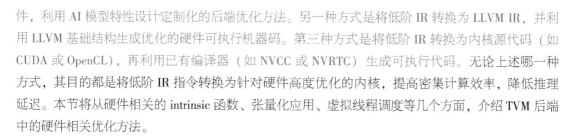

件，利用 AI 模型特性设计定制化的后端优化方法。另一种方式是将低阶 IR 转换为 LLVM IR，并利用 LLVM 基础结构生成优化的硬件可执行机器码。第三种方式是将低阶 IR 转换为内核源代码（如 CUDA 或 OpenCL），再利用已有编译器（如 NVCC 或 NVRTC）生成可执行代码。无论上述哪一种方式，其目的都是将低阶 IR 指令转换为针对硬件高度优化的内核，提高密集计算效率，降低推理延迟。本节将从硬件相关的 intrinsic 函数、张量化应用、虚拟线程调度等几个方面，介绍 TVM 后端中的硬件相关优化方法。

1. 硬件相关的 intrinsic 函数

intrinsic 函数是由编译器提供的内建函数，而编译器与硬件架构联系紧密，因此，编译器了解如何充分利用硬件能力，以最优的方式实现计算功能。intrinsic 函数以函数的形式表示硬件特有的（通常也是高效的）机器指令。后端在编译时，可将 IR 中的 intrinsic 函数替换为相应的汇编指令，避免了函数调用开销。TVM 已经支持基本算术操作，通过 intrinsic 函数，TVM 可以充分利用硬件资源，实现更复杂的计算。intrinsic 函数的名称和语义可以由 TVM 预定义，开发者也可以按照特定的约定，根据需要添加自定义 intrinsic 函数。总而言之，intrinsic 函数是 TVM 的一种扩展机制。

intrinsic 函数大部分情况下是通过 TIR 表达式算子被调用。例如，Python 端调用算子 sin( ) 的代码如下：

```
X = te.compute(A.shape, lambda i:te.sin(A[i]), name="B")
```

在 <tvm_root>/python/tvm/tir/op.py 文件中，通过调用 call_intrin( ) 实现部分算术计算接口，如 sin、exp 等。call_intrin( ) 接口将数据类型、函数名称和参数打包生成调用节点，并用该调用节点替换 Relay AST 中的 intrinsic 函数调用：

```
def sin(x):
    return call_intrin(x.dtype, "tir.sin", x)

def call_intrin(dtype, func_name, *args, span=None):
    return Call(dtype, func_name, convert(args), span)
```

tvm.build( ) 接口调用 _build_for_device( ) 函数时，在通过接口 tvm.tir.transform.LowerIntrin( ) 执行 LowerIntrin pass 的过程中，会将 sin( ) 函数降级为 CUDA 后端的 intrinsic 函数 __sinf( )。后端在实现 intrinsic 函数时会选择用最高效的形式将 intrinsic 函数转换为硬件可执行的机器指令，可能将 intrinsic 函数拆分为一系列机器指令，也可能映射为单独一条机器指令，并直接调用相应的硬件功能。LowerIntrin pass 的实现和注册代码（<tvm_root>/src/tir/transforms/lower_intrin.cc）如下：

```
Pass LowerIntrin() {
  auto pass_func = [](PrimFunc f, IRModule m, PassContext ctx) {
    auto* n = f.CopyOnWrite();
    auto target = f->GetAttr<Target>(tvm::attr::kTarget);
    ICHECK(target.defined()) << "LowerIntrin: Require the target attribute";
    arith::Analyzer analyzer;
    auto mtriple = target.value()->GetAttr<runtime::String>("mtriple", "");
```

```
    n->body =
      IntrinInjecter(&analyzer, target.value()->kind->name,
                     mtriple.value())(std::move(n->body));
    return f;
  };
  return CreatePrimFuncPass(pass_func, 0, "tir.LowerIntrin", {});
}
TVM_REGISTER_GLOBAL("tir.transform.LowerIntrin").set_body_typed(LowerIntrin);
```

LowerIntrin pass 是 TIR 函数级 pass，因此调用 CreatePrimFuncPass( ) 函数生成 PrimFuncPass 类对象。函数的参数含义及功能与 3.4.2 节所述内容类似，此处不再赘述。

LowerIntrin pass 通过 C++ 类 IntrinInjecter 实现真正的 intrinsic 函数降级功能。IntrinInjecter 类派生自 ExprFunctor 类，因此可以通过重载每种类型的 VisitExpr_( ) 函数实现节点遍历。Python 端通过调用 call_intrin( ) 接口生成调用节点，因此，对 sin( ) 函数的降级在处理 CallNode 类型节点的 VisitExpr_( ) 函数中完成。代码如下：

```
class IntrinInjecter : public tvm::arith::IRMutatorWithAnalyzer {
public:
    IntrinInjecter(arith::Analyzer* analyzer, std::string target, std::string mtriple = "")
      : IRMutatorWithAnalyzer(analyzer) {
    patterns_.push_back("tvm.intrin.rule." + target + ".");
...
  }

  PrimExpr VisitExpr_(const CallNode* op) final {
    if (auto* ptr_op = op->op.as<OpNode>()) {
      std::string name = ptr_op->name;
      PrimExpr r = ApplyPattern(name, GetRef<PrimExpr>(op));
      if (r.defined()) return r;
    }
    return IRMutatorWithAnalyzer::VisitExpr_(op);
  }
...
  }
```

其中，在 IntrinInjecter 类的构造函数中初始化的变量 patterns_ 是表示 intrinsic 函数降级规则模式的字符串向量。对于 CUDA 后端来说，此处的 target 变量值为字符串 cuda，因此，patterns_ 中有字符串 tvm.intrin.rule.cuda.。

TVM 在后端预先通过 TVM_REGISTER_GLOBAL 宏注册了各种后端的 intrinsic 函数降级规则（CUDA 的降级规则注册代码见 <tvm_root>/src/target/source/ intrin_rule_cuda.cc）。例如，CUDA 后端的 sin( ) 函数降级规则注册代码如下：

```
TVM_REGISTER_GLOBAL("tvm.intrin.rule.cuda.sin").set_body(DispatchPureExtern<CUDAFastMath>);
```

其中，"tvm.intrin.rule.cuda.sin" 为 intrinsic 函数降级规则名称，DispatchPureExtern <CUDAFastMath>( )

为降级规则函数。开发者可以通过调用 register_intrin_rule( ) 接口，在运行时改变或添加新的 intrinsic 函数降级规则。register_intrin_rule( ) 接口的工作机制与通过 TVM_REGISTER_GLOBAL 宏注册类似，最终都是通过 tvm::runtime::Registry::Register( ) 接口向注册表中注册降级规则名称和降级规则函数。

为了调用降级规则函数，在处理 CallNode 类型节点的 VisitExpr_( ) 函数中调用了 ApplyPattern( ) 函数。该函数将表示算子名称的输入参数 name（此例中 name 的值为 tir.sin）和 patterns_ 中的降级规则模式字符串（此例中 patterns_ 的值为 tvm.intrin.rule.cuda.）组合在一起，形成降级规则名称字符串 p（此例中 p 的值为 tvm.intrin.rule.cuda.sin），并以此为参数，调用 runtime::Registry::Get( ) 接口，获得降级规则函数的 PackedFunc 指针并调用该函数。ApplyPattern( ) 函数的实现代码如下：

```
PrimExpr ApplyPattern(std::string name, const PrimExpr& e) {
  if (name.compare(0, 4, "tir.") == 0) { name = name.substr(4); }
  for (size_t i = 0; i < patterns_.size(); ++i) {
    std::string& p = patterns_[i];
    size_t psize = p.length();
    p.resize(psize + name.length());
    name.copy(&p[0]+ psize, name.length());
    const runtime::PackedFunc* f = runtime::Registry::Get(p);
    p.resize(psize);
    if (f != nullptr) {
      PrimExpr r = (* f)(e);
      if (!r.same_as(e)) { return this->VisitExpr(r); }
    }
  }
  return PrimExpr();
}
```

对于本例来说，ApplyPattern( ) 函数的 PackedFunc 指针 f 指向的是之前注册的降级规则函数 DispatchPureExtern<CUDAFastMath>( )。该函数模板的模板实参为 CUDAFastMath 结构体。正是在该结构体的重载函数调用运算符实现中将 32 位浮点数算子的名称（tir.sin）替换为 CUDA 的快速近似 intrinsic 函数名称（__sinf）。DispatchPureExtern( ) 函数以数据类型、表达式 tir::builtin::call_pure_extern( )、intrinsic 函数名称为参数生成调用节点。DispatchPureExtern( ) 函数实现代码（<tvm_root>/src/target/ intrin_rule.h）如下：

```
template <typename T>
inline void DispatchPureExtern(const TVMArgs& args, TVMRetValue* rv) {
PrimExpr e = args[0];
  const CallNode* call = e.as<CallNode>();
  const OpNode* op = call->op.as<OpNode>();
  std::string name = op->name;
  name = T()(call->dtype, name.substr(4));
```

```
  ...
    *rv = Call(call->dtype, tir::builtin::call_pure_extern(), new_args);
  ...
  }
```

综上所述，当通过算术计算接口调用目标相关库函数时，intrinsic 函数一般在编译时根据降级规则引入。开发者也可以在 Python 端以外部函数调用的方式直接调用 intrinsic 函数。例如，可以在 Python 端通过 tvm.tir.call_pure_extern（"float32"，"__sinf"，A[i]）调用 sin()接口对应 CUDA 的 intrinsic 函数__sinf()，效果与上例相同。

值得一提的是，这里采用快速近似（或称为 fast math）函数是因为某些用到浮点计算的应用，函数的参数值较小且不要求浮点数表示，严格遵守 IEEE 754 规范。因此，为了提升这类应用的性能，可以不追求数值的严谨表示，而是使用来自硬件函数库中的快速近似实现来完成对 32 位浮点数的操作。这些操作基本上由一些乘加运算组成。

2. 虚拟线程调度

不论是何种处理器，延迟都包括两种：计算延迟和内存访问延迟。与计算速度相比，内存访问速度更慢，并且功耗也更大。为了提高性能，处理器要花费大量资源来隐藏和减少内存延迟。内存延迟隐藏通过重叠内存计算操作，使内存利用率和计算效率最大化，是后端优化的一项重要技术。为了隐藏等待时间，处理器可以使用乱序执行，将内存访问与其他工作重叠起来，并使用投机指令调度（speculative instruction scheduling）执行相关指令。为了减少延迟，处理器使用了多级缓存，使常用数据更靠近处理器。但是，这些优化措施各有代价。乱序执行需要昂贵的处理器资源，指令投机调度则必须在推测错误时重新执行指令，而多级缓存则需要额外的计算和延迟来搜索缓存。

由于大多数 AI 编译器都支持 CPU 和 GPU 上的并行化执行，因此，可以通过芯片硬件实现内存延迟隐藏。但是，针对不同的硬件，需要采用不同的延迟隐藏策略。例如，GPU 通过线程束（warp）调度器调度线程束参与指令（流水线）的执行，并快速切换线程束，以最大化利用功能单元。如果有足够的并发活跃线程束，线程束调度器可以让 GPU 在每个流水线阶段都处于忙碌状态，GPU 的内存指令延迟就可以被其他线程束的计算隐藏。但是对于具有解耦访问执行（Decoupled Access-Execute，DAE）架构、类似 TPU 的加速器，编译器后端需要执行调度和细粒度的同步才能生成正确且高效的代码。

为了隐藏访存延迟、获得更好的性能，并减少编程负担，TVM 引入了虚拟线程调度原语。通过虚拟线程调度原语，用户可以在虚拟化多线程体系结构上指定数据并行性。然后，TVM 通过插入必要的内存栅栏指令来降低虚拟并行线程的数量，并将这些线程的操作交织到一个指令流中，形成更合理的线程执行流水线，这样就可以隐藏内存访问延迟。

开发者通过虚拟线程调度原语可在 TVM 中实现高级数据并行编程，这与在支持多线程的硬件后端（如 GPU）上的编程方式类似。虚拟线程是通过创建 for 循环模拟线程的并发执行，多个虚拟线程实际上仍在同一线程中执行，但是对于需要用到跨步（strided）访问模式的场景（如 GEMM 中的转置等操作），可以使用虚拟线程来获得跨步数据块，此时，虚拟线程模式编程实现更加简单高效。如图 3-11 所示，包含 8 个 CUDA 线程（图中的 t0～t7）的线程块要访问 32 个元素（图中的 d0～d31）的数组时，可以首先将数据分为四部分，并分别绑定到四个虚拟线程（图中的 vthread0～vthread3）。然后，将每个部分的 8 个元素绑定到 8 个 CUDA 线程。这种情况只用到 8 个线程而不是 32 个线程，等同于每个 CUDA 线程在 for 循环中处理矩阵的四个元素。

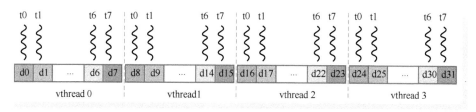

● 图 3-11　虚拟线程绑定

确保线程块中的线程数少于操作对象中的元素总数有利于提高性能。因为每个线程在操作元素时都有计算成本，如索引计算，而大部分计算成本可以在所有元素上平均摊销。

参考文献［2］中的实验通过在 FPGA 加速器上运行 ResNet 验证了虚拟线程的访存延迟效果。实验证明，通过虚拟线程将程序并行化，峰值计算利用率从无延迟隐藏的 70% 增加到有延迟隐藏的 88%。

TVM 后端优化还有很多值得关注的方面，如自动调优、并行化等。篇幅所限，在此不再展开论述，有兴趣的读者可参阅相关参考文献［5］。

第 4 章

GPGPU编译器后端设计

AI 编译器前端将深度学习框架描述的计算图转换为特定的 IR 后，需要由 AI 编译器后端基于该 IR 完成代码生成功能。与常规编译器后端专注于生成可执行机器代码不同，AI 编译器后端的代码生成涵盖的功能更为广泛，可以生成可执行机器代码，或者生成其他形式的 IR（如 LLVM IR 或自定义格式 IR），以及 C/C++类源代码（如 CUDA C++或 OpenCL），而这些非可执行机器代码输出仍需经由其他后端工具将其映射到目标硬件，生成可执行的机器代码。针对 GPGPU 类的 AI 硬件平台，一种典型的编译路径是由 AI 编译器后端输出 LLVM IR，然后基于 LLVM IR，由 LLVM 的目标硬件后端完成目标硬件相关优化，生成可执行机器代码。因此，了解 LLVM GPGPU 后端设计及其优化方法，对于完整和深入地理解 AI 编译器大有裨益。本章 4.1 节介绍了 LLVM 后端的一般开发流程及其相关的 pass 管理机制，4.2 节、4.3 节、4.4 节分别阐述和分析了 LLVM 后端最重要的三个组成部分：指令选择、指令调度和寄存器分配。

4.1 LLVM 后端开发流程

GPGPU 编译器后端的工作目标是为运行在 GPGPU 上的计算工作负载生成优化的二进制可执行文件，其与 GPGPU 架构、芯片设计、设备驱动程序和运行时 API 有密切关系。因此，GPGPU 后端开发需要丰富的低阶程序开发经验和性能及内存优化经验。通过构建、开发编译器 pass 和优化方法，GPGPU 编译器后端可以协助实现 GPGPU 的新特性，从而提高应用的运行时性能，同时满足编译时要求。LLVM 开源项目为 GPGPU 编译器开发提供了很好的支持，本节将首先介绍 LLVM 的后端执行流程。

▶▶ 4.1.1 异构计算程序工作流程

异构计算架构编程模型涉及 CPU 和 GPU。CPU 及其存储器被称为主机端（host），GPU 及其存储器被称为设备端（device），GPU 与 CPU 通过 PCIe 总线连接并相互协同工作。主机端运行的代码可以管理主机和设备上的内存，还可以启动在设备上执行的函数，即内核函数。这些内核函数由许多 GPU 线程并行执行。目前，主流的 GPGPU 编程模型是 CUDA 和 OpenCL。

为了在主机端执行主机端代码，并通过其调用内核函数，开发者首先要编译主机端代码和内核函数。主机端代码和内核的编译、执行流程如图 4-1 所示。

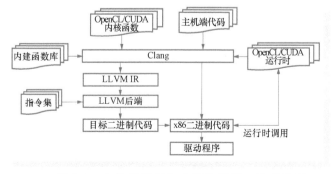

● 图 4-1　主机端代码和内核的编译、执行流程

在主机端，通过主机端编译器（如 Clang）编译主机代码，这与正常编译过程类似，但是要链接 CUDA 或 OpenCL 的运行时库、驱动程序及其头文件。对内核函数，大部分 GPU 编译器采用两阶段编译方法，即第一阶段将内核函数编译为 IR 代码（此处以 LLVM IR 为例，LLVM IR 的语法和使用介绍详见第 1 章）；第二阶段将 IR 代码编译链接为目标体系结构的二进制代码。主机端程序通过调用用户模式驱动（User Mode Driver，UMD）程序 API［如 CUDA 的 cuModuleLoad（ ）和 cuModule-GetFunction（ ）］在运行时加载、执行第二阶段编译输出的二进制代码。为了支持内核函数中用到的内建函数，在编译内核函数时，还应连接内建函数库。OpenCL 一般使用的内建函数库是 libclc 和其他第三方库，CUDA 的内建函数库主要是 libdevice 和其他第三方库。主机端程序还可以调用其他运行时接口为相应设备创建命令队列（Comand Queue），或者得到设备或平台其他信息。

▶▶ 4.1.2　LLVM 后端执行流程

图 4-1 中的 LLVM 后端的主要功能是代码生成，其中包括若干指令生成分析换转 pass，将 LLVM IR 转换为特定目标架构的机器代码。LLVM 后端具有流水线结构，如图 4-2 所示。输入指令格式经过图 4-2 中的各个阶段，从最初的 LLVM IR，逐步演化为 SelectionDAG、MachineDAG、MachineInstr，最后由 MCInst 输出可执行的二进制代码或汇编代码。这其中经过的各个阶段是不同的分析换转 pass，主要包括指令选择（Instruction Selection）、指令调度（Instruction Scheduling）、寄存器分配（Register Allocation），以及代码发射（Code Emission）等。不同目标后端应根据实际需要，对不同 pass 做定制化。指令选择、指令调度和寄存器分配是后端流程中最重要的三个组成部分，也是本章的论述重点。

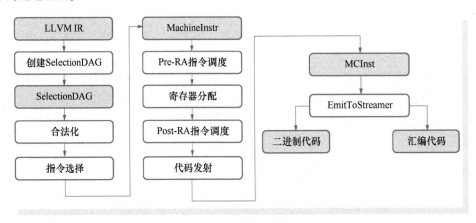

● 图 4-2　LLVM 后端执行流程

本小节按照图 4-2 LLVM 后端执行流程的顺序，依次介绍各步骤的功能。

1. SelectionDAG 的创建

首先，SelectionDAGBuilder 模块遍历 LLVM IR 中的每一个函数，以及函数中的每一个基本块，并将其中的指令转换成 SDNode 对象，整个基本块相应地转换为 SelectionDAG 对象。SelectionDAG 对象的创建过程采用窥孔算法，DAG 中每个节点的内容仍是 LLVM IR 指令。图 4-3 以一个 C/C++语言实现的函数为例，显示了 LLVM IR 与 SelectionDAG 的对应关系。

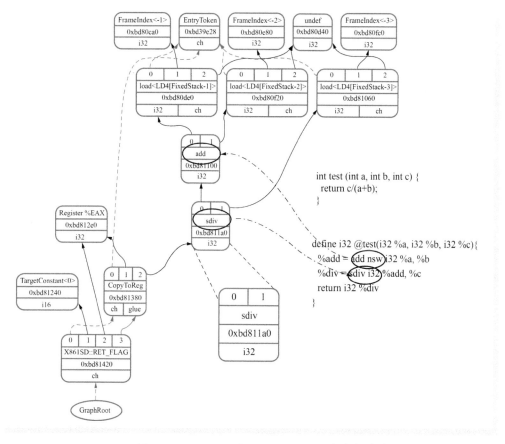

● 图 4-3　LLVM IR 与 SelectionDAG 的对应关系

图 4-3 的 LLVM IR 中只有一个基本块。当 SelectionDAGBuilder 模块检测到 IR 指令时，调用相应的 visit( ) 函数。例如，如果 IR 指令为 sdiv 操作，则调用 visitSDiv( ) 函数，将两个操作数保存为 SDValue 对象，并从 DAG 中获取 SDNode 节点，以 ISD::SDIV 作为其操作符。在图 4-3 所示的 sdiv 节点中，操作数 0 为%add，操作数 1 为%c。用类似的方法处理完所有 IR 指令后，IR 被转换为如图 4-3 所示的 SelectionDAG。每个 DAG 表示一个基本块中的计算，不同的基本块与不同的 DAG 关联。DAG 中的节点表示计算，节点之间的边可以有不同的含义。DAG 中的每个 SDNode 节点会维护一个记录，其中保存了本节点对其他节点的各种依赖关系。这些依赖关系可能是数据依赖（本节点使用了其他节点定义的值），也可能是控制流依赖（本节点的指令必须在其他节点的指令执行后才能执行，或称为链）。这种依赖关系通过 SDValue 对象表示，SDValue 对象中封装了指向关联节点的指针和被影响结果的序列号。也可以说，DAG 中的操作顺序通过 DAG 边的使用-定值关系确定。例如，图 4-3 中的 sdiv 节点有一条输出边连接到 add 节点，这意味着 add 节点定义了一个会被 sdiv 节点使用的值。因

此，add 操作必须在 sdiv 节点之前执行。SelectionDAG 中的节点依赖关系可总结为如下三类。

- 黑色箭头表示数据流依赖。数据流依赖表示当前节点依赖前一节点的结果。DAG 中大部分节点依赖关系是数据流依赖。

- 虚线彩色箭头表示非数据流链依赖。链依赖可以防止副作用节点，确定两个不相关指令的顺序。例如，如果加载和保存指令访问的是相同的内存位置，就必须确保它们的执行顺序与其在原程序中的顺序一致。图中的 CopyToReg 节点操作必须在 RET_FLAG 节点之前发生，因为它们之间是链依赖。

- 彩色箭头表示粘合（glue）依赖。粘合依赖是用来防止两个指令在指令调度后被分开，即它们中间不能插入其他指令。

将 IR 转化为 DAG 很重要，因为这可以让代码生成器使用基于树的模式匹配指令选择算法。此时的 SelectionDAG 与目标设备无关，但对于具体目标设备而言，DAG 中有些指令可能不合法。因为不同目标设备支持的指令集不同，指令集中的指令与 IR 指令可能没有对应关系。例如，x86 不支持 sdiv 而是支持 sdivrem。

2. 合法化

由 SelectionDAGBuilder 模块输出的 SelectionDAG 不是机器指令，不能做指令选择。在生成机器指令之前，DAG 节点还要经过几个转换阶段，其中合法化（legalization）是最重要的阶段。执行合法化的原因是 SelectionDAGBuilder 模块构造的 SDNode 节点中的指令操作数类型和操作不一定能被目标平台支持。因此，SDNode 节点的合法化涉及操作数类型的合法化和操作的合法化。

目标平台一般不可能为 IR 中的所有操作提供指令支持。因此，操作合法化的目的是将这些平台不支持的操作按三种方式转换成平台支持的操作。第一，扩展（Expansion），即用一组操作来模拟一个操作；第二，提升（Promotion），即将数据转换成更大的类型来支持操作；第三，定制（Custom），即通过目标平台相关的钩子程序（hook）实现合法化。例如，LLVM IR 的 sdiv 只计算商，而 x86 除法指令计算得到商和余数，并分别保存在两个寄存器中。因为指令选择可区分 sdivrem 和 sdiv，因此，当目标平台不支持 sidv 时，需要在合法化阶段将 sdiv 扩展到 sdivrem 指令。

目标平台相关信息可通过 TargetLowering 接口传递给 SelectionDAG，如图 4-4 所示。LLVM 后端会实现该接口，并描述如何将 LLVM IR 指令用合法的 SelectionDAG 操作实现。例如，x86 的 TargetLowering 构造函数通过 Expand 标志来标识需要扩展的节点。当 SelectionDAGLegalize::LegalizeOp() 方法检测到 sdiv 节点的 Expand 标志时，便可用 sdivrem 替换 sdiv 节点。与此类似，与目标平台相关的合并方法可识别节点组合模式，并决定是否合并某些节点组合以提高指令选择质量。

类型合法化的目的是保证后续的指令选择处理的数据类型都合法。合法数据类型是目标平台原生支持的数据类型，目标平台的 td 文件中会为每一种数据类型定义

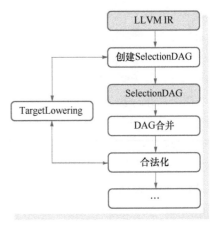

● 图 4-4　TargetLowering 接口与合法化

关联的寄存器类。例如：

```
    def FPRegs : RegisterClass<"SP", [f32], 32, (sequence "F%u", 0, 31)>;
    def DFPRegs : RegisterClass<"SP", [f64], 64, (add D0, D1, D2, D3, D4, D5, D6, D7, D8, D9,
    D10, D11, D12, D13, D14, D15)>;
```

FPRegs 寄存器类定义了一组 32 个从 F0～F31 单精度浮点类型的寄存器，DFPRegs 寄存器类定义了一组 16 个从 D0～D15 双精度浮点类型的寄存器。

如果平台的 td 文件的寄存器类没有定义相应的数据类型，则对平台来说，该数据类型就是非法数据类型。非法数据类型必须被删除，或者视非法数据类型不同，做相应处理。如果非法数据类型为标量，则可以将较小的非法类型转变成较大的合法类型。例如，平台只支持 i32，那么 i1/i8/i16 都要提升到 i32，使其合法化。或者将较大的非法类型拆分成多个小的合法类型。例如，如果目标平台只支持 i32，那么，加法的 i64 操作数就是非法类型。在这种情况下，可通过整数扩展（integer expansion），将 i64 操作数分解成两个 i32 操作数，并产生相应的节点，使其合法化。如果非法数据类型为矢量，则可以将大的非法矢量操作数拆分成多个、可以被平台支持的、小的矢量；或者将非法矢量操作数标量化（scalarizing），即在不支持 SIMD 指令的平台上，将矢量拆分为多个标量进行运算。

3. 指令选择

SelectionDAG 对象经过合法化和其他优化处理，DAG 中的节点被映射为目标指令，这个映射过程称为指令选择。

指令选择是 LLVM 后端中的一个重要阶段。这一阶段的输入是经过合法化的 SelectionDAG。从耗时方面来说，指令选择占用了后端编译总耗时的一半。指令选择通过节点模式匹配完成 DAG 到 DAG 的转换，将 SelectionDAG 节点转换为表示目标指令的节点，也就是将 LLVM IR 指令转换为机器指令，所以转换后的 DAG 又称为 machineDAG，可以用来执行基本块中的运算。

LLVM 的指令选择是一种在 TableGen 辅助下实现的基于表的指令选择机制。目标平台的后端可以在 SelectionDAGISel::Select() 函数中通过定制代码处理某些指令。其他指令通过 TableGen 生成的匹配表（MatcherTable）和 SelectCode() 函数，由 LLVM 默认的指令选择过程完成 ISD 和平台 ISD 到机器指令节点的映射。例如，在 x86 后端中，经过合法化的 sdivrem 操作就是由定制代码做指令选择。Select() 函数的输入 SDNode 节点如果是 sdivrem，会选择对应的 x86 指令 IDIV32r，并生成一个 MachineSD 节点。MachineSD 节点是 SDNode 的子集，其内容是平台机器指令，但仍然以 DAG 节点的形式表示。以下三种类型指令表达可在同一个 DAG 中共存：一般 LLVM ISD 节点（如 ISD::ADD）、平台相关 ISD 节点（如 X86ISD::RET_FLAG）和平台指令（如 X86::ADD32ri8）。本章 4.2 节还将对指令选择过程做更详细的介绍。

4. 指令调度

指令选择完成后得到以 machineDAG 格式表示的基本块，其内容虽然是机器指令，但仍然是以 DAG 形式存在。而 CPU/GPU 不能执行 DAG，只能执行指令的线性序列。因此，需要在 machineDAG

上进行指令调度，确定基本块中指令的执行顺序，将 DAG 节点线性化。指令调度分为寄存器分配前（pre-RA）指令调度和寄存器分配后（post-RA）指令调度。最简单的寄存器分配前指令调度是指将 DAG 中的节点按拓扑结构排序，在考虑指令级的并行性的同时，生成线性发射指令序列。经过该阶段后的指令转换为 MachineInstr 格式的三地址表示。此后，DAG 表示形式不再使用，可以销毁。

寄存器分配后指令调度处理 MachineInstr 格式的机器指令，并可以利用物理寄存器信息和硬件架构特性，根据性能指标需要，对指令顺序做调整。本章 4.3 节还将对指令调度过程做更详细的介绍。

5. 寄存器分配

经过指令选择阶段产生的代码是 SSA 形式的，代码中可以使用无限多的虚拟寄存器，而硬件平台的物理寄存器数量是有限的。如果物理寄存器数量不足以容纳所有虚拟寄存器，虚拟寄存器则会被溢出（spill）到内存。因此，寄存器分配的目的是为虚拟寄存器分配物理寄存器，并优化寄存器分配过程，使虚拟寄存器的溢出代价最小化。虚拟寄存器到物理寄存器的映射有两种方式：直接映射和间接映射。直接映射利用 TargetRegisterInfo 和 MachineOperand 类获取加载/保存指令插入位置，间接映射利用 VirtRegMap 类处理加载/保存指令。LLVM 中的寄存器分配算法有四种：基本寄存器分配、快速寄存器分配、PBQP 寄存器分配和贪婪寄存器分配。

寄存器分配过程依赖其他分析 pass 的分析结果，其中最重要的是寄存器合并（register coalesce）pass 和虚拟寄存器重写（virtual register rewrite）pass，如图 4-5 所示。

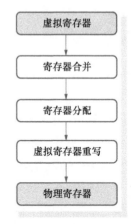

由于二地址转换过程中生成了复制指令，从而引入了新的虚拟寄存器，这对后续的物理寄存器分配带来了压力。复制指令连接的两个虚拟寄存器的值相同，因此，在某些情况下可以合并这些虚拟寄存器的生存期（interval），使源和目的寄存器共用一个物理寄存器，这样也可以减少一条复制指令，这个过程称作合并（coalesce）。生存期是程序的一对起点和终点。从起点开始，某个值被产生并在被某个临时位置持有，直到这个值在终点被使用和销毁。寄存器合并 pass 实现类是 MachineFunctionPass 类的子类，其目的主要是消除冗余的复制指令，实现代码见 <llvm_root>/llvm/lib/CodeGen/ RegisterCoalescer.cpp。

● 图 4-5　寄存器分配过程

在做寄存器合并时，joinAllIntervals() 函数遍历复制操作列表，joinCopy() 函数从复制机器指令中生成合并对（Coalescerpair），并将复制合并。

寄存器分配 pass 为每个虚拟寄存器分配物理寄存器后，寄存器分配结果保存在虚拟寄存器映射表 VirtRegMap 中，这实际是一张从虚拟寄存器到物理寄存器的映射表。接下来，虚拟寄存器重写 pass 执行代码清除工作，并根据 VirtRegMap 中的映射关系，将 MIR 中的虚拟寄存器替换为指定的物理寄存器，同时删除相同寄存器之间的复制指令。本章 4.5 节还将对寄存器分配过程做更详细的介绍。

6. 代码发射

代码发射阶段借助机器代码框架（machine code framework）或 LLVM JIT（just-in-time）机制，以 MCInstr 格式的指令代码取代 MachineInstr 的指令代码，并发射汇编或二进制代码。和 MachineInstr 格式相比，MCInst 格式携带的程序信息较少。

在 LLVM 中有三种持续演进的 JIT 执行引擎实现：JIT 类、MCJIT 类和 ORCJIT 类。目前的 LLVM 已经不再支持 JIT 类。MCJIT 类是 LLVM 中 JIT 编译的一种新的实现方式，而 ORCJIT 类是 MCJIT 类的功能扩展。机器代码框架的作用是对函数和指令做底层处理。与其他后端模块相比，机器代码框架设计的目的是辅助产生基于 LLVM 的汇编器和反汇编器。例如，之前的 NVPTX 后端没有提供集成的汇编器，编译过程只能进行到发射 PTX 代码为止。然后，以 PTX 代码为输入，依赖外部工具（如 PTXAS）完成其余的后端编译步骤。而机器代码框架提供了统一的指令表示，该框架可被汇编器、反汇编器、汇编打印和 MCJIT 共享。当编译器后端需要增加新的目标平台 ISA 支持时，只需要在机器代码框架中实现一次指令编码，而不需要对 MCJIT 做改动，因为机器代码框架中的实现会被所有子系统共享。

在 LLVM 的几乎所有目标平台后端中，都有派生自 AsmPrinter 类的汇编代码打印模块。例如，AMDGPU 后端的 AMDGPUAsmPrinter 类。AsmPrinter 类是 MachineFunctionPass 类的子类，其作用是通过调用目标平台后端的 MCInstLowering 接口，将 MachineFunction 函数转换为机器码标签构造。代码发射流程如图 4-6 所示。

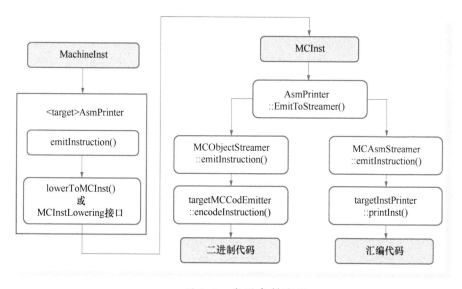

● 图 4-6　代码发射流程

AsmPrinter 模块的代码发射功能由 AsmPrinter：：emitFunctionBody（）函数实现。该函数首先调用 emitFunctionHeader（）函数，发射当前 MachineFunction 函数的头，如函数中引用的常量、序言（prologue）数据等。然后，emitFunctionBody（）函数遍历 MachineFunction 函数中的所有基本块，以及基

本块中的每一条机器指令，并将不同操作码（Opcode）的机器指令分发到不同的发射函数做后续处理。目标平台相关的机器指令由 emitInstruction()函数处理，目标平台后端实现的 AsmPrinter 子类应重写（override）该函数。例如，AMDGPU 后端的重写函数为 AMDGPUAsmPrinter::emitInstruction()。

目标平台后端的 emitInstruction()函数以 MachineInstr 机器指令为输入，通过调用 MCInstLowering 接口的 lower()函数，将 MachineInstr 机器指令降级为 MCInst 实例。目标平台后端提供 MCInstLowering 接口子类实现（如 AMDGPU 后端的 AMDGPUMCInstLower 类），并由其中的定制代码产生 MCInst 实例。

AsmPrinter::EmitToStreamer()函数通过 MCStreamer 实例对生成的 MCInst 指令流做进一步处理。此时有两个选项：发射汇编或二进制代码。MCStreamer 类处理 MCInst 指令流时，通过 MCAsmStreamer 和 MCObjectStreamer 两个子类，将 MCInst 指令流发射到选定的输出。MCAsmStreamer 子类将 MCInst 指令流转换为汇编指令，MCObjectStreamer 子类将 MCInst 指令流转换为二进制指令。

如果 llc 命令行选项指定的输出类型为汇编代码，则 MCAsmStreamer::emitInstruction()函数被调用，并通过目标平台后端提供的 MCInstPrinter 子类（如 AMDGPUInstPrinter）实例，调用其 printInst()函数，将汇编代码打印到文件中；如果 llc 命令行选项指定的输出类型为二进制代码，则 MCObject-Streamer::emitInstruction()函数被调用，并使用自定义 backend 提供的 MCCodeEmitter 子类（如 AM-DGPUMCCodeEmitter）实例，调用其 encodeInstruction()生成二进制代码。

▶▶ 4.1.3　LLVM 中的 pass 及其管理机制

LLVM 编译器框架的核心概念是任务调度和执行。编译器开发者将 IR 分解为不同的处理对象，并将其处理过程实现为单独的 pass 类型。在编译器初始化时，pass 被实例化，并被添加到 pass 管理器中。pass 管理器（pass manager）以流水线的方式将各个独立的 pass 衔接起来，然后以预定义顺序遍历每个 pass，根据 pass 实例返回值启动、停止或重复运行不同 pass。因此，LLVM pass 管理机制的主要模块包括 pass、pass 管理器、pass 注册及相关模块，如 PassRegistry、AnalysisUsage、Analy-sisResolver 等。

pass 是一种编译器开发的结构化技术，用于完成编译对象（如 IR）的转换、分析或优化等功能。pass 的执行过程就是编译器对编译对象进行转换、分析和优化的过程。LLVM 提供的 pass 分为三类：分析（analysis）pass、转换（transform）pass 和工具（utility）pass。

- 分析 pass 负责计算相关 IR 单元的高层信息，但不对其进行修改。这些信息可以被其他 pass 使用，或用于程序调试和可视化。简言之，分析 pass 提供其他 pass 需要查询的信息并提供查询接口。例如，基本别名分析（Basic Alias Analysis）pass 生成的别名分析结果可以用于后续的其他优化 pass。分析 pass 不仅从 IR 中得到有用信息，还可以通过调用其他分析 pass 得到信息，并将这些信息结合起来，得到 IR 相关的、更有价值的信息。这些分析结果可以被缓存下来，避免重复计算。如果分析的 IR 被修改，原有的分析结果当然也就失效了。

- 转换 pass 可以查询和使用分析 pass 分析得到的 IR 高层信息，然后以某种方式改变和优化 IR，并保证改变后的 IR 仍然合法有效。例如，激进死代码消除（Aggressive Dead Code Elimination，ADCE）pass 可根据其他分析 pass 的分析结构，将死代码从原来的模块中删除。

- 工具 pass 是一些功能性的实用程序，既不属于分析 pass，也不属于转换 pass。例如，块提取（extract-blocks）pass 可将基本块从模块中提取出来，供其他工具（如 bugpoint）使用。当调用 RegisterPass( )函数注册自定义 pass 时，会要求指定是否为分析 pass。通过 RegisterPass( )注册自定义 pass 后，就可以使用 LLVM opt 工具对 IR 调用自定义 pass 功能。

LLVM Pass 是 LLVM 系统的重要组成部分，其基础模块是 Pass 类，这是所有 LLVM Pass 的基类。Pass 类定义见<llvm_root>/llvm/include/llvm/Pass.h 文件：

```
class Pass {
  AnalysisResolver *Resolver = nullptr;  // Used to resolve analysis
  const void *PassID;
  PassKind Kind;

public:
  explicit Pass(PassKind K, char &pid) : PassID(&pid), Kind(K) {}
...
}
```

基于 Pass 类可派生 LLVM 的各种预定义 Pass 子类。自定义的 pass 类都要从预定义 Pass 子类中继承，并根据自定义 pass 的具体功能要求重写虚函数或增加新的功能函数。预定义子类包括 ModulePass、CallGraphSCCPass、FunctionPass、LoopPass 和 RegionPass 类等。不同的子类有不同的约束条件，这些约束条件在调度 pass 时会用到。设计自定义 pass 时的首要任务就是确定自定义 pass 的基类。在为 pass 选择基类时，应在满足功能要求的前提下，尽可能选择最相关的类。这些类会为 LLVM Pass 基础结构提供优化运行所必需的信息，避免生成的编译器因为选择的基类不合适而导致运行速度变慢或其他缺陷。

编译器可以将各种 pass 组合在一起，完成各种 IR 优化任务。pass 之间的组合可以分为两类：

1）多个 pass 作用于同一个 IR 单元，FunctionPass 就是一个典型例子。如图 4-7a 所示，FunctionPass 实例作用于一个 IR 函数，但也可以在某个 FunctionPass 实例中运行其他几个 FunctionPass 实例，将这几个 FunctionPasss 实例组合起来，作用于同一个 IR 单元，以获得更好的优化效果。

2）将一个 IR 单元分解为更小的单元，并用相应类型的 pass 处理。如图 4-7b 所示，ModulePass

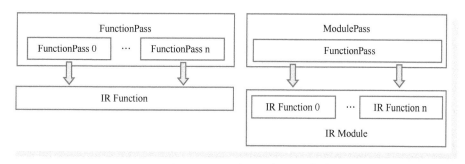

• 图 4-7　pass 与 IR 单元的关系

a）多个 pass 作用于同一个 IR 单元　b）将一个 IR 单元分解为多个单元

作用于一个 IR 模块，但也可以在某个 ModulePass 实例中运行 FunctionPass 实例，作用于模块中的每一个函数，以将一个 IR 单元分解为粒度更细的多个单元来处理。

在编译器开发时，可以混合使用两种方式，将各种 pass 组合为流水线，对 IR 做不同处理和优化。

LLVM Pass 类及其子类的继承关系如图 4-8 所示。各子类的功能和用法详见 LLVM 官方文档。

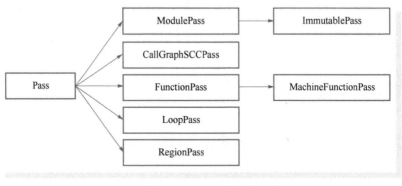

● 图 4-8　Pass 类及其子类

4.2　指令选择

在第 1 章已经提到，编译器包括前端、优化和后端。编译器后端虽然功能繁多，但最重要的主题主要有三个：指令选择、指令调度和寄存器分配。本节主要介绍指令选择。

▶▶ 4.2.1　指令选择原理与实现方式

在编译技术的研究中，相对于指令调度和寄存器分配，指令选择受到的关注较少。但在编译器开发前期，开发者遇到最多的问题往往发生在指令选择阶段。因此，对指令选择过程，特别是对 LLVM 中的指令选择过程和实现做深入探讨十分必要。

编译器前端将源代码转换为等效形式的 IR，IR 经过优化器优化后传递到后端，由代码生成器将 IR 代码转换为汇编代码或目标代码。在这个过程中，后端首先通过指令选择器选择目标机器支持的指令来实现 IR 代码。至于指令的顺序，可由后续的指令调度器决定。指令选择器选择指令的基本要求是确保指令能在目标机器上实现与 IR 同样的功能。其次，在特定的目标机器上，尽量使某些指令序列在执行时比其他指令效率更高。指令选择器应在条件允许时，尽可能选择高效的指令序列。因此，指令选择的目标可以归结为两个方面，即模式匹配和模式选择。模式匹配要解决的问题是找出可以实现 IR 的候选指令序列，这类候选指令序列通常有若干个。模式选择要解决的问题是从若干个候选指令集中选出性能最好的指令序列。模式选择问题可以看作一个优化问题，即指令序列中每条指令的执行都有代价，模式选择的目标是最小化所选指令序列的代价总和。指令执行代价的度量标准多种多样，可以是执行时间、占用内存大小或功耗等。最常见的度量标准是执行时间，通过指令执行时间的最小化，实现程序在目标机器上整体执行性能的最大化。

这里的目标机器通常是指程序编译针对的硬件平台，目标机器中必须包括可以连续解释和执行机器代码的处理器。目标机器的所有可用指令集合称为指令集，其行为由目标机器的指令集架构（Instruction Set Architecture，ISA）规定。

LLVM 中有三种指令选择实现方式：基于 SelectionDAG 的指令选择、快速指令选择和全局指令选择。所有的指令选择 pass 都是基于 MachineFunctionPass 类。

在 LLVM 的指令选择阶段，Instruction 类表示的 LLVM IR 被转换为 MachineInstr 实例，MachineInstr 类可用于表示后端所有目标相关机器指令。与 Instruction 类相比，MachineInstr 类表示的指令更接近目标平台。前文已经提及，LLVM 后端的 SelectionDAGBuilder 模块通过遍历 LLVM IR 文件，将其中的基本块转换为图形式的 SelectionDAG 对象。构建 SelectionDAG 对象是指令选择的第一步。为了适应指令选择的需要，SelectionDAG 类以低阶数据依赖 DAG 的形式表示 LLVM IR，在此基础上可以实现目标相关优化和代码简化。SelectionDAG 类的定义（代码见 <llvm_root>/llvm/include/llvm/CodeGen/SelectionDAG.h）如下：

```
class SelectionDAG {
  const TargetMachine &TM;
  const SelectionDAGTargetInfo *TSI = nullptr;
  const TargetLowering *TLI = nullptr;
  const TargetLibraryInfo *LibInfo = nullptr;
  MachineFunction *MF;
  Pass *SDAGISelPass = nullptr;
  ...
  ilist<SDNode > AllNodes ;
  ...
}
```

LLVM 后端将 LLVM IR 转换为机器指令的标准方式是通过 DAG 实现的，即目标无关的 SelectionDAG 经过指令选择后，转换为目标相关的、包含机器代码的新 DAG。利用目标描述中提供的模式，IR 指令通过模式匹配可转换为机器指令。为此，LLVM 实现了一种复杂的模式匹配算法。

在编译 LLVM 工程时，会调用到 TableGen 工具。TableGen 是 LLVM 项目的重要组成部分，该工具根据 .td 目标描述文件中的指令定义生成模式匹配表，并建立 ISD（Instruction Selection DAG）和 <target>ISD 与机器指令之间的映射关系。以 AMDGPU 后端的 S_NOT_B64 指令定义为例：

```
def S_NOT_B64 : SOP1_64 <" s_not_b64 ",  [(set i64:$sdst, (not i64: $src0))]>;
```

其中，[（set i64: $ sdst,（not i64: $src0))]是 S_NOT_B64 指令的选择模式，not 是 LLVM 的预定义操作符，定义如下：

```
def not  : PatFrag<(ops node: $in), (xor node: $in, -1)>;
```

PatFrag 类也定义在 TargetSelectionDAG.td 文件中，其作用是将类似"%result = xor i64 %a, -1"的匹配片段（matching fragment）替换为 not 预定义操作符。S_NOT_B64 指令的选择模式描述了 S_NOT_B64 指令的功能，即调用具有 64 位整数类型参数的 not 节点，并返回 64 位整数类型的结果。当指令选择器在 DAG 中检测到符合选择模式的序列时，即会将其匹配到 S_NOT_B64 指令。

上述选择模式是最简单的用法。除此之外，TableGen 还支持多种模式类型，如 PatFrags、Out-PatFrag 等。这些模式类型定义参见 TargetSelectionDAG.td 文件。

▶▶ 4.2.2 基于 SelectionDAG 的指令选择

从 SelectionDAG 类的定义可以看到，SelectionDAG 对象由若干 SDNode 类型的节点构成。SDNode 类定义中包含节点类型（即节点执行的操作）、节点操作数列表、节点定义值列表等。

在基于 SelectionDAG 的指令选择执行过程中，SelectionDAGISel::CodeGenAndEmitDAG() 函数在完成类型合法化后调用 SelectionDAGISel::DoInstructionSelection() 函数。该函数遍历 SelectionDAG 对象中的每个 SDNode 节点，并对每个 SDNode 节点调用 Select() 函数。Select() 函数是需要目标实现的虚函数，也是指令选择功能的主要函数实现。以 AMDPU 为例，在调用公共函数 SelectCode() 为大部分 SDNode 节点执行指令选择的一般处理流程前，AMDGPUDAGToDAGISel::Select() 函数可以为某些节点进行定制化手动匹配。例如，对于 AMDGPU 匹配表（MatcherTable）不支持的多输出节点就需要在 Select() 函数中调用专门为其实现的选择指令函数。

在编译 LLVM 工程时，TableGen 根据.td 文件生成各种 C/C++语言风格的.inc 文件，并保存在 <llvm_root>/build/lib/Target/<target>/目录中。和指令选择相关的是 <target>GenDAGISel.inc 文件，其中包含匹配表定义和 SelectCode() 函数实现。例如，AMDGPU 后端的 SelectCode() 函数实现和匹配表定义（代码见<llvm_root>/build/lib/ Target/AMDGPU/AMDGPUGenDAGISel.inc）如下：

```
void DAGISEL_CLASS_COLONCOLON SelectCode(SDNode *N) {
  #define TARGET_VAL(X) X & 255, unsigned(X) >> 8
  static const unsigned char MatcherTable[] = {
/* 0*/ OPC_SwitchOpcode /* 212 cases */, 70 |128,30 |128,19/*315206*/, TARGET_VAL
(ISD::ADD),// ->315212
/*     6*/OPC_Scope, 122 |128,17 |128,19/*313594*/, /* ->313604*/ // 14 children
in Scope
/*    10*/   OPC_MoveChild0,
...
/*315212*/ /*SwitchOpcode*/ 100 |128,92/*11876*/, TARGET_VAL(ISD::LOAD),//->327092
...
/*400085*/ /*SwitchOpcode*/ 40 |128,12/*1576*/, TARGET_VAL(ISD::XOR),// ->401665
/*400089*/ OPC_Scope, 4 |128,1/*132*/, /* ->400224*/ // 8 children in Scope
...
/*401374*/   /* Scope*/ 34, /* ->401409*/
...
/*401398*/   /* SwitchType*/ 8, MVT::i64,// ->401408
/*401400*/     OPC_MorphNodeTo2, TARGET_VAL(AMDGPU::S_NOT_B64), 0,
              MVT::i64, MVT::i1, 1/* #Ops */, 0,
         // Src: (xor:{ * :[i64]} i64:{ * :[i64]}:$ src0, -1:{ * :[i64]}) - Complexity = 8
         // Dst: (S_NOT_B64:{ * :[i64]}:{ * :[i1]} i64:{ * :[i64]}:$ src0)
/*401408*/   0, // EndSwitchType
...
  }; // Total Array size is 451640 bytes
```

```
SelectCodeCommon(N, MatcherTable,sizeof(MatcherTable));
}
```

TableGen 将目标后端中的所有指令定义.td 文件中的所有匹配模式收集在一起，并在 SelectCode( ) 函数中将其定义为静态数组形式的匹配表。定义匹配表后，SelectCode( ) 函数将匹配表和当前 SDNode 节点 N 一同传递给 SelectCodeCommon( ) 函数，由该函数根据不同情况完成指令选择。匹配表每一行起始处的注释标明了首元素在数组中的索引，该索引值在随后的指令选择过程中用于定位不同 SDNode 节点在匹配表中的偏移量。索引值之后是指令选择状态机的操作码（Opcode），在 SelectionDAGISel.h 文件中定义的枚举类型 BuiltinOpcodes 中包含了指令选择状态机用到的所有操作码。SelectCodeCommon( ) 函数对不同的操作码做不同处理。例如，OPC_SwitchOpcode 表示接下来的部分是处理 SDNode 节点的匹配表。对于示例匹配表中的第一个 OPC_SwitchOpcode，处理的节点是 ISD::ADD，对应的匹配表大小为 315206 字节，由编码 "70|128,30|128，19" 计算得到，计算方法是 $\{[(19{<}{<}7) + 30]{<}{<}7\}{+}70$。下一个节点的匹配表索引起始位置在 315212 处，对应的节点是 ISD::LOAD。依此类推，SelectCodeCommon( ) 函数可以定位所有 SDNode 节点在匹配表中的起始位置，并将各个 SDNode 节点起始位置缓存在操作码偏移表（OpcodeOffset）中，以此提高指令选择状态机处理 OPC_SwitchOpcode 的效率。OPC_SwitchOpcode 的下一行是操作码 OPC_Scope，该操作码表示与某个节点对应的匹配表范围的起始。如果在该范围内，SelectCodeCommon( ) 函数无法找到满足匹配模式的指令，则跳到下一个匹配表范围重新开始匹配。两个范围的偏移量由 OPC_Scope 后的编码指定，示例中为 "122|128,17|128,19"，计算方法是 $\{[(19{<}{<}7) + 17]{<}{<}7\}{+}122$，得到的偏移量为 313594。这个过程持续进行，直到 SelectCodeCommon( ) 函数在匹配表中找不到满足匹配模式的指令，或到达 OPC_EmitNode 或 OPC_MorphNodeTo，表示找到匹配的指令。其他操作码的含义，可通过分析 SelectCodeCommon( ) 函数的处理流程得出。

AMDGPUISelDAGToDAG.cpp 文件通过#include " AMDGPUGenDAGISel.inc "预处理指令，可将 SelectCode( ) 函数实现和匹配表定义嵌入到 SelectionDAGISel 接口的目标实现中，AMDGPU 后端可由此完成基于 SelectionDAG 的指令选择功能。此处，以前文中定义的 AMDGPU 后端的 S_NOT_B64 指令为例，说明指令选择工作过程。llc 的输入为.ll 文件，内容如下：

```
define amdgpu_kernel void @scalar_not_i64(i64 addrspace(1)* %out, i64 %a) {
  %result= xor i64 %a, -1
  store i64 %result, i64 addrspace(1)* %out
  ret void
}
```

由前文 S_NOT_B64 指令可知，上述 IR 语句 "%result= xor i64 %a, -1" 满足 S_NOT_B64 指令的匹配模式，经过指令选择过程，应该返回 s_not_b64 机器指令。通过以下 llc 命令可以输出指令选择日志：

```
llc -march=amdgcn not.ll -show-mc-encoding -o - -debug-only=isel
```

以下仅选取和 S_NOT_B64 指令选择相关的部分日志：

```
ISEL: Starting selection on root node: t25: i64 = xor t42, Constant:i64<-1>
ISEL: Starting pattern match
  Initial Opcode index to 400089
  Match failed at index 400093
  Continuing at 400224
  Match failed at index 400227
  Continuing at 400325
  ...
  Continuing at 401374
  TypeSwitch[i64] from 401387 to 401400
  Morphed node: t25: i64,i1 = S_NOT_B64 t42
ISEL: Match complete!
```

日志中的初始索引 400089 对应的是操作码偏移表中 ISD::XOR 节点的匹配表范围起始位置，xor 正是 not 预定义操作符扩展后的操作符。但是这个范围的匹配条件不满足 S_NOT_B64 指令的匹配模式，于是转移到下一个匹配表范围起始位置 400224。依此类推，直到到达索引 401374，才在该范围内完成 S_NOT_B64 指令的匹配。

如果由于.td 文件中指令定义缺失或指令选择实现的其他错误，导致无法在匹配表中找到合适的指令，则在执行 llc 编译时，将出现类似下面的错误日志：

```
ISEL: Starting selection on root node:x
ISEL: Starting pattern match
Initial Opcode index to 5307
Skipped scope entry (due to false predicate) at index 5311, continuing at 6004
...
Match failed at index 5308
LLVM ERROR: Cannot select:x
```

上述日志中的 x 代表经过合法化处理后的 ISD 或<target>ISD 节点。这时，应通过分析<target> GenDAGISel.inc 文件中的匹配表和指令选择相关代码，跟踪指令选择过程，找到指令选择失败原因。

▶▶ 4.2.3　快速指令选择

基于 SelectionDAG 的指令选择过程耗时惊人，为此，LLVM 实现了一种快速指令选择方法。该方法生成的代码质量较差，不支持非法类型，只在-O0 优化级别可用，但指令选择的运行速度很快。目前，只有 PowerPC、AArch64、Mips、ARM、WebAssembly 和 x86 后端支持快速指令选择。若要在 llc 中启用后端的快速指令选择方法，还需在 llc 命令行中增加-fast-isel 选项。

后端为了实现快速指令选择，需要实现一个 FastISel 类的派生类<target>FastISel，重写其中的 fastSelectInstruction() 等虚函数，并根据后端的需要，针对某些指令实现快速选择方法。例如，x86 后端在 X86FastISel 类中实现了快速指令选择方法。X86FastISel 类定义如下：

```
class X86FastISel final : public FastISel {
  const X86Subtarget * Subtarget;
  ...
```

```
public:
  bool fastSelectInstruction(const Instruction *I) override;
  ...
#include "X86GenFastISel.inc"
private:
  bool X86SelectDivRem(const Instruction *I);
  ...
```

<target>FastISel 类定义中包含了 TableGen 根据目标描述文件生成的<target>GenFastISel.inc 文件。该文件中没有匹配表，因此，快速指令选择不是根据匹配表完成指令选择，这是快速指令选择和其他两种指令选择方法的主要区别。TableGen 在为后端生成<target>GenFastISel.inc 文件时，根据操作数数据类型和返回数据类型的组合，为 ISD 和<target>ISD 节点生成一系列快速发射函数 fastEmit_ISD_*() 或 fastEmit_<target>ISD_*()。其中的" * "表示操作数数据类型和返回数据类型的组合字符串。顶层快速发射函数 fastEmit_r()、fastEmit_rr() 等通过调用这些 fastEmit_ISD_*() 或 fastEmit_<target>ISD_*() 函数，实现快速指令选择，避免了 SelectionDAG 指令选择过程中反复的合并、折叠和降级，加快了指令选择速度。<target>GenFastISel.inc 文件的生成过程可参见<llvm_root>/llvm/utils/TableGen/FastISelEmitter.cpp 文件中的 printFunctionDefinitions() 函数实现。

此外，<target>FastISel 类还提供了 createFastISel() 接口。<target>TargetLowering 类可通过调用该接口生成<target>FastISel 类对象。X86FastISel 类对象的生成接口实现如下：

```
namespace llvm {
  FastISel *X86::createFastISel(FunctionLoweringInfo &funcInfo,
                         const TargetLibraryInfo * libInfo) {
    return new X86FastISel(funcInfo, libInfo);
  }
}

FastISel *X86TargetLowering::createFastISel(FunctionLoweringInfo &funcInfo,
                           const TargetLibraryInfo * libInfo) const {
  return X86::createFastISel(funcInfo, libInfo);
}
```

SelectAllBasicBlocks() 函数在对 IR 函数中的所有基本块执行 SelectionDAG 指令选择时，如果发现 llc 命令行开启了-fast-isel 选项，则调用<target>TargetLowering 类的 createFastISel() 接口，得到<target>FastISel 类对象，并在随后的指令选择过程中，通过<target>FastISel 类对象调用快速指令选择相关功能函数。SelectAllBasicBlocks() 函数的代码实现（见<llvm_root>/llvm/lib/CodeGen/Selection-DAG/SelectionDAGISel.cpp）如下：

```
void SelectionDAGISel::SelectAllBasicBlocks(const Function &Fn) {
  FastISelFailed = false;
  // Initialize the Fast-ISel state, if needed.
  FastISel *FastIS = nullptr;
  if(TM.Options.EnableFastISel) {
```

```
      FastIS = TLI->createFastISel(*FuncInfo, LibInfo);
    }
  ...
```

▶▶ 4.2.4 全局指令选择

基于 SelectionDAG 的指令选择方法可以生成质量较高的机器码，但代价是开发难度和代码复杂度较高；快速指令选择方法复杂度较低，但代码质量较差。为了综合二者的优点，取长补短，LLVM 在现有的架构上实现了全局指令选择，并希望用全局指令选择取代基于 SelectionDAG 的指令选择方法和快速指令选择方法。

全局指令选择提供了不同于其他两种指令选择方法的可重用 pass 和功能函数，可以完成从 LLVM IR 到目标机器 IR（Machine IR）的指令选择功能。全局指令选择没有引入新的 DAG 中间表示，而且，全局指令选择工作在函数级别，可以发掘更多的全局优化机会。

全局指令选择框架包括四个 pass：IRTranslator、Legalizer、RegBankSelect 和 InstructionSelect。上述四个 pass 的实现代码都在路径<llvm_root>/llvm/lib/CodeGen/ GlobalISel/下。LLVM 中的各目标后端没有实现全部的全局指令选择 pass，部分采用了 LLVM 中已有的默认 pass。各目标后端如需添加全局指令选择 pass，需要重写后端 TargetPassConfig 派生类（如 AMDPGU 后端的 GCNPassConfig 类）中的 addIRTranslator()、ddRegBankSelect() 等虚函数，并在后端目标机器描述文件<target>TargetMachine.cpp 中，通过 addPass() 向 pass 管理器中添加全局指令选择 pass。例如，AMDGPU 后端中添加全局指令选择 pass 的相关代码如下：

```
bool GCNPassConfig::addIRTranslator() {
  addPass(new IRTranslator(getOptLevel()));
  return false;
}

bool GCNPassConfig::addLegalizeMachineIR() {
  addPass(new Legalizer());
  return false;
}

bool GCNPassConfig::addRegBankSelect() {
  addPass(new RegBankSelect());
  return false;
}
bool GCNPassConfig::addGlobalInstructionSelect() {
  addPass(new InstructionSelect());
  return false;
}
```

IRTranslator pass 的作用是将输入 LLVM IR 转换为通用机器 IR（Generic Machine IR, gMIR）。gMIR 是一种与 MIR 共用相同数据结构的 IR，但其约束更宽松。随着编译过程向前递进，这些约束逐渐收紧，gMIR 也由此变成 MIR。gMIR 和 MIR 的不同之处在于，MIR 主要处理目标指令，只有一小部分目标无关的操作码，如 COPY、PHI 和 REG_SEQUENCE 等。而 gMIR 定义了丰富的通用操作码集合（Generic Opcode），这些操作码虽然与目标无关，但又是目标可以支持的操作。例如，标量整数加法的通用操作码是 G_ADD，其用法如下：

```
%2:_(s32) = G_ADD %0:_(s32), %1:_(s32)
```

Legalizer pass 的作用是将目标平台不支持的通用机器指令的操作数类型，转换为目标机器指令的操作数类型，以及转换目标平台不支持的操作。Legalizer pass 与 SelectionDAG 的指令选择不同之处在于，SelectionDAG 的指令选择将操作和类型的合法化分两步完成，而 Legalizer pass 将其合并为一步。Legalizer pass 会自下而上地在 gMIR 上迭代地检查指令合法性。当碰到非法指令时，Legalizer pass 会对其做转换，使当前指令在迭代过程中逐步变得合法。

经过 Legalizer pass 处理后，gMIR 中的指令操作数仍以虚拟寄存器表示，因而此时的指令不是纯粹的 MIR，而是混合机器指令。许多处理器硬件中都存在多种类型的寄存器文件，不同类型的寄存器文件在物理上是分开的。通常，一条机器指令只能访问某一类型的寄存器文件。若要在不同类型的寄存器文件之间执行数据操作，则必须先将所有数据复制到同一类型的寄存器文件中。寄存器组（register bank）是一组由目标定义的寄存器类。通过定义寄存器组可以在寄存器分配时，限制某些虚拟寄存器只能使用特定类型的寄存器文件。而且，划分寄存器组可减少高成本的跨寄存器组数据搬移操作。例如，AMDPGU 后端的寄存器按照其用途可分为 SGPR（Scalar General Purpose Register）和 VGPR（Vector General Purpose Register）。AMDGPU 后端为不同类型的寄存器定义（代码见 <llvm_root>/llvm/lib/Target/AMDGPU/AMDGPURegisterBanks.td ）了不同的寄存器组：

```
def SGPRRegBank : RegisterBank<" SGPR",
    [SReg_LO16, SReg_32, SReg_64, SReg_96, SReg_128, SReg_160, SReg_192, SReg_256, SReg_
512, SReg_1024]>;
def VGPRRegBank : RegisterBank<" VGPR",
    [VGPR_LO16, VGPR_HI16, VGPR_32, VReg_64, VReg_96, VReg_128, VReg_160, VReg_192, VReg_
256, VReg_512, VReg_1024]>;
```

RegBankSelect pass 会计算最优寄存器组分配方案，并为每条混合机器指令的操作数分配寄存器组。当遇到跨寄存器组搬移数据时，RegBankSelect pass 还负责插入复制指令。RegisterBankInfo 类中保存了和寄存器组相关的信息，并提供了指令与寄存器组映射的相关接口。各 LLVM 后端可根据各自的寄存器组定义和用法，定义自己的 RegisterBankInfo 类，并实现 copyCost( )、getInstrMapping( ) 等相关接口。例如，AMDGPU 后端的 AMDGPURegisterBankInfo 类定义如下：

```
class AMDGPUGenRegisterBankInfo : public RegisterBankInfo {
protected:
#define GET_TARGET_REGBANK_CLASS
#include "AMDGPUGenRegisterBank.inc"
};

class AMDGPURegisterBankInfo final : public AMDGPUGenRegisterBankInfo {
public:
  const GCNSubtarget &Subtarget;
```

```
...
  unsigned copyCost(const RegisterBank &A, const RegisterBank &B,
                   unsigned Size) const override;

  const InstructionMapping &
  getInstrMapping(const MachineInstr &MI) const override;
...
```

经过 RegBankSelect pass 处理后，指令的操作和操作数的类型对于目标都是合法的。这降低了 InstructionSelect pass 将混合机器指令转换为目标机器指令的难度。但某些目标无关指令，如 COPY 指令，会在寄存器分配后才降级。各 LLVM 后端可根据目标相关的指令选择逻辑实现自己的 InstructionSelector 类。例如，AMDGPU 后端的 AMDGPUInstructionSelector 类定义如下：

```
class AMDGPUInstructionSelector final : public InstructionSelector {
private:
  MachineRegisterInfo *MRI;
  const GCNSubtarget *Subtarget;
public:
  ...
  bool select(MachineInstr &I) override;
  ...
```

其中，最重要的函数是 select( )，其作用是将通用机器指令转换为完全的机器指令。AMDGPU 后端的 select( ) 函数实现（代码见<llvm_root>/llvm/lib/Target/AMDGPU/AMDGPUInstructionSelector.cpp）如下：

```
bool AMDGPUInstructionSelector::select(MachineInstr &I) {
  ...
  switch (I.getOpcode()) {
  case TargetOpcode::G_ADD:
  case TargetOpcode::G_SUB:
    if (selectImpl(I, *CoverageInfo))
      return true;
    return selectG_ADD_SUB(I);
  ...
  default:
    return selectImpl(I, *CoverageInfo);
  }
  return false;
}
```

由上述代码可以看到，select( ) 函数可以为某些通用机器指令进行定制化手动匹配，并由 selectImpl( ) 函数完成大部分通用机器指令选择。与 SelectionDAG 指令选择方法中的<target>GenDAGISel.inc 文件类似，TableGen 也会根据全局指令选择相关的.td 文件生成<target>GenGlobalISel.inc 文件，其中包含全局指令选择的匹配表（MatchTable0）定义和 selectImpl( ) 函数实现。在<target>InstructionSelector.cpp 文件中可通过#include "<target>GenGlobalISel.inc "将全局指令选择匹配表定义和 selectImpl( ) 函数实现嵌入到 InstructionSelect pass 实现中。由此可见,除了操作和类型的匹配方式外,全局指令选择方法与当前的 SelectionDAG 指令选择方法非常相似。

虽然 LLVM 已经实现全局指令选择,但若要在 llc 中启用全局指令选择,还需在 llc 命令行中增加 -global-isel 选项。另一个和全局指令选择相关的 llc 命令行选项是 -global-isel-abort。当该选项值为 0 时,llc 会在全局指令选择方法失败时,将 SelectionDAG 指令选择方法作为回退方法;当该选项值为 1 时,llc 会在全局指令选择方法失败时直接报错。

图 4-9 所示为全局指令选择框架的基本模块和工作流程总结。

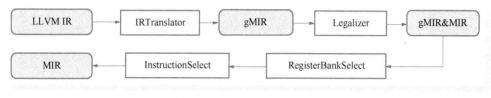

● 图 4-9　全局指令选择工作流程

4.3　指令调度

为了提高处理器执行指令的并行度,处理器将计算机指令处理过程拆分为多个阶段,并通过多个硬件处理单元,将不同指令处理的前后阶段重叠并行执行,形成流水线(pipeline)。处理器的流水线结构是处理器微架构最基本的要素,对处理器微架构的其他方面有重要影响。典型的 MIPS 处理器 5 级流水线包括取指、译码、执行、访存和写回。首先,在取指阶段,指令被从内存中读出。然后,在译码阶段得到指令需要的操作数寄存器索引,并通过索引从通用寄存器中将操作数读出。如果此时输入操作数和处理器功能单元可用,接下来便可将不同类型的指令分发到不同功能单元执行。例如,如果是算术指令,则分发到算术逻辑单元(Arithmetic Logical Unit,ALU)执行,对指令进行真正的运算;如果是访存指令,则分发到加载存储单元,将数据从内存中读出,或者将数据写入内存。在写回阶段,指令执行的结果被写回通用寄存器。如果是计算指令,该结果来自执行阶段的计算结果;如果是内存读指令,该结果来自访存阶段从内存中读取的数据。

在处理器流水线上执行的代码序列隐含指令之间的依赖关系,这种依赖关系使得指令流中的指令可能无法在指定的时钟周期执行,引发流水线冲突;为了检测流水线数据冲突引入的流水线互锁机制,又会导致流水线停顿。可见,这种指令间的依赖关系是指令高效执行的主要障碍。为减少冲突,对于无法用旁路解决的数据冲突,一种解决办法是通过处理器的分发逻辑,在运行时由处理器对指令动态重新排序。这意味着必须增加分发逻辑的重排序缓存,以便其能处理更多的指令,并将指令乱序地分发到处理器的功能单元,这称为乱序执行,简称 OOO(Out-Of-Order)。这种方法会显著提高硬件复杂度,增加芯片面积和功耗。另一种消除数据冲突、提高指令级并行度(Instruction Level Parallelism,ILP)的方法是通过在编译阶段,令编译器对指令重排序,并利用流水线停顿造成的空闲时钟周期执行其他指令。编译器重新排列后的指令流馈送到顺序多发射处理器执行。编译器对指令重排序的过程称为静态指令调度或编译时指令调度（本书中提到的指令调度，除特别说明外，均指编译时指令调度），这是编译器后端优化中的一个重要阶段。

指令调度可在基本块内或者跨基本块重排指令，即将指令从其原先所在基本块（即源基本块）向另一个基本块（即目标基本块）移动。源基本块和目标基本块可以是同一个基本块，也可以是不同的基本块。如果指令仅能在其所在同一基本块内移动，则称为局部调度；如果指令可在不同基本块间移动，则称为全局调度。指令调度可以在寄存器分配之前和/或之后执行。寄存器分配前的指令调度有更大的自由度，而寄存器分配后的指令调度优点在于，此时指令序列中已经包含寄存器溢出相关指令，编译器处理的指令序列相对更完整，因此可以充分利用处理器资源，得到更有效的指令调度结果。

本节首先介绍指令调度的原理，在此基础上，进一步分析 LLVM 中指令调度的执行过程和代码实现。最后，介绍在 LLVM 中如何定制调度 pass。

▶▶ 4.3.1　指令调度原理

假设有如下计算：

```
e = (a + b) + c * d
```

根据 AST 生成的汇编指令如下：

```
load r1, a
load r2, b
add r3, r1, r2
load r4, c
load r5, d
mul r6, r4, r5
add r7, r3, r6
store e, r7
```

基于处理器资源特性模型，编译器可以建立对上述各条指令延迟的估计。假设 load、store 操作需要 4 个时钟周期，mul 操作需要 3 个时钟周期，add 操作需要 1 个时钟周期。注意，此处在估计内存操作指令延迟（如 load、store）时，假设不会出现缓存未命中。一旦出现缓存未命中，内存操作指令的延迟将可能达到数百个时钟周期。另外，为了简化概念，此处还假设，如果指令间没有依赖关系，单发射处理器可以在每个时钟周期发射一条指令。

显然，上述汇编指令序列不是最优的指令序列。因为指令 "add r3, r1, r2" 需要等待之前的两个 load 指令完成变量 a 和 b 的加载后才能开始计算，这中间的停顿时间完全可以用来执行其他没有依赖关系的指令，如后继的 "load r4, c" 和 "load r5, d" 指令。经过如此改进的指令序列无疑可以提高指令级并行度，但是通过寄存器活跃性（liveness）分析可知，改进后的指令序列在执行 "load r5, d" 指令时需要的物理寄存器最大数量将达到 4 个，大于改进前指令序列的最大物理寄存器需求量（3 个）。因此，指令调度提高指令并行度是以增加寄存器压力为代价的。编译器如何在二者之间保持平衡取决于后端硬件架构。具体到 GPU 后端，因为有更多物理寄存器，GPU 编译器可以承受更大的寄存器压力以换取更高的指令并行度，即更快的执行速度。

编译器对指令重排序时，应保证不改变已存在数据依赖关系指令间的执行顺序。为此，编译器首先需要建立指令序列对应的数据依赖图（Data Dependence Graph，DDG），这是调度算法的重要工具。例如，数据依赖图表示为 $G=(N,E)$，其中的节点集合 N 表示基本块中的所有指令，有向边集合 E 表示指令之间的数据依赖约束，E 中的每条边有一个表示延时的权重。该例对应的数据依赖图如图 4-10 所示。

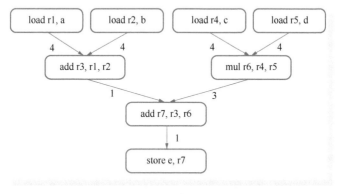

● 图 4-10　数据依赖图示例

数据依赖图的任何一种拓扑排序方法都可以形成有效的指令调度，最简单且常见的方法是列表调度（list scheduling）。其实现方法是跟踪记录依赖图的就绪列表，并将就绪列表中的一条指令添加到指令调度表。例如，在上述数据依赖图示例中，所有 load 指令在初始状态下已经准备执行就绪，此时，所有 load 指令都在就绪列表中。

调度算法以何种方式选择调度的指令尤为重要，最典型的是关键路径优先调度算法。关键路径是数据依赖图中节点的最长的路径。如图 4-10 所示的数据依赖图，最长关键路径是 8 个时钟周期，包括从指令"load r5, d"（或"load r4 c"）、"mul r6, r4, r5"到"store e, r7"在内的 4 个节点。这条路径上的延迟总和最大，因此，选择这条路径上的第一个节点"load r5, d"（或"load r4 c"）作为调度的第一条指令。依此类推，可以得到指令调度结果如下：

```
load r5, d
load r4, c
load r2, b
load r1, a
mul r6, r4, r5
add r3, r1, r2
add r7, r3, r6
store e, r7
```

上述调度算法从就绪列表中选择指令的标准是最小化关键路径上的指令序列执行时间，减少流水线停顿的发生频率。在实际实现中，可以增加其他优先级策略，如寄存器压力。随着就绪列表中的指令不断被调度，数据依赖图中的其他节点相继被加入就绪列表，并重复上述过程，直到所有节点都被调度，数据依赖图为空时，调度过程结束。

上述调度算法只考虑一个基本块内的指令重排序，因而属于局部指令调度。全局指令调度可以在基本块间重排指令，需要考虑的情况更为复杂，因而大部分编译器只实现局部指令调度，如 LLVM。指令调度原理更详细的内容可参考编译器相关图书。

▶▶ 4.3.2 LLVM 中的指令调度器及其工作过程

LLVM 中实现了多种指令调度器，分别作用于后端流程的不同阶段，包括指令选择阶段的指令调度器、寄存器分配前的指令调度器和寄存器分配后的指令调度器。这三类调度器都有 llc 命令行选项可以控制其使能或禁用。

在寄存器分配前，基本块中的操作数仍以虚拟寄存器表示，约束较少，指令调度的自由度较高，但要考虑调度结果对寄存器分配的影响。例如，如果虚拟寄存器的定值和使用相距较远，虚拟寄存器的生存期可能较长，这会增加寄存器分配的难度。如果能通过指令重排序，拉近虚拟寄存器的定值和使用之间的距离，可以使寄存器分配难度降低。

调度方向一般分为三种，即自顶向下（top down）、自底向上（bottom up）或双向（bidirection）调度。自底向上策略较为简单，并且这种策略已有很多成熟编译时优化。双向调度策略，即自顶向下、自底向上同时进行，再从中选出最好的候选指令。如果使用自顶向下调度策略，则以数据依赖图中的入口节点（entry node）为调度起始节点；如果使用自底向上调度策略，则以数据依赖图中的出口节点（exit node）为调度起始节点。

1. 指令选择阶段的调度器

所有调度器的实现类都继承自 ScheduleDAG 类。ScheduleDAG 类的两个子类分别是 ScheduleDAGSDNodes 类和 ScheduleDAGInstrs 类。其中，ScheduleDAGSDNodes 类是指令选择调度器实现类的基类，其调度对象是 SDNode 实例；ScheduleDAGInstrs 类是寄存器分配前和寄存器分配后的调度器实现类的基类，其调度对象是 MachineInstr 实例。

指令选择通过拓扑排序将 DAG 转为 MachineInstr 列表，并结合其他启发式策略，决定 MachineInstr 列表中的指令顺序。作为指令选择过程的一部分，指令选择阶段的指令调度器由 ScheduleDAGRRList（其中的 RR 为 Register Reduction 的缩写）类实现。ScheduleDAGRRList 类继承自 ScheduleDAGSDNodes 类，是 LLVM 中一种较传统的指令调度器，其目的是将 SelectionDAG 中的 SDNode 实例转换为 MachineInstr 实例。因此，ScheduleDAGRRList 类实现的是一种 DAG 调度器。

ScheduleDAGRRList 类实现了自底向上策略。ScheduleDAGRRList 类采用启发式调度策略决定 MachineInstr 列表中的指令顺序。启发式调度策略的基本概念是通过结构上分层的代价函数对调度候选指令排序，排序的策略包括源顺序（source order）、寄存器压力敏感、物理寄存器复制优先、延迟敏感等。ScheduleDAGRRList 类进行调度的基本方法是使用优先级队列作为就绪列表，并保存可用节点。然后按优先级顺序每次从优先级队列中取出一个节点，并检查其调度合法性。如果节点合法则将该节点发出。针对不同策略，在 ScheduleDAGRRList 类的 C++实现文件中注册了四种 DAG

调度器（代码见 \<llvm_root>/llvm/lib/CodeGen/SelectionDAG/ScheduleDAGRRList.cpp）：burrListD-AGScheduler、sourceListDAGScheduler、hybridListDAGScheduler 和 ILPListDAGScheduler。其中，burrL-istDAGScheduler（其中的 burr 为 bottom-up register reduction 的缩写）是一种减少寄存器用量的列表调度器；sourceListDAGScheduler 与 burrListDAGScheduler 类似，但是按源代码顺序调度的列表调度器；hybridListDAGScheduler 是寄存器压力敏感的列表调度器，且其力图在延迟和寄存器压力间保持平衡；ILPListDAGScheduler 也是寄存器压力敏感的列表调度器，但其力图在指令级并行度和寄存器压力间保持平衡。

前已述及，LLVM 中的指令选择功能在 SelectionDAGISel 类中实现。该类继承自 MachineFunc-tionPass 类，是基于 SelectionDAG 的指令选择 pass 的公共基类。在 SelectionDAGISel 类的 SelectBa-sicBlock() 函数中，其最后一步是调用 CodeGenAndEmitDAG() 函数。该函数在调用 DoInstructionSe-lection() 函数完成指令选择后（详见 4.2.2 节），首先调用 CreateScheduler() 函数生成指令调度器，然后调用调度器的 Run() 函数，将降级后的 DAG 转换为机器指令。代码实现如下：

```
void SelectionDAGISel::CodeGenAndEmitDAG() {
...
    DoInstructionSelection();
...
    ScheduleDAGSDNodes *Scheduler = CreateScheduler();
...
    Scheduler->Run(CurDAG, FuncInfo->MBB);
...
}
```

其中，CreateScheduler() 函数通过 ISHeuristic 命令行选项决定使用何种指令调度器：

```
ScheduleDAGSDNodes *SelectionDAGISel::CreateScheduler() {
  return ISHeuristic(this, OptLevel);
}

static cl::opt<RegisterScheduler::FunctionPassCtor, false,
              RegisterPassParser<RegisterScheduler>>
ISHeuristic("pre-RA-sched",  cl::init(&createDefaultScheduler), cl::Hidden,
           cl::desc(" Instruction schedulers available (before register allocation):"));
```

如果 llc 的命令行选项 pre-RA-sched 指定了调度器，则使用指定调度器；否则，调用 createDe-faultScheduler() 函数，生成适合目标后端的指令调度器。createDefaultScheduler() 函数根据后端设置的调度偏好生成对应的调度器，这些调度偏好对应了调度时采用的不同启发式策略：

```
ScheduleDAGSDNodes* createDefaultScheduler(…) {
  ...
  if (OptLevel == CodeGenOpt::None ||
     (ST.enableMachineScheduler() && ST.enableMachineSchedDefaultSched()) ||
     TLI->getSchedulingPreference() ==Sched::Source)
    return createSourceListDAGScheduler(IS, OptLevel);
  if (TLI->getSchedulingPreference() ==Sched::RegPressure)
```

```
      return createBURRListDAGScheduler(IS, OptLevel);
    if (TLI->getSchedulingPreference() == Sched::Hybrid)
      return createHybridListDAGScheduler(IS, OptLevel);
    if (TLI->getSchedulingPreference() == Sched::VLIW)
      return createVLIWDAGScheduler(IS, OptLevel);
    assert(TLI->getSchedulingPreference() == Sched::ILP && "Unknown sched type!");
    return createILPListDAGScheduler(IS, OptLevel);
  }
```

目标后端可以为不同的子目标设置不同调度偏好。例如，**AMDGPU** 后端为其 R600 和 SI 子目标分别设置调度偏好为 Source 和 RegPressure：

```
R600TargetLowering::R600TargetLowering(…):AMDGPUTargetLowering(TM, STI), …{
...
  setSchedulingPreference(Sched::Source);
...
}

SITargetLowering::SITargetLowering(…) : AMDGPUTargetLowering(TM, STI), …{
...
  setSchedulingPreference(Sched::RegPressure);
}
```

在 ScheduleDAGRRList.cpp 文件中，为不同启发式策略实现了不同调度器的生成函数，并在生成函数中生成了对应的优先级队列，而且将优先级队列作为 ScheduleDAGRRList 实例的初始化参数。例如，在上述 createDefaultScheduler( ) 函数中，针对 RegPressure 调度偏好，调用 burrListDAGScheduler 调度器生成函数 createBURRListDAGScheduler( )。该函数实现代码如下：

```
ScheduleDAGSDNodes *
llvm::createBURRListDAGScheduler(SelectionDAGISel *IS,
                                CodeGenOpt::Level OptLevel) {
...
  BURegReductionPriorityQueue *PQ =
    new BURegReductionPriorityQueue(*IS->MF, false, false, TII, TRI, nullptr);
  ScheduleDAGRRList *SD = new ScheduleDAGRRList(*IS->MF, false, PQ, OptLevel);
  PQ->setScheduleDAG(SD);
  return SD;
}
```

其中，BURegReductionPriorityQueue 为 RegReductionPriorityQueue 类模板别名。RegReductionPriorityQueue 类通过模板参数自定义优先调度的排序标准，实现了调度器 burrListDAGScheduler 中使用的优先级队列。相应地，sourceListDAGScheduler、hybridListDAGScheduler 和 ILPListDAGScheduler 都有各自对应的优先级队列实现类。

生成指令调度器后，CodeGenAndEmitDAG( ) 函数中调用的调度器 Run( ) 函数将进一步调用目标后端调度器的 Schedule( ) 函数，也就是 ScheduleDAGRRList 类重写的 Schedule( ) 函数：

```
void ScheduleDAGSDNodes::Run(SelectionDAG *dag, MachineBasicBlock *bb) {
  ...
  Schedule ();
}
```

　　ScheduleDAGRRList 类的主要功能可通过重写 Schedule( ) 函数实现，包括建立指令调度所需的依赖图和执行列表调度两个部分。建立依赖图由 ScheduleDAGSDNodes 类的 BuildSchedGraph( ) 函数完成。这里的依赖图是根据输入的 SelectionDAG 对象构建的 SUnit（Scheduling Unit）图。SUnit 图与 SelectionDAG 相似，但不包括与调度无关的节点，而且，SUnit 图中的每个 SUnit 对象表示粘合在一起的 SDNode 节点。ScheduleDAGRRList 类定义及其成员变量 AvailableQueue（表示就绪队列）定义、成员函数 Schedule( ) 声明如下：

```
class ScheduleDAGRRList : public ScheduleDAGSDNodes {
  ...
  SchedulingPriorityQueue *AvailableQueue;
  ...
  void Schedule() override;
...
};
```

Schedule( ) 函数实现代码如下：

```
void ScheduleDAGRRList::Schedule() {
  ...
  // Build the scheduling graph.
  BuildSchedGraph(nullptr);
  ...
  AvailableQueue->initNodes(SUnits);
  ListScheduleBottomUp ();
  AvailableQueue->releaseState();
  ...
}
```

　　BuildSchedGraph( ) 函数通过聚类、生成 SUnit 节点、添加调度边三个步骤建立 SUnit 图。首先，ClusterNodes( ) 函数将某些需要放在一起调度的节点聚类在一起。例如，对于多个基址相同但偏移量不同，且偏移量相距不远的加载（load）操作节点，可以通过在加载操作节点间增加粘合依赖，将这些加载操作节点聚类在一起，保证这些加载操作节点以地址升序调度，以此提高缓存局部性。聚类中的加载节点基址是否相同、聚类中加载节点数量和聚类中不同加载节点间的偏移量距离由各后端通过 areLoadsFromSameBasePtr( ) 和 shouldScheduleLoadsNear( ) 函数实现自行决定。例如，AMDGPU 后端要求聚类的加载节点不超过 16 个，聚类在一起的加载节点间的偏移量距离不超过 64 字节。

　　其次，BuildSchedUnits( ) 函数为 SDNode 节点（包括粘合在一起的多个 SDNode 节点）建立对应的 SUnit 节点。但是对于某些节点，如 ConstantSDNode、RegisterSDNode、GlobalAddressSDNode 等，因与调度无关，被称为被动节点（passive node），被动节点不需要建立对应的 SUnit 节点。此处还会为每个 SUnit 节点计算延迟值（Latency），该延迟值可用于设置后续的调度依赖延迟。如果当前 SUnit 节点中包含了多个聚类的 SDNode 节点，则将聚类中所有 SDNode 节点的延迟之和作为当前 SUnit 节点的延迟值。各后端可通过实现各自的 getInstrLatency( ) 接口自行决定计算延迟值的方法。例如，AMDGPU 后端的 R600 子目标将延迟值固定设置为 2，SI 子目标则通过指令调度机器模型计算延迟值。

最后，AddSchedEdges( ) 根据 SUnit 节点间的调度依赖，在 SUnit 节点间增加边。这里涉及的调度依赖分为 Barrier 和 Data 两种。Barrier 依赖对应操作数的值类型为 MVT::Other（表示两个 SDNOde 节点间通过非数据流链相连），除 MVT::Other 以外的其他值类型对应的是 Data 依赖。对于 Barrier 依赖，其延迟固定设置为 1；对于 Data 依赖，其延迟为 BuildSchedUnits( ) 函数中计算得到的 SUnit 节点延迟值。BuildSchedGraph( ) 函数的实现代码如下：

```
void ScheduleDAGSDNodes::BuildSchedGraph(AAResults *AA) {
    ClusterNodes ();
    BuildSchedUnits ();
    AddSchedEdges ();
}
```

建立依赖图后，Schedule( ) 函数继续调用 AvailableQueue 的 initNodes( ) 函数完成队列初始化。AvailableQueue 是由其父类 SchedulingPriorityQueue 指针指向的子类对象。SchedulingPriorityQueue 类可将不同的优先级计算算法插入列表调度程序，并实现标准优先级队列接口，确保 Sunit 节点能以任意顺序插入，并按定义的优先级顺序返回。优先级的计算和队列的表示完全取决于子类实现。AvailableQueue 具体指向哪个子类对象，由 ScheduleDAGRRList 类提供的调度器生成函数决定。例如，对于 burrListDAGScheduler 调度器，AvailableQueue 指向的是 BURegReductionPriorityQueue（RegReductionPriorityQueue 的别名）类对象。RegReductionPriorityQueue 类可根据 SUnit 节点的 Sethi-Ullman 值作为优先级（Sethi-Ullman 值越小，优先级越高）进行调度，以减少寄存器压力。RegReductionPriorityQueue 类的基类 RegReductionPQBase 中重写了 initNodes( ) 函数，其中调用 CalcNodeSethiUllmanNumber( ) 函数实现了 SUnit 节点的 Sethi-Ullman 值计算。Sethi-Ullman 算法是一种最小化寄存器占用量的调度算法，并可减少中间值溢出及从内存恢复的代价。Sethi-Ullman 值的计算方法是遍历当前 SUnit 节点的所有前驱节点（PredSU），如果发现某个前驱节点的 Sethi-Ullman 值大于当前 SUnit 节点的 Sethi-Ullman 值，则将当前 SUnit 节点的 Sethi-Ullman 值设置为该前驱节点的 Sethi-Ullman 值；否则，当前 SUnit 节点的 Sethi-Ullman 值增加 1。随后，列表调度的执行由 ScheduleDAGRRList 类实现的 ListScheduleBottomUp( ) 函数完成，代码实现如下：

```
void ScheduleDAGRRList::ListScheduleBottomUp() {
    ReleasePredecessors(&ExitSU);
    ...
    while (!AvailableQueue->empty() ||!Interferences.empty()) {
        SUnit *SU = PickNodeToScheduleBottomUp ();
        AdvancePastStalls(SU);
```

```
            ScheduleNodeBottomUp(SU);
    ...
```

ListScheduleBottomUp( )函数是自底向上列表调度的主循环。其中，ReleasePredecessors( )函数遍历出口节点 ExitSU（因为调度方向是自底向上，所以从出口节点开始遍历）的每一个前驱节点，并递减这些前驱节点的 NumSuccsLeft 值，NumSuccsLeft 值表示未调度的后继节点数量。如果某前驱节点的 NumSuccsLeft 值达到零，表示该前驱节点的所有后继节点都被调度，则该前驱节点可以被添加到就绪队列 AvailableQueue 等待调度，并将 ExitSU 节点的时钟周期界限（代码中称为 Height）与前驱节点和 ExitSU 节点间的连接边延迟相加，以二者相加的和更新前驱节点的 Height。Height 是在不导致流水线停顿的前提下，可以调度前驱节点的时钟周期。然后，ReleasePredecessors( )函数还会更新两个指针数组 LiveRegDefs 和 LiveRegGens。LiveRegDefs 是物理寄存器定值集合，其中的每个元素记录了物理寄存器的定值。相应地，LiveRegGens 是物理寄存器使用集合，其中的每个元素记录了物理寄存器的使用。例如，对下面节点序列：

```
flags = (3) add
flags = (2) addc flags
flags = (1) addc flags
```

LiveRegDefs 中与物理寄存器 flags 对应的元素（即 LiveRegDefs[flags]）值为 3，LiveRegGens 中与物理寄存器 flags 对应的元素（即 LiveRegGens[flags]）值为 1。在调度时，必须先调度 LiveRegDefs 中的节点，然后才能调度其他修改寄存器的节点。LiveRegDefs 和 LiveRegGens 这两个数组可用于寄存器的干扰检查。

PickNodeToScheduleBottomUp( )函数可以从就绪队列 AvailableQueue 中取出当前 SUnit 节点，并检查其延迟、干扰等是否满足调度要求。当前 SUnit 节点可以调度需要满足的要求有三项：第一，当前时钟周期满足当前 SUnit 节点延迟要求；第二，有满足调度的可用资源；第三，不存在寄存器干扰。如果上述三项要求都满足，且其前驱节点的计数减少到零，则调用 ScheduleNodeBottomUp( )函数将当前 SUnit 节点加入 AvailableQueue 中调度，并更新流水线、计分板、寄存器压力、LiveRegDefs、LiveRegGens 等状态。ScheduleNodeBottomUp( )函数通过 ScheduleHazardRecognizer 对象 Hazard-Rec 调用指令发射函数 EmitInstruction( )，ScheduleHazardRecognizer 对象决定是否应在当前时钟周期发射指令，并且在当前时钟周期发射指令一旦导致流水线停顿，是否发射其他就绪指令，或者插入空操作（nop）。

2. 寄存器分配前的调度器

寄存器分配前指令调度器将 DAG 中的节点按拓扑结构排序。寄存器分配高度依赖于寄存器分配前指令调度器产生的指令顺序，该指令顺序决定了寄存器压力，即同时处于活动状态且必须分配给不同物理寄存器的虚拟寄存器的数量。因此，寄存器分配前指令调度必须最小化寄存器压力以优化性能。

寄存器分配前调度器的实现类是 ScheduleDAGMILive 类（实现代码见<llvm_root>/ llvm/lib/Code-Gen/MachineScheduler.cpp）。ScheduleDAGMILive 类是 ScheduleDAGMI 类的子类，而 ScheduleDAGMI 类

又是 ScheduleDAGInstrs 的子类。ScheduleDAGMI 类中实现了寄存器分配前调度器和寄存器分配后调度器的共用功能，并可以根据给定的 MachineSchedStrategy 策略接口调度机器指令，为配置调度器提供更多灵活性。和 ScheduleDAGMI 相比，ScheduleDAGMILive 类在构建 DAG 并驱动列表调度的同时，还会更新指令流、寄存器压力和 LiveInterval 等信息。因此，ScheduleDAGMILive 类主要用在寄存器分配前。

寄存器分配前的指令调度 pass 由 MachineScheduler 类实现（实现代码见 MachineScheduler.cpp）。MachineScheduler 类在 phi 消除之后调度机器指令，其入口函数 runOnMachineFunction( ) 首先初始化 pass 上下文，获得 MachineLoopInfo、MachineDominatorTree、TargetPassConfig、AAResultsWrapperPass、LiveIntervals 等 pass 的分析结果。MachineScheduler 类会保留 LiveIntervals 分析结果，用于寄存器分配前指令调度。初始化后，runOnMachineFunction( ) 函数按顺序访问基本块，并将每个块划分为更小的调度区域（scheduling region），然后以调度区域为单位，对其中的指令进行调度。调度区域的划分由下述 getSchedRegions( ) 函数完成。默认的调度边界有三种：第一，基本块的结束指令（如 AMDGPU ISA 中的 S_ENDPGM 指令），自然也是调度区域的边界；第二，指令调度不能跨函数调用，所以，函数调用也是调度区域的边界；第三，修改堆栈指针的指令是调度区域的边界。因此，一个调度区域可以被认为是一段直线（straight-line）代码，即一个基本块或一个基本块的一部分。不同后端可根据各自的需求，通过调用 isSchedulingBoundary( ) 接口，设置自己的边界类型，并修改默认的边界类型设定。例如，AMDGPU 后端将修改 EXEC 寄存器的指令也作为调度边界。为了与 DAG 构建器保持一致，runOnMachineFunction( ) 函数采用自底向上的顺序访问调度区域。runOnMachineFunction( ) 函数实现代码如下：

```
bool MachineScheduler::runOnMachineFunction(MachineFunction &mf) {
  ...
  if (EnableMachineSched.getNumOccurrences()) {
    if (!EnableMachineSched)
      return false;
  } else if (!mf.getSubtarget().enableMachineScheduler())
    return false;

  //初始化 pass 上下文
  ...
  AA = &getAnalysis<AAResultsWrapperPass>().getAAResults();
  LIS = &getAnalysis<LiveIntervals>();
  ...
  std::unique_ptr<ScheduleDAGInstrs> Scheduler(createMachineScheduler());
  scheduleRegions(* Scheduler, false);
}
```

在执行主要功能前，runOnMachineFunction( ) 函数首先通过选项变量 EnableMachineSched 检查 llc 命令行选项 enable-misched 是否启用寄存器分配前指令调度。如果未启用，则返回。MachineScheduler 类的 createMachineScheduler( ) 函数通过 PassConfig 指针调用目标自定义的 createMachine-

Scheduler（）函数。对于 AMDGPU 后端来说，如果 llc 命令行选项指定的目标是 amdgcn，则调用 GC-NPassConfig::createMachineScheduler（），其实现代码如下：

```
ScheduleDAGInstrs *MachineScheduler::createMachineScheduler() {
  ...
  // Get the default scheduler set by the target for this function.
  ScheduleDAGInstrs *Scheduler = PassConfig->createMachineScheduler(this);
  if(Scheduler)
    return Scheduler;
  ...
}
```

MachineScheduler 的主要功能是在 scheduleRegions（）函数中实现。该函数被寄存器分配前调度 pass 实现类 MachineScheduler 和寄存器分配后调度 pass 实现类 PostMachineScheduler 类共用（PostMachineScheduler 类的功能将在下文详述）。通过 scheduleRegions（）函数的第二个参数 FixKillFlags 可以区分函数调用方。当 MachineScheduler 类调用 scheduleRegions（）函数时，FixKillFlags 设为 false；当 PostMachineScheduler 类调用 scheduleRegions（）函数时，FixKillFlags 设为 true。scheduleRegions（）函数实现代码如下：

```
void MachineSchedulerBase::scheduleRegions(ScheduleDAGInstrs &Scheduler,
                                           bool FixKillFlags) {
  for(MachineFunction::iterator MBB = MF->begin(), MBBEnd = MF->end();
      MBB != MBBEnd; ++MBB) {
    Scheduler.startBlock(&*MBB);
    MBBRegionsVector MBBRegions;
    getSchedRegions(&*MBB, MBBRegions, Scheduler.doMBBSchedRegionsTopDown());
    for(MBBRegionsVector::iterator R = MBBRegions.begin(); R != MBBRegions.end();
        ++R) {
      MachineBasicBlock::iterator I = R->RegionBegin;
      MachineBasicBlock::iterator RegionEnd = R->RegionEnd;
      unsigned NumRegionInstrs = R->NumRegionInstrs;
      Scheduler.enterRegion(&*MBB, I, RegionEnd, NumRegionInstrs);
      Scheduler.schedule ();
      Scheduler.exitRegion ();
    }
    Scheduler.finishBlock();
    ...
  }
  Scheduler.finalizeSchedule ();
}
```

其中，getSchedRegions（）函数按上述调度边界标准完成调度区域划分，基本块被分解为一系列调度区域。单个基本块中的所有调度区域保存在调度区域向量 MBBRegions 中，调度区域由结构体 SchedRegion 表示。结构体 SchedRegion 中的 RegionBegin 和 RegionEnd 字段分别指向调度区域的开始和结束指令，NumRegionInstrs 字段表示调度区域中机器指令的数量。调度区域的结构如图 4-11 所示。

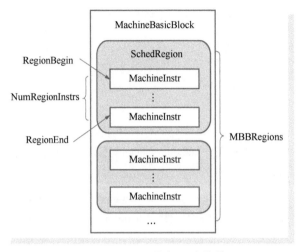

● 图 4-11　调度区域结构

scheduleRegions()函数的主体是遍历调度区域向量 MBBRegions，并对其中的每个调度区域调用调度器的 enterRegion()、schedule()和 exitRegion()函数。其中，enterRegion()函数的作用有两个。第一，用当前调度区域的 RegionBegin、RegionEnd 和 NumRegionInstrs 字段值设置调度器的对应成员变量；第二，设置区域调度策略。区域调度策略分为寄存器压力和调度方向两部分。寄存器压力策略决定是否启用寄存器压力跟踪。如果启用压力跟踪，当检测到压力过大时，调度器可以采取措施减小压力，改善性能。为了节省编译时间，默认的寄存器压力策略是避免在较小的区域设置寄存器压力监视器，只有当可调度指令的数量超过寄存器总量的一半时，才启动跟踪寄存器压力。调度器完成当前区域调度后调用 exitRegion()函数，当前该函数为空。

enterRegion()函数执行完成后，scheduleRegions()函数调用 Scheduler.schedule()对当前区域调度执行指令调度功能。schedule()函数根据各后端制定的调度策略，选择和调度符合要求的指令。例如，AMDGPU 后端的 GCN 子目标通过调用 GCNScheduleDAGMILive::schedule()函数完成寄存器分配前指令调度，该函数调用流程如图 4-12 所示。

当程序通过调用 Scheduler.schedule()函数第一次进入 GCNScheduleDAGMILive::schedule()时，表示调度阶段的变量 Stage 值为 Collect（= 0），schedule()函数仅记录调度区域后便返回调用方，代码如下：

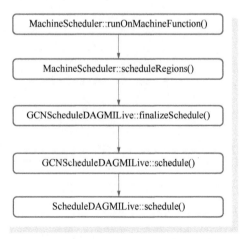

● 图 4-12　schedule()函数调用流程

```
void GCNScheduleDAGMILive::schedule() {
  if (Stage == Collect) {
    // Just record regions at the first pass.
    Regions.push_back(std::make_pair(RegionBegin, RegionEnd));
    return;
  }
  ...
  ScheduleDAGMILive::schedule();
  ...
}
```

当程序通过调用 Scheduler.finalizeSchedule() 函数第二次进入 GCNScheduleDAGMILive::schedule() 时，Stage 值为 InitialSchedule（= 1），这时才会调用 GCNScheduleDAGMILive::schedule() 函数中的指令调度功能。Collect 和 InitialSchedule 都是通过匿名枚举定义的常量（见<llvm_root>/llvm/lib/Target/AMDGPU/ GCNSchedStrategy.h 文件）。

GCNScheduleDAGMILive::schedule() 函数逻辑主要通过调用 ScheduleDAGMILive::schedule() 函数完成。该函数是主调度循环，代码如下：

```
void ScheduleDAGMILive::schedule() {
  buildDAGWithRegPressure();
  postprocessDAG();
  SmallVector<SUnit*, 8> TopRoots, BotRoots;
  findRootsAndBiasEdges(TopRoots, BotRoots);
...
initQueues(TopRoots, BotRoots);
  bool IsTopNode = false;
  while(true) {
    SUnit *SU = SchedImpl->pickNode(IsTopNode);
    ...
    scheduleMI(SU, IsTopNode);
    ...
  }
...
}
```

其中，buildDAGWithRegPressure() 的作用是构造 DAG，并初始化三个寄存器压力监视器 RPTracker、TopRPTracker 和 BotRPTracker。代码如下：

```
void ScheduleDAGMILive::buildDAGWithRegPressure() {
  if (!ShouldTrackPressure) {
    ...
    return;
  }
RPTracker.init(&MF, RegClassInfo, LIS, BB, LiveRegionEnd,
                ShouldTrackLaneMasks, /*TrackUntiedDefs=*/true);
  ...
buildSchedGraph(AA, &RPTracker, &SUPressureDiffs, LIS, ShouldTrackLaneMasks);
```

```
    initRegPressure();
    }
```

如果在区域调度策略中启用寄存器压力跟踪（即 ShouldTrackPressure 变量为真），buildDAG-WithRegPressure（）函数首先调用 RPTracker.init（）函数［即 RegPressureTracker 类的 init（）函数］初始化寄存器压力监视器 RPTracker。RegPressureTracker 类用于跟踪 MachineBasicBlock 内的指令序列在某个指令位置的当前寄存器压力，并记录已遍历的区域内达到的最高寄存器压力值。RegPressure-Tracker 类的成员变量 CurrSetPressure（无符号整型向量类型）用于记录各寄存器类的寄存器压力值。RegPressureTracker 类的成员变量 P（RegisterPressure 结构体类型）保存了寄存器压力结果，其中的 MaxSetPressure 字段记录了当前调度区域中各寄存器类迄今最大的寄存器压力值（或称峰值寄存器压力）。在指令调度中，表征某种类型寄存器在线程中使用量的指标是峰值寄存器压力。需要注意的是，由于寄存器分配是 NP-hard 问题，寄存器分配算法产生的可能是次优解，使其寄存器使用量超过峰值寄存器压力。

RPTracker 初始化完成后，buildDAGWithRegPressure（）函数接着调用 buildSchedGraph（）函数，构造当前调度区域的 DAG，并计算当前寄存器压力值。buildSchedGraph（）函数首先调用 initSUnits（）函数为每条机器指令生成一个 SUnit 对象（由于机器指令与 SUnit 对象有一一对应的关系，本节中的机器指令与 SUnit 对象表述可以混用），并调用 PDiffs->init（）函数［即 PressureDiffs 类的 init（）函数］初始化 PressureDiffs 类的向量成员变量 PDiffArray。PressureDiffs 类用于记录因指令调度造成的寄存器类的压力值变化，其成员变量 PDiffArray 的每一个元素对应一个 SUnit 节点，每一个元素记录了对应 SUnit 节点造成的寄存器压力变化值。

然后，buildSchedGraph（）函数调用 ScheduleDAGInstrs::addSchedBarrierDeps（）函数，从 ExitSU 节点开始，按自底向上的顺序扫描指令序列，并按照指令操作数的定值-使用链，建立 SUnit 节点之间的依赖关系。此后，buildSchedGraph（）函数遍历当前调度区域，并调用 PDiffs->addInstruction（）函数为其中的每一条机器指令计算寄存器压力变化值，保存在向量 PDiffArray 中，并调用 RPTracker->recede（）分析机器指令的每一个操作数。如果操作数是定值，因为定值将截断操作数寄存器的生存期，并减轻寄存器压力，因此调用 decreaseRegPressure（）函数，将 RPTracker 的变量 CurrSetPressure 中与操作数寄存器所属寄存器类相对应的寄存器压力值递减；如果操作数是使用，因为使用将延伸操作数寄存器的生存期，并增加寄存器压力，因此调用 increaseRegPressure（）函数，将 CurrSetPressure 中与操作数寄存器所属寄存器类相对应的寄存器压力值递增。buildSchedGraph（）函数实现代码如下：

```
void ScheduleDAGInstrs::buildSchedGraph(...) {
  ...
  initSUnits();
  if(PDiffs)
    PDiffs->init(SUnits.size());
  ...
  addSchedBarrierDeps();
```

```
    ...
    for(MachineBasicBlock::iterator MII = RegionEnd, MIE = RegionBegin;
        MII != MIE; --MII) {
      ...
      if(RPTracker) {
        ...
        if(PDiffs != nullptr)
          PDiffs->addInstruction(SU->NodeNum, RegOpers, MRI);
        ...
        RPTracker->recede(RegOpers);
      }
      ...
    }
    ...
```

buildSchedGraph( ) 函数结束后，buildDAGWithRegPressure( ) 函数继续调用 initRegPressure( ) 函数，为自顶向下调度和自底向上调度分别初始化寄存器压力监视器 TopRPTracker 和 BotRPTracker。RPTracker 和 TopRPTracker、BotRPTracker 的不同之处在于，RPTracker 中记录的压力值覆盖整个调度区域，而 TopTracker 和 BottomTracker 分别用于自顶向下和自底向上两个方向的指令调度过程中，其指令指针起始位置分别初始化为调度区域的顶部和底部，但不覆盖任何未被调度的指令。与 RPTracker 监视器类似，TopTracker 和 BottomTracker 监视器也有各自的 CurrSetPressure 和 MaxSetPressure 变量，分别记录自顶向下调度和自底向上调度过程中每个寄存器类的压力值变化。RPTracker 和 TopRPTracker、BotRPTracker 中维护的 CurrSetPressure 和 MaxSetPressure 变量在后续的调度函数 pickNode( ) 中会用到。

buildDAGWithRegPressure( ) 函数结束后，ScheduleDAGMILive∷schedule( ) 函数继续调用 postprocessDAG( ) 函数处理 ScheduleDAGMutation 对象（ScheduleDAGMutation 对象的作用将在 4.3.3 节介绍）。然后，ScheduleDAGMILive∷schedule( ) 函数调用 findRootsAndBiasEdges( ) 函数，遍历调度区域内的所有 Sunit 节点，根据 SUnit 节点的 NumPredsLeft 和 NumSuccsLeft 变量值，决定将 SUnit 节点放在自顶向下调度根节点队列（TopRoots）中，还是放在自底向上调度根节点队列（BotRoots）中。如果 NumPredsLeft 值为 0，表示 SUnit 节点没有前驱节点，则将 SUnit 节点放在自顶向下调度根节点队列；如果 NumSuccsLeft 值为 0，表示 SUnit 节点没有后继节点，则将 SUnit 节点放在自底向上调度根节点队列。即 TopRoots 保存调度器区域依赖图的最顶层节点，BotRoots 保存调度器区域依赖图的最底层节点。

ScheduleDAGMILive∷schedule( ) 函数接下来调用的 initQueues( ) 函数使用 TopRoots 和 BotRoots 队列中的节点初始化指令调度就绪队列。然后，分别通过从入口节点 EntrySU 开始遍历后继节点，和从出口节点 ExitSU 开始遍历前驱节点，分别建立不同调度方向的就绪队列。

上述准备工作完成后，ScheduleDAGMILive∷schedule( ) 函数通过调度策略实现类对象 SchedImpl，调用 pickNode( ) 函数选择调度节点。各后端可以有自己的调度策略实现类。例如，对于 AMDGPU 后端，根据区域调度策略中的 OnlyTopDown 和 OnlyBottomUp 字段值，其 GCN 子对象调度策略实现类 GCNMaxOccupancySchedStrategy 中的 pickNode( )函数支持自顶向下、自底向上和双向三种方向的调度方法（该函数实现逻辑与 GenericScheduler::pickNode( )函数相同）。单向调度功能在 pickNodeFromQueue( )函数中实现，双向调度功能在 pickNodeBidirectional( )函数中实现。pickNodeFromQueue( )函数和 pickNodeBidirectional( )函数都可以调用 GenericScheduler::tryCandidate( )函数。该函数出于便利性和效率方面的考虑，没有采用代价模型，而是通过启发式策略，综合平衡物理寄存器生存期、寄存器压力、延迟、关键资源（critical resource）等因素，从而在挑选节点时确定最优的调度节点。pickNode( )函数实现代码如下：

```
SUnit *GenericScheduler::pickNode(bool &IsTopNode) {
...
  do {
    if (RegionPolicy.OnlyTopDown) {
      ...
      pickNodeFromQueue(Top, NoPolicy, DAG->getTopRPTracker(), TopCand);
      ...
      SU = TopCand.SU;
    } else if (RegionPolicy.OnlyBottomUp) {
      ...
      pickNodeFromQueue(Bot, NoPolicy, DAG->getBotRPTracker(), BotCand);
      ...
      SU = BotCand.SU;
    } else {
      SU = pickNodeBidirectional(IsTopNode);
    }
  } while (SU->isScheduled);
  ...
  return SU;
}
```

3. 寄存器分配后的调度器

寄存器分配后调度器的实现类有两个。默认的寄存器分配后调度器由 SchedulePostRATDList（其中的 TD 表示 Top Down）类实现，另一个可选的调度器实现类是 ScheduleDAGMI 类，二者都是 ScheduleDAGInstrs 类的子类。

寄存器分配后指令调度 pass 实现类也有两个：PostRAScheduler 类和 PostMachineScheduler 类，二者都是 MachineFunctionPass 类的子类。默认的寄存器分配后指令调度 pass 实现类是 PostRAScheduler。PostRAScheduler 类与调度器实现类 SchedulePostRATDList 配合完成调度功能。相应地，PostMachineScheduler 类与调度器实现类 ScheduleDAGMI 配合完成调度功能。如果后端希望采用 PostMachineScheduler 类调度 pass 而不是默认的 PostRAScheduler 类，则需要在后端代码生成器配置选项 pass 中调用 substitucPass( )接口，将 PostRAScheduler 调度 pass 替换为 PostMachineScheduler 调度 pass。如此一来，后端使用的调度器实现类也改为了 ScheduleDAGMI。例如，PowerPC 后端在高于 O0 的优化级别下使用 PostMachineScheduler 类调度 pass。代码实现如下：

```
class PPCPassConfig : public TargetPassConfig {
public:
  PPCPassConfig(PPCTargetMachine &TM, PassManagerBase &PM)
```

```
            : TargetPassConfig(TM, PM) {
            if(TM.getOptLevel() != CodeGenOpt::None)
                substitutePass(&PostRASchedulerID, &PostMachineSchedulerID);
        }
...
    }
```

SchedulePostRATDList 类中重写了纯虚函数 schedule( )，并在调度 pass 类 PostRAScheduler 的 runOnMachineFunction( )函数中调用该函数。PostRAScheduler∷runOnMachineFunction( )函数实现代码如下：

```
bool PostRAScheduler::runOnMachineFunction(MachineFunction &Fn) {
...
    if (!enablePostRAScheduler(Fn.getSubtarget(), PassConfig->getOptLevel(),
                                            AntiDepMode, CriticalPathRCs))
        return false;
...
    SchedulePostRATDList Scheduler(Fn, MLI, AA, RegClassInfo, AntiDepMode,
                                            CriticalPathRCs);
...
    for (auto &MBB : Fn) {
        Scheduler.startBlock(&MBB);
        ...
        for (MachineBasicBlock::iterator I = Current; I != MBB.begin();) {
            ...
            Scheduler.schedule();
        }
        ...
    }
}
```

当 llc 命令行选项 post-RA-scheduler 为 false 时，enablePostRAScheduler( )函数返回值为 false。此时，PostRAScheduler∷runOnMachineFunction( )函数在生成 SchedulePostRATDList 对象前返回，不会执行调度 pass。SchedulePostRATDList 类的主要功能在 schedule( )函数中实现，实现代码如下：

```
void SchedulePostRATDList::schedule() {
    // Build the scheduling graph.
    buildSchedGraph(AA);
...
    postprocessDAG();
    AvailableQueue.initNodes(SUnits);
    ListScheduleTopDown();
    AvailableQueue.releaseState();
}
```

其中的 buildSchedGraph( )函数由与寄存器分配前调度器共用的基类 ScheduleDAGInstrs 中实现。但对于寄存器分配后调度器，已不需要考虑寄存器压力，因此和寄存器压力相关（如寄存器压力监视器、寄存器压力变化等）的逻辑都不再执行。buildSchedGraph( )函数的其他功能，如为机器指令构建对应的 SUnit 节点及其依赖图，可参考 4.3.1 节中的论述。与 4.3.1 节中的 ScheduleDAGMILive::post-processDAG() 函数一样，SchedulePostRATDList::postprocessDAG() 函数的功能是应用之前添加的 ScheduleDAGMutation 对象。

SUnit 节点的调度在 ListScheduleTopDown() 函数中完成。该函数是自顶向下列表调度的主循环。SchedulePostRATDList 类中维护了两个 SUnit 节点队列：AvailableQueue 和 PendingQueue。其中，AvailableQueue 是就绪队列。PendingQueue 中包含操作数已发射，但由于操作的延迟，执行结果尚未准备好的所有指令。一旦这些指令的操作数都可用，就会被添加到 AvailableQueue 中。ListSchedule-TopDown() 函数调用 SchedulePostRATDList::ScheduleNodeTopDown() 函数，依次调度 AvailableQueue 中的 SUnit 节点。如果某 SUnit 节点被调度，ReleaseSuccessors() 函数会从该节点开始遍历其每一个后继节点，并递减这些后继节点的 NumPredsLeft 计数。如果计数达到零，则将其添加到 Pending-Queue，等待调度。然后，AvailableQueue.scheduledNode() 函数遍历该节点的所有后继节点，将其中只有一个前驱节点的后继节点的优先级调高，使其能提前被调度。ScheduleNodeTopDown() 函数实现代码如下：

```
void SchedulePostRATDList::ScheduleNodeTopDown(SUnit *SU, unsigned CurCycle) {
  Sequence.push_back(SU);
  SU->setDepthToAtLeast(CurCycle);
  ReleaseSuccessors(SU);
  SU->isScheduled = true;
  AvailableQueue.scheduledNode(SU);
}
```

另一种寄存器分配后调度 pass 实现类 PostMachineScheduler 的入口函数 runOnMachineFunction() 与寄存器分配前调度 pass 实现类 MachineScheduler 类的入口函数 runOnMachineFunction() 类似，同样首先需要初始化 pass 的上下文。二者的不同之处在于，PostMachineScheduler 类用于寄存器分配后指令调度，因此不需要获得 LiveIntervals 分析结果。PostMachineScheduler::runOnMachineFunction() 函数实现代码如下：

```
bool PostMachineScheduler::runOnMachineFunction(MachineFunction &mf) {
  ...
  if (EnablePostRAMachineSched.getNumOccurrences()) {
    if (!EnablePostRAMachineSched)    return false;
  } else if (!mf.getSubtarget().enablePostRAMachineScheduler()) { return false;}
  ...
  MF = &mf;
  MLI = &getAnalysis<MachineLoopInfo>();
  PassConfig = &getAnalysis<TargetPassConfig>();
  AA = &getAnalysis<AAResultsWrapperPass>().getAAResults();
  ...
  std::unique_ptr<ScheduleDAGInstrs>Scheduler(createPostMachineScheduler());
  scheduleRegions(*Scheduler, true);
  ...
}
```

当 llc 命令行选项 enable-post-mischled 为 false 时，选项变量 EnablePostRAMachineSched 为 false，

函数返回，不会执行调度 pass。

与 MachineScheduler 类的 createMachineScheduler() 函数类似，PostMachineScheduler 类的 create-PostMachineScheduler() 函数也是通过 PassConfig 指针调用目标自定义的 createPostMachineScheduler() 函数。如果后端（如 AMDPGU 后端）没有实现自定义寄存器分配后调度器，则 PostMachineScheduler 类的 createPostMachineScheduler() 函数通过调用 createGenericSchedPostRA() 函数，生成和使用默认的调度器。相关代码实现如下：

```
ScheduleDAGInstrs *PostMachineScheduler::createPostMachineScheduler() {
  ScheduleDAGInstrs *Scheduler = PassConfig->createPostMachineScheduler(this);
  if (Scheduler)  return Scheduler;
  return createGenericSchedPostRA(this); // Default to GenericScheduler.
}

ScheduleDAGMI *llvm::createGenericSchedPostRA(MachineSchedContext *C) {
  return new ScheduleDAGMI(C, std::make_unique<PostGenericScheduler>(C),
                           /*RemoveKillFlags=*/true);
}
```

上述 createGenericSchedPostRA() 函数在生成 ScheduleDAGMI 实例时，插入了用于寄存器分配后调度策略实现类 PostGenericScheduler。与寄存器分配前调度策略实现类 GenericScheduler 类似，PostGenericScheduler 类也实现了 pickNode()、pickNodeFromQueue()、tryCandidate() 等接口，可通过一系列启发式策略，决定指令调度的方式。例如，在调度期间跟踪寄存器压力值，如果寄存器压力值接近物理限制（可用物理寄存器的数量），则优先选择、调度最小化寄存器压力值的指令。降低寄存器压力对 CPU 和 GPU 有不同的意义。在 CPU 架构上降低寄存器压力的目的是为了避免溢出，而在 GPU 架构上降低寄存器压力的主要目的是增加占用率，因为占用率会显著影响 GPU 应用性能。LLVM 后端可以根据各自硬件架构特点定义自己的调度策略接口（MachineSchedStrategy），并根据自定义启发式策略选择合适的候选指令。

PostMachineScheduler::runOnMachineFunction() 函数中还调用了 scheduleRegions() 函数，其功能 4.3.1 节中已做说明，此处不再赘述。

综上所述，LLVM 的指令调度过程涉及的调度器类型和相关类定义较多，总结后可将这些类定义分为三种：调度 pass 类、调度器实现类和调度策略类。根据调度发生的位置不同，这些类的基类各不相同。

寄存器分配前和寄存器分配后调度 pass 类的基类都为 MachineFunctionPass 类。其中，寄存器分配前调度 pass 由 MachineScheduler 类实现，寄存器分配后调度 pass 由 PostRAScheduler 类或 PostMachineScheduler 类实现。指令选择阶段没有单独的调度 pass，调度功能在指令选择 pass 实现类 SelectionDAGISel 中完成。该类的基类也是 MachineFunctionPass 类。

寄存器分配前和寄存器分配后调度器实现类的基类都为 ScheduleDAGInstrs 类。其中，寄存器分配前调度器由 ScheduleDAGMILive 类实现，寄存器分配后调度器由 SchedulePostRATDList 类或 ScheduleDAGMI 类实现。指令选择阶段的调度器实现类 ScheduleDAGRRList 继承自 ScheduleDAGSDNodes 类。

寄存器分配前和寄存器分配后调度策略实现类的基类都为 MachineSchedStrategy 类。其中，寄存器分配前调度策略由 GenericScheduler 类或其派生类实现，与由 ScheduleDAGMILive 类实现的寄存器分配前调度器配合使用。寄存器分配后调度策略由 PostGenericScheduler 类或其派生类实现，与由 ScheduleDAGMI 类实现的寄存器分配后调度器配合使用。指令选择阶段不使用调度策略。

调度 pass 类、调度器类和调度策略类的继承关系及其与后端流程各阶段的对应关系分别如图 4-13~图 4-15 所示。

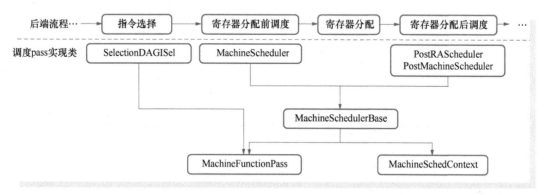

● 图 4-13　调度 pass 类继承关系

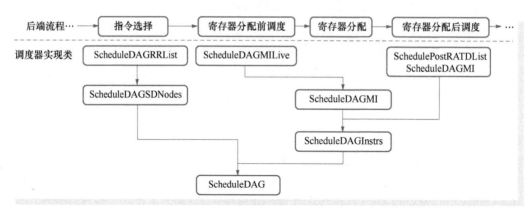

● 图 4-14　调度器类继承关系

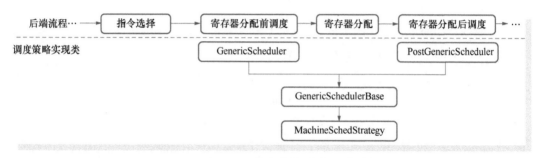

● 图 4-15　调度策略类继承关系

寄存器分配前和寄存器分配后调度 pass 类的 runOnMachineFunction( ) 函数分别通过寄存器分配前和寄存器分配后调度器对象调用调度器实现类中重写的 schedule( ) 函数。对于由 ScheduleDAG-MILive 类实现的寄存器分配前调度器，其 schedule( ) 函数可调用 GenericScheduler 调度策略类重写的 pickNode( ) 函数，根据其中的定制调度策略实现寄存器分配前指令调度；对于由 ScheduleDAGMI 类实现的寄存器分配后调度器，其 schedule( ) 函数可调用 PostGenericScheduler 调度策略类重写的 pickNode( ) 函数，根据其中的定制调度策略实现寄存器分配后指令调度。寄存器分配前和寄存器分配后调度涉及的主要类及其功能函数如图 4-16 所示。图 4-16 中的灰色框表示类，白色框表示功能函数或对象生成。

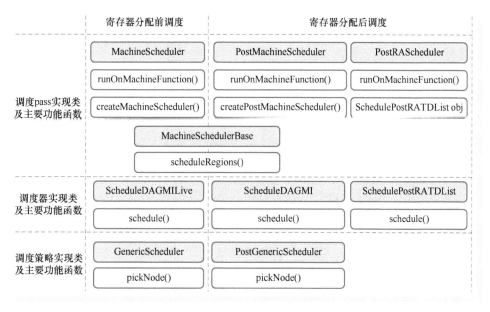

● 图 4-16　指令调度的主要类及其功能函数

▶▶ 4.3.3　调度 pass 的定制

作为调度 pass 实现类，MachineScheduler 和 PostMachineScheduler 的优点之一是允许开发者在 LLVM 已有调度算法和策略基础上做不同粒度的定制化。PostMachineScheduler 类的定制相对简单，主要是 MachineSchedStrategy 接口的定制，相关内容已经在 4.3.2 节中提到。MachineScheduler 类的定制化更为复杂，主要包括三个方面：调度策略定制、MachineSchedStrategy 接口定制和 ScheduleDAG-MILive 类定制。

1. 调度策略定制

MachineScheduler 类仅负责选择要调度的区域。如果目标后端不需要通过定制 MachineSched-Strategy 接口对区域调度做过多定制，而只是希望调整调度策略类 GenericScheduler 的某些策略，如定制 MachineScheduler 调度方向、寄存器压力跟踪策略等，可以通过指定调度器的某些高层配置，实现定制调度策略。这些高层配置一般在 overrideSchedPolicy( ) 函数中指定,以此在子目标层级设定指令调度的配置选项。例如,AMDGPU 后端 GCN 子目标的重写 overrideSchedPolicy( ) 函数实现代码如下:

```
void GCNSubtarget::overrideSchedPolicy(MachineSchedPolicy &Policy,
                                       unsigned NumRegionInstrs) const {
    Policy.ShouldTrackPressure = true;
    Policy.OnlyTopDown = false;
    Policy.OnlyBottomUp = false;
    if (!enableSIScheduler())  Policy.ShouldTrackLaneMasks = true;
}
```

其中,结构体 MachineSchedPolicy 定义了 MachineSchedStrategy 接口中没有提供的调度策略。例如,MachineSchedPolicy 中的 ShouldTrackPressure 字段表示调度器开启寄存器压力跟踪。一旦寄存器使用量超过 SIRegisterInfo::getRegPressureSetLimit( ) 定义的阈值,调度器可以尝试降低寄存器压力。寄存器分配后的指令调度不需要跟踪寄存器压力。MachineSchedPolicy 中的 OnlyTopDown 和 OnlyBottomUp 字段分别表示调度器强制自顶向下或自底向上调度指令。如果二者都为 false,则表示双向调度。GCN 子目标使用了双向调度策略,因为开发者认为这样可以减少寄存器溢出。用户可以通过 llc 命令行选项-misched-topdown/bottomup 改变默认策略。MachineSchedPolicy 中的字段 ShouldTrackLaneMasks 表示调度器是否跟踪 LaneMask。LaneMask 是寄存器的位掩码,通常用于显示组成寄存器的子寄存器的活跃性。跟踪 LaneMask 有助于对子寄存器的写入操作进行重新排序。

2. MachineSchedStrategy 接口定制

LLVM 中的大多数后端不需要重写 DAG 构建器和列表调度,但如果某些后端的子目标需要定制调度启发式策略,则可以通过定制 MachineSchedStrategy 接口,并在其中实现自定义调度算法。MachineSchedStrategy 接口需要实现用于跟踪、保存就绪节点的优先级队列,以及操作队列的函数,包括向队列中添加节点、从队列中调度节点的操作等。例如,AMDGPU 后端的 R600 子目标定义了 MachineSchedStrategy 接口类 R600SchedStrategy,其实现代码如下:

```
class R600SchedStrategy final : public MachineSchedStrategy {
...
  std::vector<SUnit * > Available[IDLast], Pending[IDLast];
...
  SUnit *pickNode(bool &IsTopNode) override;
  void schedNode(SUnit *SU, bool IsTopNode) override;
  void releaseTopNode(SUnit *SU) override;
  void releaseBottomNode(SUnit *SU) override;
...
};
```

R600SchedStrategy 类中定义了保存就绪节点的队列,以及操作队列的 releaseTopNode( )、releaseBottomNode( )等函数。上述代码中的 pickNode( ) 函数是指令调度框架的入口函数,其中根据"AMD Accelerated Parallel Processing OpenCL Programming Guide"文档的要求实现了 R600 的调度策

略。如果 R600SchedStrategy 类的 pickNode( ) 函数没有选中符合条件的节点，仍可调用 GenericSched-
uler 类的 pickNode( ) 函数完成调度。上述代码中的 schedNode( ) 函数在节点被调度后被调用，可用
于更新调度器的内部状态，如已发射指令计数等。

R600 子目标可以在调用 createMachineScheduler( ) 函数为标准 MachineScheduler 调度 pass 生成
ScheduleDAGInstrs 实例时，在 ScheduleDAGMILive 实例中插入自定义 MachineSchedStrategy 接口
R600SchedStrategy，以此决定调度节点的方式：

```
class R600PassConfig final : public AMDGPUPassConfig {
...
  ScheduleDAGInstrs * createMachineScheduler(
    MachineSchedContext * C) const override {
    return createR600MachineScheduler(C);
  }
...
}
static ScheduleDAGInstrs *createR600MachineScheduler(MachineSchedContext *C) {
  return new ScheduleDAGMILive(C, std::make_unique<R600SchedStrategy >());
}
```

上述通过重写 MachineSchedStrategy 接口的方法实现自定义调度算法的工作量较大。如果希望仅
对 GenericScheduler 类中已有的启发式策略做调整，但复用大部分调度框架基础设施，则可以由 Ge-
nericScheduler 类派生自定义子类，在其中添加定制调度策略，实现某些 GenericScheduler 类中未定
义的架构行为。例如，AMDGPU 后端的 GCN 子目标定义了自己的 MachineSchedStrateg 派生类 GC-
NMaxOccupancySchedStrategy。GCNMaxOccupancySchedStrategy 类与 GenericScheduler 不同之处在于，
GCNMaxOccupancySchedStrategy 类使用不同的启发式策略确定寄存器超额（excess）和临界（critical）
压力，其目标是最大化内核占用率，即最大化每个 SIMD 的最大 wavefront 数。

与 R600 子目标实现方式类似，GCN 子目标的 createMachineScheduler( ) 函数通过调用 createGC-
NMaxOccupancyMachineScheduler( ) 函数，在生成 GCNScheduleDAGMILive 实例时插入自定义 GCNM-
axOccupancySchedStrategy 接口：

```
ScheduleDAGInstrs *GCNPassConfig::createMachineScheduler(
  MachineSchedContext *C) const {
  const GCNSubtarget &ST = C->MF->getSubtarget<GCNSubtarget>();
  if (ST.enableSIScheduler()) return createSIMachineScheduler(C);
  return createGCNMaxOccupancyMachineScheduler(C);
}

static ScheduleDAGInstrs *
createGCNMaxOccupancyMachineScheduler(MachineSchedContext *C) {
  ScheduleDAGMILive *DAG =
    new GCNScheduleDAGMILive(C,
              std::make_unique<GCNMaxOccupancySchedStrategy >(C));
  DAG->addMutation(createLoadClusterDAGMutation(DAG->TII, DAG->TRI));
  DAG->addMutation(createAMDGPUMacroFusionDAGMutation());
  DAG->addMutation(createAMDGPUExportClusteringDAGMutation());
```

```
        return DAG;
    }
```

createGCNMaxOccupancyMachineScheduler( )函数中调用了函数 addMutation( )，其目的是在 DAG 构造器中增加一些后处理步骤，这些后处理步骤以 ScheduleDAGMutation 对象指针的形式添加到调度器的 Mutations 指针数组中。ScheduleDAGMutation 对象的作用是在调度前根据硬件目标相关知识，向数据依赖图中添加 TableGen 语言不能表达的调度约束，即通过在数据依赖图中增加边调整图中的依赖关系，其代价是降低了调度的灵活性。上述代码中添加了三个 ScheduleDAGMutation 对象，这三个对象按照其添加的顺序，依次在正常 DAG 构造后作用于 DAG。

3. ScheduleDAGMILive 类定制

通常，定制目标后端的 MachineSchedStrategy 接口就应该足以实现新的调度算法。不过，目标后端调度程序可以通过进一步派生自己的 ScheduleDAGMILive 子类实现调度器，并重载其 schedule( ) 虚函数，实现任何后端特定的调度处理。例如，AMDGPU 后端的 GCN 子目标定义了自己的 ScheduleDAGMILive 派生类 GCNScheduleDAGMILive，定义如下：

```
class GCNScheduleDAGMILive final : public ScheduleDAGMILive {
  ...
  void schedule() override;
  void finalizeSchedule() override;
  ...
}
```

GCNScheduleDAGMILive::finalizeSchedule( )函数允许目标后端在 MachineFunction 级别执行最终的调度操作，即遍历所有的区域，通过寄存器压力监视器 RPTracker 计算区域的寄存器压力，然后调用 schedule( )函数。GCNScheduleDAGMILive::schedule( )函数实现了 ScheduleDAGInstrs 调度指令序列接口，并通过上述 GCNMaxOccupancySchedStrategy 调度策略接口，完成 GCN 子目标特定的调度处理。ScheduleDAGMILive::schedule( )函数通过调度策略实现类对象 SchedImpl，调用 GCNMaxOccupancySchedStrategy 类的 pickNode( )函数选择调度节点。此外，还可以通过 GCNMaxOccupancySchedStrategy 调度策略接口判断寄存器压力是否超过限制：

```
    ...
    ScheduleDAGMILive::schedule();
    ...
    GCNMaxOccupancySchedStrategy &S =(GCNMaxOccupancySchedStrategy&)* SchedImpl;
    ...
    if (PressureAfter.getSGPRNum() <= S.SGPRCriticalLimit &&
      PressureAfter.getVGPRNum(ST.hasGFX90AInsts()) <= S.VGPRCriticalLimit) {
      ...
    }
    ...
```

ScheduleDAGMILive::schedule( )函数的详细介绍见 4.3.2 节。ScheduleDAGInstrs 类通过上述方式，将调度具体功能都放到辅助程序中实现，便于对调度程序进行扩展。6.3.2 节将详细介绍 GCNMaxOccupancySchedStrategy 类实现的最大占用率调度策略。

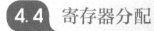

4.4 寄存器分配

寄存器是位于 CPU 或 GPU 内部的少量高速存储器，通常用于保存机器指令的操作数。由于其价格昂贵，导致其数量有限，又由于存取速度快，使其不可或缺。因此，寄存器是计算机体系结构中的关键资源之一。在计算复杂表达式的过程中产生的中间结果都保存在寄存器中，更复杂的编译器会将经常使用的变量也保存在寄存器中，以避免反复地存取。如果是优化的编译器，还会将公共子表达式消除或者将循环不变量移动以后的重用值保存在寄存器中。

开发者在编写高级语言程序时会用到变量定义，如 int x、string y 等。大部分程序不关心变量在计算机体系结构中用什么形式表示。从开发者的角度看，变量中的数据通常被认为保存在内存中，可以通过文件 I/O 接口在硬盘和内存之间转移，而编译器负责在内存和寄存器之间转移数据，以便 CPU 或 GPU 可以操作寄存器中的数据。从存储结构的角度看，硬盘、内存、缓存（cache）和寄存器特点不同，总结如图 4-17 所示。

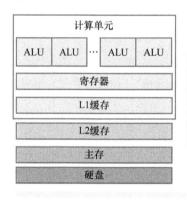

名称	访问延迟（时钟周期）	容量（字节）
寄存器	1	256~8000
缓存	3	256k~1M
主存	20~100	xG
硬盘	0.5~5M	xT

• 图 4-17　硬盘、内存、缓存和寄存器特点总结

在编译过程中的代码生成阶段，程序中的变量会被编译器替换为寄存器。高级语言程序中使用的变量数量几乎无限，但 CPU 或 GPU 中的寄存器数量是有限的。寄存器分配作为编译后端流程的一个阶段要解决这对矛盾，控制寄存器的分配和使用。因此，寄存器分配的目的是将程序中的数量无限的虚拟寄存器映射到数量有限的物理寄存器。不同的目标设备有不同数量的物理寄存器。如果物理寄存器的数量不足以满足虚拟寄存器的需求，有些虚拟寄存器显然就只能映射到内存。这些虚拟寄存器称为溢出虚拟寄存器。好的寄存器分配算法应该努力在物理寄存器中分配尽可能多的变量，因为物理寄存器能提供更快的访问时间。本节在介绍寄存器分配原理和 LLVM 寄存器分配方法的基础上，重点论述贪厌寄存器分配的代码实现。

▶▶ 4.4.1　寄存器分配原理

寄存器分配是编译器优化中最重要的问题之一，好的寄存器分配算法可以显著提高程序性能，因此，寄存器分配也是编译器理论研究中一个非常活跃的领域。寄存器分配可以工作在表达式、基本块、函数（也称全局）或整个程序等不同级别。历史上出现过多种寄存器分配算法，如图着色算法、线性扫描算法、整数线性规划算法、PBQP 算法、Multi-Flow Commodities 算法、基于 SSA 的寄存器分配等。LLVM 没有支持上述全部寄存器分配算法，而是实现了基本寄存器分配（Basic Register Allocator）、快速寄存器分配（Fast Register Allocator）、PBQP 寄存器分配器（PBQP Register Allocator）和贪厌寄存器分配器（Greedy Register Allocator）四种寄存器分配器。和指令选择、指令调度一样，寄存器分配是编译器后端的一个重要组成部分。在后端流程中，寄存器分配在机器指令调度（MI Scheduling）之后执行。

寄存器分配的基本目的是通过将程序变量尽可能地分配给物理寄存器，从而提高程序执行速度。以图着色算法为例，如果寄存器分配问题被抽象成图着色问题，那么图中的每个节点代表某个变量的活跃范围（live range）。活跃范围定义是从变量第一次被赋值（或称定值）开始，到该变量下一次被赋值前的最后一次被使用为止。两个节点之间的边表示这两个变量因为活跃范围重叠，导致互相冲突或干扰。一般说来，如果两个变量在函数的某一点是同时活跃（live）的，那么这两个变量就相互冲突，不能占有同一个寄存器。假设有如下代码：

```
a = c - d
e = a - b
f = e + 3
```

在表达式 e = a - b 之后，变量 a 不再使用。同样，在表达式 f = e + 3 之后，变量 e 也不再使用。因此，a、e、f 可以被分配给同一个寄存器，而寄存器中保存的值不会产生冲突。因此，可以只使用 4 个寄存器 s1、s2、s3、s4 替换代码中的 6 个变量（寄存器使用还可以进一步简化）：

```
s1 = s2 - s3
s1 = s1 - s4
s1 = s1 + 3
```

为了将寄存器分配给尽可能多的变量又不引起冲突，需要根据代码逻辑生成控制流图，并执行活跃性分析（liveness analysis）得到寄存器干扰图。寄存器分配器基于寄存器干扰图执行寄存器分配算法，将寄存器分配给变量。控制流图是以基本块为节点的有向图，控制流图中的每一个节点代表一个程序基本块，节点之间的边代表基本块之间的控制转移。因此，控制流图可表示为 $G = (N, E)$，N 是节点集合，每个节点对应程序中的一个基本块；E 是边的集合。如果程序逻辑从基本块 U 的出口转向基本块 V，则从 U 到 V 有一条有向边，表示从节点 U 到节点 V 存在一条可执行路径。这时，称 U 为 V 的前驱节点，V 为 U 的后继节点，表示在执行完节点 U 中的指令后，可顺序执行节点 V 中的指令。

假设有如下代码：

```
L1: a = b + c
    d -= a
    e = d + f
    if (e > 0)
```

```
   f = 2*e
else {
  b = d + e
  e = e - 1
}
b = f + c
goto L1
```

上述代码对应的控制流图如图 4-18 所示。

调用寄存器分配算法为上述代码中的变量分配寄存器，首先要做的是活跃性分析。活跃性分析是指确定哪些变量在程序点保持活跃。结合控制流图，就是判断变量 x 在程序点 p 上的值是否会在流图中从点 p 出发的某条路径中使用。如果是，则 x 在 p 上活跃；否则，x 在 p 上不活跃。活跃性分析是一个后向数据流分析问题，因为当前变量 x 是否在未来的某个地方被用到，只能通过后继节点的信息获知。活跃性分析的重要用途之一是为基本块进行寄存器分配。某个值被计算保存到一个寄存器中后，很有可能在基本块中被使用。如果该值在基本块中不活跃，就不必保存这个值。

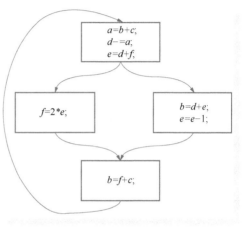

● 图 4-18　控制流图示例

活跃性分析结果显示在特定程序点哪些变量是活跃的，以及哪些寄存器在分配时会互相冲突，并可以由此得到寄存器干扰图（Register Interference Graph，RIG）。如果在程序点 p 存在两个变量 a 和 b 同时活跃，那么就称变量 a 和 b 在程序点 p 互相干扰，寄存器干扰图中的节点 a、b 之间有边相连，这时，变量 a 和 b 应分配不同寄存器。换言之，如果在寄存器干扰图上，两个节点之间没有边相连，则可以分配到同一寄存器。活跃性分析和寄存器干扰图都是寄存器分配过程中需要用到的重要工具，寄存器分配原理更详细的内容可参考编译器相关图书。

▶▶ 4.4.2　LLVM 寄存器分配

基本寄存器分配器是四种寄存器分配器中最简单的寄存器分配 pass 实现（代码见 <llvm_root>/llvm/lib/CodeGen/RegAllocBasic.cpp）。但麻雀虽小，五脏俱全，基本寄存器分配器中实现了根据溢出权重确定虚拟寄存器优先级、按优先级分配物理寄存器，以及在物理寄存器不足时将虚拟寄存器溢出到内存等功能。因此，基本寄存器分配器非常适合作为自定义寄存器分配器实现的参考。

LLVM3.0 之前的默认寄存器分配器是线性扫描分配器。与线性扫描分配器不同，基本分配器不再以线性顺序访问生存期，而是采用优先队列，以溢出权重降序访问生存期，并通过一组生存期联合（live interval union）完成干扰检查。当无法为生存期分配其寄存器类中的任何物理寄存器时，生存期就会溢出。因为基本分配器以溢出权重递减的顺序为生存期分配物理寄存器，所以生存期联合中的所有干扰生存期（物理寄存器中已有的生存期被称为干扰生存期）都具有更高的溢出权重。通过 llc 命令行选项-regalloc = basic 可使能基本分配器。

快速寄存器分配器采用本地分配策略（实现代码见 llvm_root/llvm/lib/CodeGen/ RegAllocFast.cpp）对每个基本块从上到下进行扫描，当遇到虚拟寄存器时，便为其分配物理寄存器。所有物理寄存器分配在基本块级别完成，并尽量长时间地将值保存在物理寄存器中，以便根据需要重用物理寄存器。在这种分配方式下，基本块之间没有活跃寄存器。在每个基本块的结束位置，所有未分配物理寄存器的虚拟寄存器都溢出到内存。此策略适用于活跃范围较短的代码。通过 llc 命令行选项-regalloc = fast 可使能快速分配器。

PBQP 全称 Partitioned Boolean Quadratic Programming，即分区布尔二次规划，这是一个二次分配问题（Quadratic Assignment Problem，QAP）。PBQP 寄存器分配器[9]的工作原理是将 PBQP 图视为干扰图的扩展，进而将不规则体系结构的寄存器分配问题映射为 PBQP 问题，然后使用 PBQP 求解器求解该问题（实现代码见 llvm_root/llvm/lib/CodeGen/RegAllocPBQP.cpp）。PBQP 图中的节点和干扰图中的节点都表示虚拟寄存器，每个节点都有一个关联的代价向量，描述了该节点的每个分配选项的代价。PBQP 图中的边表示对寄存器分配问题的约束。PBQP 图中的边没有类型（这一点与干扰图不同），而是与一个代价矩阵相关联，这个代价矩阵表示两个节点的成对分配代价，代价矩阵的值决定了与其关联的边对最终解决方案的影响。通过 llc 命令行选项-regalloc = pbqp 可使能 PBQP 分配器。

LLVM3.0 之后新增了基本分配器和贪厌分配器，而贪厌分配器是目前 LLVM 的默认分配器。因此，贪厌分配器是本节分析的重点。通过 llc 命令行选项-regalloc = greedy 可使能贪厌分配器。

和线性扫描分配器相比，贪厌分配器用一个优先级队列取代了线性扫描分配器的活跃列表（active list），并按优先级访问队列中的生存期，而不是像线性扫描分配器那样按先后顺序访问。而且，贪厌分配器不像基本分配器那样优先为短生存期分配物理寄存器，而是优先为长生存期分配物理寄存器。有些函数中的长生存期太多，导致没有足够的物理寄存器容纳其他短生存期。但是将高溢出权重的短生存期溢出的代价太大，因此，可以从生存期联合中剔除已经分配的、低溢出权重的生存期，并将其重新放回优先队列，使其有第二次被分配到其他寄存器的机会。如果待分配的生存期无法找到可以被剔除的干扰生存期，也不会立即溢出，贪厌分配器在此处的另一个改进是在生存期溢出前增加切分步骤，将其切分为更短的生存期并放回优先级队列，这样可以增加生存期被分配到物理寄存器的可能性。特别是当切分后的短生存期覆盖的是热点循环时，切分的收益更为明显。自定义寄存器分配 pass 可参照 LLVM 中的基本寄存器分配 pass 或贪厌寄存器分配 pass 实现，4.4.3 节将详细介绍贪厌寄存器分配 pass 的代码实现和工作过程。

▶▶ 4.4.3 贪厌寄存器分配实现过程分析

在寄存器分配之前，需要做很多准备工作，如指令序号标记、活跃性分析等。LLVM 中的活跃性分析主要分为两个部分：在 LiveVariables 类中实现的活跃变量分析（live variable analysis）和在 LiveInterval 类中实现的生存期分析（live interval analysis）。这些都是在寄存器分配 pass 之外的其他 pass 中完成。贪厌寄存器分配 pass 可以进一步细分为不同步骤，包括：溢出权重计算（spill weight calculation）、生存期入队列（enqueue）、指定物理寄存器（assignment）、剔除生存期（eviction）、生存期切分（splitting）和生存期溢出（spilling）等，如图 4-19 所示。

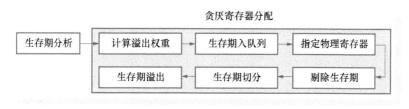

• 图 4-19　贪厌寄存器分配流程

1. 生存期分析

图 4-19 中的生存期分析不是寄存器分析过程的一部分，而是一个独立的 pass。在此之前，SlotIndexes pass 已经为每条指令标记序号。通过检查变量的所有使用和定值，可以分析其生存期。因为此时每一条指令都已经有序号，可以将分析得到的生存期用序号片段集合表示。例如，图 4-20 中变量 x 的定值在基本块 0（bb.0）的指令序号 01B 处，基本块 0 在指令序号 09B 处结束，可得到 x 的第一段生存期为序号片段 [01B，09B)。x 在基本块 2（bb.2）的指令序号 21B 处被使用，因此 x 的第二段生存期为序号片段 [20B，21B)。同理可得其他生存期分析结果。生存期分析示意图如图 4-20 所示。

在 LLVM 的 LiveInterval 类定义了寄存器（或值）的生存期，以及部分寄存器分配器状态。LiveInterval 类定义（代码见 <llvm_root>/llvm/include/llvm/CodeGen/ LiveInterval.h）如下：

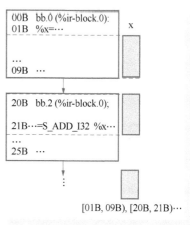

• 图 4-20　生存期分析

```
class LiveInterval : public LiveRange {
...
private:
  SubRange *SubRanges = nullptr;
  const Register Reg ;
  float Weight = 0.0;
...
};
```

其中，成员变量 Reg 是与生存期对应的寄存器或堆栈槽（stack slot），成员变量 Weight 是生存期的溢出权重（spill weight）。溢出权重代表了对应生存期的溢出代价。在物理寄存器数量不足的情况下，溢出权重越大的生存期，被从物理寄存器中剔除的可能性越小（因为生存期溢出的代价大）；

反之，则越大。LiveInterval 类继承自 LiveRange 类，LiveRange 类代表的变量活跃范围是变量保持活跃的所有程序点集合，而 LiveInterval 类代表的变量生存期是从变量的第一次定义到最后一次使用之间的范围，包含变量所有活跃范围的最小子范围（sub-range）。即变量生存期中可以包含多个变量活跃范围。LLVM 中的虚拟寄存器或堆栈槽的活跃性通过 LiveInterval 类表示，寄存器分配过程中会使用 LiveInterval 类信息判定两个或多个虚拟寄存器在程序的某一个时间点是否会要求同一个物理寄存器。当这种情况发生，有些虚拟寄存器会被溢出。

生存期分析 pass 实现类 LiveIntervals 是 MachineFunctionPass 类的子类，其入口函数是 LiveIntervals.cpp 的 runOnMachineFunction()，代码如下：

```
bool LiveIntervals::runOnMachineFunction(MachineFunction &fn) {
  ...
  if (!LICalc)
    LICalc = new LiveIntervalCalc();
  // Allocate space for all virtual registers.
  VirtRegIntervals .resize(MRI->getNumVirtRegs());
  computeVirtRegs();
  computeRegMasks();
  computeLiveInRegUnits();
  ...
  return true;
}
```

上述代码中的 LiveIntervalCalc 类对象指针 LICalc 是 LiveIntervals 类的成员变量。LiveIntervalCalc 类是 LiveRangeCalc 类的子类，其作用是计算和修改 LiveInterval 对象跟踪的虚拟寄存器活跃性。代码中的 VirtRegIntervals 也是 LiveIntervals 类的成员变量，其中包含了为所有虚拟寄存器计算得到的生存期。生存期分析 pass 主要调用三个函数：computeVirtRegs()、computeRegMasks() 和 computeLiveInRegUnits()。computeVirtRegs() 函数遍历每一个虚拟寄存器，并对每个虚拟寄存器调用 createEmptyInterval() 函数，生成 LiveInterval 对象引用，保存在 VirtRegIntervals 中。如果该寄存器编号对应的是虚拟寄存器，则将 LiveInterval 对象的 weight 初始值设为 0；如果该寄存器编号对应的是物理寄存器，则将 LiveInterval 对象的 weight 初始值设为 huge_valf，即无穷大。这意味着在后续的寄存器分配过程中，已经分配的物理寄存器不会被剔除。然后，computeVirtRegs() 函数调用 computeVirtRegInterval() 函数，通过 LICalc 对象，基于使用和定值为 LiveInterval 对象跟踪的虚拟寄存器计算活跃性。

computeRegMasks() 函数的作用是计算 RegMaskSlots 和 RegMaskBits。某些指令，如函数调用指令，会篡改（clobber）寄存器中的值，从而导致这些寄存器失效。寄存器掩码用于指示指令会篡改或保留哪些寄存器。寄存器掩码是长度等于寄存器总数的数组，其中的每一位指向一个寄存器。掩码中值为 1 的位表示相应物理寄存器（包括其子寄存器）中的内容在函数调用过程中保持不变，值为 0 的位表示相应物理寄存器中的内容可能会被指令篡改。在寄存器分配过程中，通过寄存器掩码能够帮助确定哪些寄存器可以在调用中处于活跃状态，从而优化寄存器在代码中的使用。在 MachineOperand.h 文件中的机器指令操作数枚举类型 MachineOperandType 中定义了枚举常量 MO_RegisterMask，表示寄存器掩码操作数类型。寄存器掩码操作数不拥有掩码所引用的内存的所有权，但掩码必须在操作数的生命周期内保持有效。LiveIntervals 类的成员变量 RegMaskSlots 中保存了带有寄存器掩码操作数的指令列表。成员变量 RegMaskBits 可与 RegMaskSlots 配合使用，RegMaskBits 中保存了指向对应寄存器掩码的指针。computeRegMasks( ) 函数遍历当前 MachineFunction 中的所有机器指令及其操作数，并将指令的 SlotIndex 和指令操作数的寄存器掩码分别保存在 RegMaskSlots 数组和 RegMaskBits 数组中。

computeLiveInRegUnits( ) 函数的作用是预先计算某个 ABI 块（ABI block）入口活跃寄存器单元（register unit）的生存期。ABI 块包括入口基本块和所谓的"着陆点（landing pad）"。着陆点是与异常处理相关的概念。一般将异常后调用继续执行的位置称为着陆点。LLVM 中的着陆点在概念上可以替代函数入口点。在代码实现中，可以将异常结构引用和类型信息索引作为参数传入着陆点。着陆点保存异常结构引用，然后继续执行与异常对象的类型信息对应的 catch 块。computeLiveInRegUnits( ) 函数遍历当前 MachineFunction 中所有基本块的入口活跃寄存器单元，并基于使用和定值计算这些寄存器单元的活跃范围。

2. 溢出权重的计算

得到生存期分析结果后，接下来执行贪婪分配器 pass。对应图 4-19 中所示的寄存器分配步骤，LLVM 的贪婪分配器实现类 RAGreedy 在枚举类型 LiveRangeStage 中定义了 RS_New、RS_Assign、RS_Split、RS_Split2、RS_Spill、RS_Memory 和 RS_Done 七个枚举常量，分别表示寄存器分配 pass 的各阶段。其中，RS_New 阶段生成生存期并放入优先级队列；RS_Assign 阶段尝试为优先级队列中的生存期指定物理寄存器，如果不成功，则执行剔除操作，并在 RS_Split 阶段将生存期重新放入优先级队列；RS_Split 阶段尝试切分不能指定物理寄存器的生存期；RS_Split2 阶段尝试对之前阶段不能指定物理寄存器的生存期做更激进的切分，确保最大限度地利用物理寄存器；RS_Spill 阶段将始终无法指定寄存器的生存期溢出到存储器，不再尝试切分这些生存期；RS_Memory 阶段的生存期位于存储器中，也可能因为其他剔除操作，生存期重新被移入物理寄存器。RS_Done 阶段结束寄存器分配过程。上述某些阶段会对虚拟寄存器做切分，如块切分（Per-block splitting）、区域切分（Region splitting）、本地切分（Local splitting）等，并可能生成新的生存期。为了提高性能，在这些阶段生成的生存期在出队列时会跳过干扰检查，因为这些生存期是经过切分后产生的，产生干扰的可能性较小。

贪婪分配器的第一个步骤是根据各个生存期的特点计算相应的溢出权重。溢出权重计算过程在 calculateSpillWeightsAndHints( ) 函数中实现。该函数会被各寄存器分配 pass 的 runOnMachineFunction( ) 函数在初始化后调用。LLVM 中各寄存器分配 pass 的工作流程都比较类似。首先，先调用 init( ) 函数完成初始化，包括获得用于寄存器分配的 TargetRegisterInfo、MachineRegisterInfo 等类对象。另外，在该函数中还会调用 MachineRegisterInfo 类的 freezeReservedRegs( ) 函数，使预留寄存器在寄存器分配时不可访问。然后，runOnMachineFunction( ) 函数调用 calculateSpillWeightsAndHints( ) 函数计算溢出权重。在此基础上，各寄存器分配 pass 调用 allocatePhysRegs( ) 函数实现物理寄存器分配功能。最后，调用 postOptimization( ) 函数完成寄存器选择和溢出后的优化。贪婪分配器的 runOnMachine-

Function( ) 函数代码实现如下：

```
bool RAGreedy::runOnMachineFunction(MachineFunction &mf) {
  ...
  RegAllocBase::init(…);
  ...
  VRAI = std::make_unique<VirtRegAuxInfo>(*MF, *LIS, *VRM, *Loops, *MBFI);
  VRAI->calculateSpillWeightsAndHints();
  ...
  allocatePhysRegs();
  tryHintsRecoloring();
  postOptimization();
  ...
  return true;
}
```

其中，指针 VRAI 指向 VirtRegAuxInfo 类。其功能是计算虚拟寄存器辅助信息，如溢出权重和分配提示等，其成员函数 calculateSpillWeightsAndHints( ) 遍历所有虚拟寄存器，并以生存期为参数调用函数 calculateSpillWeightAndHint( )，为每个虚拟寄存器的生存期计算溢出权重。calculateSpill-WeightAndHints( ) 和 calculateSpillWeightAndHint( ) 函数实现代码如下：

```
void VirtRegAuxInfo::calculateSpillWeightsAndHints() {
  MachineRegisterInfo &MRI = MF.getRegInfo();
  for (unsigned I = 0, E = MRI.getNumVirtRegs(); I != E; ++I) {
    unsigned Reg = Register::index2VirtReg(I);
    ...
    calculateSpillWeightAndHint(LIS.getInterval(Reg));
  }
}

void VirtRegAuxInfo::calculateSpillWeightAndHint(LiveInterval &LI) {
  float Weight = weightCalcHelper(LI);
  if (Weight < 0)  return;
  LI.setWeight(Weight);
}
```

calculateSpillWeightAndHint( ) 函数的主要功能是在其辅助函数 weightCalcHelper( ) 中实现的。该函数遍历给定虚拟寄存器的所有使用和定值指令（不包含调试指令），针对每一条指令和给定虚拟寄存器，计算不同情况下虚拟寄存器生存期的溢出权重，并将在所有指令上计算得到的溢出权重求和，作为给定虚拟寄存器的溢出权重（TotalWeight += Weight）。weightCalcHelper( ) 函数代码实现如下所示：

```
float VirtRegAuxInfo::weightCalcHelper(LiveInterval &LI, SlotIndex *Start,
                                       SlotIndex *End) {
  ...
  for (MachineRegisterInfo::reg_instr_nodbg_iterator
      I = MRI.reg_instr_nodbg_begin(LI.reg()), E = MRI.reg_instr_nodbg_end(); I != E;) {
    MachineInstr *MI = &*(I++);
```

```
      ...
      float Weight = 1.0f;
      if (IsSpillable) {
        // Get loop info for mi.
        if (MI->getParent() != MBB) {
          MBB = MI->getParent();
          Loop = Loops.getLoopFor(MBB);
          IsExiting = Loop ? Loop->isLoopExiting(MBB) : false;
        }
        // Calculate instr weight.
        bool Reads, Writes;
        std::tie(Reads, Writes) = MI->readsWritesVirtualRegister(LI.reg());
        Weight = LiveIntervals::getSpillWeight(Writes, Reads, &MBFI, *MI);
        // Give extra weight to what looks like a loop induction variable update.
        if (Writes && IsExiting && LIS.isLiveOutOfMBB(LI, MBB))Weight *= 3;
        TotalWeight += Weight;
      }
    ...
    }
  ...
  if (ShouldUpdateLI && CopyHints.size()) {
    ...
    TotalWeight *= 1.01F;
  }
  ...
  if (isRematerializable(LI, LIS, VRM, *MF.getSubtarget().getInstrInfo()))
    TotalWeight * = 0.5F;
  ...
}
```

其中，readsWritesVirtualRegister( ) 函数返回一对布尔值，表明指令是否为寄存器读写指令（即是否为寄存器使用或定值指令）。readsWritesVirtualRegister( ) 函数后进一步调用 getSpillWeight( ) 函数，为寄存器读写指令计算基本块频率（block frequency）与入口块频率的相对值。基本块频率是指控制流图中基本块的执行次数。计算基本块频率与入口块频率的相对值目的是以入口块频率为基准，对控制流图中的基本块频率做归一化处理，并以此作为指令所在基本块的执行频繁程度的指标。执行越频繁，虚拟寄存器溢出的代价越大，溢出权重越高。getSpillWeight( ) 函数代码实现如下：

```
float LiveIntervals::getSpillWeight(bool isDef, bool isUse,
                                    const MachineBlockFrequencyInfo *MBFI,
                                    const MachineBasicBlock *MBB) {
  return (isDef + isUse) * MBFI->getBlockFreqRelativeToEntryBlock(MBB);
}
```

对溢出权重影响最大的是变量使用密度（use density）。例如，循环中的归纳变量因被频繁使用，使用密度较大，这类变量应尽量不要被溢出到内存中，否则严重影响程序效率。因此，对这类变量要额外提升权重。上述代码将循环归纳变量的溢出权重在原有基础增加了两倍（Weight * = 3）。

其他影响溢出权重的因素还包括：是否有提示寄存器（hinted register）、是否可再具体化（rematerializable）生存期等。在特定目标架构中，某些指令会有偏好的寄存器，这些寄存器称为提示寄存器。对于这类寄存器，对其溢出权重会做些微提升（totalWeight * = 1.01F）。对于可重物质化生存期，可以作为溢出的候选，因为不将其指定给物理寄存器影响不大，值可以重新计算得到。因此，将其对应溢出权重减半（totalWeight * = 0.5F）。对于不能溢出的生存期，例如，已经指定固定物理寄存器的生存期，或者活跃范围非常短的生存期，则不为其计算溢出权重，保持原有权重不变。

3. 优先级队列管理

在计算得到所有生存期的溢出权重后，贪婪分配器 pass 调用其基类 RegAllocBase 的 allocatePhysRegs（）函数。该函数是管理优先级队列的顶层驱动，其基本实现逻辑是在将所有未指定物理寄存器的生存期按优先级放入队列后，每次从队列中取出一个生存期，指定到物理寄存器。allocatePhysRegs（）函数代码实现如下：

```cpp
void RegAllocBase::allocatePhysRegs() {
  seedLiveRegs();
  while (LiveInterval *VirtReg = dequeue()) {
    ...
    VirtRegVec SplitVRegs;
    MCRegister AvailablePhysReg = selectOrSplit(*VirtReg, SplitVRegs);
    if (AvailablePhysReg == ~0u) {
      ...
      VRM->assignVirt2Phys(VirtReg->reg(),
          RegClassInfo.getOrder(MRI->getRegClass(VirtReg->reg())).front());
      continue;
    }
    if (AvailablePhysReg)  Matrix->assign(*VirtReg, AvailablePhysReg);
    for (Register Reg : SplitVRegs) {
      ...
      enqueue(SplitVirtReg);
      ++NumNewQueued;
    }
  }
}
```

其中，seedLiveRegs（）函数的作用是遍历所有活跃虚拟寄存器，并根据其对应的生存期长度，将所有生存期按优先级放入队列中，并为长度较长的生存期优先指定物理寄存器 [见 RAGreedy::enqueue（）函数实现代码和注释]。生存期的优先级并不等同于其溢出权重。例如，图 4-21 中所示的变量 x、y、z，其溢出权重分别是 20、50、100。局部变量 z 的溢出权重虽然比变量 x 大（z 的使用密度大），但鉴于 z 是局部变量，所以其在队列中的优先级还是比全局变量 x 低，因为贪婪分配器优先分配长的生存期。不过，短生存期也有较大概率填充进长生存期留下的寄存器使用空隙。seedLiveRegs（）函数实现代码如下：

```cpp
void RegAllocBase::seedLiveRegs() {
  for (unsigned i = 0, e = MRI->getNumVirtRegs(); i != e; ++i) {
    Register Reg = Register::index2VirtReg(i);
    ...
    enqueue(&LIS->getInterval(Reg));
  }
}
```

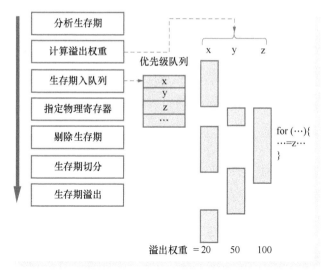

● 图 4-21　优先级队列管理

4. 指定物理寄存器

allocatePhysRegs( )函数进一步调用 selectOrSplit( )函数为生存期分配物理寄存器。selectOrSplit( )
函数是 RegAllocBase 类的虚函数，任何寄存器分配 pass 都应实现该函数。该函数进一步调用 selec-
tOrSplitImpl( )函数，贪厌分配器的主要功能在 selectOrSplitImpl( )函数中实现。该函数的输入参数为
LiveInterval 对象引用，输出为 MCRegister 对象，MCRegister 类是物理寄存器的封装类。selectOrSplit-
Impl( )函数实现代码如下：

```
MCRegister RAGreedy::selectOrSplitImpl(LiveInterval &VirtReg,…) {
  ...
  auto Order = AllocationOrder::create(VirtReg.reg(), *VRM, RegClassInfo, Matrix);
  if (MCRegister PhysReg = tryAssign(VirtReg, Order, NewVRegs, FixedRegisters)) {
  ...
  if (Stage != RS_Split)
    if (Register PhysReg = tryEvict (VirtReg, Order, NewVRegs,
                                CostPerUseLimit, FixedRegisters)) {...}
    ...
    if (Stage < RS_Spill) {
    Register PhysReg = trySplit(VirtReg, Order, NewVRegs, FixedRegisters);
    ...
  }
  ...
  LiveRangeEdit LRE(&VirtReg, NewVRegs, * MF, * LIS, VRM, this, &DeadRemats);
  spiller().spill(LRE);
  setStage(NewVRegs.begin(), NewVRegs.end(), RS_Done);
  ...
  }
  ...
```

优先级队列中的每一个生存期都要经历指定寄存器、剔除、切分和溢出等步骤。selectOrSplitImpl( )函数首先调用 AllocationOrder 类的 create( ) 实例生成函数，根据提示、分配顺序等信息，生成 AllocationOrder 实例。AllocationOrder 类的作用是为每种寄存器类的虚拟寄存器提供一个可用物理寄存器顺序。接下来调用的 tryAssign( ) 函数将使用该 AllocationOrder 实例尝试为生存期指定物理寄存器。例如，对于 AMDGPU 的 SGPR_64 寄存器类，其可用物理寄存器顺序依次为 \$sgpr0_sgpr1、\$sgpr2_sgpr3，直到 \$sgpr98_sgpr99。即：

```
AllocationOrder(SGPR_64) = [ $sgpr0_sgpr1 $sgpr2_sgpr3 ... $sgpr98_sgpr99 ]
```

tryAssign( ) 函数首先通过 AllocationOrder 实例遍历所有物理寄存器，找到与当前生存期没有干扰的物理寄存器。如果找到的物理寄存器是提示寄存器或可用物理寄存器，则返回该物理寄存器，并在随后调用 Matrix->assign( ) 函数，将当前生存期指定给该物理寄存器；如果使用找到的物理寄存器相比同一寄存器类中的其他寄存器有额外代价，则不使用找到的物理寄存器，而是调用 tryEvict( ) 函数剔除其他物理寄存器中的干扰生存期，转而使用更廉价的物理寄存器。如果没有找到可用物理寄存器，则调用 tryEvict( ) 函数遍历所有物理寄存器，通过比较当前生存期和物理寄存器中干扰生存期的溢出权重，找出剔除代价最低的物理寄存器，并调用 evictInterference( ) 函数，将妨碍当前生存期指定物理寄存器的干扰生存期从物理寄存器中剔除。

5. 生存期切分

对于无法指定物理寄存器的生存期，需要将其切分为更短的生存期，以便为切分后的生存期在物理寄存器中找到合适的位置。该功能由 RAGreedy∷trySplit( ) 函数完成。该函数按照生存期长度将生存期分为局部生存期和全局生存期分别做处理。RAGreedy∷trySplit( ) 函数实现代码如下：

```
unsigned RAGreedy::trySplit(LiveInterval &VirtReg, …) {
  ...
  if (LIS->intervalIsInOneMBB(VirtReg)) {
    ...
    Register PhysReg = tryLocalSplit(VirtReg, Order, NewVRegs);
    if (PhysReg ||! NewVRegs.empty()) return PhysReg;
    return tryInstructionSplit(VirtReg, Order, NewVRegs);
  }
  ...
  SA->analyze(&VirtReg);
  ...
  if (getStage(VirtReg) < RS_Split2) {
    MCRegister PhysReg = tryRegionSplit(VirtReg, Order, NewVRegs);
    if (PhysReg || !NewVRegs.empty()) return PhysReg;
  }
  return tryBlockSplit(VirtReg, Order, NewVRegs);
}
```

（1）局部生存期切分

trySplit( ) 函数首先判断当前生存期是否为基本块中的局部生存期。局部生存期必须完全被基本块包含，即生存期的定值和使用都在基本块内。如果当前生存期是局部生存期，则调用 tryLocalSplit( )

函数计算间隔权重（gap weight），并在此基础上调整切分范围大小，将生存期切分为更短的生存期。间隔（gap）是指当前生存期的使用和定值（即 UseSlots）指令之间的间隔。间隔比局部生存期的范围更小。此处以间隔为单位计算切分范围的溢出权重，从而决定最佳切分范围。例如，在下面代码中，虚拟寄存器%x 的 UseSlots 大小为 5（一个定值，四个使用），间隔数量为 4，即指令 1 ~ 5 为一个间隔，指令 5~8 为另一个间隔，依此类推：

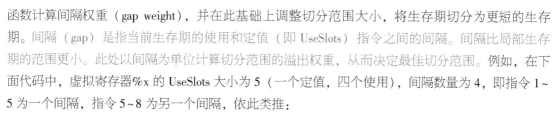

```
    ...
    1 %x = ...
    ...
    5 ... = %x ...
    ...
    8 ... = %x ...
    ...
    12 ... = %x
    ...
    18 ... = %x ...
```

假设上述虚拟寄存器%x 的生存期因干扰无法指定物理寄存器。为了切分该生存期，tryLocalSplit( )函数遍历上述 AllocationOrder 实例中的每一个物理寄存器，并调用 calcGapWeights( )函数，通过 LiveRegMatrix 实例 Matrix 找到与%x 的生存期存在干扰的物理寄存器（该物理寄存器中的生存期被称为干扰生存期）。代码如下：

```
if (!Matrix->query(const_cast<LiveInterval&>(SA->getParent()),
                   *Units).checkInterference())  { continue; }
```

calcGapWeights( )函数中的干扰检测通过 LiveRegMatrix 实例 Matrix 调用 query( )函数，收集虚拟寄存器的干扰情况，并调用 checkInterference( )函数返回 LiveRegMatrix 类中定义的干扰类型。LiveRegMatrix 分析 pass 以槽索引（slot index）和寄存器单元两个维度跟踪虚拟寄存器之间的干扰，可以即时检查虚拟寄存器和已经指定物理寄存器的虚拟寄存器之间的干扰。寄存器单元在 MCRegisterInfo.h 中定义，用于表示处理重叠物理寄存器时的最小干扰单元。当某个虚拟寄存器被分配给某个物理寄存器时，虚拟寄存器的活跃范围会被插入物理寄存器中寄存器单元的 LiveIntervalUnion 对象中。LiveIntervalUnion 类表示一组合并的生存期，用于模拟寄存器分配过程中物理寄存器的活跃性。

LiveRegMatrix 类在枚举类型 InterferenceKind 中定义了 IK_Free、IK_VirtReg、IK_RegUnit 和 IK_RegMask 四种干扰类型。其中，IK_Free 表示不存在干扰，可以分配物理寄存器。IK_VirtReg 表示存在虚拟寄存器干扰，即有其他虚拟寄存器分配给同一物理寄存器。显然，只要不将其他虚拟寄存器分配给同一物理寄存器就可以解决这种干扰。IK_RegUnit 表示存在寄存器单元干扰，这种干扰通常由于虚拟寄存器与物理寄存器的某个固定活跃范围重叠导致，该活跃范围通常对应函数调用的参数寄存器。这种干扰无法通过取消分配其他虚拟寄存器解决。IK_RegMask 表示存在 RegMask 干扰。这种干扰通常表示当前生存期在调用过程中是活跃的，而与之形成干扰的物理寄存器不是调用保持的（call-preserved），不能用于保存调用之间的长期值。

calcGapWeights( )函数为%x 的每个间隔指定一个间隔权重，所有间隔权重的初始值均为 0。如果某个间隔与已经指定物理寄存器的干扰生存期之间不存在互相干扰，则该间隔的权重保持为 0；否则，将该间隔的权重更新为干扰生存期的溢出权重。calcGapWeights( ) 函数计算间隔权重的方法如图 4-22 所示。

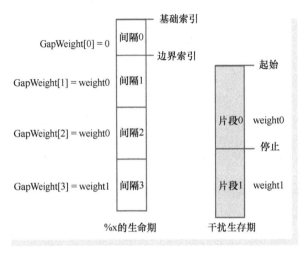

● 图 4-22　间隔权重计算

图 4-22 中左侧的白色长方块表示上例中虚拟寄存器 %x 的四个间隔，每个间隔有一个基础索引（base index）和边界索引（boundary index），分别表示间隔起始和结束处的指令槽索引。图中右侧的灰色长方块表示物理寄存器中的干扰生存期。干扰生存期由不同片段（segment）构成，此处假设干扰生存期有两个片段，溢出权重分别为 weight0 和 weight1。每个片段有一个起始（start）位置和停止（stop）位置，分别表示片段起始和结束处的指令槽索引。为了计算间隔权重，calcGapWeights( ) 函数首先遍历干扰生存期中的每个片段，并比较间隔和片段的范围。如果间隔的边界索引小于片段的起始位置，则可以认为间隔与干扰生存期的片段之间不存在互相干扰，则该间隔的权重保持为 0，如图中所示的间隔 0 和片段 0 的关系。如果间隔与片段之间存在重叠，如图中所示间隔 1、间隔 2 和片段 0 的关系，以及间隔 3 与片段 1 的关系，则将间隔的权重更新为重叠片段的权重。如果间隔的基础索引大于片段的停止位置，如图中所示间隔 3 和片段 0 的关系，则可以认为间隔与片段之间不存在互相干扰，则将该间隔与下一片段继续比较。采用上述方法，可计算得到 %x 的各片段的权重依次为 0、weight0、weight0 和 weight1，如图 4-22 所示。

calcGapWeights( ) 函数计算得到间隔权重后，接下来需要确定切分的范围。需要注意的是，间隔权重是将干扰生存期的溢出权重映射到待分配虚拟寄存器（如 %x）的间隔，实际反映的是干扰生存期的权重，并不是 %x 生存期的实际权重。%x 生存期在各间隔的实际权重估计值需要调用函数 normalizeSpillWeight( ) 计算得到。normalizeSpillWeight( ) 函数按照式（4-1）将生存期的溢出权重归一化，估计得到切分范围的溢出权重：

$$normalizeSpillWeight = UseDefFreq / (Size + 25 * SlotIndex_{::}InstrDist) \qquad (4\text{-}1)$$

式中，UseDefFreq 是生存期的使用和定值指令的执行次数，由基本块频率和切分范围内间隔数量的乘积决定，即 blockFreq ＊（NewGaps ＋ 1）。UseDefFreq 表示切分范围内的间隔的溢出代价。式（4-1）分母中的 Size 表示切分范围的指令距离（近似为代码中的 SplitBefore 到 SplitAfter 的差值）。calcGapWeights( ) 函数根据切分范围的权重估计值与干扰生存期间隔权重最大值的比较结果，确定最合适的切分范围。如果当前切分范围的权重估计值大于等于干扰生存期间隔权重最大值，说明当前切分范围可以将干扰生存期目前的间隔从物理寄存器剔除，因此可以进一步扩大切分范围，直到切分范围到达整个干扰生存期。如果当前切分范围的权重估计值小于干扰生存期间隔权重最大值，说明当前切分范围不足以将干扰生存期目前的间隔从物理寄存器剔除，因此应该缩小切分范围，寻找后续权重估计值更大的间隔，继续与干扰生存期间隔权重最大值做比较。

tryLocalSplit( ) 函数通过不断调整切分范围，并估计切分范围的溢出权重，确保在使用当前生存期范围内的间隔中，找到估计溢出权重大于物理寄存器的干扰生存期溢出权重的最适合切分范围。该切分范围的估计溢出权重大于干扰生存期溢出权重，意味着随后有可能将干扰生存期剔除。

如果 tryLocalSplit( ) 函数没有找到合适的切分范围，则调用 tryInstructionSplit( ) 函数，根据使用当前生存期的使用和定值，按每条非复制指令将当前生存期切分为更短的生存期。这其实与溢出的做法类似。对于某些在受限寄存器类中的活跃范围，可以通过插入复制指令，将部分活跃范围移到更大的寄存器类中。这也可看作是一种溢出，只不过不是溢出到内存中，而是溢出到更大的寄存器类中。而且，按指令将长生存期切分为更短的生存期，可以增加将其指定给物理寄存器的可能性。

（2）全局生存期切分

如果 trySplit( ) 函数判断当前生存期为跨基本块的全局生存期，则应根据当前阶段分情况处理。如果当前阶段在 RS_Split2 之前，则调用 tryRegionSplit( ) 函数，对跨越多个基本块的区域做切分，即全局生存期切分，也称区域切分。全局生存期切分是贪婪寄存器分配算法中的难点之一。因此，本小节将对这一问题做深入论述。

当前全局生存期跨越多个基本块且由多个片段组成。当前生存期作为一个整体虽然会和物理寄存器中的干扰生存期有重叠，但当前生存期中的某些片段却有可能与某些物理寄存器中的某些干扰生存期不重叠。这种情况下，寄存器分配器需要在评估当前全局生存期与系统所有物理寄存器中的干扰生存期的干涉情况后，通过切分全局生存期提高物理寄存器的利用率。如何选择最优切分方案是一个系统优化问题，解决系统优化问题首先要确定优化目标。对于全局生存期切分来说，优化目标是溢出代价，确保该值越小越好。优化目标与系统参数有关，优化过程就是寻找合适的参数，使得优化目标达到最优。LLVM 采用 Hopfield 网络求解全局生存期切分优化问题。

Hopfield 网络是一种单层全反馈型神经网络，网络中每一个神经元的输出通过连接权重传递给所有其他神经元作为输入，每一个神经元也接收所有其他神经元的输出。因此，任何一个神经元都受到所有其他神经元输出的控制，从而使各神经元的输出相互制约。每个神经元都有相同的功能，其输出称为状态。Hopfield 网络的系统参数包括连接权重和输入初始值。经过迭代演化后，Hopfield 网络达到稳定时的状态称为网络的吸引子。如果将问题的解编码作为网络的吸引子，从初态向吸引子迭代演化的过程就是优化求解的过程。对于全局生存期切分来说，网络的吸引子即为全局生存期的切分方案。Hopfield 网络以能量函数作为网络稳定性的表征。当网络达到稳定状态，其能量函数达到最小值。

Hopfield 网络与其他 AI 网络的不同之处在于，Hopfield 网络不需要训练，网络权值是常数，只有网络状态随迭代发生变化。因此，Hopfield 网络能量函数是网络状态的函数。LLVM 全局生存期切分优化中 Hopfield 网络能量函数采用的是李雅普诺夫（Lyapunov）函数，当节点被更新时，李雅普诺夫函数值不会增加。李雅普诺夫函数可保证收敛到局部极小值。

跨基本块的当前生存期能否在基本块内切分与生存期在基本块边界处的活跃性有关。如图 4-23（图中方框表示基本块范围）所示，当前生存期的活跃性与基本块的关系可分为 6 种：变量的定值和使用都在基本块内，其活跃性局限在基本块内部；变量的定值在基本块外，使用在基本块内，这属于入口活跃；变量的定值在基本块内，使用在基本块外，这属于出口活跃；变量在基本块内外都有定值和使用，并且生存期在基本块内有截断，因此既有入口活跃，也有出口活跃；变量在基本块内外都有使用，但定值在基本块外，生存期在基本块内没有截断；变量的定值和使用都在基本块外，生存期在基本块内没有截断。

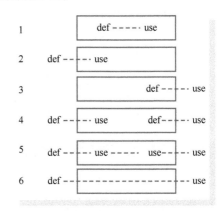

● 图 4-23　生存期活跃性与基本块的关系

LLVM 中定义了结构 BlockInfo 表述上述 6 种关系：

```
struct BlockInfo {
  MachineBasicBlock *MBB;
  SlotIndex FirstInstr; ///< First instr accessing current reg.
  SlotIndex LastInstr;  ///< Last instr accessing current reg.
  SlotIndex FirstDef;   ///< First non-phi valno->def, or SlotIndex().
  bool LiveIn;          ///< Current reg is live in.
  bool LiveOut;         ///< Current reg is live out.
  ...
}
```

其中，FirstInstr 是基本块内使用当前生存期的第一条指令，LastInstr 是基本块内使用当前生存期的最后一条指令。上述六种关系中的每一段活跃范围对应一个 BlockInfo 对象。如果生存期有截断，可以对应多个 BlockInfo 对象。在全局生存期切分之前，trySplit( ) 函数已经调用 SplitAnalysis 类的 analyze( ) 函数完成生存期出入口活跃性分析［主要功能在 SplitAnalysis::calcLiveBlockInfo( ) 函数中实现］。

LLVM 中采用边界约束（border constraint）概念描述生存期在基本块边界处的状态。边界约束是针对每个基本块的入口和出口的约束。LLVM 在枚举类型 BorderConstraint 中定义了 DontCare、PrefReg、PrefSpill、PrefBoth、MustSpill 5 种边界约束。其中，DontCare 表示边界约束对后续切分没有影响，PrefReg 表示倾向于为当前生存期分配物理寄存器，PrefSpill 表示倾向于将当前生存期溢出到内存，PrefBoth 暂未使用，MustSpill 表示必须将当前生存期溢出到内存。

（3）边束及其作用

全局生存期跨越多个基本块，因此，全局生存期的切分不应仅考虑生存期在一个基本块内的活跃性。由于控制流图中的每个基本块可能有多个前驱和后继块，这些前驱和后继块都可以影响当前基本块中的生存期分割。因此，LLVM 中定义了边束（edge bundle）作为收集前驱和后继块信息的数据结构。在全局生存期切分中，Hopfield 网络的每个节点对应一个边束，连接节点之间的边为基本块，边的权重为基本块的执行频率。边束不是边界约束的简称，而是包括一个或多个关联基本块信息的单元。边束分为流入束（ingoing bundle）和流出束（outgoing bundle）。其中，流入束负责收集前驱块的信息，流出束负责收集后继块的信息。

边束的管理由 EdgeBundles pass 完成，其主要目的是生成控制流图中边的整数等价类（IntEq-Classes）。该等价类维护基本块流入束和流出束的编号。其中，流入束编号数值是相连基本块编号的两倍，流出束编号数值是相连基本块编号的两倍加 1。为流入束和流出束编号的目的，是将基本块的流入束和所有后继块的流出束归入同一个边束，便于 SpillPlacement pass 将搜集的基本块信息保存在边束中。Hopfield 网络的主要功能在 SpillPlacement pass 中实现，其入口函数 SpillPlacement::runOnMachineFunction() 完成一些初始化工作，例如，获取 EdgeBundles pass 的分析结果，并据此决定边束节点（数组变量 nodes）的长度，以及根据 MachineBlockFrequencyInfo pass 估计得到的块频率初始化向量 BlockFrequencies 等。

EdgeBundles pass 的 runOnMachineFunction() 函数首先调用 IntEqClasses::grow() 函数，为所有基本块的流入束和流出束从 0 开始依次编号。然后，程序遍历基本块，调用 IntEqClasses::join() 函数将当前基本块的流出束编号和所有后继块的流入束编号的最小值作为边束的编号。经过上述处理后，边束的编号可能是不连续整数，如 0、1、3、5 等，需要调用 IntEqClasses::compress() 函数将边束的编号转为连续整数。图 4-24 所示为边束在控制流图中的形成过程。

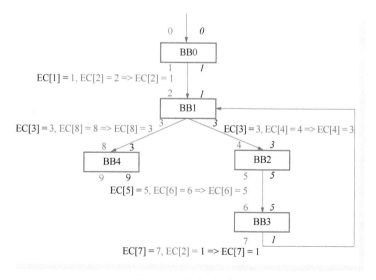

● 图 4-24　边束的形成过程

图 4-24 中有 BB0~BB4 共 5 个基本块。基本块左侧的彩色数字为 IntEqClasses::grow() 函数生成的基本块流入束和流出束编号，依次为 0~9。流入束编号数值是相连基本块编号的两倍，例如，BB1 的流入束编号为 2，BB2 的流入束编号为 4。流出束编号数值是相连基本块编号的两倍加 1，例如，BB1 的流出束编号为 3，BB2 的流出束编号为 5。基本块右侧的斜体数字是经过 IntEqClasses::join() 函数处理后，由基本块的流出束编号和所有后继块的流入束编号的最小值生成的边束编号。例如，BB1 的流出束编号为 3，其后继基本块 BB2 和 BB4 的流入束编号分别为 4 和 8，这些基本块间的边束的编号取 3、4、8 的最小值，可得到边束编号为 3。经过上述处理后，图中形成 5 个边束，编号依次为 0、1、3、5、9。上述用不连续整数表示的边束编号经过 IntEqClasses::compress() 函数整理后变为 0、1、2、3、4。最终得到带有边束的控制流图如图 4-25 所示。EdgeBundles::runOnMachineFunction() 函数的实现代码如下：

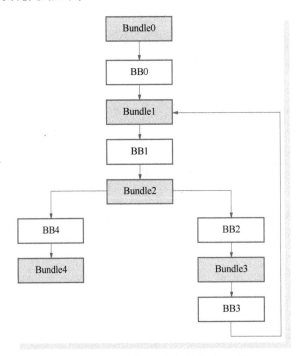

● 图 4-25　带有边束的控制流图

```
bool EdgeBundles::runOnMachineFunction(MachineFunction &mf) {
  ...
  EC.grow(2 * MF->getNumBlockIDs());
  for (const auto &MBB : *MF) {
    unsigned OutE = 2 * MBB.getNumber() + 1;
    // Join the outgoing bundle with the ingoing bundles of all successors.
    for (MachineBasicBlock::const_succ_iterator SI = MBB.succ_begin(),
         SE = MBB.succ_end(); SI != SE; ++SI)
      EC.join(OutE, 2 * (* SI)->getNumber());
  }
```

```
    EC.compress();
    ...
}
```

边束形成后可将其用于全局生存期切分函数 tryRegionSplit( )。tryRegionSplit( ) 函数的实现代码如下：

```
    MCRegister RAGreedy::tryRegionSplit(...) {
...
    BlockFrequency SpillCost = calcSpillCost();
...
    bool HasCompact = calcCompactRegion(GlobalCand.front());
...
    unsigned BestCand =
        calculateRegionSplitCost(VirtReg, Order, BestCost, NumCands,
                    false /*IgnoreCSR*/, &CanCauseEvictionChain);
...
    return doRegionSplit(VirtReg, BestCand, HasCompact, NewVRegs);
}
```

其中，calcSpillCost( ) 函数的目的是计算当前生存期的溢出成本（即加载和存储指令开销）。溢出成本基本上取决于当前生存期有多少使用块（use block）和基本块频率。使用块越多，基本块频率越高，需要的加载和存储指令越多，溢出成本越高。使用块是 BlockInfo 对象数组，数组中的 BlockInfo 对象描述的是其中有当前生存期为使用的基本块。

calcCompactRegion( ) 函数负责计算将当前生存期切分为紧凑区域（compact regions）时活跃的边束集合。紧凑区域是将生存期的所有贯穿（live through）基本块移除后的区域。如果当前生存期已经是紧凑的，该函数返回 false。贯穿基本块是其中没有当前生存期的定值和使用的基本块。

tryRegionSplit( ) 函数的主要功能在 calculateRegionSplitCost( ) 函数中完成。calculateRegionSplitCost( ) 函数实现代码如下：

```
    unsigned RAGreedy::calculateRegionSplitCost(LiveInterval &VirtReg,
                                        AllocationOrder &Order, …) {
    unsigned BestCand = NoCand;
    for (MCPhysReg PhysReg :Order) {
        GlobalSplitCandidate &Cand = GlobalCand[NumCands];
        ...
        SpillPlacer->prepare(Cand.LiveBundles);
        BlockFrequency Cost;
        if (!addSplitConstraints(Cand.Intf, Cost)) { continue; }
        ...
        if (!growRegion(Cand)) { continue; }
        SpillPlacer->finish();
        bool HasEvictionChain = false;
        Cost += calcGlobalSplitCost(Cand, Order, &HasEvictionChain);
        ...
        ++NumCands;
    }
```

```
    ...
    return BestCand;
  }
```

calculateRegionSplitCost( ) 函数遍历 AllocationOrder 实例 Order 中的每一个物理寄存器，为每个物理寄存器建立对应的全局生存期候选切分方案，候选切分方案由结构体 GlobalSplitCandidate 的实例 Cand 描述。

calculateRegionSplitCost( ) 函数首先由基本块干涉图得到物理寄存器的干涉信息，然后调用 SpillPlacer->prepare( ) 函数重置状态，并为计算新的 Cand 切分方案做准备，包括初始化 SpillPlacement pass 实现类的成员变量 RecentPositive、TodoList 和 ActiveNodes（即 Cand.LiveBundles），这些成员变量在 Hopfield 网络更新过程中各有作用。然后，calculateRegionSplitCost( ) 函数调用 addSplitConstraints( ) 函数为当前生存期的所有使用块设置出入口边界约束，并更新边束的参数。首先，该函数初始化 RAGreedy 类的成员变量 SplitConstraints 数组，该数组维护了所有基本块的边界约束信息，数组大小与使用块数组 UseBlocks 相同。然后，该函数通过遍历当前生存期的所有使用块，并基于干扰类型和使用块的出入口活跃信息，确定 SplitConstraints 数组中每个元素表示的基本块出入口边界约束。如果当前生存期对于基本块是入口活跃的或出口活跃的，则基本块入口边界约束或出口边界约束的默认值为 PrefReg；否则，默认值都为 DontCare。

如果当前生存期与物理寄存器中的干扰生存期之间存在干扰，则分别设置入口活跃或出口活跃情况下的边界约束。如果当前生存期在基本块是入口活跃的，根据当前生存期与干扰生存期（代码中用变量 Intf 表示）之间的关系，分三种情况设置入口边界约束。第一，干扰生存期起始位置在基本块起始位置之前，这时的当前生存期不能指定给物理寄存器，入口边界约束设置为 MustSpill。第二，干扰生存期起始位置在基本块内，且在当前生存期的第一条指令之前，这时的当前生存期也不应指定给物理寄存器，入口边界约束设置为 PrefSpill。第三，干扰生存期起始位置在基本块内，且在当前生存期的第一条指令之后，最后一条指令之前，这时的当前生存期可以部分指定给物理寄存器，入口边界约束保持默认设置 PrefReg 不变。上述逻辑在 addSplitConstraints( ) 函数中的实现代码如下：

```
    if (BI.LiveIn) {
      if (Intf.first() <= Indexes->getMBBStartIdx(BC.Number)) {
        BC.Entry = SpillPlacement::MustSpill; ++Ins;
      } else if (Intf.first() < BI.FirstInstr) {
        BC.Entry = SpillPlacement::PrefSpill;  ++Ins;
      } else if (Intf.first() < BI.LastInstr) { ++Ins; }
    ...
```

上述三种入口活跃的当前生存期与干扰生存期的位置关系如图 4-26（图中灰色方框表示干扰生存期）所示。

如果当前生存期在基本块是出口活跃的，同样可以分三种情况设置基本块的出口边界约束。第一，干扰生存期结束位置在基本块之后，这时的当前生存期不能指定给物理寄存器，出口边界约束设置为 MustSpill。第二，干扰生存期结束位置在基本块内，且在当前生存期的最后一条指令之后，这时

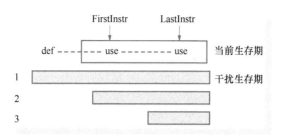

● 图 4-26　入口活跃的当前生存期与干扰生存期的关系

的当前生存期也不应指定给物理寄存器，出口边界约束设置为 PrefSpill。第三，干扰生存期结束位置在基本块内，且在当前生存期的最后一条指令之前、第一条指令之后，这时的当前生存期可以部分指定给物理寄存器，出口边界约束保持默认设置 PrefReg 不变。上述逻辑实现代码与入口活跃情况类似。上述三种出口活跃的当前生存期与干扰生存期的位置关系如图 4-27 所示。

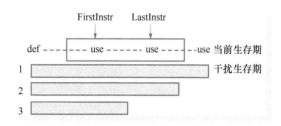

● 图 4-27　出口活跃的当前生存期与干扰生存期的关系

　　addSplitConstraints( ) 函数为当前生存期的所有使用块设置出入口约束后，继续调用 addConstraints( ) 函数，根据当前生存期活跃块（live block）的出入口约束，调用 SpillPlacement::activate( ) 函数，将流入束和流出束加入 TodoList 列表，置位 LiveBundles 列表（ActiveNodes）中与流入束和流出束对应的位，并调用 addBias( ) 函数，为活跃块连接的流入束和流出束计算 BiasP 和 BiasN。活跃块是指其中有入口活跃变量或出口活跃变量的基本块。addConstraints( ) 函数实现代码如下：

```
void SpillPlacement::addConstraints(ArrayRef<BlockConstraint> LiveBlocks) {
  for (ArrayRef<BlockConstraint>::iterator I = LiveBlocks.begin(),
      E = LiveBlocks.end(); I != E; ++I) {
    BlockFrequency Freq = BlockFrequencies[I->Number];
    if (I->Entry != DontCare) {
      unsigned ib = bundles->getBundle(I->Number, false);
      activate(ib);
      nodes[ib].addBias(Freq, I->Entry);
    }
    if (I->Exit != DontCare) {
      unsigned ob = bundles->getBundle(I->Number, true);
```

```
            activate(ob);
            nodes[ob].addBias(Freq, I->Exit);
        }
    }
}
```

每个边束都包括参数 BiasN、BiasP 和 Value（在结构体 SpillPlacement::Node 中定义）。BiasP 是正偏置，BiasP 越大越倾向于将生存期指定给寄存器；BiasN 是负偏置，BiasN 越大越倾向于将生存期溢出到内存。边界约束决定了 BiasP 和 BiasN 的取值。如果基本块的入口约束为 PrefReg，则加大 BiasP，将流入束的 BiasP 增加基本块频率；如果基本块的入口约束为 PrefSpill，则加大 BiasN，将流入束的 BiasN 增加基本块频率；如果基本块的入口约束为 MustSpill，则将流入束的 BiasN 增加饱和值。同理，可根据基本块的出口约束分别调整流出束的 BiasP 或 BiasN。BiasN 和 BiasP 的处理逻辑在 addBias( ) 函数中实现，代码如下：

```
void addBias(BlockFrequency freq, BorderConstraint direction) {
  switch (direction) {
  default:      break;
  case PrefReg: BiasP += freq; break;
  case PrefSpill: BiasN += freq; break;
  case MustSpill: BiasN = BlockFrequency::getMaxFrequency(); break;
  }
}
```

（4）全局生存期切分中的 Hopfield 网络结构

在全局生存期切分优化方法中，Hopfield 网络的连接权重为基本块频率，网络节点输出为边束的参数 Value，二者做矩阵向量乘法得到下一次迭代的输出。Value 取值范围为 $\{-1, 0, 1\}$，该值决定了全局生存期在基本块中应该如何处理。如果 Value 为 1，表示可以为当前生存期分配寄存器；如果 Value 为 -1，表示当前生存期应溢出到内存；如果 Value 为 0，表示变量处理方式未定。

addConstraints( ) 函数执行完成后，addSplitConstraints( ) 函数最后调用 SpillPlacement::scanActiveBundles( ) 函数，遍历 SpillPlacement 类成员变量 ActiveNodes 中所有已置位的位，并调用 update( ) 函数计算边束输入的加权和（weighted sum）SumN 和 SumP，并更新边束的参数 Value。ActiveNodes 为位向量（bit vector）类型，可用于表示各个位对应的边束中的变量是否应指定给物理寄存器，并可决定是否在基本块入口和出口处增添溢出代码。位向量中的每一位对应一个边束，值为 1 的位表示当前生存期应该通过边束保存在寄存器中，值为 0 的位表示当前生存期应该溢出。

Value 值 >0 [即 preferReg( ) 函数返回值为真] 的边束会被放入 RecentPositive 数组，这些边束是 Hopfield 网络需要优化的节点。Hopfield 网络节点的激活函数（activation function）逻辑在 SpillPlacement::Node 结构的成员函数 update( ) 中实现，代码如下：

```
bool update(const Node nodes[], const BlockFrequency &Threshold) {
  // Compute the weighted sum of inputs.
  BlockFrequency SumN = BiasN;
  BlockFrequency SumP = BiasP;
```

```
for (LinkVector::iterator I = Links.begin(), E = Links.end(); I != E; ++I) {
  if (nodes[I->second].Value == -1)SumN += I->first;
  else if (nodes[I->second].Value == 1)SumP += I->first;
}
bool Before = preferReg();
if (SumN >= SumP + Threshold) Value = -1;
else if (SumP >= SumN + Threshold) Value = 1;
else Value = 0;
return Before != preferReg();
}
```

由上述代码可知，如果边束的 Value 值为 -1，则将基本块频率加到变量 SumN；如果边束的 Value 值为 1，则将基本块频率加到变量 SumP。根据其代码可推导出 Value 的迭代公式为：

$$[\text{Value}] = f(\text{Sum}P - \text{Sum}N) = f([\text{Freq}] * [\text{Value}] + [\text{Bias}P\text{-Bias}N]) \tag{4-2}$$

式中，Freq 为基本块频率。代码中的 Threshold 为激活函数 $f(\ )$ 的决策阈值。当 SumP - SumN ≥ Threshold 时，激活函数输出 Value 为 1；当 SumP - SumN ≤ -Threshold 时，激活函数输出 Value 为 -1；其他情况下，激活函数输出 Value 为 0。

与图 4-25 所示控制流图对应的 Hopfield 网络结构如图 4-28 所示。

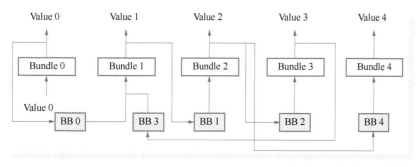

• 图 4-28　Hopfield 网络结构

addSplitConstraints( ) 函数执行完成后，calculateRegionSplitCost( ) 函数继续调用 growRegion( ) 函数。该函数的目的是执行 Hopfield 网络的迭代演化。在这个过程中，SpillPlacement::iterate( ) 函数调用 SpillPlacement::update( ) 函数迭代更新 Hopfield 网络节点，直到网络达到稳定收敛状态（即 TodoList 列表中没有需要更新的节点），或迭代次数（由变量 Limit 定义）达到最大。iterate( ) 函数实现代码如下：

```
void SpillPlacement::iterate() {
  RecentPositive.clear();
  while(Limit-- > 0 && !TodoList.empty()) {
    unsigned n = TodoList .pop_back_val();
    if (!update(n))  continue;
    if (nodes[n].preferReg()) RecentPositive.push_back(n);
  }
}
```

其中的 TodoList 列表中维护了输出 Value 保持变化的节点。iterate（）函数会将 TodoList 列表中的节点弹出，并对节点调用 update（nodes，Threshold）函数执行网络的激活函数，得到输出 Value。如果当前状态的 Value 值不等于前一状态的 Value 值［Value 值由 preferReg（）得到］，说明网络还未收敛，于是将该节点重新放回 TodoList 列表中继续迭代。如果当前状态的 Value 值等于前一状态的 Value 值，则不将节点放回 TodoList 列表。迭代过程持续到 TodoList 列表为空，即所有节点的 Value 值都不再变化，网络达到稳定状态（这时的 Value 值为网络吸引子），或者迭代次数达到最大。

最后，calculateRegionSplitCost（）函数调用 calcGlobalSplitCost（）函数遍历使用块，按照 LiveBundles 规定的切分方案，计算在干扰条件下每一个物理寄存器切分全局生存期将产生的代价，并选择其中最小值和该最小值对应的切分方案编号作为最佳的切分代价（BestCost）和切分方案编号（BestCand）。doRegionSplit（）函数根据 calculateRegionSplitCost（）函数计算得到的最佳候选方案切分全局生存期。

如果当前阶段为 RS_Split2，则此时的当前生存期已经经过区域切分，因此调用 tryBlockSplit（）函数，遍历当前生存期的所有使用块，并进一步调用 splitSingleBlock（）函数，将当前生存期按照使用块切分为更小的局部生存期，即单块切分，并将切分后的生存期放入优先级队列。随后，可以效仿前述过程，调用 tryLocalSplit（）函数对这些切分后的局部生存期做类似处理。

综上所述，切分操作按照粒度由大到小，可依次分为区域切分、单块切分、局部切分和指令切分。其中，区域切分和单块切分属于全局生存期切分，局部切分和指令切分属于局部生存期切分。

6. 生存期溢出

RAGreedy::selectOrSplitImpl（）函数通过调用 spiller（）.spill（）函数完成生存期溢出功能。spiller（）返回的是 InlineSpiller 类对象。因此，spiller（）.spill（）调用的函数是 InlineSpiller::spill（），其实现代码如下：

```
void InlineSpiller::spill(LiveRangeEdit &edit) {
  ++NumSpilledRanges;
  Edit = &edit;
  ...
  collectRegsToSpill();
  reMaterializeAll();
  if (!RegsToSpill.empty())spillAll();
  Edit->calculateRegClassAndHint(MF, Loops, MBFI);
}
```

InlineSpiller::spill（）函数参数为 LiveRangeEdit 类对象引用。LiveRangeEdit 类表示在溢出或拆分时对虚拟寄存器所做的更改。InlineSpiller::spill（）函数首先调用 collectRegsToSpill（）函数，收集只有一个使用的活跃范围片段（snippet）。片段是一个很小的活跃范围，是经过生存期分割后的剩余部分。在该活跃范围内，除了向寄存器复制数据，或从寄存器复制数据外，只有一条指令使用该寄存器的值。片段的示例如下：

```
%snip = COPY %Reg
%snip = USE %snip
%Reg = COPY %snip
```

示例中，复制指令操作数除 %Reg（也称为主寄存器）外，还有另一个操作数 %snip，%snip 被称为片段寄存器（SnipReg），其对应的生存期即为片段。当虚拟寄存器 %Reg 溢出时，与其关联的其他片段也应溢出（即 %snip 也应溢出），这对内存操作数折叠或压缩片段的活跃范围有利，也可以降低寄存器压力，并尽可能增加了溢出槽的保存指令和加载指令之间的距离。所有需要溢出的虚拟寄存器都保存在 InlineSpiller 类的成员变量 RegsToSpill 中。

InlineSpiller::spill() 函数的另一个功能是执行再具体化（Rematerialization）。再具体化是一种编译器优化技术，其通过重新计算某个变量的值而不是从内存中加载该变量的溢出值，达到减少性能开销的目的。因此，在将成员变量 RegsToSpill 中的虚拟寄存器溢出前，InlineSpiller::spill() 函数还会调用 reMaterializeAll() 函数，遍历 RegsToSpill 中的所有片段寄存器，并尝试在用到片段寄存器的机器指令前再具体化该片段寄存器的值，而不是从内存中加载该值。

经过再具体化后，RegsToSpill 中剩余的虚拟寄存器无法再具体化，此时可调用 spillAll() 函数［最终调用 VirtRegMap::assignVirt2StackSlot() 函数］将其溢出。

InlineSpiller::spill() 函数最后调用 LiveRangeEdit::calculateRegClassAndHint() 函数。该函数遍历所有新生成的生存期，并调用 VRAI.calculateSpillWeightAndHint() 函数，为每个新生成的生存期计算溢出权重。

第 5 章

张量核的编程方法与
编译器支持

在深度学习蓬勃发展的今天，GPU 因其在矩阵乘法、卷积等并行计算密集型应用上远超传统 CPU 的性能优势而得到广泛应用。针对深度学习模型中常见的张量操作，GPU 厂商在软硬件设计时都做了特别优化以加速其计算。为此，英伟达从沃尔塔（Volta，也译做伏打）架构开始，在其 GPU 设计中引入了张量核这一专为执行张量或矩阵运算而设计的专用执行单元，使得特斯拉（Tesla）V100 显卡的峰值吞吐率实现大幅提升。

英伟达的 GPU 架构经历了特斯拉 1.0 和特斯拉 2.0 两代的发展后，在费米（Fermi）架构上首次出现 CUDA 核称谓的处理器内核，这种处理器内核之前也被称为流处理器（Streaming Processor，SP）。CUDA 核是流多处理器（Streaming Multiprocessor，SM）中的单精度浮点单元。在 CUDA 核中，每个时钟周期启动一条单精度浮点指令，可以用于处理输入和输出 GPU 的所有数据，包括执行数值计算和游戏图形计算，例如，渲染游戏中的风景、绘制角色模型，或解决环境中的复杂光照和阴影等问题。CUDA 核与 CPU 内核的主要区别在于，CUDA 核的硬件逻辑设计简单，但数量巨大，每个 GPU 中可以包含数百到数千个 CUDA 核。CUDA 核数量可以作为 GPU 计算能力的衡量标准。费米架构之后，从开普勒（Kepler）架构到麦克斯韦（Maxwell）架构设计的跃升，使 CUDA 核处理能力的效率提高了近 40%。

当英伟达的 GPU 架构发展到沃尔塔时，出现了第一代张量核。此后，张量核就以其巨大的计算优势成为后续 GPU 架构中不可或缺的模块。因此，分析和理解张量核的工作原理，对于设计并在 GPU 架构中集成自定义深度学习加速单元有重要的指导意义。本章 5.1 节首先简要介绍了沃尔塔、图灵（Turing）和安培（Ampere）架构的设计，然后在 5.2 节中根据英伟达相关文档和业界论文，分析了张量核的基本设计思路，详细描述了张量操作在张量核上的指令定义，并介绍了在英伟达 GPU 上调用张量核计算功能所需的编程接口及其使用方法。最后，5.3 节以 LLVM NVPTX 后端为例，介绍了编译器支持张量核的方法。

5.1 沃尔塔、图灵和安培架构特性

自从沃尔塔 GPU 架构中首次引入了张量核后，在后续的图灵架构和安培架构上，张量核的计算能力不断提升。与 CUDA 核每个 GPU 时钟周期执行一次值乘法不同，沃尔塔架构中的张量核每个 GPU 时钟周期执行一次 4 × 4 矩阵乘累加运算。因此，张量核的计算能力相比 CUDA 核有很大提升，这也是张量核能加速深度学习神经网络训练和推理过程的原因。因为引入张量核，特斯拉 V100 显卡的峰值吞吐率可以达到特斯拉 P100 32 位浮点吞吐率的 12 倍。开发者也可以利用混合精度，在不牺牲精度的情况下，达到更高的吞吐率。在混合精度模式下，张量核输入数据为半精度浮点数，并以半精度进行矩阵乘计算，然后以单精度进行结果累加。

本节简要介绍了沃尔塔、图灵和安培三代产品的 GPU 架构及其 SM 结构，以及各架构中张量核的演进和主要特性。

▶▶ 5.1.1 沃尔塔架构特性

英伟达于 2017 年 6 月发布了基于沃尔塔 GPU 架构的专业显卡特斯拉 V100，内含专为 HPC 和 AI 计算而设计的 GV100 GPU。GV100 GPU 中的晶体管数量达 221 亿个，其采用台积电 12nm FFN 工艺，面积达 815mm²，超过之前的 GP100 GPU 核心面积（610mm²）。沃尔塔 GV100 全 GPU 架构图和 SM 结构图如图 5-1 和图 5-2 所示。

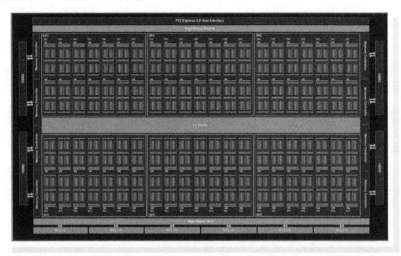

● 图 5-1　沃尔塔 GV100 全 GPU 架构图[14]

与前一代帕斯卡（Pascal）GP100 GPU 类似，GV100 GPU 由多个图形处理集群（Graphics Processing Cluster，GPC）、纹理处理集群（Texture Processing Cluster，TPC）、流多处理器（Streaming Multiprocessor，SM）以及内存控制器组成。GV100 GPU 内部包含 6 组 GPC，每组 GPC 包含 7 组 TPC，每组 TPC 又包含两组 SM（共 84 组 SM）。每个 SM 有 64 个 FP32 核、64 个 INT32 核、32 个 FP64 核和 8 个张量核。同时，每个 SM 还包含 4 个纹理处理单元。因此，GV100 GPU 总共有 5376 个 FP32 核、5376 个 INT32 核、2688 个 FP64 核、672 个张量核和 336 个纹理单元。每个内存控制器连接一个 768K 字节的 L2 缓存，8 个内存控制器共连接 6144K 字节的 L2 缓存。

如图 5-2 所示，GV100 SM 使用新的分区方法以提高 SM 利用率和整体性能。前一代的 GP100 SM 被划分为两个处理块（或称为子核 sub-core），每个处

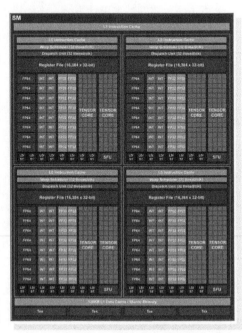

● 图 5-2　沃尔塔架构 SM 结构图[14]

理块有 32 个 FP32 核、16 个 FP64 核、一个指令缓冲区、一个线程束调度器、两个分发单元（dispatching unit）和一个 128K 字节寄存器文件。GV100 SM 分为四个处理块，每个块有 16 个 FP32 核、8 个 FP64 核、16 个 INT32 核、两个用于深度学习矩阵算法的新型混合精度张量核、一个新的 L0 指令缓存、一个线程束调度程序、一个分发单元和一个 64K 字节的寄存器文件。值得注意的是，GV100 SM 的每个处理块中都使用了新的 L0 指令缓存，可以提供更高的指令缓冲区效率。

与前一代帕斯卡架构相比，沃尔塔架构提供了更强的计算性能，并增加了许多新特性。例如，沃尔塔架构首次采用为深度学习而设计的张量核[14]，每个张量核在每个时钟周期执行 64 次浮点 FMA（Fused Multiply Add）运算，SM 中的 8 个张量核在每个时钟周期执行 512 次 FMA 运算（或 1024 次浮点运算），其训练峰值 TFLOPS 比前一代帕斯卡架构提高 12 倍，推理峰值 TFLOPS 提高 6 倍。而且，新的沃尔塔 SM 能效提高了 50%，从而在相同的功率范围内，大幅提升了 FP32 和 FP64 精度的计算性能。以特斯拉 V100 SXM2 GPU 加速器为例，其 SM 数量为 80 组，比全 GPU 版本略少。其基本时钟频率为 1.3GHz，提升时钟频率为 1.53GHz。因此，单精度理论峰值性能可达 15.67TFLOPS，双精度理论峰值性能可达 7.83TFLOPS。理论峰值性能计算方式如下：

15.67 TFLOPS = 1 FMA/cycle × 2 flop/FMA × 1.53G × 16（FP32 核）× 4（处理块）× 80（SM）

7.83 TFLOPS = 1 FMA/cycle × 2 flop/FMA × 1.53G × 8（FP64 核）× 4（处理块）× 80（SM）

上式中的 2 flop/FMA 表示一条 FMA 指令包括浮点乘法和浮点加法两个操作。因此，在计算峰值理论吞吐量时，一条 FMA 指令算作两个 FLOP。

张量核提供的 FP16/FP32 混合精度理论峰值性能可达 125TFLOPS，计算方式如下：

125 TFLOPS = 64 FMA/cycle × 2 flop/FMA × 1.53G × 2（张量核）× 4（处理块）× 80（SM）

此外，沃尔塔 SM 具有独立的并行整数和浮点数据路径，使其在混合计算和寻址计算的工作负载上也更加高效。沃尔塔架构的独立线程调度能力实现了并行线程之间更细粒度的同步和协作。其 L1 数据缓存和共享内存单元统一为一个物理部件，显著提高了性能，并降低了编程难度。

▶▶ 5.1.2 图灵架构特性

英伟达于 2018 年 8 月发布了图灵 GPU 架构，其高端 TU102 GPU 中的晶体管数量达 186 亿个。图灵全系列均采用台积电的 12nm FFN 工艺，面积达 754mm^2。TU102 GPU 内部包含 6 组 GPC，每组 GPC 包含 6 组 TPC，每组 TPC 又包含两组 SM（共 72 组 SM）。每个 SM 包含 64 个 FP32 核、64 个 INT32 核、两个 FP64 核和 8 个混合精度张量核。图灵 TU102 全 GPU 架构图和 SM 结构图如图 5-3 和图 5-4 所示（图中没有显示 FP64 核）。

图灵 SM 只包含少量 FP64 核，以确保任何使用 FP64 的程序都能正确运行。同时，每个 SM 还包含一个 256K 字节的寄存器文件、4 个纹理处理单元。图灵 SM 被划分为 4 个处理块（processing block），每个处理块有 16 个 FP32 核、16 个 INT32 核、两个张量核、一个线程束调度器和一个分发单元。每个处理块包括一个 L0 指令缓存和 64K 字节的寄存器文件。4 个处理块共用 96K 字节的 L1 数据缓存/共享内存存储单元。该存储单元可根据计算或图形工作负载配置为不同容量比例。图形

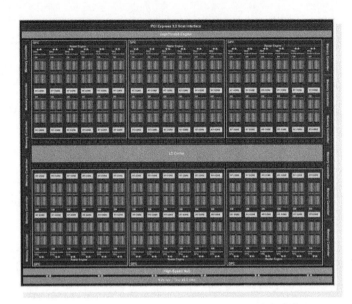

● 图 5-3　图灵 TU102 全 GPU 架构图[15]

工作负载将这 96K 字节的 L1 缓存/共享内存存储单元划分为 64K 字节的专用图形着色器内存和 32K 字节的纹理缓存及寄存器文件溢出区域。计算工作负载可将这 96K 字节划分为 32K 字节共享内存和 64K 字节 L1 缓存，或 64K 字节共享内存和 32K 字节 L1 缓存。

　　图灵 SM 中的张量核设计包含对 AI 模型推理的特殊增强处理[15]，增加了对 INT8、INT4 和（实验性的）INT1 精度模式的支持，用于可容忍量化误差的推理工作负载。对于需要更高精度的训练工作负载，张量核也可采用 FP16 精度模式。TU102 GPU 包含 576 个张量核，每个张量核在输入数据为 FP16 类型时，每个时钟周期可以执行 64 次 FP16 精度模式 FMA 操作，SM 中的 8 个张量核每个时钟周期可以执行 512 次 FP16 精度模式 FMA 操作，或每个时钟周期执行 1024 次浮点运算。与之相比，TU102 GPU 的 INT8 精度模式可以实现两倍的计算速度，即每个时钟周期可执行 2048 次整数运算。

　　图灵架构对核心执行数据路径做了重大改进。图灵 SM 除了包含已在沃尔塔 GV100 SM 架构中引入的功能外，

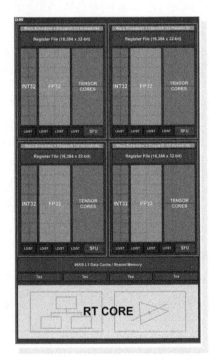

● 图 5-4　图灵架构 SM 结构图[15]

还支持并发执行 FP32 和 INT32 操作，以及类似于沃尔塔 GV100 GPU 的独立线程调度。着色器工作负载通常将浮点数算术指令与其他更简单的非浮点数指令混合执行。在以前的着色器架构中，每当

非浮点数指令执行时，浮点数据路径就处于空闲状态。图灵架构在每个 CUDA 核之外增加了并行执行单元，可以使浮点数单元与非浮点数单元并行执行。

图灵 SM 中还引入了新的 RT Core 处理引擎，可与先进的去噪滤波、高效的 BVH（Bounding Volume Hierarchy）加速结构，以及 RTX 兼容 API 协同工作，在图灵 GPU 上实现实时光线跟踪（Ray Tracing，RT）加速。

▶▶ 5.1.3 安培架构特性

英伟达于 2020 年 5 月发布了安培 GPU 架构及最新的计算卡 A100。其中，GA100 GPU 中的晶体管数量达 540 亿个，采用台积电 7nm 制程，面积达 826mm²；GA102 GPU 中的晶体管数量达 283 亿个，采用三星 8nm 制程，面积达 628mm²；GA104 GPU 中的晶体管数量达 174 亿个，采用三星 8nm 制程，面积达 393mm²。安培架构仍然沿用了成熟的 GPC-TPC-SM 多级架构，GA100 GPU 内部包含 8 组 GPC，每组 GPC 包含 8 组 TPC，每组 TPC 又包含 2 组 SM（共 128 组 SM）。GA100 GPU 中的每个 SM 包含 64 个 FP32 核、64 个 INT32 核、32 个 FP64 核和 4 个张量核。同时，每个 SM 还包含了 4 个纹理处理单元。因为 GA102 GPU 主要面向纯计算用途，因此安培 SM 中没有 RT Core。GA100 GPU 的 L2 缓存容量从 GV100 GPU 的 6M 字节增加到 40M 字节，且被分为两组。这样可以在减轻计算单元对显存带宽依赖的同时，避免访问远端 L2 缓存时出现延迟过高的问题。为了充分利用 L2 缓存容量，GA100 GPU 改进了缓存管理控制。改进后的缓存管理控件针对神经网络训练和推理，以及一般计算工作负载进行了优化，通过减少内存写回并将重用数据保留在 L2 缓存中，可以减少冗余 DRAM 流量，进而确保更有效地使用缓存中的数据。安培 GA100 全 GPU 架构图和 SM 结构图如图 5-5 和图 5-6 所示。

● 图 5-5　安培 GA100 全 GPU 架构图[16]

安培 SM 设计最显著的改进是将张量核升级到了第三代[16]。第三代张量核增加了支持加速的数据类型，包括 FP16、BF16（Bfloat16）、TF32（TensorFloat-32）、FP64、INT8、INT4 和 INT1。相比之下，沃尔塔架构中的张量核仅支持 FP16，图灵架构的张量核仅支持 FP16、INT8、INT4 和 INT1。安培架构中的张量核允许线程束中的所有 32 个线程之间共享数据，而沃尔塔架构中的张量核仅允许在 8 个线程之间共享数据。允许更多线程共享数据减少了将数据输入到张量核过程中占用的寄存器文件带宽，也减少了将数据从共享内存加载到寄存器文件中的数据量，从而节省了带宽和寄存器文件存储空间。为了进一步提高效率，安培架构中的张量核指令将每条矩阵乘指令的 K 维相比沃尔塔架构增加了 4 倍。对于 16×16×16 矩阵乘法，GA100 GPU 的增强型 16×8×16 张量核指令可将寄存器访问次数从 GV100 GPU 的 80 次减少到 28 次，发出的硬件指令从 GV100 GPU 的 16 条减少到 2 条。总体而言，在做计算矩阵乘运算时，GA100 GPU 发出的指令数降为 GV100 GPU 的约 1/8，执行的寄存器文件访问次数降为 GV100 GPU 的约 1/3。

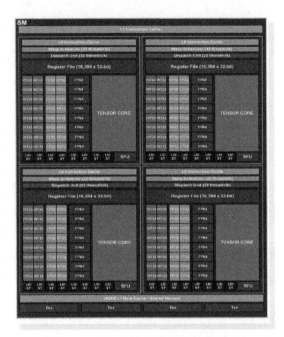

● 图 5-6　安培架构 SM 结构图[16]

此外，安培架构包括新的异步复制指令，可将数据直接从全局内存（通常来自 L2 缓存和 DRAM）加载到 SM 共享内存中。在沃尔塔架构中，数据首先通过全局加载指令由 L1 缓存加载到寄存器文件中；然后通过存储共享指令，将数据从寄存器文件传输到共享内存；最后通过加载共享指令，将数据从共享内存加载到寄存器中。新的异步复制指令通过绕开 L1 缓存，避免数据在寄存器文件中的往返传输，节省了 SM 内部带宽，并且还避免了为正在传输的数据分配寄存器文件存储空间。

为了实现高效的数据搬移，安培架构还引入了新的异步栅栏指令。该指令可以与异步复制指令协同工作。而且，GA100 GPU 将每个 SM 的最大共享内存提高了 1.7 倍，达到 164K 字节。与之对比，GV100 GPU 每个 SM 的最大共享内存为 96K 字节。通过这些改进，安培 SM 可以连续不断地传输数据并保持 L2 缓存的持续利用。

GA100 GPU 增加了 SM 数量，升级了更强大的张量核。这些改进反过来对从 DRAM 和 L2 缓存中获取数据的速率提出了更高的要求。为了满足张量核的需求，GA100 GPU 实现了一个 5 站点（5-site）HBM2 内存子系统，带宽为 1555GB/s，相比 GV100 GPU 带宽提高 1.7 倍以上。而且，GA100 GPU 的 L2 缓存读取带宽是 GV100 GPU 的 2.3 倍。

5.2　张量核编程方法

GPU 编程与 CPU 编程之间的主要区别在于其底层编程模型。开发者使用 CUDA（或 OpenCL）编程模型，通过内核程序定义每个线程的行为。CUDA 内核程序在主机 CPU 的协处理器 GPU 上执行。GPU 是大规模并行处理器，也是数据并行工作负载的主要加速器，大量线程在其上并行执行相同的内核程序。这种细粒度的多线程并行执行是隐藏内存延迟的关键。同时，GPU 提供了大量片内和片外资源支持并发执行。

从 CUDA 编程模型的角度看，本节关注的 GPU 设备存储层次结构包括三个层次：全局内存、L1 缓存/共享内存和寄存器文件。从全局存储器到寄存器，访问延迟依次减少，而带宽依次增加。GPU 线程按线程层次结构组织，存储层次结构中的级别对应于线程层次结构。线程是 CUDA 程序中最小的执行单元，每个线程通常可以访问 255 个寄存器。线程块中的线程数量受架构限制，同一线程块中的线程运行在同一个 SM 上，共享同一个资源分区（如共享内存），并可以通过共享内存、栅栏同步相互通信。在运行时，一个线程块被划分为多个线程束，每个线程束包括若干（一般为 32）个线程，由处理块（sub-core）的调度器调度并在处理块中执行。同一线程束中的线程以单指令多线程（Single Instruction Multiple Threads，SIMT）方式执行，这些线程在不同数据上同时执行相同的指令。多个线程块组合形成一个网格（grid），网格对应于设备上的活跃 CUDA 内核程序，同一网格中的所有线程块的线程数量相同。设备上的所有线程，不论其属于哪个线程块，都可以访问全局内存。全局内存的容量最大，但访问延迟更高、吞吐率更低。图 5-7 所示为 CUDA 编程模型中的内存和线程层次结构。

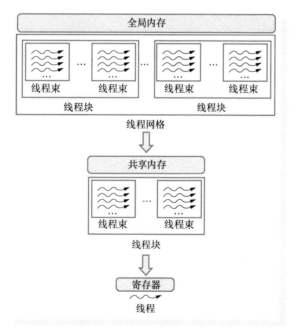

● 图 5-7　CUDA 编程模型中的内存和线程层次结构

张量核是一种只对输入矩阵进行矩阵乘累加操作的专用硬件计算单元。GPU 厂商在 SM 中增加张量核的目的是在原有 GPU 通用计算架构中融入针对 AI 算力需求的 DSA，在兼顾传统通用算力需求的同时，增加对 AI 算力需求的覆盖。张量核的高性能源自其对整块数据的批量处理和计算，以及与之配合的块数据读写和计算指令集设计。为了使上层应用便于调用张量核的功能，GPU 编程模式也应做相应的改变，即在 CUDA 中增加支持张量核及其相应指令集的编程接口。为此，CUDA 从

9.0 版本开始引入了 WMMA（Warp Matrix Multiply and Accumulation）API。该 API 允许开发者直接对张量核进行编程。此外，CUTLASS（CUDA Templates for Linear Algebra Subroutines）、cuBLAS（CUDA Basic Linear Algebra Subroutines）或 cuDNN（CUDA Deep Neural Network）等 CUDA 库中也提供了封装张量核功能的 API。开发者可通过调用 CUDA WMMA API 和 CUDA 库的 API，利用张量核完成 GEMM 计算。CUTLASS 是 CUDA C++模板化头文件库，可实现不同精度的 GEMM 计算。该库支持不同的分片（tiling）策略，并利用软件流水线隐藏 GPU 内存延迟。分片技术可发挥 GPU 共享内存的优势，因而广泛用于 GPU 编程。通常，计算过程中的每个分片使用一个线程块。TensorFlow、PyTorch 和 MXNet 等机器学习框架使用 cuDNN 进行训练和推理。cuBLAS 库实现了标准的基本线性代数子程序，也为张量核提供了 GEMM 例程。为了使用张量核，开发者应调用 cublasSetMathMode( )接口，将 cuBLAS 数学模式设置为 CUBLAS_tensorOp_MATH。然后，调用 cublasGemmEx( )或 cublasSgemm( )接口，在张量核上执行 GEMM。GEMM 计算包括两个矩阵 A 和 B 的相乘，并将结果与第三个矩阵 C 累加，即 $D=\alpha\times A\times B+\beta\times C$，其中，$\alpha$ 和 β 为标量系数。由于 α 和 β 系数对计算强度的影响轻微，本节对这两个系数忽略不计。计算完成后的结果保存在 D 矩阵中。所以，GEMM 不仅是矩阵乘操作，还包括标量缩放和加法操作。在本章的其余部分，除非另有说明，一般假设 A 矩阵的形状为 $M\times K$，B 矩阵的形状为 $K\times N$，C 和 D 矩阵的形状为 $M\times N$，矩阵计算的形状为 $M\times N\times K$。

参考文献［17］通过实验比较了上述几种 GEMM 实现方法的性能。实验结果表明，使用张量核计算 GEMM 可以显著提升性能。图 5-8 所示为使用和不使用张量核的 GEMM 性能比较。图中的横坐标 N 为矩阵大小，彩色条形图显示了在不使用张量核的情况下，在全单精度和半精度下使用 CUDA 内核的 GEMM 性能。灰色条形图分别显示了 WMMA API、CUTLASS 和 cuBLAS 库在张量核上的 GEMM 性能。

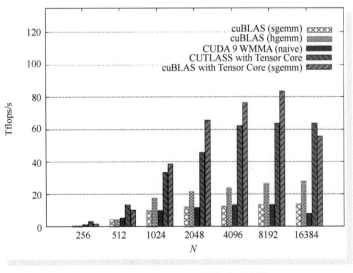

● 图 5-8　GEMM 性能比较[17]

本节将分别介绍张量核在 WMMA API 和 CUTLASS 库这两种抽象级别的编程接口及其用法。

▶▶ 5.2.1　WMMA API 及其用法

英伟达在 2017 年推出沃尔塔架构时，WMMA API 仅支持 FP16 矩阵的 $16 \times 16 \times 16$ 乘累加。随着英伟达 GPU 架构的演进，WMMA API 也与时俱进地增加了对 $32 \times 8 \times 16$、$8 \times 32 \times 16$、$8 \times 8 \times 32$ 等非方阵乘法和 FP64、BF16 和 TF32 等数据类型的支持。沃尔塔架构的张量核硬件实现了 4×4 矩阵乘累加，但 WMMA API 只允许开发者实现更大的矩阵乘，其目的是通过线程束中所有线程的共同协作，执行比硬件计算单元更多的线程，进而隐藏指令和内存延迟。下面示例代码演示了 CUDA 内核使用一个线程束计算 16×16 矩阵乘累加的方法：

```
#define M 16
#define N 16
#define K 16
__global__ void WMMATensorCore(half *A, half *B, float *C) {
 wmma::fragment<wmma::matrix_a, M, N, K, half, wmma::col_major> a_frag;
 wmma::fragment<wmma::matrix_b, M, N, K, half, wmma::row_major> b_frag;
 wmma::fragment<wmma::accumulator, M, N, K, float> c_frag;
 wmma::fill_fragment(c_frag, 0.0f);
 wmma::load_matrix_sync(a_frag, A, M);
 wmma::load_matrix_sync(b_frag, B, K);
 wmma::mma_sync(c_frag, a_frag, b_frag, c_frag);
 wmma::store_matrix_sync(C, c_frag, M, wmma::mem_row_major);
}
```

线程束中的所有线程都以 SIMT 方式执行 WMMA 指令。线程束中协作执行 WMMA 操作的线程在各自的寄存器文件中保存矩阵数据的一小部分，这部分数据称为分段（fragment）。上述代码涉及以下 WMMA API 和类型：

```
template<typename Use, int m, int n, int k, typename T, typename Layout = void> class
fragment;
void load_matrix_sync(fragment<⋯> &a, const T* mptr, unsigned ldm);
void load_matrix_sync(fragment<⋯> &a, const T* mptr, unsigned ldm, layout_t layout);
void store_matrix_sync(T* mptr, const fragment<⋯> &a, unsigned ldm, layout_t layout);
void fill_fragment(fragment<⋯> &a, const T& v);
void mma_sync(fragment<⋯> &d, const fragment<⋯> &a, const fragment<⋯> &b, const frag-
ment<⋯> &c, bool satf=false);
```

其中，重载类 fragment 表述了分布在线程束所有线程中的矩阵分段，其第一个模板参数 Use 指定了分段将如何参与矩阵运算。当 Use 为 wmma::matrix_a、wmma::matrix_b 时，分段可分别表示操作数矩阵 **A**、**B**；当 Use 为 wmma::accumulator 时，分段可表示操作数矩阵 **C** 或 **D**。fragment 的模板参数 m、n 和 k 指定了线程束级的矩阵分片形状。参数 T 指定了矩阵元素的数据类型。对于操作数矩阵 **A**、**B**，数据类型可以是 double、float、_half、_nv_bfloat16、char 或 unsigned char；对于操作数矩阵 **C** 或 **D**，数据类型可以是 double、float、int 或 _half。参数 Layout 的值可以为 row_major 或 col_major，分别表示矩阵中的元素在内存中是以行优先或列优先方式存储。wmma::matrix_a 和 wmma::

matrix_b 分片必须指定 Layout 参数，wmma::accumulator 分片则应使用该参数的默认值 void。

函数 load_matrix_sync( ) 的作用是在线程束的所有线程到达该函数位置后，从全局内存中加载函数参数 a 指定的矩阵分段。加载操作完成后，每个线程中的目的寄存器保存被加载矩阵的一部分。函数的指针参数 mptr 指向全局内存中矩阵的第一个元素。参数 ldm 指定了以数据元素为单位的行跨距（如果操作数矩阵为行优先布局）或列跨距（如果操作数矩阵为列优先布局）。如果操作数矩阵元素为 __half 类型，函数参数 ldm 必须是 8 的倍数；如果操作数矩阵元素为 float 类型，ldm 必须是 4 的倍数。

函数 store_matrix_sync( ) 的作用是在线程束的所有线程到达该函数位置后，将矩阵分段保存到全局内存。参数 mptr 和 ldm 的含义同 load_matrix_sync( ) 函数。参数 layout 必须设置为 wmma::mem_row_major 或 wmma::mem_col_major。

函数 fill_fragment( ) 的作用是用常量参数 v 填充矩阵分段参数 a。

函数 mma_sync( ) 的作用是在线程束的所有线程到达该函数位置后，执行线程束同步的矩阵乘累加操作。参数 c 和 d 可以设置为同一个矩阵分段。矩阵乘累加操作完成后，每个线程中的目的寄存器保存结果矩阵的一部分。当函数的参数 satf 为真时，如果目的矩阵分段中的某个元素的值为正无穷大，则对应的累加器将包含 +MAX_NORM；如果目的矩阵分段中的某个元素的值为负无穷大，则对应的累加器将包含 -MAX_NORM；如果目的矩阵分段中的某个元素的值为未定义（NaN），则对应的累加器将包含 +0。

通过调用上述 WMMA API，以上 CUDA 内核示例代码的功能可分为 5 个部分。第一，定义三个用于保存输入、输出矩阵的分段 a_frag、b_frag 和 c_frag。由于二维张量以一维数组形式提供，此处需要声明一维数组应以行优先还是列优先方式处理。第二，将用于存储矩阵乘法结果的 **C** 矩阵分段 c_frag 设置为零。第三，调用 load_matrix_sync( ) 接口将输入矩阵加载到分段 a_frag、b_frag 中。第四，调用 mma_sync( ) 接口，执行矩阵乘累加操作。由于每个时钟周期每个张量核可执行一次 4 × 4 矩阵乘累加（以沃尔塔架构为例），因此，每个 mma_sync( ) 操作需要 64 个张量核操作才能完成。最后，将计算结果从分段 c_frag 搬移到 GPU 全局内存的数组 **D** 中。

▶▶ 5.2.2 CUTLASS 中的张量核编程

从图 5-8 中可以看到，虽然 cuBLAS 这类 CUDA 库在大多数情况下能实现令人满意的性能，但 CUDA 库的 API 是在运行时调用，其功能和性能在编译后已经确定，因而缺乏灵活性，导致开发者无法对库中的基础算子进行定制化开发，如增加特殊的卷积算子。而且，库中提供的优化策略也不一定能满足开发者的特定需求。

CUTLASS 是 CUDA 内核中实现高性能 GEMM 计算的 CUDA C++模板和抽象的集合，即模板化库。对于开发者而言，实现高性能的计算内核已属不易，而要为不同规模的输入数据实现具有良好抽象性的高性能内核更是难上加难。CUTLASS 通过提供简化的模板化库，组合 GEMM 内核的不同部分可以解决此问题。如果使用得当，借助 CUTLASS 模板化库开发的内核可以达到 GPU 的峰值性能。模板化库可在编译时由编译器根据输入参数实现定制化和代码优化。与其他用于密集线性代数的模板化库（如 MAGMA 库）不同，CUTLASS 将 GEMM 计算中的可变部分分解为由 C++ 类或结构体模板抽象的基本组件，开发者在开发自定义 CUDA 内核时，可充分利用 CUTLASS 的可配置性和定制灵活性，通过组合和实例化这些组件，实现与 cuDNN、cuBLAS 等算子库性能相当的线性代数算子，满足上层 AI 模型的应用需求。

在不启用张量核的情况下，CUTLASS 中的 GEMM 实现按照设备、线程块、线程束和线程四个层级，通过将操作数矩阵划分为不同级别的数据块来组织计算。较高级别的数据块由较低级别的数据块构成，即多个线程数据块可构成线程束数据块，多个线程束数据块可构成线程块数据块，依此类推，最顶层是设备级别。该级别的数据块是分别从三个操作数矩阵 A、B 和 C 切分出来的分片，称为线程块分片（thread block tile）。A 矩阵的分片简称为 A 分片，依此类推，有 B 分片和 C 分片。

由于将数据从片外 DRAM（即全局内存）加载到硬件计算单元的开销很高，为了避免大量的数据加载操作，常见的做法是在计算前，将线程块分片的数据从全局内存搬移到共享内存，实现数据重用，并最小化每个元素需要加载的次数。假设 A、B、C 三个线程块分片的大小分别为 $m_s \times k_s$、$k_s \times n_s$ 和 $m_s \times n_s$，其中的下标 s 表示共享内存（shared memory）。每个线程块通过计算 A 分片和 B 分片的矩阵乘，并累加矩阵乘结果，得到 C 分片。因此，C 分片被称为 C 累加器，该分片同时也是线程块的输出。为了提高数据局部性，A 分片和 B 分片应从全局内存搬移到共享内存，供同一线程块中的所有线程访问和重用。在不考虑双缓冲模式的情况下，单个 A 分片和单个 B 分片的大小合计不应超过线程块的共享内存容量（一般为 96K 字节），即 $(m_s \times k_s + k_s \times n_s) < 96K$。由于 C 分片（即 C 累加器）在计算过程中更新频繁，因此将其存放位置提升到 SM 中速度最快的寄存器文件中，C 累加器对应的全局内存只需要在 C 累加器将所有矩阵乘结果沿 K 维累加后更新一次。图 5-9 所示为由某个线程块执行的计算。

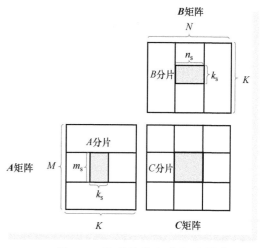

● 图 5-9　线程块执行的矩阵计算

在线程块级别，共享内存中的线程块分片进一步以线程束为单位切分为更小的数据块，称为线程束分片（warp tile），线程束分片也称为分段。A 矩阵的分段（简称为 A 分段）大小为 $m_w \times 1$，B 矩阵的分段（简称为 B 分段）大小为 $1 \times m_w$。A 分段的列数和 B 分段的行数都为 1，这主要是考虑到全局内存合并（global memory coalescing）的需要，保证线程束中的线程访问的数据在相邻的内存位置。下标 w 表示线程束（warp）。每个线程束负责沿 k 维迭代地将 A 分段和 B 分段从共享内存加载到寄存器文件中，并计算这些分段的累积矩阵外积。C 累加器也按线程束划分为更小的分段，每个分段的大小为 $m_w \times n_w$，划分方式如图 5-10 所示。分布在 C 累加器同一行的线程束（如图 5-10 中的 warp0、warp2、warp4、warp6）应加载 A 矩阵的相同分段，分布在累加器同一列的线程束（如图

5-10 中的 warp6、warp7）应加载 **B** 矩阵的相同分段。C 累加器的不同分段结果由同一线程块内的不同线程束计算得到，每个线程束在其寄存器文件中保存一个不重叠的 C 累加器分段。在图 5-10 所示的示例中，假设 A 分片大小为 $m_s \times k_s = 128 \times 8$，B 分片大小为 $k_s \times n_s = 8 \times 128$，计算得到的 C 累加器大小为 $m_s \times n_s = 128 \times 128$。C 累加器的结果由线程块中的所有线程束并行计算得到。示例中的每个线程块包含 8 个线程束，以 2×4 格式排列。相应地，A 分段的大小为 $m_w \times 1 = 64 \times 1$，B 分段的大小为 $1 \times n_w = 1 \times 32$。每个线程束在每次迭代中计算得到 C 累加器中大小为 64×32 的分段（如图 5-10 中所示的 warp6）。

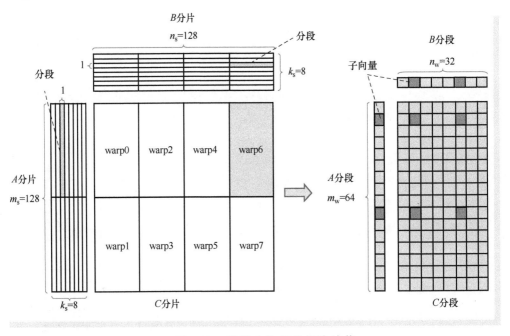

● 图 5-10　线程束执行的矩阵计算

在线程束级别，线程束分片再次被切分为更小的线程分片，线程分片也称为子向量。线程束中的每个线程使用 A 分段的子向量和 B 分段的子向量计算得到大小为 $m_r \times n_r$ 的外积。下标 r 表示寄存器（register）。对于元素数据类型为 FP32 的矩阵，子向量长度为 4 元素。每个线程可通过 128 位的向量加载指令，一次加载 4 个相邻的 FP32 元素，从而实现内存访问带宽的最大化。由于每个线程束有 32 个线程，为了并行化处理分段，CUTLASS 总是以 4 × 8 或 8 × 4 的方式组织同一线程束中的线程并行处理分段的子向量，因此有 $m_w/m_r = 4$、$n_w/n_r = 8$ 或 $m_w/m_r = 8$、$n_w/n_r = 4$。图 5-11 所示是 8×4 的线程组织方式，即 $m_w = 64$、$m_r = 8$、$m_w/m_r = 8$，$n_w = 32$、$n_r = 8$、$n_w/n_r = 4$。

在线程级别，每个线程向 CUDA 核发出一系列独立的 FMA 指令，并计算得到一个大小为 $m_r \times n_r$ 的外积。图 5-11 所示是计算得到的 $m_r \times n_r = 8 \times 8$ 的外积结果。每个线程可占用的最大寄存器数量一般为 255，因此，计算外积占用的 $m_r \times n_r$ 个寄存器及预取操作数占用的寄存器总量不应超过 255。

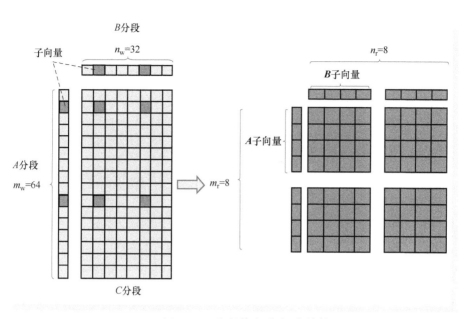

● 图 5-11 线程执行的矩阵计算

上述各层级的数据块大小参数可根据系统性能参数配置。其中,最小线程块分片大小受算术计算峰值性能和全局内存带宽比值的限制,最小子向量长度受算术计算峰值性能和共享内存带宽比值的限制。

综上所述,数据以线程块分片的形式从全局内存加载到共享内存,再以分段的形式从共享内存加载到寄存器文件,CUDA 核从寄存器中取得子向量操作数并执行计算。上述每个步骤应选择合适的数据块大小,以便其能放入对应的存储空间。由于结果矩阵的不同分片及其分段的计算相互独立,各 C 累加器及其分段可以并行计算得到,由此可最大限度地提高 GPU 的资源利用率。由于线程级别和内存层次结构之间的一对一映射关系,每个分片复制操作由线程层次结构对应部分的所有线程协作完成。GEMM 工作流程如图 5-12 所示。

在 GEMM 执行过程中,在每条计算指令发出时刻,SM 中的线程束调度器会选择一个符合执行条件的线程束,并将其发送到相应的计算单元执行。只有当指令的所有操作数都准备就绪时,线程束才符合执行条件。然而,线程束从全局内存中加载数据可能需要数百个周期才能准备好执行。为了隐藏这种长延迟,一种解决办法是增加驻留在每个 SM 中的线程数量,确保 SM 中始终存在活跃线程束。但是,将操作数矩阵进行分片后再执行矩阵乘操作,需要使用共享内存和寄存器文件来保存操作数分片和累加器分片。在第 6 章中将会说明,如果计算对共享内存和寄存器这类片上存储用量有较高的需求,将会限制 SM 占用率,进而导致在执行 GEMM 计算时,每个 SM 中容纳的活跃线程束和线程块数量较少,以至不足以隐藏数据访问延迟。为了平衡这对矛盾,CUTLASS 采用软件流水线机制,并将其主循环分为软件可配置的若干个流水线阶段。上游流水线阶段在加载数据的同时,下游流水线阶段可执行计算,计算使用的操作数来自前一上游流水线阶段的加载操作。GEMM 实现中的流水线结构如图 5-13 所示。在这样的流水线结构中,GEMM 在使用共享内存或寄存器中

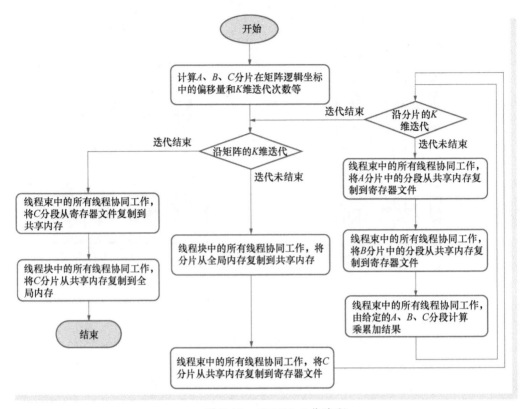

● 图 5-12　GEMM 工作流程

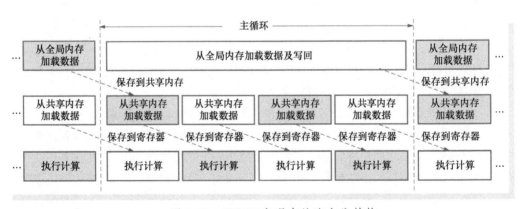

● 图 5-13　GEMM 实现中的流水线结构

的分片执行当前计算的同时，还应从上一级存储器（寄存器的上一级存储器是共享内存，共享内存的上一级存储器是全局内存）中读取下一次计算所需分片。因此，**GEMM** 层次结构的每个级别都使用了双缓冲模式，保证在上游流水线阶段将数据写入共享内存或寄存器的同时，下游流水线阶段可以从共享内存或寄存器中加载数据。双缓冲模式在提高数据访问并行度的同时，增加了共享内存和寄存器数量的开销，这会进一步降低 **SM** 占用率。因此，在实现过程中，开发者需要优化操作数矩

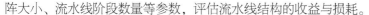

阵大小、流水线阶段数量等参数，评估流水线结构的收益与损耗。

上述 GEMM 计算层次结构中的线程束级矩阵计算可以使用张量核实现，即由硬件专用架构直接实现粗粒度的张量核计算，并通过指令集暴露给上层软件。张量核在获得单位晶体管更强算力的同时，对访存延迟开销更为敏感。因此，张量核的访存方式不是让每个线程低效地单独请求其所需的矩阵元素，而是让线程束的所有线程协同工作，以访存合并方式将矩阵的分片加载到共享内存中。可见，计算方式和访存方式的优化是张量核计算性能提升的两个主要来源。CUTLASS 为 CUDA 编程模型提供了 CUDA C++模板组件。这些模板组件为从设备级到指令级的矩阵乘累加操作提供了可重用的基础模块和统一的编程模型。通过这些模板组件，CUTLASS 可将计算分解为由线程块、线程束和线程协作执行的并发子任务，也将矩阵维度信息和卷积、乘累加等计算过程映射到不同架构的张量核硬件实现上。此外，CUTLASS 的 CUDA C++模板组件还提供了结构化的方法，用于收集编译期常量，如矩阵大小、形状和精度等。本节接下来的内容将介绍 CUTLASS 的模板组件，并通过 CUTLASS 自带示例程序 turing_tensorop_gemm.cu 演示其用法。

1. CUTLASS 中的张量核用法示例

CUTLASS 模板组件的层次结构可分为设备、内核、线程块、线程束、线程和指令 6 层。其中，指令层组件描述了对应于单个硬件或 PTX 指令的操作；线程层组件描述了由单个线程执行的操作；线程束层组件描述了由线程束协作执行的操作；线程块层组件描述了由线程块协作执行的操作；内核层组件描述了 CUDA 内核（其中定义了共享内存和常量内存分配）实现的操作；设备层组件描述了设备级操作，包括在 GPU 上启动一个或多个内核。与张量核相关的 CUTLASS 组件主要包括操作数矩阵分片迭代器（tile iterator）、Fragment 结构和线程束级矩阵乘操作算子实现。输入、输出矩阵可被分割成一系列分片，这些分片可以通过分片迭代器访问。例如，对于卷积操作，激活和过滤器分片迭代器用于将输入数据分片和权重数据分片加载到寄存器中。Fragment 结构用于将线程数据保存在寄存器数组中，线程束级矩阵乘操作算子用于将大的矩阵乘操作分解为张量核操作。

示例 turing_tensorop_gemm.cu 演示了基于图灵架构，使用 CUTLASS 提供的张量核函数和数据结构调用 GEMM 的方法。示例的主函数首先需要检查 CUDA 版本是否≥10.2，以及设备计算能力是否≥75。如果这两个条件都满足，说明 CUDA 版本和硬件设备都支持图灵架构，可调用 run() 函数完成主要功能。

在启动图灵张量核的 GEMM 计算内核之前，程序首先声明各输入、输出操作数矩阵的数据类型、数据布局、SM 架构、线程块分片和线程束分片大小、矩阵乘累加操作类型（MMAOp）等：

```
using ElementAccumulator = int32_t;          // <- data type of accumulator
using ElementComputeEpilogue = ElementAccumulator;
using ElementInputA = int8_t;                 // <- data type of elements in input matrix A
using ElementInputB = int8_t;                 // <- data type of elements in input matrix B
using ElementOutput = int32_t;                // <- data type of elements in output matrix D
using LayoutInputA = cutlass::layout::RowMajor;
using LayoutInputB = cutlass::layout::ColumnMajor;
using LayoutOutput = cutlass::layout::RowMajor;
```

```
using MMAOp = cutlass::arch::OpClassTensorOp;
using SmArch = cutlass::arch::Sm75;
using ShapeMMAThreadBlock = cutlass::gemm::GemmShape<128, 256, 64>;
using ShapeMMAWarp = cutlass::gemm::GemmShape<64, 64, 64>;
using ShapeMMAOp = cutlass::gemm::GemmShape<8, 8, 16>;
```

如前所述，GEMM 的计算公式为 $D=\alpha\times A\times B+\beta\times C$。上述代码首先设置矩阵 A、B、C、D 和 α、β 系数的数据类型。类别名 LayoutInputA、LayoutInputB 分别规定矩阵 A、B 布局为行优先和列优先，LayoutOutput 规定矩阵 C、D 布局为行优先。而且，上述代码还将 GEMM 计算中的线程块分片大小、线程束分片大小和矩阵乘累加操作的分段大小分别设置为 $128 \times 256 \times 64$、$64 \times 64 \times 64$ 和 $8 \times 8 \times 16$。较大的分片设置可以更好地重用共享内存中加载的数据，但启动的线程块较少，导致 GPU 占用率较低。而较小的分片设置实现的峰值利用率较低，但可以将工作负载更均匀地分配给 GPU 内的 SM。在 run( ) 函数中还要设定 GEMM 计算的操作数矩阵的大小为 $5120 \times 4096 \times 4096$。因此，该示例的存储层次结构如图 5-14 所示。

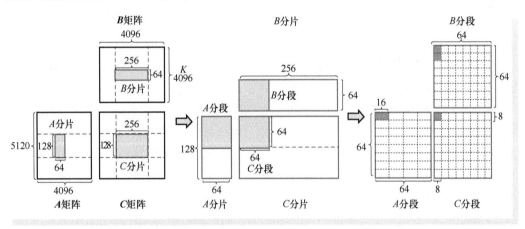

● 图 5-14　示例的存储层次结构

为了加载分片，还需通过调度机制，将数据从全局内存搬移到共享内存后，再搬移到寄存器分段，该搬移过程按分片进行。GemmIdentityThreadblockSwizzle 结构实现的交换（swizzling）功能用于获取分片在全局内存中的偏移量，流水线主循环（由 MmaPipelined 类模板实现）据此迭代获取全局内存中的数据向量，供后续线程束计算使用。

```
using SwizzleThreadBlock =
        cutlass::gemm::threadblock::GemmIdentityThreadblockSwizzle<>;
```

通常，GEMM 内核设计的关注重点都在矩阵乘 $A \times B$ 上。但在计算得到 $\alpha \times A \times B$ 的结果后，仍需将其与 $\beta \times C$ 的结果相加。这是一个线性组合（linear combination）操作，由 CUTLASS 的 LinearCombination 类实现。CUTLASS 将这部分功能称为内核结尾（kernel epilogue）。也正因为内核结尾是线性组合操作，因此，应将 α 和 β 的数据类型设置为与 C 矩阵数据类型相同，即都为 ElementComputeEpilogue（int32_t）：

```
using EpilogueOp = cutlass::epilogue::thread::LinearCombination<
                ElementOutput,ElementAccumulator, ElementComputeEpilogue>;
```

上述代码引入的模板别名可用于实例化 GEMM 内核。CUTLASS 中定义了模板 cutlass::gemm::device::Gemm，用于描述 CUTLASS GEMM 内核。当实例化 GEMM 内核时，CUTLASS 根据模板参数推导出内核所需的共享内存大小、每个线程块的线程数量、数据存储布局和其他变量，减轻了开发者在理解和实现硬件相关优化方面的负担。如前所述，GEMM 主循环中的一次迭代被称为一个阶段，此处的变量 NumStages 指定主循环中的阶段数为 2：

```
constexpr int NumStages = 2;
using Gemm = cutlass::gemm::device::Gemm<
                ElementInputA, LayoutInputA, ElementInputB, LayoutInputB,
                ElementOutput, LayoutOutput, ElementAccumulator,
                MMAOp, SmArch,
                ShapeMMAThreadBlock, ShapeMMAWarp, ShapeMMAOp,
                EpilogueOp, SwizzleThreadBlock, NumStages>;
```

run( ) 函数的主要功能是实例化和启动张量核的 GEMM 内核，并为 GEMM 内核提供所需参数。例如，run( ) 函数将参与计算的矩阵维度定义为 M = 5120、N = 4096、K = 4096，并调用 CUTLASS 辅助函数 TensorFillRandomUniform( ) 为 A、B、C 矩阵填充正态分布随机数，以及通过辅助函数 TensorFill( ) 为 D 矩阵和参考矩阵填充 0。然后，将矩阵数据从主机端复制到设备端：

```
int run() {
  const int length_m = 5120;
  const int length_n = 4096;
  const int length_k = 4096;
  cutlass::gemm::GemmCoord problem_size(length_m, length_n, length_k);
  cutlass::HostTensor<ElementInputA, LayoutInputA> tensor_a(
      problem_size.mk());  // <- Create matrix A with dimensions M x K
  cutlass::HostTensor<ElementInputB, LayoutInputB> tensor_b(
      problem_size.kn());  // <- Create matrix B with dimensions K x N
  cutlass::HostTensor<ElementOutput, LayoutOutput> tensor_c(
      problem_size.mn());  // <- Create matrix C with dimensions M x N
  cutlass::HostTensor<ElementOutput, LayoutOutput> tensor_d(
      problem_size.mn()); // <- Create matrix D with dimensions M x N
  cutlass::HostTensor<ElementOutput, LayoutOutput> tensor_ref_d(
      problem_size.mn());  // <- Create matrix D with dimensions M x N
  cutlass::reference::host::TensorFillRandomUniform(
      tensor_a.host_view(), 1, ElementInputA(4), ElementInputA(-4), 0);
  cutlass::reference::host::TensorFillRandomUniform(
      tensor_b.host_view(), 1, ElementInputB(4), ElementInputB(-4), 0);
  cutlass::reference::host::TensorFillRandomUniform(
      tensor_c.host_view(), 1, ElementOutput(4), ElementOutput(-4), 0);
  cutlass::reference::host::TensorFill(tensor_d.host_view());
  cutlass::reference::host::TensorFill(tensor_ref_d.host_view());
  tensor_a.sync_device();
  tensor_b.sync_device();
```

```
tensor_c.sync_device();
tensor_d.sync_device();
tensor_ref_d.sync_device();
ElementComputeEpilogue alpha = ElementComputeEpilogue(1);
ElementComputeEpilogue beta = ElementComputeEpilogue(0);
...
```

为了提高 SM 利用率，GEMM 算法可以将原来每个线程块计算一个输出分片的做法，改为由多个线程块计算同一个输出分片。因此，可以将每个分片在 K 维上切分为若干子分片，并将这些子分片分散到不同线程块处理，每个线程块处理 K 维上的一个子分片。在本示例中不需要切分分片，因此变量 split_k_slices 被设置为 1：

```
int split_k_slices = 1;
```

矩阵维度变量以参数元组（problem_size）的形式集成到 GEMM 操作的参数结构 Gemm::Arguments 中：

```
typename Gemm::Arguments arguments{
                problem_size,  // <- problem size of matrix multiplication
                tensor_a.device_ref(),  // <- reference to matrix A on device
                tensor_b.device_ref(),  // <- reference to matrix B on device
                tensor_c.device_ref(),  // <- reference to matrix C on device
                tensor_d.device_ref(),  // <- reference to matrix D on device
                {alpha, beta},          // <- tuple of alpha and beta
                split_k_slices};        // <- k-dimension split factor
```

其中的参数 tensor_a.device_ref()、tensor_b.device_ref() 和 tensor_c.device_ref() 是 CUTLASS TensorRef<>对象，其中包含了指向 GPU 设备内存中的张量数据。根据上述参数调用 Gemm::get_workspace_size() 函数可以得到内核需要的设备端工作空间内存，CUTLASS 可据此为工作空间分配相应大小的内存。工作空间指针与其他参数可共同用于初始化 GEMM 内核实例 gemm_op，并在设备上启动该内核，内核计算结果保存在 tensor_c 中。代码如下：

```
size_t workspace_size = Gemm::get_workspace_size(arguments);
cutlass::device_memory::allocation<uint8_t> workspace(workspace_size);
Gemm gemm_op;
cutlass::Status status = gemm_op.can_implement(arguments);
status = gemm_op.initialize(arguments, workspace.get());
status = gemm_op();
```

为了比较上述 GEMM 内核输出结果是否正确，示例代码随后初始化并启动一个参考 GEMM 内核实例 gemm_device，并用该参考 GEMM 内核的输出结果验证 gemm_op 内核的正确性：

```
cutlass::reference::device::Gemm<ElementInputA,…>    gemm_device;
gemm_device(problem_size, alpha, tensor_a.device_ref(), tensor_b.device_ref(),…);
```

2. CUTLASS 中的分层执行模型

CUTLASS 将上述示例的 GEMM 操作实现分解为多层级的执行模型。CUTLASS 支持各种 GPU 架构。设备级 GEMM 算子为所有架构提供了统一的配置交互接口，也为 GEMM 计算指定了大部分配置参数。与具体应用密切相关的其他参数可在 CUTLASS 的线程块级、线程束级和线程级指定，并使用相应级别的组件构建满足需要的内核。设备级 GEMM 算子同时也是主机端代码实例化和执行 GEMM 操作的接口，其主要作用是在编译时将各种数据类型和高阶结构参数映射到特定 CUTLASS 组件，并在运行时将逻辑参数映射为内核参数。上述示例中的主机端代码通过设备级的 cutlass∷gemm∷device∷Gemm 类对象启动图灵张量核。在 cutlass∷gemm∷device∷Gemm 类的重载函数调用运算符实现中，通过调用该类定义的 run( ) 函数，可根据初始化状态运行内核。Gemm 类定义（见<cutlass_root>/include/cutlass/gemm/device/gemm.h）如下：

```
template <…>
class Gemm {//device level GEMM
  ...
  using GemmKernel = typename kernel::DefaultGemm <…>::GemmKernel;
  ...
  Status run()(cudaStream t stream = nullptr) {
    ...
    cutlass::Kernel <GemmKernel ><<<grid, block, smem_size, stream>>>(params_);
    ...
  }

  Status operator()(cudaStream t stream = nullptr) {
    return run(stream);
  }
  ...
}
```

其中，cutlass∷Kernel( )是通用 CUTLASS 内核函数模板，其主要功能是通过模板参数 Operator 对象（此处 Operator 为 kernel∷DefaultGemm∷GemmKernel）的函数调用运算符，启动模板参数 Operator 指定的算子。CUTLASS 要求任何对象在需要使用共享内存存储时都应使用 SharedStorage 结构。cutlass∷Kernel( )函数定义了共享内存基地址指针，并为其实例化 SharedStorage 对象，可用其保存内核函数的共享内存数据。cutlass∷Kernel( )函数实现（见<cutlass_root>/include/cutlass/device_kernel.h）如下：

```
template <typenameOperator >
__global__ void Kernel(typename Operator::Params params) {
  // Dynamic shared memory base pointer
  extern _shared_int SharedStorageBase[];
   // Declare pointer to dynamic shared memory.
  typename Operator::SharedStorage *shared_storage =
    reinterpret_cast<typename Operator::SharedStorage * >(SharedStorageBase);
    Operator op;
  op(params, *shared_storage);
}
```

cutlass∷gemm∷device∷Gemm 类中的 GemmKernel 是引入的 kernel∷DefaultGemm∷GemmKernel 模板别名。kernel∷DefaultGemm 结构体模板中定义了内核级矩阵乘累加操作、内核结尾和内核级

GEMM 算子。cutlass::gemm::device::Gemm 类通过 kernel::DefaultGemm 结构体模板接受模板参数，并实例化内核级 GEMM 结构体模板 kernel::Gemm。kernel::DefaultGemm 结构体模板定义（见 <cutlass_root>/include/cutlass/gemm/kernel/default_gemm.h）如下：

```
template <···>
struct DefaultGemm<···> {
  using Mma =
        typename cutlass::gemm::threadblock::DefaultMma <···>::ThreadblockMma ;
···
  using GemmKernel =
                    kernel::Gemm <Mma , Epilogue, ThreadblockSwizzle, SplitKSerial>;
};
```

其中，kernel::DefaultGemm::Mma 是引入的 kernel::threadblock::DefaultMma::ThreadblockMma 模板别名，kernel::DefaultGemm::GemmKernel 是引入的 kernel::Gemm 模板别名。因此，cutlass::Kernel() 函数中的 Operator 对象调用的是 kernel::Gemm 结构体模板中的重载函数调用运算符实现。kernel::Gemm 结构体模板定义（见 <cutlass_root>/ include/cutlass/gemm/kernel/gemm.h）如下：

```
template <typename Mma _,···>
struct Gemm { //kernel level GEMM
  ···
  using Mma = Mma _;
  ···
  void operator()(Params const &params, SharedStorage &shared_storage) {
    ···
   Mma mma(shared_storage.main_loop, thread_idx, warp_idx, lane_idx);
    ···
     mma(gemm_k_iterations, accumulators, iterator_A, iterator_B, accumulators);
    }
};
```

kernel::DefaultGemm::Mma 作为模板参数传递给内核级 GEMM 结构体模板 kernel::Gemm。因此，kernel::Gemm::Mma 是引入的线程块级 GEMM 结构体模板 threadblock::DefaultMma::ThreadblockMma 模板别名。threadblock::DefaultMma 结构体模板中定义了线程块级 MmaCore 组件、A 和 B 操作数矩阵分片迭代器和线程块级 Mma 算子。threadblock::DefaultMma 结构体模板定义（见 <cutlass_root>/include/cutlass/gemm/ threadblock/default_mma.h）如下：

```
template <···>
struct DefaultMma<···> {
  using MmaCore = typename cutlass::gemm::threadblock::DefaultMmaCore <···>;
  using IteratorA/B = cutlass::transform::threadblock::PredicatedTileIterator <···>;
  using ThreadblockMma =
        cutlass::gemm::threadblock::MmaPipelined <···, typename MmaCore ::MmaPolicy>;
};
```

其中，MmaCore 是引入的 threadblock::DefaultMmaCore 模板别名，threadblock::DefaultMma::ThreadblockMma 是引入的 threadblock::MmaPipelined 模板别名。因此，在结构体模板 kernel::Gemm

的重载函数调用运算符实现中，Mma 对象调用的是 threadblock::MmaPipelined 类模板中的重载函数调用运算符实现。线程块级 GEMM 实现可以高效地将数据块从全局内存加载到共享内存中，然后通过线程束级 GEMM 算子，计算由分片迭代器定义的一系列分片的矩阵乘累加结果。*A* 分片和 *B* 分片的分片迭代器（IteratorA 和 IteratorB）类型为 threadblock::PredicatedTileIterator，通过这两个分片迭代器，可分别遍历全局内存中的 *A*、*B* 矩阵分片序列，并通过 ld.gloabl 指令将分片数据从全局内存加载到暂存寄存器中，同时可避免内存访问越界。threadblock::MmaPipelined 类模板定义（见 <cutlass_root>/include/cutlass/gemm/threadblock/mma_pipelined.h）如下：

```
template <…,typename IteratorA_, ,…typename IteratorB_, ,…typename Policy_,…>
class MmaPipelined : public MmaBase<Shape_, Policy_, 2> {
  ...
  using IteratorA = IteratorA_;
  using IteratorB = IteratorB_;
  using Operator = typename Policy::Operator;
  ...
  void operator()(…) {
    ...
    iterator_A.load(tb_frag_A);
    iterator_B.load(tb_frag_B);
    Operator warp_mma;
    ...
    warp_mma(accum, warp_frag_A, warp_frag_B, accum);
    ...
  };
  ...
```

threadblock::DefaultMmaCore 结构体模板根据输入、输出矩阵数据类型和大小，可实例化线程束级张量算子和矩阵乘策略 MmaPolicy。该策略类型决定了线程束级算子的性能或内部实现细节。threadblock::DefaultMmaCore 结构体模板定义（见 <cutlass_root>/ include/cutlass/gemm/threadblock/default_mma_core_sm75.h）如下：

```
template <…>
struct DefaultMmaCore {
  using MmaTensorOp =
        typename cutlass::gemm::warp::DefaultMmaTensorOp <…>::Type;
  using MmaPolicy = MmaPolicy <MmaTensorOp, MatrixShape<0, 0>,
                              MatrixShape<0, 0>, WarpCount::kK>;
};
```

其中，threadblock::DefaultMmaCore::MmaTensorOp 是引入的 warp::DefaultMmaTensorOp::Type 模板别名，thrcadblock::DefaultMmaCore::MmaPolicy 是 threadblock::MmaPolicy 的模板别名。而 warp::DefaultMmaTensorOp::Type 又是 warp::MmaTensorOp 的模板别名。因此，在类模板 threadblock::MmaPipelined 的重载函数调用运算符实现中，Operator 对象调用的是类模板 warp::MmaTensorOp 的重载函数调用运算符实现。线程束分片迭代器通过 ldmatrix 指令将线程束分片（即分段）从共享内存加载到寄存器中后，线程束级 GEMM 算子可使用张量核计算矩阵乘累加，并将计算结

果累积在寄存器中。在类模板 warp::MmaTensorOp 中，矩阵 **A**、**B** 和 **C** 的线程束分片迭代器（IteratorA/B/C）类型为 warp::MmaTensorOpMultiplicandTileIterator，通过这些迭代器，可分别遍历共享内存中的线程束分片操作数。结构体模板 warp::DefaultMmaTensorOp 和类模板 warp::MmaTensorOp 定义（见<cutlass_root>/include/cutlass/gemm/warp/default_mma_tensor_op.h）如下：

```
template <...>
struct DefaultMmaTensorOp {
  using Policy =
            cutlass::gemm::warp::MmaTensorOpPolicy<cutlass::arch::Mma<...>,...>;
  using Type = cutlass::gemm::warp::MmaTensorOp<...Policy, ...>;
};


template <...Policy_,...>
class MmaTensorOp {
  ...
  using ArchMmaOperator = typename Policy::Operator;
  using IteratorA/B/C = Mma TensorOpMultiplicandTileIterator <...>;
  using FragmentA/B/C = typename IteratorA::Fragment;
  ...
  ArchMmaOperator mma;
  ...
  void operator()(...) {
    mma(...);
  }
};
```

其中，warp::MmaTensorOpPolicy 结构实现的策略描述了针对张量核的线程束级 GEMM 算子实现细节。arch::Mma 作为结构体模板 warp::MmaTensorOpPolicy 的模板参数被传递给线程束级 GEMM 类模板 warp::MmaTensorOp。因此，在类模板 warp::MmaTensorOp 的重载函数调用运算符实现中，ArchMmaOperator 对象调用的是结构体模板 arch::Mma 中的重载函数调用运算符实现。arch::Mma 结构体模板定义（见<cutlass_root>/include/ cutlass/arch/mma_sm75.h）如下：

```
template <>
struct Mma<...> {
  void operator()(...) {
    asm volatile("mma.sync.aligned.m16n8k8.row.col.f16.f16.f16.f16...;"...);
  }
};
```

结构体模板 arch::Mma 针对不同设备计算能力、操作数矩阵大小和数据精度，用不同方法或 PTX 指令实现了指令级矩阵乘累加操作。此处以 mma_sm75.h 文件中实现的 arch::Mma 结构体模板为例，该文件中针对不同组合情况共定义了 19 种 arch::Mma 结构体模板，每个结构体模板定义了各自的函数调用操作符实现。以输入操作数数据类型为 s8、形状为 $8 \times 8 \times 16$ 的矩阵乘累加操作为例，其函数调用操作符实现代码如下：

```
void operator()(FragmentC &d, FragmentA const &a,
                FragmentB const &b, FragmentC const &c) const {
  unsigned const &A = reinterpret_cast<unsigned const &>(a);
  unsigned const &B = reinterpret_cast<unsigned const &>(b);
  int const *C = reinterpret_cast<int const * >(&c);
  int *D = reinterpret_cast<int * >(&d);
  ...
  asm volatile("mma.sync.aligned.m8n8k16.row.col.s32.s8.s8.s32 {%0,%1}, {%2}, {%3}, {%4,%5};\n"
      : "=r"(D[0]), "=r"(D[1])
      : "r"(A), "r"(B), "r"(C[0]), "r"(C[1]));
  ...
}
```

上述代码通过汇编器语句 asm( )将 PTX 汇编语言语句内联到 CUDA 代码中。asm( )语句的基本语法如下：

```
asm("template-string" : "constraint"(output) : "constraint"(input));
```

其中，template-string 是模板字符串，其中包含了引用操作数的 PTX 指令。模板字符串中可以有一个或多个由分号分隔的 PTX 指令。示例如下：

```
asm("add.s32 %0, %1, %2;" : "=r"(i) : "r"(j), "r"(k));
```

该示例输出的 PTX 指令如下：

```
ld.s32 r1, [j];
ld.s32 r2, [k];
add.s32 r3, r1, r2;
st.s32 [i], r3;
```

模板字符串中的每个%n 表示操作数列表的索引。即%0 指的是第一个操作数，%1 指的是第二个操作数，依此类推。由于输出操作数总是列在所有输入操作数之前，因此输出操作数总是对应最小的索引。

asm( )语句基本语法中的 constraint 是约束字母，用于指定 PTX 寄存器类型。例如，r 表示 u32 寄存器，h 表示 u16 寄存器，l 表示 u64 寄存器，f 表示 f32 寄存器，d 表示 f64 寄存器。"=r" 中的"=" 修饰符指定写入寄存器。

CUTLASS 实现代码中通常将 volatile 关键字与 asm( )联用，其目的是强制编译器在优化时按原样执行内联代码，保证在生成 PTX 期间不会删除或移动内联汇编指令。此外，CUTLASS 针对 CUDA 核心还实现了线程级 GEMM 操作，可对寄存器中保存的数据执行矩阵乘法加操作。由于本章主要专注于张量核，因此对线程级 GEMM 操作不展开论述。CUTLASS 在张量核上实现 GEMM 操作时涉及的执行模型层次结构和组件的总结如图 5-15 所示。

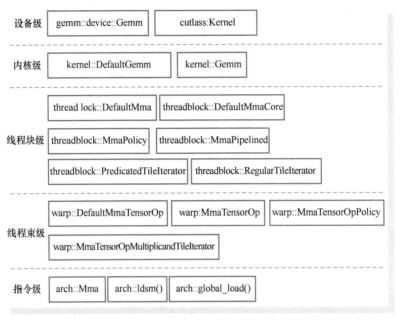

图 5-15　GEMM 的执行模型层次结构和组件

综上所述，CUTLASS 通过各级组件对象将 GEMM 计算分解为线程块、线程束和线程协作完成的并发任务。为兼顾高性能和灵活性，CUTLASS 大量使用模板、函子（functor）等设计模式生成可组合的结构，利用编译时优化，快速、大量地生成可满足性能目标的优化代码。出于提高效率的考虑，CUTLASS 将 GEMM 计算执行过程中保持不变的参数尽可能放在启动 GEMM 内核函数前预先计算，并将其作为内部状态通过参数结构传递给内核。CUTLASS 中还使用集合软件接口（collective software interfaces）构造高性能、可维护性好的 CUDA 内核代码。并行线程块、线程束或线程可通过集合接口，对分片数据协作执行计算操作。

5.3　编译器后端对张量核的支持

PTX ISA 提供了 wmma 和 mma 两种指令，用于执行矩阵乘累加计算。wmma PTX 指令的功能基本与 CUDA WMMA API 的功能对应，需要由线程束中的所有线程协作完成。例如，wmma.load 指令将 **A**、**B** 和 **C** 矩阵分段从内存加载到寄存器中，wmma.mma 指令在已加载的矩阵分段上执行矩阵乘累加操作，wmma.store 指令将 **C** 或 **D** 矩阵分段保存到内存。mma 指令同样需要由线程束中的所有线程协作完成，但要求开发者在调用 mma 指令之前显式地为线程束中的不同线程分配矩阵元素，而且，mma 指令增加了对稀疏操作数矩阵的支持。

为了向 CUDA 应用提供张量核编程接口支持，编译器前后端需要调整，尤其是后端的代码生成过程。本节首先介绍 wmma PTX 指令的格式和用法，然后介绍 mma 指令的格式和用法，最后以 LLVM NVPTX 后端对 wmma PTX 指令的支持为例，说明如何通过 intrinsic 函数，在 LLVM 后端中增加对 GPU 深度学习加速器的支持。

▶▶ 5.3.1　wmma PTX 指令及其用法

wmma PTX 指令格式如下：

```
wmma.load.a.sync.aligned.shape{.ss}.layout.atype ra, [pa]{, stride};
wmma.load.b.sync.aligned.shape{.ss}.layout.btype rb, [pb]{, stride};
wmma.load.c.sync.aligned.shape{.ss}.layout.ctype rc, [pc]{, stride};
wmma.mma.sync.aligned.shape{.ss}.alayout.blayout.dtype.ctype rd, ra, rb, rc;
wmma.store.d.sync.aligned.shape{.ss}.layout.type [pd], rd {, stride};
```

在执行矩阵乘累加操作之前，操作数矩阵 **A**、**B**、**C** 的分段必须从内存地址操作数 p∗（∗代表 a、b 或 c，下同）所指定的位置加载到目的寄存器 r∗ 中。其中，wmma.load 指令中的限定符 a、b 和 c 是互斥的（即同一条指令只能出现 a、b、c 中的一个）。指令 wmma.load.a，wmma.load.b、wmma.load.c 分别将操作数矩阵 **A**、**B**、**C** 分段加载到寄存器 ra、rb、rc 中进行 WMMA 计算。目的操作数 r∗ 是一个由大括号括起来的向量表达式，如 {x0,…, x7}，可用于保存加载操作返回的分段。其中，x0~x7 为一组寄存器变量。

wmma.mma 指令使用寄存器 ra、rb 和 rc 中保存的 A、B 和 C 分段执行线程束级矩阵乘累加操作，并将结果保存在寄存器 rd 中。wmma.store 指令的作用则是将源寄存器 rd 中的矩阵分段保存到地址操作数 pd 指定的位置。

wmma PTX 指令定义中的同步（sync）限定符表示指令等待线程束中所有线程同步后才开始执行，对齐（aligned）限定符表示线程束中的所有线程必须执行相同的 wmma PTX 指令，形状（shape）限定符指定参与 WMMA 计算的操作数矩阵维度（如 16 × 16 × 16 表示为 m16n16k16）。wmma.store 指令的形状限定符必须与 wmma.mma 指令中的形状限定符匹配。

wmma PTX 指令定义中的可选限定符 ss 是状态空间（state space）的缩写。PTX 的状态空间是具有特定特征的存储区域。状态空间的特征包括状态空间的大小、可寻址性、访问速度、访问权限和线程之间的共享级别。所有变量都存在于某个状态空间中。PTX 的状态空间包括寄存器（.reg）、特殊寄存器（.sreg）、只读常量（.const）内存、全局（.global）内存、本地（.local）内存、参数（.param）内存、共享（.shared）内存和全局纹理（.tex）内存等。wmma PTX 指令中只用到全局内存和共享内存两种。

wmma PTX 指令定义中的 "∗type" 标识符表示操作数矩阵的精度。例如，在沃尔塔架构中，矩阵 **A** 和 **B** 必须是 FP16，但矩阵 **C** 可以是 FP16 或 FP32。wmma.mma 指令中的 ∗type 限定符必须与 wmma.load 和 wmma.store 指令的相应限定符匹配。

wmma PTX 指令定义中的布局（layout）限定符表示操作数矩阵以行优先（.row）或列优先（.col）方式保存在内存中。wmma.mma 指令中的 alayout 和 blayout 限定符必须与 wmma.load 指令中指定的操作数矩阵 **A** 和 **B** 分段的布局相匹配。在行优先布局中，矩阵每行中的连续元素存储在连续的内存位置中，这里的行被称为矩阵的前导维度（leading dimension）。在列优先布局中，矩阵每列中的连续元素存储在连续的内存位置中，这里的列被称为矩阵的前导维度。即行优先布局中的行或列优先布局中的列都被称为前导维度，行优先布局中的某一行或列优先布局中的某一列称为前导维度的一个实例。前导维度（行或列）的连续实例不需要连续存储在内存中。wmma.load 和 wmma.store 指令定义中的可选参数跨距（stride），以矩阵元素（而不是字节）为单位，指定了从某一行（或列）起始位置到下一行（或列）起始位置的偏移量。如图 5-16 中所示的 16 × 16 矩阵是以行优先布局存储在内存中的较大矩阵，而 WMMA 操作访问的矩阵是其中较小的灰色子矩阵，大小为 4 × 4。在这种情况下，跨距的值是较大矩阵的前导维度长度（此处为 16）。

wmma PTX 指令用法示例如下：

```
.global .align 32 .f16 A[256], B[256];
.global .align 32 .f32 C[256], D[256];
.reg .b32 a<8> b<8> c<8> d<8>;
wmma.load.a.sync.aligned.m16n16k16.global.row.f16
        {a0, a1, a2, a3, a4, a5, a6, a7}, [A];
wmma.load.b.sync.aligned.m16n16k16.global.col.f16
        {b0, b1, b2, b3, b4, b5, b6, b7}, [B];
wmma.load.c.sync.aligned.m16n16k16.global.row.f32
        {c0, c1, c2, c3, c4, c5, c6, c7}, [C];
wmma.mma.sync.aligned.m16n16k16.row.col.f32.f32
        {d0, d1, d2, d3, d4, d5, d6, d7},
        {a0, a1, a2, a3, a4, a5, a6, a7},
        {b0, b1, b2, b3, b4, b5, b6, b7},
        {c0, c1, c2, c3, c4, c5, c6, c7};
wmma.store.d.sync.aligned.m16n16k16.global.col.f32
        [D], {d0, d1, d2, d3, d4, d5, d6, d7};
```

该示例是一个形状为 16 × 16 × 16 的矩阵乘累加操作，其中的操作数矩阵 **A** 和 **B** 元素数据类型为 FP16，操作数矩阵 **C** 和 **D** 元素数据类型为 FP32。每个输入操作数矩阵的分段为 32 字节，跨距的默认值为前导维度长度 16。

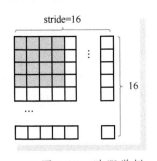

stride=16

16

● 图 5-16　跨距举例

编译器将 wmma.load 和 wmma.store PTX 指令翻译为一组 SASS（Source and Assembly）加载和保存指令。对于行优先布局的矩阵 **A** 和列优先布局的矩阵 **B**，wmma.load.a 和 wmma.load.b PTX 指令被翻译为两个 128 位宽的 SASS 加载指令；对于列优先布局的矩阵 **A** 和行优先布局的矩阵 **B**，wmma.load.a 和 wmma.load.b PTX 指令被翻译为 4 个 64 位宽的 SASS 加载指令。wmma.load.cPTX 指令被翻译为一组 LD.E.SYS 指令。

wmma.mma PTX 指令通过 HMMA SASS 指令实现。每个 HMMA 指令有 4 个操作数，每个操作数使用一对相邻寄存器，但在 HMMA 指令中只用一个寄存器的标识符表示。例如，指令 "HMMA.884.F32.F32.STEP0 R8, R26.reuse.T, R16.reuse.T, R8;" 中的 R8 表示寄存器对<R8, R7>。类似地，其余寄存器标识符表示三对源操作数寄存器<R26, R25>、<R16, R15>、<R8, R7>。4 对寄存器分别对应矩阵 **A**、**B**、**C** 和 **D**。

对于混合精度的沃尔塔架构，每条 wmma.mma 指令被拆成 4 组共 16 条 HMMA 指令，每组 4 条 HMMA 指令。每条 HMMA 指令都有 STEP<n>标记，n 从 1～3。编译器生成的 HMMA SASS 指令如下[18]：

```
; set 0:
HMMA.884.F32.F32.STEP0 R8, R26.reuse.T, R16.reuse.T, R8;
HMMA.884.F32.F32.STEP1 R10, R26.reuse.T, R16.reuse.T, R10;
HMMA.884.F32.F32.STEP2 R4, R26.reuse.T, R16.reuse.T, R4;
HMMA.884.F32.F32.STEP3 R6, R26.T, R16.T, R6;
; set 1:
HMMA.884.F32.F32.STEP0 R8, R20.reuse.T, R18.reuse.T, R8;
HMMA.884.F32.F32.STEP1 R10, R20.reuse.T, R18.reuse.T, R10;
HMMA.884.F32.F32.STEP2 R4, R20.reuse.T, R18.reuse.T, R4;
HMMA.884.F32.F32.STEP3 R6, R20.T, R18.T, R6;
; set 2:
HMMA.884.F32.F32.STEP0 R8, R22.reuse.T, R12.reuse.T, R8;
HMMA.884.F32.F32.STEP1 R10, R22.reuse.T, R12.reuse.T, R10;
HMMA.884.F32.F32.STEP2 R4, R22.reuse.T, R12.reuse.T, R4;
HMMA.884.F32.F32.STEP3 R6, R22.T, R12.T, R6;
; set 3:
HMMA.884.F32.F32.STEP0 R8, R2.reuse.T, R14.reuse.T, R8;
HMMA.884.F32.F32.STEP1 R10, R2.reuse.T, R14.reuse.T, R10;
HMMA.884.F32.F32.STEP2 R4, R2.reuse.T, R14.reuse.T, R4;
HMMA.884.F32.F32.STEP3 R6, R2.T, R14.T, R6;
```

在 SASS 指令编码的控制信息中，有一个 4 位的重用（reuse）标识符，用于表示相关操作数在后续指令中会被重用。沃尔塔、帕斯卡和麦克斯韦等架构的 GPU 中有 4 个寄存器重用缓存和 4 个源操作数槽。4 位重用标志位中的每一位对应于一个 8 字节的槽。当某一位标志被置位时，相应槽中的寄存器值将被保存在重用缓存中，供后续指令使用。这种做法可以减少后续指令的寄存器获取，并降低寄存器 bank 冲突的可能性。

在英伟达 GPU 中，寄存器文件的存储结构按 bank 组织。例如，在沃尔塔架构 GPU 中，寄存器文件被分成两条 64 位宽的 bank。一条运算指令在每个时钟周期最多只能访问每条 bank 的 64 位数据。例如，单精度浮点运算指令在每个时钟周期最多只能从每条 bank 中读取两个寄存器值。如果该类指令希望一次访问同一条 bank 的 3 个寄存器则会引发 bank 冲突。出现冲突时，GPU 只能将寄存器访问序列化，这无疑会增加访问时间并且效率低下。这时，将寄存器值存储在重用缓存中，可减少后续指令的寄存器 bank 冲突。

▶▶ 5.3.2 mma 和 ldmatrix PTX 指令及其用法

CUDA 从版本 10.1 开始，为沃尔塔架构的张量核提供了 mma PTX 指令支持。后续的 CUDA 版本陆续增加了对不同数据类型和形状的 mma PTX 指令支持。与 wmma PTX 指令相比，mma PTX 指令有与其对应的 SASS 指令，并且可以直接控制张量核硬件的操作。在执行 mma 指令前，首先应通过 ldmatrix PTX 指令从共享内存向寄存器中加载一个或多个矩阵分段，用于 mma 指令操作。ldmatrix 和 mma PTX 指令格式如下：

```
ldmatrix.sync.aligned.shape.num{.trans}{.ss}.type r, [p];
mma.sync.aligned.shape.alayout.blayout.dtype.atype.btype.ctype rd, ra, rb, rc;
```

比较 mma 指令和前述 wmma.mma 指令格式可知，除了 wmma.mma 指令具有状态空间限定符外，mma 指令和 wmma.mma 指令的限定符及其含义基本相同。本小节以前述示例 turing_tensorop_gemm.cu 调用的 mma.m8n8k16 指令为例，说明线程束级 ldmatrix 和 mma 指令的组合用法，以及线程束从共享内存中获取数据并启动张量核操作的方式。

1. ldmatrix PTX 指令加载矩阵方法

ldmatrix PTX 指令是针对张量核 mma PTX 指令操作数的共享内存数据加载指令。该指令根据地址操作数 p 指示的位置，将分布在共享内存中的线程束所有线程操作数分段加载到目的寄存器 r 中。ldmatrix PTX 指令定义中的形状限定符指定了加载矩阵的维度，目前仅支持 m8n8。ldmatrix PTX 指令定义中的类型限定符仅支持 b16，因此每个矩阵元素数据长度为 16 位。即不论操作数矩阵的实际大小和数据类型为何值，ldmatrix PTX 指令都将其当作 16 位的 8×8 矩阵读取。ldmatrix PTX 指令定义中的状态空间限定符仅支持 shared，即 ldmatrix PTX 指令只从共享内存中读取操作数。

矩阵每一行的元素在内存中连续存储，但不同的行在内存中不一定连续存储。因此，ldmatrix PTX 指令需要知道 8×8 矩阵中每一行的共享内存地址偏移量，才能从共享内存中读取数据。这 8 个行地址偏移量由线程 0~7 提供。为了支持操作数矩阵在 M 维和 K 维的扩展，ldmatrix PTX 指令定义中的矩阵数量限定符取值可以为 x1、x2 或 x4，分别表示 ldmatrix PTX 指令每次读取一个、两个或四个 16 位的 8×8 矩阵。相应地，ldmatrix PTX 指令分别需要知道 8 个、16 个和 32 个行地址偏移量，因此，分别需要由线程 0~7、线程 0~15、线程 0~31 获取这些行地址偏移量。图 5-17 所示为矩阵数量限定符取值分别为 x1、x2 或 x4 时，ldmatrix PTX 指令通过线程束各线程参与矩阵行向量寻址的模式。图中显示了线程束线程 ID 在矩阵中的位置。其中，T0 表示线程 0，T1 表示线程 1，依此类推。

如图 5-17 所示 "共享内存行地址偏移" 列中的每一个线程对应一个行地址偏移指针，该指针指向共享内存中长度为 128 位的数据行。ldmatrix PTX 指令在执行时，将这 128 位数据分发给操作数矩阵元素对应的 4 个线程（如线程 0 将 128 位数据分发到线程 0、线程 1、线程 2 和线程 3 的寄存器中，每个线程的寄存器得到 32 位数据），并由这些线程完成张量核操作。CUTLASS 将这 128 位数据称为 MmaTensorOp 操作数。

以示例 turing_tensorop_gemm.cu 产生的 A 分段为例，CUTLASS 的迭代器组件 warp::MmaTensorOpMultiplicandTileIterator 在调用函数模板 arch::ldsm() 时，通过 arch::ldsm() 函数的非类型参数 MatrixCount 指定了矩阵数量限定符的值，而 MatrixCount 的实参为 A 分段在 K 维的 MmaTensorOp 操作数数量，即变量 Policy::LdsmShape::kCount 的值。由图 5-18 所示可知，A 分段在 K 维的 MmaTensorOp 操作数数量为 4，这意味着 ldmatrix PTX 指令的矩阵数量限定符取值为 x4。因此，函数模板 arch::ldsm() 内联的 ldmatrix 指令为 ldmatrix.sync.aligned.x4.m8n8.shared.b16。函数模板 arch::ldsm() 实现代码如下：

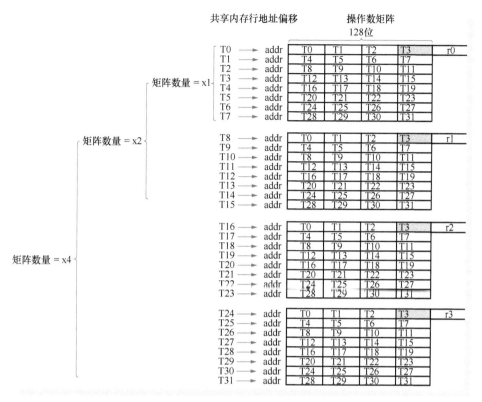

● 图 5-17　ldmatrix PTX 指令的行向量寻址

```
template <>
inline __device__ void ldsm<layout::RowMajor, 4>( Array<unsigned, 4> & D,
    void const* ptr) {
    ...
    unsigned addr = cutlass_get_smem_pointer(ptr);
    int x, y, z, w;
    asm volatile ("ldmatrix.sync.aligned.x4.m8n8.shared.b16 {%0, %1, %2, %3}, [%4];"
                  : "=r"(x), "=r"(y), "=r"(z), "=r"(w) : "r"(addr));
    reinterpret_cast<int4 &>(D) = make_int4(x, y, z, w);
    ...
}
```

如图 5-18 所示，A 分段第一行中有 4 个 MmaTensorOp 操作数，每个 MmaTensorOp 操作数的 M 维为 8 个元素，K 维为 16 个元素。由于 A 分段的每个元素长度为 8 位，因此每个 MmaTensorOp 操作数的 K 维长度为 128 位（16×8 位），4 个 MmaTensorOp 操作数对应 ldmatrix PTX 指令读取的 4 个 16 位的 8×8 矩阵。每个矩阵右侧的 8 个线程负责提供对应的行地址偏移指针。

ldmatrix PTX 指令定义中的目的操作数 r 是一个大括号括起来的向量表达式，由 1、2 或 4 个 32 位寄存器组成，寄存器数量由矩阵数量限定符的值决定。对图 5-18 中所示矩阵数量限定符为 x4 的

情况，ldmatrix PTX 指令的目的操作数为 {r0，r1，r2，r3}，每个目的操作数的 32 位数据由不同的
线程提供。例如，线程 3（图 5-17 中所示的彩色矩形框）的 4 个操作数 r0、r1、r2、r3 分别由线程
0、线程 8、线程 16 和线程 24 提供。向量表达式的每个元素都包含相应矩阵的一个分段。对于如图
5-19 中所示元素数据长度为 8 位的 8×16（$M=8$，$K=16$）操作数矩阵，ldmatrix PTX 指令仍将其当
作元素数据长度为 16 位的 8×8 矩阵读取，其矩阵数量限定符的值为 x1。读取 8×8 矩阵时，线程束
中的每个线程加载矩阵某一行的分段，线程 0 的寄存器中加载 8×8 矩阵的第一行数据的前 32 位数
据，线程 1 的寄存器中加载第一行数据的后 32 位数据，依此类推。T0～T3 四个线程作为一个线程
组，负责加载矩阵的第一行，共 16 字节，如图 5-19 所示。

与图 5-19 所示操作对应的 ldmatrix PTX 指令如下：

```
.reg .b64 addr;
.reg .b32 d;
ldmatrix.sync.aligned.x1.m8n8.shared.b16 {d}, [addr]
```

ldmatrix PTX 指令在从内存中读取矩阵时，可以同时完成转置操作。ldmatrix PTX 指令定义中的
转置（trans）限定符表示矩阵以列优先方式加载。图 5-19 所示操作数矩阵转置后的结果如图 5-20
所示。

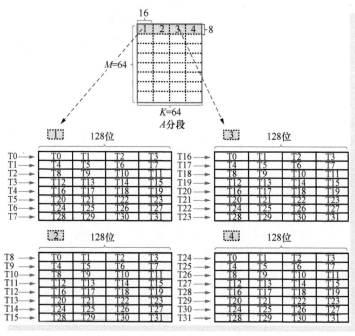

● 图 5-18　A 分段与 ldmatrix PTX 指令加载矩阵的对应关系

与图 5-20 所示转置操作对应的 ldmatrix PTX 指令如下：

```
ldmatrix.sync.aligned.x1.trans.m8n8.shared.b16 r, [addr]
```

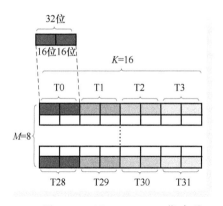

图 5-19　ldmatrix PTX 指令的
线程与分段对应关系

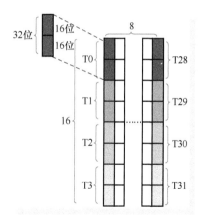

图 5-20　ldmatrix 操作的转置操作

2. 张量核操作数的无冲突加载和存储

前文已经提到，数据以分片的形式，先从全局内存加载到共享内存，再以分段的形式，从共享内存加载到寄存器文件。为了保证全局内存和共享内存，以及共享内存和寄存器文件之间数据传输性能（即共享内存的存储和加载的效率），首先应避免在共享内存的存储和加载时出现共享内存 bank 冲突。

无冲突的共享内存加载和存储对高效数据传输非常重要，特别是对从共享内存中加载数据操作尤为关键。因为在矩阵乘累加操作前，线程束中的线程需要频繁从共享内存中加载操作数。与前述寄存器文件按 bank 组织类似，为了实现高带宽的并发访问，共享内存也被分成若干个大小相等的 bank，这些 bank 可以被同时访问。以沃尔塔架构为例，其共享内存以 4 字节为单位分成 32 个 bank［可通过 cudaDeviceSetSharedMemConfig( ) 运行时 API 配置 bank 宽度］。4 字节（32 位）为一个字（word）。每个 SM 中的每个 bank 的带宽为每时钟周期 4 字节，SM 中所有 bank 的整体带宽为每时钟周期 128 字节。线程束中的线程可同时访问共享内存，并可以读写共享内存中的不同地址。如果线程束中的不同线程访问不同的 bank，则不会产生任何问题，且访问共享内存的速度和访问寄存器接近。如果线程束中的所有线程同时访问共享内存同一个 bank 的同一个字，则硬件单元会通过广播，一次性将共享内存数据传送给所有线程，速度快且不产生任何冲突。如果线程束中的某几个线程同时访问共享内存同一个 bank 的同一个字，硬件单元（计算能力在 CC2.x 以上的）可通过多播，一次性将共享内存数据传送给指定线程，同样不会出现冲突。但是，如果多个线程同时访问共享内存同一个 bank 的不同字，将引起 bank 冲突，进而导致引起冲突的线程只能顺序访问，而无法同时访问共享内存。如果 N 个线程同时访问共享内存同一个 bank 的 N 个不同字，将发生 N 路冲突（N-way bank conflict）。这种冲突情况在线程束中的两个或多个线程访问操作数矩阵的同一 bank 的不同行数据时经常发生。最差的情况是线程束中的所有 32 个线程访问同一个 bank 的 32 个不同字，这将导致 32 路冲突。

如图 5-21 所示，假设矩阵 A 的 M 和 K 维度分别为 8 和 2，bank 数量（用 n 表示）为 4，一个线程束中的线程数（用 warp_size 表示）为 8。在计算前，同一线程块中的线程以合并内存访问方式将数据从全局内存加载到共享内存中，在计算期间，线程逐行访问共享内存中的数据。数据在共享内存中的存储布局方式会影响访问这些数据的方式，进而影响共享内存的吞吐量。下面以列优先和行优先存储布局为例，分析和比较哪种方式带来的整体 bank 冲突更少。

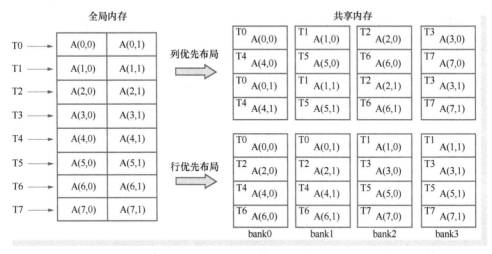

● 图 5-21　共享内存的存储布局方式

对于列优先布局，矩阵 A 的同一列中的元素存储在连续的 bank 中。因此，对于具有 4 个 bank 的共享内存，A 矩阵同一列中的 8 个元素存储在 4 个不同的连续 bank 中，每个 bank 最多存储某列的两个（$= M / n = 8 / 4$）元素，并且最多同时被两个（$= \text{warp\_size} / n = 8 / 4$）线程访问，因此导致两路 bank 冲突。

对于行优先存储，矩阵 A 的同一行中的元素存储在连续的 bank 中，因此，A 矩阵同一列的 8 个元素存储在两个（$= n / K = 4 / 2$）不同 bank 中，每个 bank 存储 4 个（$= M \times K / n = 8 \times 2 / 4$）元素。相比列优先布局，在行优先布局中，每个 bank 保存的 A 矩阵同一列的元素增加到 K 倍，因此访问每个 bank 的线程数（$K \times \text{warp\_size} / n$）也增加到 K 倍，并导致 bank 冲突增加到 K 倍，这将使整体共享内存吞吐量降低到峰值吞吐量的 $1/K$。

线程束中的线程数通常设为 32，如果共享内存的 bank 数也为 32，列优先布局不会导致 bank 冲突，因为每个 bank 最多只能有一个线程访问。但当共享内存的 bank 数<32 时，无论是行优先布局，还是列优先布局，都将不可避免地出现 bank 冲突。

CUTLASS 通过在共享内存的存储过程采用交错（permuted）数据布局避免 bank 冲突，交错数据布局既不是行优先布局，也不是列优先布局。下面以图灵架构下，示例 turing_tensorop_gemm.cu 产生的形状为 8 × 16 的行优先矩阵为例，说明在共享内存的存储和加载时，通过交错数据布局实现无 bank 冲突的方法。

CUTLASS 组件 threadblock::MmaPipelined 在执行 GEMM 计算前，需要在其重载函数调用操作符实现中，通过迭代器组件 threadblock::PredicatedTileIterator 的 load_with_byte_offset() 函数，从全局

内存中加载操作数并暂存在寄存器文件中。load_with_byte_offset( ) 函数实现代码如下：

```
CUTLASS_DEVICE
void load_with_byte_offset(Fragment &frag, LongIndex byte_offset) {
  AccessType *frag_ptr = reinterpret_cast<AccessType *>(&frag);
  for (int s = 0; s < ThreadMap::Iterations::kStrided; ++s) {
    for (int c = 0; c < ThreadMap::Iterations::kContiguous; ++c) {
      for (int v = 0; v < kAccessesPerVector; ++v) {
        int idx = v + kAccessesPerVector *(c + s *ThreadMap::Iterations::kContiguous);
        address_iterator_.set_iteration_index(idx);
        char const *byte_ptr = reinterpret_cast<char const *>(address_iterator_.get
                                                               ()) + byte_offset;
        AccessType const *access_ptr = reinterpret_cast<AccessType const *>(byte_ptr);
        cutlass::arch::global_load<AccessType, sizeof(AccessType)>(
            frag_ptr[idx], access_ptr, address_iterator_.valid());
        ++address_iterator_;
      }
    }
  }
}
```

其中，access_ptr 是每个线程持有的、指向操作数在全局内存中地址的指针。函数 global_load( ) 通过内联 ld.global PTX 指令，实现了架构相关的全局内存数据加载操作。global_load( ) 函数实现代码如下：

```
CUTLASS_DEVICE
global_load(AccessType& D, void const* ptr, bool pred_guard) {
  uint4& data = reinterpret_cast<uint4&>(D);
  asm volatile(
      "{ \n"
      ".reg .pred p; \n"
      "setp.ne.b32 p, %5, 0; \n"
      "mov.b32 %0, %6; \n"
      "mov.b32 %1, %7; \n"
      "mov.b32 %2, %8; \n"
      "mov.b32 %3, %9; \n"
      "@ p ld.global.v4.u32 {%0, %1, %2, %3}, [%4]; \n"
      "} \n"
      : "=r"(data.x), "=r"(data.y), "=r"(data.z), "=r"(data.w)
      : "l"(ptr), "r"((int)pred_guard), "r"(data.x), "r"(data.y), "r"(data.z), "r"
                                                                      (data.w));
}
```

其中，PTX 指令 ld.global.v4.u32 可将源地址指针 ptr 指向的全局内存中的操作数加载到寄存器中，mov PTX 指令用于强制编译器在 ld.global.v4.u32 PTX 指令之前将数据初始化为零。图 5-22 所示为示例 turing_tensorop_gemm.cu 产生的 A 分段中的 MmaTensorOp 操作数分段在全局内存的布局，以及操作数分段与线程的对应关系。

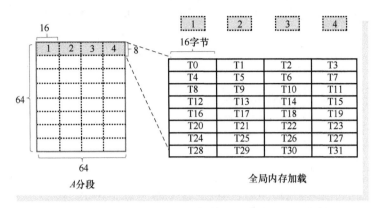

● 图 5-22　从全局内存加载操作数分段的线程布局

图 5-22 中 A 分段的第一行中有 4 个 MmaTensorOp 操作数，这些操作数由一个线程束的 32 个线程加载，每个线程加载 16 字节数据，4 个线程作为一个线程组，负责加载操作数的一行数据。因此，每个线程组内连续两个线程持有的全局内存地址指针 access_ptr 相差 16 字节。在图灵 GPU 上运行示例 turing_tensorop_gemm.cu 可得到 32 个线程持有的全局内存地址指针 access_ptr，见表 5-1。

表 5-1　线程全局内存地址指针

线程	内存地址	线程	内存地址	线程	内存地址	线程	内存地址
T0	0x701680000	T1	0x701680010	T2	0x701680020	T3	0x701680030
T4	0x701681000	T5	0x701681010	T6	0x701681020	T7	0x701681030
T8	0x701682000	T9	0x701682010	T10	0x701682020	T11	0x701682030
T12	0x701683000	T13	0x701683010	T14	0x701683020	T15	0x701683030
T16	0x701684000	T17	0x701684010	T18	0x701684020	T19	0x701684030
T20	0x701685000	T21	0x701685010	T22	0x701685020	T23	0x701685030
T24	0x701686000	T25	0x701686010	T26	0x701686020	T27	0x701686030
T28	0x701687000	T29	0x701687010	T30	0x701687020	T31	0x701687030

MmaTensorOp 操作数暂存于寄存器后，CUTLASS 组件 threadblock::MmaPipelined 将通过迭代器组件 threadblock::RegularTileIterator 的 store_with_byte_offset( ) 函数，将暂存于寄存器中的数据保存到共享内存中。store_with_byte_offset( ) 函数实现代码如下：

```
CUTLASS_DEVICE
void store_with_byte_offset(Fragment const &frag, Index byte_offset) {
  address_iterator_.set_iteration_index(0);
  AccessType const *frag_ptr = reinterpret_cast<AccessType const * >(&frag);
  for (int s = 0; s < ThreadMap::Iterations::kStrided; ++s) {
    for (int c = 0; c < ThreadMap::Iterations::kContiguous; ++c) {
      int access_idx = c + s *ThreadMap::Iterations::kContiguous;
      char *byte_ptr = reinterpret_cast<char * >(address_iterator_.get()) + byte_offset;
```

```
        AccessType *access_ptr = reinterpret_cast<AccessType * >(byte_ptr);
         *access_ptr = frag_ptr[ access_idx ];
         ++address_iterator_;
      }
    }
  }
```

其中，access_ptr 是每个线程持有的、指向操作数在共享内存中的目的地址的指针。图 5-23 所示为将暂存于寄存器中的 MmaTensorOp 操作数分段转存到共享内存的布局，以及操作数分段与线程的对应关系。

16字节

T0	T1	T2	T3	T4	T5	T6	T7
T9	T8	T11	T10	T13	T12	T15	T14
T18	T19	T16	T17	T22	T23	T20	T21
T27	T26	T25	T24	T31	T30	T29	T28

● 图 5-23　向共享内存存储操作数分段的线程布局

在图 5-23 中，threadblock::RegularTileIterator 组件向共享内存中存储操作数分段的过程采用了交错数据布局，即在计算每个线程指针时，对列索引应用异或操作，重新建立数据在共享内存中的映射布局，以实现无冲突数据存储操作。列索引的交错布局计算公式如下：

$$store\_column = (thread\_id \% 8) \char94 (thread\_id / 8) \tag{5-1}$$

需要说明的是，此处向共享内存中存储操作数分段的线程与前述从全局内存加载操作数分段的线程没有必然联系。在图灵 GPU 上运行示例 turing_tensorop_gemm.cu 得到的共享内存地址指针 access_ptr 见表 5-2。

表 5-2　线程存储共享内存地址指针

线程	内存地址	线程	内存地址	线程	内存地址	线程	内存地址
T0	0x⋯B000080	T1	0x⋯B000090	T2	0x⋯B0000A0	T3	0x⋯B0000B0
T4	0x⋯B0000C0	T5	0x⋯B0000D0	T6	0x⋯B0000E0	T7	0x⋯B0000F0
T8	0x⋯B000190	T9	0x⋯B000180	T10	0x⋯B0001B0	T11	0x⋯B0001A0
T12	0x⋯B0001D0	T13	0x⋯B0001C0	T14	0x⋯B0001F0	T15	0x⋯B0001E0
T16	0x⋯B0002A0	T17	0x⋯B0002B0	T18	0x⋯B000280	T19	0x⋯B000290
T20	0x⋯B0002E0	T21	0x⋯B0002F0	T22	0x⋯B0002C0	T23	0x⋯B0002D0
T24	0x⋯B0003B0	T25	0x⋯B0003A0	T26	0x⋯B000390	T27	0x⋯B000380
T28	0x⋯B0003F0	T29	0x⋯B0003E0	T30	0x⋯B0003D0	T31	0x⋯B0003C0

前文在介绍 ldmatrix PTX 指令时已经提到，ldmatrix PTX 指令的作用是将张量核 mma PTX 指令的操作数从共享内存中加载到寄存器。为了避免在加载过程中出现 bank 冲突，CUTLASS 的迭代器组件 warp::MmaTensorOpMultiplicandTileIterator 在调用函数模板 arch::ldsm( ) 前，在其函数 load_with _byte_offset( )中为线程束的各个线程指针计算了共享内存地址偏移量,以实现无冲突数据加载操作。load_with_byte_offset( )函数实现代码如下:

```
CUTLASS_DEVICE
void load_with_byte_offset(…) const {
  Array<unsigned, Policy::LdsmShape::kCount> *fetch_ptr =
      reinterpret_cast<Array<unsigned, Policy::LdsmShape::kCount> *>(&frag);
   for(int s = 0; s < Policy::LdsmIterations::kStrided; ++s) {
     for(int c = 0; c < Policy::LdsmIterations::kContiguous; ++c) {
       int access_idx = c + s *Policy::LdsmIterations::kContiguous;
       AccessType const *source_ptr = pointer_ + Policy::LdsmShape::kContiguous * c +
           Policy::kLdsmOpInner / Layout::kFactor * Policy::LdsmShape::kStrided * s *
           stride_;
       char const *source_byte_ptr =
           reinterpret_cast<char const *>(source_ptr) + byte_offset + byte_offset_;
       cutlass::arch::ldsm<layout::RowMajor, Policy::LdsmShape::kCount>(
           fetch_ptr[access_idx], source_byte_ptr);
     }
   }
 }
```

其中,source_byte_ptr 是每个线程持有的、指向操作数在共享内存中的源地址的指针。迭代器组件 warp::MmaTensorOpMultiplicandTileIterator 中定义了指针偏移量 byte_offset_。该指针偏移量是以字节为单位的共享内存地址偏移量,其在执行加载之前就已经为每个线程预先计算得到。同样,此处从共享内存中加载操作数分段的线程与前述向共享内存存储操作数分段的线程没有必然联系,此处的共享内存地址指针 source_byte_ptr 也与前述指针 access_ptr 没有必然联系。arch::ldsm( )函数的功能在 5.3.2 小节中已经介绍,此处不再赘述。在图灵 GPU 上运行示例 turing_tensorop_gemm.cu 得到的线程共享内存地址指针 source_byte_ptr 见表 5-3。

表 5-3　线程加载共享内存地址指针

线程	内存地址	线程	内存地址	线程	内存地址	线程	内存地址
T0	0x…8004000	T1	0x…8004040	T2	0x…8004110	T3	0x…8004150
T4	0x…8004220	T5	0x…8004260	T6	0x…8004330	T7	0x…8004370
T8	0x…8004400	T9	0x…8004440	T10	0x…8004510	T11	0x…8004550
T12	0x…8004620	T13	0x…8004660	T14	0x…8004730	T15	0x…8004770
T16	0x…8004800	T17	0x…8004840	T18	0x…8004910	T19	0x…8004950
T20	0x…8004A20	T21	0x…8004A60	T22	0x…8004B30	T23	0x…8004B70
T24	0x…8004C00	T25	0x…8004C40	T26	0x…8004D10	T27	0x…8004D50
T28	0x…8004E20	T29	0x…8004E60	T30	0x…8004F30	T31	0x…8004F70

得到的各线程地址偏移量 byte_offset_见表 5-4。

表 5-4　线程地址偏移量

线程	地址偏移量	线程	地址偏移量	线程	地址偏移量	线程	地址偏移量
T0	$0 = 16 * 0$	T1	$64 = 16 * 4$	T2	$272 = 16 * 17$	T3	$336 = 16 * 21$
T4	$544 = 16 * 34$	T5	$608 = 16 * 38$	T6	$816 = 16 * 51$	T7	$880 = 16 * 55$
T8	$1024 = 16 * 64$	T9	$1088 = 16 * 68$	T10	$1296 = 16 * 81$	T11	$1360 = 16 * 85$
T12	$1568 = 16 * 98$	T13	$1632 = 16 * 102$	T14	$1840 = 16 * 115$	T15	$1904 = 16 * 119$
T16	$2048 = 16 * 128$	T17	$2112 = 16 * 132$	T18	$2320 = 16 * 145$	T19	$2384 = 16 * 149$
T20	$2592 = 16 * 162$	T21	$2656 = 16 * 166$	T22	$2864 = 16 * 179$	T23	$2928 = 16 * 183$
T24	$3072 = 16 * 192$	T25	$3136 = 16 * 196$	T26	$3344 = 16 * 209$	T27	$3408 = 16 * 213$
T28	$3616 = 16 * 226$	T29	$3680 = 16 * 230$	T30	$3888 = 16 * 243$	T31	$3952 = 16 * 247$

根据 source_byte_ptr 和 byte_offset_ 可确定线程在共享内存中的布局，如图 5-24 所示。

16字节

T0	T32			T1	T33		
T34	T2			T35	T3		
		T4	T36			T5	T37
	T38	T6			T39	T7	

● 图 5-24　从共享内存中加载操作数分段的线程布局

图 5-24 中并未显示所有线程指针的分布。由图 5-24 可以看出，地址偏移量 byte_offset_ 以 16 字节为单位，规定了各线程从共享内存加载操作数的位置。这些线程与图 5-18 中矩阵右侧的线程对应，提供了对应的矩阵行地址偏移指针。

3. mma PTX 指令

ldmatrix PTX 指令将操作数从共享内存加载到寄存器中后，CUTLASS 组件 threadblock::MmaPipelined 可通过调用线程束级组件 warp::MmaTensorOp 的重载函数调用操作符，执行线程束级矩阵乘累加操作。warp::MmaTensorOp 的重载函数调用操作符实现代码如下：

```
CUTLASS_DEVICE
void operator()(FragmentC &D, TransformedFragmentA const &A,
                TransformedFragmentB const &B, FragmentC const &C) const {
  ...
  D = C;
  MmaOperandA const *ptr_A = reinterpret_cast<MmaOperandA const *>(&A);
  MmaOperandB const *ptr_B = reinterpret_cast<MmaOperandB const *>(&B);
  MmaOperandC *ptr_D = reinterpret_cast<MmaOperandC * >(&D);
  #if defined(__CUDA_ARCH__) && (__CUDA_ARCH__ < 800)
    // Serpentine visitation order maximizing reuse of Rb
```

```
for (int n = 0; n < MmaIterations::kColumn; ++n) {
  for (int m = 0; m < MmaIterations::kRow; ++m) {
    int m_serpentine = ((n % 2) ? (MmaIterations::kRow - 1 - m) : m);
    ...
      mma(ptr_D[m_serpentine + n * MmaIterations::kRow], ptr_A[m_serpentine],
        ptr_B[n], ptr_D[m_serpentine + n * MmaIterations::kRow]);
  }
}
...
}
```

其中，ptr_A、ptr_B、ptr_D 为指向操作数的指针。上述代码通过调用组件 arch::Mma 的函数调用操作符实现并内联 mma PTX 指令，完成架构相关的张量核矩阵乘累加操作。5.2.2 小节中已经介绍示例 arch::Mma 结构体模板，示例 turing_tensorop_gemm.cu 调用的内联 mma PTX 指令如下：

```
asm volatile("mma.sync.aligned.m8n8k16.row.col..s32.s8.s8.s32 {%0,%1}, {%2}, {%3}, {%4,%5};\n"
    : "=r"(D[0]), "=r"(D[1])
    : "r"(A), "r"(B), "r"(C[0]), "r"(C[1]));
```

mma PTX 指令是线程束级操作，支持不同精度下不同形状的矩阵乘累加计算。执行 mma.m8n8k16 指令的线程束线程将计算形状为 $8 \times 8 \times 16$ 的矩阵乘累加。在此之前，线程束的 32 个线程共同协作，将形状为 8×16 的操作数矩阵 A 和形状为 16×8 的操作数矩阵 B 加载到寄存器中。如 5.3.1 小节所述，操作数矩阵的元素分布在线程束的所有线程上，每个线程只持有部分元素数据（即分段）。对于示例 turing_tensorop_gemm.cu 产生的操作数矩阵 A，atype 限定符为 s8，其分段 A 是包含一个 32 位寄存器的向量表达式，每个分段 A 包含操作数矩阵 A 的 4 个 s8 元素，分段 A 中元素表示为 $\{a0,$ $a1, a2, a3\}$。操作数矩阵 B 的 btype 限定符为 s8，分段 B 是包含一个 32 位寄存器的向量表达式，包含 4 个 s8 元素，表示为 $\{b0, b1, b2, b3\}$。在 arch::Mma 结构体模板中，分段 A 和分段 B 定义为 Array<int8_t, 4>。对于输出操作数矩阵 C 或 D，ctype 或 dtype 限定符为 s32，其分段统称为分段 C，是包含两个 32 位寄存器的向量表达式，每个分段包含输出操作数矩阵 C 的两个 s32 元素，分段中元素表示为 $\{c0, c1\}$。在 arch::Mma 结构体模板中，分段 C 定义为 Array<int, 2>。如图 5-25 所示，每个线程的 32 位输入由 4 个 s8 数据打包而成。T0 工作在分段 A 第 0 行的 4 个连续的元素上和分段 B 第 0 列的 4 个连续的元素上，依此类推，线程束中的所有 32 个线程协作完成 $8 \times 8 \times 16$ 整数矩阵乘累加操作。不同线程与分段布局的对应关系如图 5-25 所示。

为了最大化重用操作数矩阵 B 的寄存器，warp::MmaTensorOp 类模板的重载函数调用操作符实现中通过蛇形走位方式访问操作数矩阵 A 和 C 的寄存器。操作数矩阵 A 的蛇形访问方式如图 5-26 所示。

mma PTX 指令在不同架构 GPU 上有不同的实现方式。假设输入操作数矩阵 A 和 B 的数据类型为 FP16，输出操作数矩阵 C 和 D 的数据类型为 FP16 或 FP32，沃尔塔架构在实现 mma PTX 指令时，线程束中的所有线程参与并协作完成 4 个独立的 $8 \times 8 \times 4$ 矩阵乘累加操作。线程束中的所有线程分为 4 个 QP（Quad Pair），每个 QP 包含线程束中的 4 个连续低序号线程和 4 个连续高序号线程，共 8 个线程。即 QP0 中包含线程 0~3，以及线程 16~19；QP1 中包含线程 4~7，以及线程 20~23；QP2 中包含线程 8~11，以及线程 24~27；QP3 中包含线程 12~15，以及线程 28~31。每个 QP 完成 4 个 8 × 8 × 4 矩阵乘累加操作中的一个。图 5-27 所示是 QP0 在计算 8 × 8 × 4 矩阵乘累加时，各线程持有的数据分段的布局。

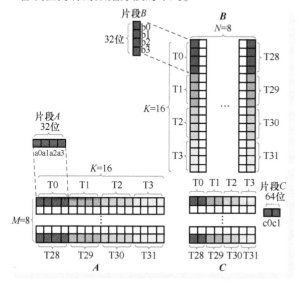

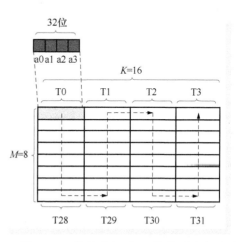

● 图 5-25　mma.m8n8k16 操作的线程与分段对应关系　● 图 5-26　操作数矩阵 **A** 的蛇形访问方式

图 5-27 中的操作数矩阵 **A** 是行优先布局，**B** 是列优先布局。图中的虚线框是线程 0 持有和计算

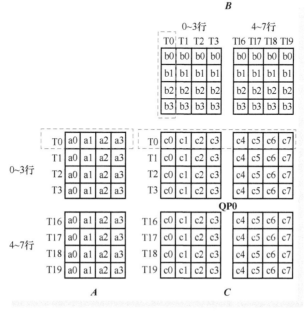

● 图 5-27　QP0 线程持有的数据分段布局

的分段数据。线程 0 分别加载矩阵 *A* 中第 0 行的 4 个连续数据，和矩阵 *B* 中第 0 列的 4 个连续数据，并计算得到矩阵 *C*（或矩阵 *D*）第 0 行的 8 个连续数据。与图 5-27 中所示操作对应的 mma PTX 指令如下：

```
.reg .f16x2 %Ra<2> %Rb<2> %Rc<4> %Rd<4>
mma.sync.aligned.m8n8k4.row.col.f16.f16.f16.f16    {%Rd0, %Rd1, %Rd2, %Rd3},
{%Ra0,%Ra1},    {%Rb0,%Rb1},    {%Rc0,%Rc1,%Rc2,%Rc3};
```

上述 QP 可用于任何形状的矩阵计算。如果将其用于 16 × 16 × 4 矩阵乘累加操作，则各 QP 的线程持有数据分段布局如图 5-28 所示。

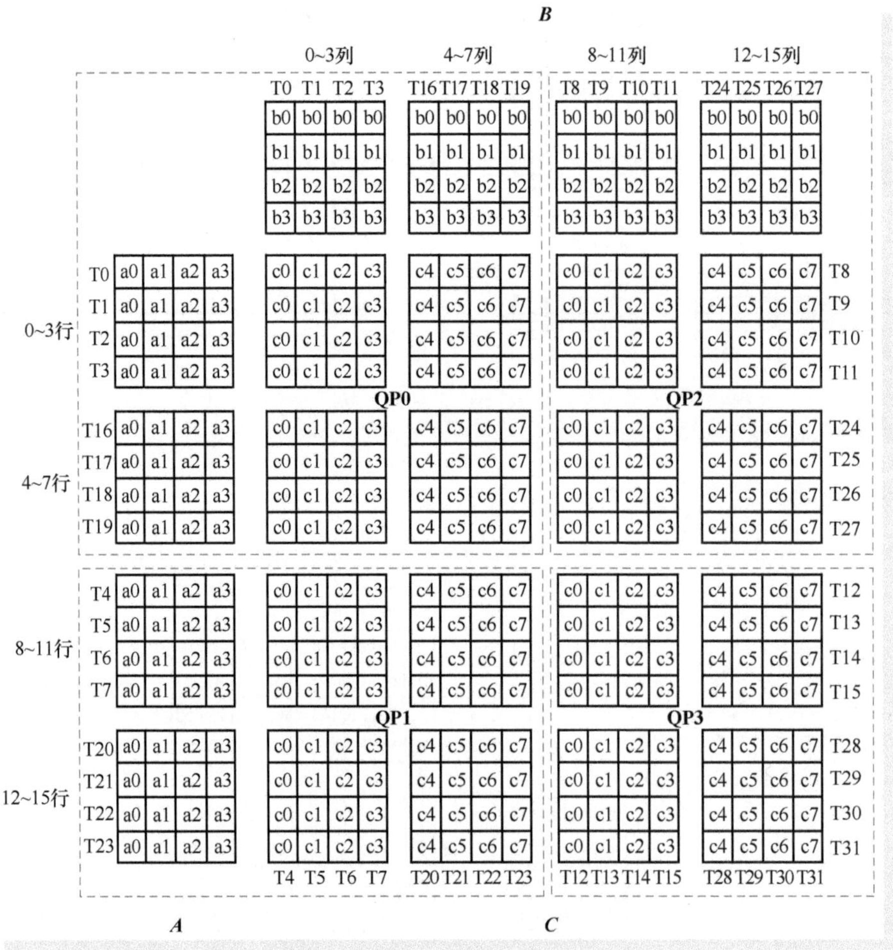

● 图 5-28　各 QP 线程持有的数据分段布局

在图 5-28 中，QP0（线程 0~3 及线程 16~19）和 QP2（线程 8~11 及线程 24~27）加载操作数矩阵 *A* 的相同行（0~7 行）；QP0 和 QP1 加载操作数矩阵 *B* 的相同列（0~7 列）。由此可见，操作数矩阵 *A* 和 *B* 中的每个数据被不同 QP 加载了两次。图中的 4 个虚线框分别对应 4 个 QP 的矩阵乘累加操作。

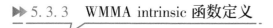

▶▶ 5.3.3 WMMA intrinsic 函数定义

5.3.2 小节介绍了 wmma 和 mma PTX 指令及其用法。为了将 CUDA 应用程序中的 WMMA API 接口调用转换为 wmma 或 mma PTX 指令，编译器（此处以 LLVM 为例）前后端都应做相应的修改。Clang 中主要是增加对应的 intrinsic 函数定义，相关代码可参见<llvm_root>/clang/include/clang/Basic/BuiltinsNVPTX.def 文件和 <llvm_root>/clang/lib/CodeGen/CGBuiltin.cpp 文件。NVPTX 后端的修改主要是在 TableGen 文件中增加 intrinsic 函数定义和指令定义。本小节以 wmma PTX 指令为例，说明编译器后端为支持张量核指令需要做的修改，类似的修改也适用于自定义深度学习加速器的支持。

LLVM TableGen 文件中的两个关键部分是类和定义，二者都被视为 TableGen 命名法中的记录，分别用 class 关键字和 def 关键字标记。类是描述目标域代码生成器或 LLVM 后端实体（如寄存器或指令等）的抽象记录，定义则用于实例化类中的记录。NVPTX 的 WMMA intrinsic 函数定义在路径<llvm_root>/llvm/include/llvm/IR/下的 IntrinsicsNVVM.td 文件中。为了描述 NVPTX MMA 指令的分段，该 TableGen 文件首先定义了辅助类 WMMA_REGS：

```
class WMMA_REGS<string Geom, string Frag, string PtxEltType> {
  string geom = Geom;
  string frag = Frag;
  string ptx_elt_type = PtxEltType;
  string gft = Geom#":"#Frag#":"#ptx_elt_type;
  string ft = frag#":"#ptx_elt_type;
  list<LLVMType>regs = !cond(
    // mma.sync.m8n8k4 uses smaller a/b fragments than wmma fp ops
    !eq(gft,"m8n8k4:a:f16") : !listsplat(llvm_v2f16_ty, 2),
    !eq(gft,"m8n8k4:b:f16") : !listsplat(llvm_v2f16_ty, 2),
    ...
    !eq(gft,"m16n16k16:a:u8") : !listsplat(llvm_i32_ty, 2),
    ...
  );
}
```

TableGen 文件中常用 TableGen 的 Bang 运算符（如 WMMA_REGS 类定义中的 "!cond" "!listsplat" 等）对参数进行运算并产生结果。WMMA_REGS 类定义中的 list<LLVMType>类型变量 regs 是由"!cond"操作符计算得到的 LLVM 数据类型数组。"!cond" 操作符通过 "!eq" 操作符判断形状、分段、数据类型的组合变量字符串值，选择对应的 LLVM 数据类型数组。"!eq" 运算符的作用是判断组合变量 gft 是否为特定值。"!listsplat" 运算符的作用是生成指定长度（此处指定长度为 2）的列表，列表元素为指定的 LLVM 数据类型（如 llvm_v2f16_ty、llvm_i32_ty）。例如，示例中 "!listsplat"（llvm_v2f16_ty，2 等）的输出结果为 [llvm_v2f16_ty, llvm_v2f16_ty]。

TableGen 工具根据 WMMA_REGS 类，可针对不同数据类型和形状的分段，实例化生成对应的分段描述记录。例如，对于输入操作数数据类型为 s8、形状为 16 × 16 × 16 的矩阵乘累加操作，TableGen 工具为 A、B 分段生成的 WMMA_REGS 定义为：

```
def anonymous_73/74 {// WMMA_REGS
    string geom = "m16n16k16";
    string frag = "a";//"b"
    string ptx_elt_type = "s8";
    string gft = "m16n16k16:a:s8";
    string ft = "a:s8";//"b:s8"
    list<LLVMType> regs = [llvm_i32_ty, llvm_i32_ty];
}
```

TableGen 工具生成的 *C*、*D* 分段的 WMMA_REGS 定义分别为：

```
def anonymous_75/76 {// WMMA_REGS
    string geom = "m16n16k16";
    string frag = "c";//"d"
    string ptx_elt_type = "s32";
    string gft = "m16n16k16:c:s32";
    string ft = "c:s32";//"d:s32"
    list<LLVMType> regs = [llvm_i32_ty,…, llvm_i32_ty];
}
```

上述 *A*、*B*、*C*、*D* 分段描述记录的组合即为矩阵乘累加操作的输入、输出分段。IntrinsicsNVVM.td 文件中的类 NVVM_MMA_OPS 可为不同数据类型和形状的矩阵乘累加操作及相关数据加载/保存操作创建分段的有效组合列表，该组合列表驱动了相应 intrinsic 函数和指令的生成。NVVM_MMA_OPS 类定义如下：

```
class NVVM_MMA_OPS<int _ = 0> {
    ...
    list<list<WMMA_REGS>>int_wmma_ops = MMA_OPS <
            ["m16n16k16", "m32n8k16", "m8n32k16"],
            ["s8", "u8"], [], ["s32"], []>.ret;
    ...
    list<list<WMMA_REGS>>all_mma_ops = !listconcat(
            fp_mma_ops, fp_wmma_ops, int_wmma_ops,
            subint_wmma_ops, bit_wmma_ops);
    ...
}
```

其中的列表 int_wmma_ops 是由类 MMA_OPS 生成的、由 8 位整型矩阵乘累加操作的操作数分段四元组合列表。该列表描述的形状为 $16 \times 16 \times 16$（即 m16n16k16）、$32 \times 8 \times 16$（即 m32n8k16）和 $8 \times 32 \times 16$（即 m8n32k16）。*A*、*B* 分段的数据类型为 s8 或 u8，*C*、*D* 分段的数据类型为 s32。如果 *B* 和 *D* 分段数据类型分别与 *A* 和 *C* 分段数据类型保持一致，则 MMA_OPS 类的 *B* 和 *D* 分段数据类型参数可以为空（如上例所示）。列表 all_mma_ops 是所有数据类型矩阵乘累加操作数组合列表的集合，其中包括列表 int_wmma_ops。经 TableGen 工具处理后，生成的列表 int_wmma_ops 和 all_mma_ops 如下所示：

```
class NVVM_MMA_OPS<int NVVM_MMA_OPS:_ = 0> {
    ...
```

```
        list<list<WMMA_REGS>>int_wmma_ops = [[anonymous_73, anonymous_74, anonymous_75, a-
nonymous_76], [anonymous_77, anonymous_78, anonymous_75, anonymous_76], ···];
        ...
        list<list<WMMA_REGS>>all_mma_ops = !listconcat(fp_mma_ops, !listconcat(fp_wmma_ops,
!listconcat(int_wmma_ops, !listconcat(subint_wmma_ops, bit_wmma_ops))));
        ...
    }
```

int_wmma_ops 中的第一个操作数分段四元组合列表 [anonymous_73，anonymous_74，anonymous_75，anonymous_76] 即为前述 A、B、C、D 分段的四个 WMMA_REGS 定义。

此外，IntrinsicsNVVM.td 文件中定义了类 MMA_SIGNATURE，用于描述数据类型签名：

```
    class MMA_SIGNATURE<WMMA_REGS A, WMMA_REGS B, WMMA_REGS C, WMMA_REGS D> {
      list<WMMA_REGS>id_frags = !cond(
        // int and sub-int ops are identified by input type.
        !eq(A.ptx_elt_type, "s8") : [A],
        !eq(A.ptx_elt_type, "u8") : [A],
        !eq(A.ptx_elt_type, "s4") : [A],
        !eq(A.ptx_elt_type, "u4") : [A],
        !eq(A.ptx_elt_type, "b1") : [A],
        // the rest are FP ops identified by accumulator & result type.
        true: [D, C]
        );
      string ret = !foldl("", id_frags, a, b, !strconcat(a, ".", b.ptx_elt_type));
    }
```

其中，列表 id_frags 的值由 "!cond" 运算符得到。"!cond" 运算符依次测试参数 A 的类型是否为 s8、u8、s4、u4、b1，并在结果为真时返回 [A]。如果参数 A 的类型不是上述数据类型中的任何一个，则返回 [D，C]。字符串变量 ret 由 "!foldl" 运算符生成。"!foldl" 运算符对列表 id_frags 中的表项执行左折叠（left-fold）。变量 a 为累加器并被初始化为第一个参数'''（空字符串）。变量 b 与 id_frags 中的每个元素绑定。"!foldl" 运算符对 id_frags 中的每个元素调用 "!strconcat" 运算符，将 id_frags 中的每个元素的数据类型以字符串的形式拼接起来。例如，当 A 分段的数据类型分别为 s8 和 f16 时，"!foldl" 运算符的返回结果分别为".s8 "和".f32.f16 "。"!strconcat" 运算符将其字符串参数 a、"."和 b.ptx_elt_type 连接起来。

在 WMMA intrinsic 函数名称定义类 WMMA_NAME_MMA 中，字符串变量 signature 的值由数据类型签名类 MMA_SIGNATURE 的实例得到。WMMA_NAME_MMA 类定义如下：

```
    class WMMA_NAME_MMA<string ALayout, string BLayout, int Satfinite,
                                        WMMA_REGS A, WMMA_REGS B,
                                        WMMA_REGS C, WMMA_REGS D> {
      string signature = MMA_SIGNATURE <A, B, C, D>.ret;
      string llvm = !if(!eq(A.geom, "m8n8k4"),
          " llvm.nvvm.mma.m8n8k4 #"."# ALayout #"."# BLayout # signature,
          " llvm.nvvm.wmma." # A.geom #".mma" #"."# ALayout #"."# BLayout
          # signature # !if(Satfinite, ".satfinite", ""));
```

```
string record = !subst(".", "_", ! subst("llvm.", "int_", llvm));
}
```

TableGen 工具为输入操作数数据类型为 s8、形状为 16 × 16 × 16 的矩阵乘累加操作生成的 intrinsic 函数名称记录为：

```
def anonymous_733 {// WMMA_NAME_MMA
  string signature = ".s8";
  string llvm = "llvm.nvvm.wmma.m16n16k16.mma.col.col.s8";
  string record = "int_nvvm_wmma_m16n16k16_mma_col_col_s8";
}
```

其中，字符串变量 llvm 中保存了 LLVM intrinsic 函数名称，在 LLVM IR 中调用 intrinsic 函数时，可使用该函数名。此处的 LLVM IR 也称为 NVVM IR，其在标准 LLVM IR 基础上增加了若干针对英伟达 GPU 的特定规则、约定和 intrinsic 函数定义。NVPTX 后端为了支持硬件张量核功能，在 NVVM IR 中增加了 WMMA intrinsic 函数定义。上述定义中的字符串变量 record 中保存了 intrinsic 函数定义名称（TableGen 代码中将保存 record 值的字符串变量命名为 DefName，本节沿用此称谓）。intrinsic 函数定义名称应以 int_ 起始，其余字符串部分与 LLVM intrinsic 函数名称除 llvm 前缀外的其余字符串部分匹配。此外，还需将 LLVM intrinsic 函数名称中的 "." 替换为 "_"。根据这一规则，可将上述 LLVM intrinsic 函数名称 llvm.nvvm.wmma.m16n16k16.mma.col.col.s8 转换为 intrinsic 函数定义名称 int_nvvm_wmma_m16n16k16_mma_col_col_s8。TableGen 工具为上述矩阵乘累加操作生成的 intrinsic 函数定义为：

```
def int_nvvm_wmma_m16n16k16_mma_col_col_s8 {
  list<SDNodeProperty> Properties = [];
  string LLVMName = "llvm.nvvm.wmma.m16n16k16.mma.col.col.s8";
  string TargetPrefix = "nvvm";
  list<LLVMType> RetTypes = [llvm_i32_ty,···, llvm_i32_ty];
  list<LLVMType> ParamTypes = [llvm_i32_ty,···, llvm_i32_ty];
  list<IntrinsicProperty> IntrProperties = [IntrNoMem];
  bit DisableDefaultAttributes = 1;
  bit isTarget = 0;
}
```

上述 intrinsic 函数定义由 TableGen 工具根据 NVVM_WMMA_MMA 类生成，LLVM intrinsic 函数名称变量 llvm 和函数定义名称变量 record 都将用于 WMMA intrinsic 函数定义。NVVM_WMMA_MMA 类定义如下：

```
class NVVM_WMMA_MMA<string ALayout, string BLayout, int Satfinite,
        WMMA_REGS A, WMMA_REGS B, WMMA_REGS C, WMMA_REGS D>
  :Intrinsic <D.regs, !listconcat(A.regs, B.regs, C.regs), [IntrNoMem],
        WMMA_NAME_MMA<ALayout, BLayout, Satfinite, A, B, C, D>.llvm >;
```

其中，Intrinsic 类用于定义 LLVM intrinsic 函数。Intrinsic<···>中的内容是函数签名，用于描述该 intrinsic 应该如何被调用。WMMA intrinsic 函数签名包括四个部分：返回类型、参数类型、IntrNoMem 标志和 LLVM intrinsic 函数名称。对于输入操作数矩阵元素数据类型为 s8、形状为 16×16×16 的矩阵乘累加操作，LLVM intrinsic 函数名称为" llvm.nvvm.wmma.m16n16k16.mma.col.col.s8 "，intrinsic 函数的返回类型是长度为 8 的 llvm_i32_ty 元素数组，参数类型是长度为 12 的 llvm_i32_ty 元素数组，IntrNoMem 标志表示该 intrinsic 函数不会访问内存或没有副作用。

接下来，IntrinsicsNVVM.td 文件通过一个多层循环，生成由各种数据布局、饱和限定符、操作数分段数据类型和形状组合构成的 WMMA intrinsic 函数定义：

```
foreach layout_a = [" row ", " col "]in {
  foreach layout_b = [" row ", " col "]in {
    foreach satf = [0, 1]in {
      foreach op = NVVM_MMA_OPS.all_mma_ops in {
        foreach _ = NVVM_MMA_SUPPORTED <op, layout_a, layout_b, satf>.ret in {
          def WMMA_NAME_MMA<layout_a, layout_b, satf,
                            op[0], op[1], op[2], op[3]>.record
            : NVVM_WMMA_MMA<layout_a, layout_b, satf, op[0], op[1], op[2], op[3]>;
        }
      }
    } // satf
  } // layout_b
} // layout_a
```

其中，类 NVVM_MMA_SUPPORTED 定义了 NVPTX 后端支持的数据布局和饱和限定符组合。对于不支持的组合，不会为其生成 WMMA intrinsic 函数定义。上述 int_nvvm_wmma_m16n16k16_mma_col_col_s8( )函数定义即在该循环中生成。

▶▶ 5.3.4　NVPTX 后端对 wmma PTX 指令的支持

除了在 IntrinsicsNVVM.td 文件中提供的 WMMA intrinsic 函数相关类和定义外，NVPTX 后端还在路径<llvm_root>/llvm/lib/Target/NVPTX/下的 NVPTXIntrinsics.td 文件中提供了与特定 PTX 指令相关的类。例如，NVPTXIntrinsics.td 文件中的 WMMA_REGINFO 类是表示 wmma PTX 指令片段的辅助类。该类在继承 WMMA_REGS 类的基础上，增加了用于实现特定 PTX 指令的寄存器类型、寄存器名称、谓词约束、指令输入/输出模板 DAG 等字段。为了支持 wmma PTX 指令，NVPTXIntrinsics.td 文件增加了用于实现 wmma PTX 指令定义的 WMMA_MMA 类。该类继承自 WMMA_INSTR 类。在 WMMA_INSTR 类中，定义了为所有矩阵乘累加指令构建匹配模式所需的公共字段，如 Intrinsic 类对象、包含 Intrinsic 函数所有参数的 DAG 和 intrinsic 函数匹配模式 DAG 等。此外，WMMA_MMA 类还包含常规指令定义必备的输入操作数列表 InOperandList、输出操作数列表 OutOperandList、汇编指令字符串 AsmString 等。WMMA_INSTR 类和 WMMA_MMA 类的定义如下：

```
class WMMA_INSTR<string _Intr, list<dag> _Args>
  : NVPTXInst<(outs), (ins), "?", []> {
  Intrinsic Intr = ! cast<Intrinsic>(_Intr);
  // Concatenate all arguments into a single dag.
```

```
    dag Args = !foldl((ins), _Args, a, b, !con(a,b));
    // Pre-build the pattern to match (intrinsic arg0, arg1, …).
    dag IntrinsicPattern = BuildPatternI<!cast<Intrinsic>(Intr), Args>.ret;
}

class WMMA_MMA<WMMA_REGINFO FragA, WMMA_REGINFO FragB,
            WMMA_REGINFO FragC, WMMA_REGINFO FragD,
            string ALayout, string BLayout, int Satfinite>
  : WMMA_INSTR<WMMA_NAME_MMA<ALayout, BLayout, Satfinite, FragA,
            FragB, FragC, FragD>.record, [FragA.Ins, FragB.Ins, FragC.Ins]>,
    Requires<FragA.Predicates> {
  let OutOperandList = FragD.Outs;
  let InOperandList  = !con(Args, (ins MmaCode: $ ptx));
  string TypeList = …;
  let AsmString = …;
}
```

TableGen 工具根据 WMMA_MMA 类，可针对不同数据类型和形状的矩阵乘累加操作，实例化生成对应的 wmma 矩阵乘累加指令定义。例如，TableGen 工具为输入操作数矩阵元素数据类型为 s8、形状为 $16 \times 16 \times 16$ 的矩阵乘累加操作生成的 wmma 指令定义为：

```
def anonymous_10467 {
  ...
  list<Predicate> Predicates = [hasSM72, hasPTX63];
  ...
  string Namespace = "NVPTX";
  dag OutOperandList = (outs Int32Regs: $rd0, Int32Regs: $rd1, Int32Regs: $rd2,
Int32Regs: $rd3, Int32Regs: $rd4, Int32Regs: $rd5, Int32Regs: $rd6, Int32Regs: $rd7);
  dag InOperandList = (ins Int32Regs: $ra0, Int32Regs: $ra1, Int32Regs: $rb0,
Int32Regs: $rb1, Int32Regs: $rc0, Int32Regs: $rc1, …, Int32Regs: $rc7, MmaCode: $
ptx);
  string AsmString = "wmma.mma.sync ${ptx:aligned}.col.col.m16n16k16.s32.s8.s8.s32
{{$rd0, $rd1, $rd2, $rd3, $rd4, $rd5, $rd6, $rd7}},
{{$ra0, $ra1}},
{{$rb0, $rb1}},
{{$rc0, $rc1, $rc2, $rc3, $rc4, $rc5, $rc6, $rc7}};";
  ...
  Intrinsic Intr = int_nvvm_wmma_m16n16k16_mma_col_col_s8;
  dag Args = (ins Int32Regs: $ra0, Int32Regs: $ra1, Int32Regs: $rb0, Int32Regs: $rb1,
Int32Regs: $rc0, Int32Regs: $rc1, …, Int32Regs: $rc7);
  dag IntrinsicPattern = (int_nvvm_wmma_m16n16k16_mma_col_col_s8 Int32Regs: $ra0,
Int32Regs: $ra1, Int32Regs: $rb0, Int32Regs: $rb1, Int32Regs: $rc0, Int32Regs: $rc1, …,
Int32Regs: $rc7);
  string TypeList = ".s32.s8.s8.s32";
}
```

与 IntrinsicsNVVM.td 文件中的 WMMA intrinsic 函数定义方法类似，NVPTXIntrinsics.td 文件也通过一个五层循环，生成由各种数据布局、饱和限定符、操作数分段数据类型和形状组合构成的 wmma 矩阵乘累加指令定义：

```
defset list<WMMA_INSTR> MMAs  = {
  foreach layout_a = ["row", "col"]in {
    foreach layout_b = ["row", "col"]in {
      foreach satf = [0, 1]in {
        foreach op = NVVM_MMA_OPS.all_mma_ops in {
          foreach _ = NVVM_MMA_SUPPORTED<op, layout_a, layout_b, satf>.ret in {
            def : WMMA_MMA<WMMA_REGINFO<op[0]>,
                           WMMA_REGINFO<op[1]>,
                           WMMA_REGINFO<op[2]>,
                           WMMA_REGINFO<op[3]>,
                           layout_a, layout_b, satf>;
          ...
} // defset
...
```

目标平台可以通过 Pat 类将任意模式匹配到指令序列，NVPTX 后端利用这种机制，将 intrinsic 函数映射到 PTX 指令。Pat 类是 Pattern 类的简化记法。Pattern 类的定义（见<llvm_root>/llvm/include/llvm/Target/TargetSelectionDAG.td）如下：

```
class Pattern<dag patternToMatch, list<dag> resultInstrs> {
  dag             PatternToMatch = patternToMatch;
  list<dag>       ResultInstrs   = resultInstrs;
  list<Predicate> Predicates     = [];  // See class Instruction in Target.td.
  int             AddedComplexity = 0;  // See class Instruction in Target.td.
}
```

通常，后端 TableGen 文件中的指令定义会同时提供其映射模式，而通过单独定义 Pat 子类可以将指令匹配模式定义与指令定义分离。该指令匹配模式完成从 DAG 输入 patternToMatch 到 DAG 输出 resultInstrs 的映射，resultInstrs 中包含选定的指令。为了将 WMMA intrinsic 函数映射为 wmma PTX 指令，NVPTXIntrinsics.td 文件中定义了 WMMA_PAT 类。该类继承自 Pat 类，并通过 TableGen 的 Bang 运算符，构造结果指令 DAG 列表。WMMA_PAT 类定义如下：

```
class WMMA_PAT<WMMA_INSTR wi>
    : Pat<wi.IntrinsicPattern,
        !con(!foreach(tmp, wi.Args, !subst(ins, wi, tmp)),
            (wi ptx.version))>,
      Requires<wi.Predicates>;
```

Pat 类的第一个参数 wi.IntrinsicPattern 是为 intrinsic 函数匹配预构建的模式。例如，对于 intrinsic 函数 int_nvvm_wmma_m16n16k16_mma_col_col_s8( )，对应的 IntrinsicPattern 为：

```
(int_nvvm_wmma_m16n16k16_mma_col_col_s8 Int32Regs: $ra0, Int32Regs: $ra1, Int32Regs:
$rb0, Int32Regs: $rb1, Int32Regs: $rc0, Int32Regs: $rc1, …, Int32Regs: $rc7)
```

Pat 类的第二个参数是由 "! con" 等操作符构造的结果指令 DAG 列表。在 Pattern 类与 Instruction 类的定义中都有谓词（Predicates）字段。Requires 类的参数指定谓词为 wi.Predicates。只有满足谓词设定的条件，模式匹配才能继续。此处的谓词为 [hasSM72, hasPTX63]，由 WMMA_REGINFO

类根据矩阵形状和数据类型确定。NVPTXIntrinsics.td 文件遍历所有 wmma 矩阵乘累加 PTX 指令和分段加载、保存 PTX 指令，并为其生成指令匹配模式。代码如下：

```
foreach mma = !listconcat(MMAs, MMA_LDSTs) in
  def : WMMA_PAT<mma>;
```

经 TableGen 工具处理后，上述循环为 intrinsic 函数 int_nvvm_wmma_m16n16k16_mma_col_col_s8( ) 生成的 wmma 指令匹配模式为：

```
def anonymous_10675 {// Pattern Pat Requires WMMA_PAT
  dag PatternToMatch = (int_nvvm_wmma_m16n16k16_mma_col_col_s8 Int32Regs: $ra0,
Int32Regs: $ra1, Int32Regs: $rb0, Int32Regs: $rb1, Int32Regs: $rc0, Int32Regs: $rc1, …,
Int32Regs: $rc7);
  list < dag > ResultInstrs = [(anonymous_10467 Int32Regs: $ ra0, Int32Regs: $ ra1,
Int32Regs: $ rb0, Int32Regs: $ rb1, Int32Regs: $ rc0, Int32Regs: $ rc1, Int32Regs: $ rc2, …,
Int32Regs: $rc7, (anonymous_3292 (i32 0)))];
  list<Predicate> Predicates = [hasSM72, hasPTX63];
  int AddedComplexity = 0;
}
```

该指令匹配模式是一个匿名 TableGen 记录。此处 intrinsic 函数到 wmma PTX 指令的映射过程与记录名称关系不大，所以 TableGen 可以将其定义为匿名实例。其中，变量 PatternToMatch 是 intrinsic 函数的 DAG 模式，变量 ResultInstrs 是与之匹配的指令列表。TableGen 将所有 wmma PTX 指令匹配模式与其他指令匹配模式收集起来，统一定义为一个静态数组形式的匹配表。然后，NVPTX 后端根据此匹配表，通过指令选择过程，完成 intrinsic 函数到 PTX 指令的转换。指令选择过程的详细论述参见第 4 章。

此外，对于访存相关的 wmma 分段加载、保存 intrinsic 函数，其映射过程还涉及 TargetLowering 的降级处理过程，实现代码参见<llvm_root>/llvm/lib/Target/NVPTX/NVPTXISelLowering.cpp 文件。由于篇幅所限，此处不展开论述。

CHAPTER 6

第 6 章

AI模型性能分析与编译器
优化方法

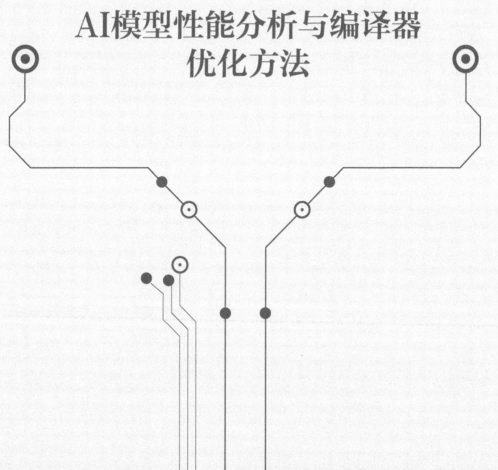

基于 GPU 或专用硬件架构的加速系统目前已广泛应用于 AI 模型的计算加速。专用硬件架构加速器通常也被称为神经处理单元（Neural Processing Units，NPU）。由于 GPU 和 NPU 设计实现的差异，二者对 AI 模型性能进行优化的具体方式各有不同，但一般而言，计算并行性和存储访问效率是硬件架构决定 AI 模型性能的两个最重要的因素。相应地，GPU 和专用硬件架构为 AI 模型提供性能加速的方式也围绕着如何提高并行计算能力和高效利用片上存储资源展开，硬件架构针对 AI 模型进行性能优化的实质是将高效并行计算和存储访问设计方法应用于硬件架构。本章对 AI 模型性能的分析不仅有助于设计更高效的算法，还可以为架构设计改进方向提供参考意见。

从影响计算性能因素的角度出发，可将 GPU 和专用硬件架构上运行的 AI 模型性能约束类型分为三类：内存带宽受限型（简称内存受限型）、计算速度受限型（简称计算受限型）和延迟受限型。内存受限型 AI 模型的性能取决于硬件内存带宽。当 AI 模型的计算密度较小或算子不能以矩阵乘表示时（如激活函数、池化和批量归一化等算子），几乎都会成为内存受限型模型。AI 模型中的许多操作，尤其是那些可表示为矩阵乘的、计算规模较大的操作，属于计算密集型算子。这类算子占主导地位的 AI 模型是计算受限型模型。在执行 AI 模型时，GPU 设备上的线程束调度器选择就绪指令，并将其发射到线程束的活跃线程，SM 准备执行线程束下一条指令所需的时钟周期数即为延迟。如果延迟是由寄存器相关性引起的，即某些输入操作数是由尚未执行完成的前一指令写入的，这时，延迟等于前一指令的执行时间，线程束调度器必须在这段时间内调度其他活跃线程束的指令以隐藏延迟。延迟受限型的 AI 模型则是由于没有足够的工作负载和相应的活跃线程束，无法隐藏线程束等待切换的延迟而导致性能下降。

值得一提的是，另一种性能约束分类方法是将 AI 模型分为指令吞吐量受限型（简称指令受限型）、内存吞吐量受限型和延迟受限型。指令受限型和计算受限型的区别在于，前者考虑包括计算指令在内的所有指令，后者只考虑计算指令。本章 6.1 节将详细介绍 AI 模型性能的衡量指标和影响因素，但不涉及设备多处理器之间的并行执行和性能分析。

算术运算所需的并行性可以通过操作的数量或线程的数量来衡量。因此，其并行性主要表现为指令级并行和线程级并行（Thread Level Parallelism，TLP）。专用硬件架构的计算并行性优化方法将在第 7 章中论述。就 GPU 而言，如果线程束调度器在每次指令发射时，从同一线程束中选择独立指令，则表现为 ILP；如果线程束调度器在每次指令发射时，从不同线程束中选择独立指令，则表现为 TLP。GPU 主要通过提高 TLP 来最大限度地利用其功能单元，SM 占用率（Occupancy）作为 GPU 程序 TLP 的定量分析指标，对 GPU 整体性能有重要影响。6.2 节将对 SM 占用率及其优化方法做深入分析。但 TLP 不涉及在单个线程内对指令重新排序。线程束调度器不会在线程内进行任何指令重新排序。在线程内改善 ILP 是编译器的责任，6.3 节将介绍通过指令调度算法优化改善模型性能的相关方法。AI 模型中的计算密集型算子，如涉及矩阵乘的操作，可通过优化算法设计和专用硬件架构（如张量核）获得良好的加速效果。

6.1 AI 模型性能的衡量指标和影响因素

为了最大化系统计算资源利用率，AI 模型的程序结构应该尽可能多地暴露并行性，并将并行性映射到系统的各个计算组件，使其在运行时一直处于忙碌状态。GPU 或专用硬件架构在执行并行计算方面有明显优势。例如，当 AI 模型为计算受限型时，可以通过启用张量核或专用处理引擎来提高性能。但加载计算所需的数据和存储计算产生的结果都需要对应的加载和存储指令配合完成。这时，访存速度成为性能提高的制约因素，再提高计算速度对性能改善反而无益。也就是说，当硬件架构中的某一种资源已经饱和，而另一种资源仍然可用时，很难在不扩展瓶颈资源的情况下进一步提高系统整体性能。因此，硬件架构上的 AI 模型性能优化是一个系统问题。AI 模型的执行涉及一系列算子，何种策略能为模型的特定部分产生最佳性能增益取决于该部分的性能限制因素。仅对某一类算子做优化，无法达到模型整体性能的最优。即使是同一类算子，在不同计算场景下，也可能属于不同性能受限类型。例如，密集矩阵乘通常属于计算密集型算子，涉及大量密集矩阵乘操作的模型也应是计算受限型。但如果矩阵规模较小，当访存时间占比上升到一定程度，模型就可能变为内存受限型。

内存受限、计算受限和延迟受限三类约束类型是对模型性能的定性描述。在分析模型性能时，开发者还需要根据衡量指标进行更细致的定量分析，并通过这些指标了解性能的关键组成部分是什么。本节将介绍几种性能分析常用的衡量指标，这些指标为从不同角度定量分析大规模并行架构，尤其是 GPU 架构中的性能瓶颈提供了依据。

▶▶ 6.1.1　计算访存比

在确定模型是内存受限型还是计算受限型时，应首先分析模型在具体计算场景下的计算占用时间和访存占用时间的比率，或者计算吞吐量和访存吞吐量的比值。二者都可以称为计算访存比。计算访存比的另一种直观理解是在一段代码中，计算指令与访存指令数量的比率。例如，在下面汇编代码中，平均每隔 3 条加法指令就有一条加载指令，则这段代码的计算访存比为 3。

```
...
load R0, [R0]
add R0, R0, R1
add R0, R0, R2
add R1, R0, R2
load R3, [R3]
add R3, R3, R1
...
```

为了定量分析模型的性能受限类型，本章以 AI 模型中常用的 GEMM 计算作为分析对象，并沿用前述章节中的矩阵表示约定，在描述 GEMM 计算时仍规定矩阵 A、B 和 C 的大小分别为 $M \times K$、$K \times N$ 和 $M \times N$。

计算访存比可用于 GEMM 的性能分析。为了优化 GEMM，常用的一种解决方案是将矩阵 C 划分为多个分片，每个线程块负责一个分片的计算，分片之间的计算相互独立，由此可以充分利用分片内部和分片之间的并行性。A、B、C 三个线程块分片的大小沿用前述章节中的约定，分别为 $m_s \times k_s$、$k_s \times n_s$ 和 $m_s \times n_s$。计算每个 C 分片的全局内存访存吞吐量为 $m_s \times K + K \times n_s$。其中，$m_s \times K$ 为 A

矩阵中与 C 分片处于同一水平位置的数据块大小，$K \times n_s$ 为 B 矩阵中与 C 分片处于同一垂直位置的数据块大小。通过使用共享内存访问输入矩阵数据，可以减少全局内存访问的次数。但是，矩阵 A 中大小为 $m_s \times K$ 的整行数据块和矩阵 B 中大小为 $K \times n_s$ 的整列数据块都太大，可能无法被共享内存和寄存器文件容纳。为了使用片上存储器，必须沿 K 维将工作负载划分为若干更小的分片，再将每个分片的部分计算结果沿 K 维累加得到最终结果。计算每个 C 分片的计算吞吐量为 $2 \times m_s \times n_s \times K$，常数 2 是因为乘法和加法为两次计算，访存吞吐量为 $(m_s + n_s) \times K$。因此，计算每个 C 分片的计算访存比为 $(2 \times m_s \times n_s) / (m_s + n_s)$。为了使 GEMM 计算能充分利用 GPU 的峰值计算能力，希望计算吞吐量和全局内存访存吞吐量的比值越大越好，也就是 m_s 和 n_s 越大越好。但是，共享内存中的元素仍需在计算前加载到寄存器中，而且 m_s 和 n_s 的取值受到线程块的共享内存容量和寄存器文件大小的限制。

▶▶ 6.1.2　算术强度和操作字节比

假设模型总执行时间定义为 T_{exec}，访存占用时间定义为 T_{mem}，计算占用时间定义为 T_{math}，且由于并行特性，访存和计算操作在时间上可以重叠，重叠时间定义为 $T_{overlap}$，则模型总执行时间 T_{exec} 为 T_{mem}、T_{math} 二者的和减去重叠时间，公式如下：

$$T_{exec} = T_{math} + T_{mem} - T_{overlap} \qquad (6-1)$$

如果模型执行过程中，计算占用时间比较多，则模型为计算受限型；反之，则为内存受限型。访存占用时间 T_{mem} 等于在内存中访问的字节数（#bytes）除以处理器的内存带宽（BW_{mem}），即 $T_{mem} = \#bytes / BW_{mem}$；计算占用时间 T_{math} 等于运算次数（#ops）除以处理器的计算带宽（BW_{math}），即 $T_{math} = \#ops / BW_{math}$。对于计算受限型模型，有 $T_{math} > T_{mem}$，即 $(\#ops / BW_{math}) > (\#bytes / BW_{mem})$。该不等式经简单变换后可得 $(\#ops / \#bytes) > (BW_{math} / BW_{mem})$。不等式左边的运算次数与访问字节数的比值称为算术强度（arithmetic intensity），不等式右边的计算带宽与内存带宽的比值称为操作字节比。仅针对推理任务的处理器一般具有相对较高的操作字节比，而针对推理和训练的处理器则由于需要支持浮点运算而具有较低的操作字节比。算术强度可以理解为每从内存读写一个字节元素执行的操作数。算术强度越大，表示单位数据能支持的运算次数越多，算法对于内存带宽的要求越低。

一般而言，算术指令的操作数驻留在片上存储器中。因此，算术强度也可视为没有片外存储器操作数的指令数与有片外存储器操作数的指令数的比率。操作字节比与模型无关，只和给定处理器的带宽参数有关。理想情况下的处理器计算带宽和内存带宽都应达到饱和状态，以实现最优系统吞吐量。但是，实际上处理器的操作字节比与模型的算术强度之间通常存在内在不匹配，这将导致计算带宽或内存带宽的利用率不足。由上述推导可知，如果模型的算术强度大于处理器的操作字节比，则该模型在给定的处理器上为计算受限型。反之则为内存受限型。由于不同深度学习网络模型的算术强度变化范围很大，因此还没有一种适用于所有模型的通用加速器。例如，卷积神经网络一般被认为是计算密集型的。相比之下，机器翻译和自然语言处理（Natural Language Processing，NLP）模型通常主要由全连接层组成，权重重用很少，因此需要消耗更多的存储空间。由此可见，深度学习网络模型的计算结构和规模决定其算术强度，进而决定其对特定硬件架构的适用性。

以 V100 GPU 上执行的 GEMM 计算为例，V100 的 FP16 峰值计算性能为 125 TFLOPS，片外存储器带宽约为 900 GB/s，片上 L2 带宽为 3.1 TB/s。如果输入数据来自片外存储器，则其操作字节比约为 138.9（$\approx 125 / 0.9$）；如果输入数据来自片上存储器，则其操作字节比约为 40（$\approx 125 / 3.1$）。矩阵 A 和 B 的乘积有 $M \times N$ 个值，每个值都是 K 元素向量的点积。如果不使用张量核，总共需要 $M \times N \times K$ 条 FMA 指令计算乘积。每条 FMA 指令是两个操作（一个乘法和一个加法），所以总共需要 $2 \times M \times N \times K$ FLOPS。由此可得：

$$算术强度 = \frac{2 \times (M \times N \times K)}{2 \times (M \times K + N \times K + M \times N)} = \frac{M \times N \times K}{M \times K + N \times K + M \times N} \tag{6-2}$$

如果 GEMM 的形状为 8192 × 128 × 8192，通过上式可得算术强度为 124.1 [= 8192 × 128 × 8192 / （8192 × 128 +128 × 8192 + 8192 × 8192）]，低于 V100 的操作字节比 138.9。因此，此操作为内存受限型。如果将 GEMM 形状增加到 8192 × 8192 × 8192，则算术强度增加到 2730，远高于 V100 的操作字节比，因此，此操作变为计算受限型。

由上例可以看到，当输入矩阵的规模和形状发生改变时，GEMM 在处理器上的计算特性也可能随之改变。当输入矩阵的规模很大时，GEMM 操作通常是计算受限型的。当 M、N、K 任意一个维度很小时，其算术强度都可能减少至<1。特别是当 K 非常小时（即 $M \approx N \gg K$），在 K 维划分的分片数量较少，无法产生足够的工作负载来隐藏延迟，因此 SM 占用率较低。

判断 AI 模型是内存受限型还是计算受限型的前提假设是模型的工作负载足够大，足以令处理器的算术或存储流水线一直处于饱和工作状态。但是，如果 AI 模型的工作负载不够大，不能提供足够的并行性，处理器无法得到充分利用，则模型既不属于内存受限型，也不属于计算受限型，而是属于延迟受限型。当占用率较小时，延迟受限型模型的性能随占用率的增加而增加。当占用率增加到一定程度，处理器的某些资源已经得到充分利用，此时，GPU 的计算指令吞吐量和内存带宽将限制模型性能的提高。

因此，在评估模型的性能受限类型时，开发者应首先通过估计 AI 模型工作负载需要消耗的线程块的数量和大小，确定工作负载是否有足够的并行性使 GPU 的资源利用达到饱和。通常，如果 AI 模型消耗的线程块数量达到 SM 数量的 4 倍，则可以认为，AI 模型的工作负载有足够的并行性，不属于延迟受限型。综上所述，对于 GEMM 计算：

1）当 K 很小时，即 $M \approx N \gg K$，GEMM 为延迟受限型。

2）当 M 或 N 很小时，即 $N \approx K \gg M$ 或 $M \approx K \gg N$，GEMM 为内存受限型。

3）当 M、N、K 都很大时，GEMM 为计算受限型。

GEMM 计算的 ILP 取决于矩阵 M 和 N 维度的大小，TLP 取决于矩阵 K 维度的大小。对于 GPU，可将 TLP 定义为每个 SM 并行执行的线程块数。每个 SM 中的寄存器、共享内存和线程块大小等因素共同决定了最大 TLP。GEMM 计算要求高 TLP，但是高 TLP 将导致缓存争用概率升高，缓存命中率随之降低。此外，并行工作负载应尽可能在单个线程块内执行需要线程间通信的计算，避免线程因同步共享数据而破坏并行性。

在 TLP 相同的条件下，每个线程的可用寄存器数量会影响线程的寄存器溢出概率。每个线程的可用寄存器数量越大，则溢出导致的加载和存储操作越少，指令吞吐量越高。而 ILP 的提高需要消耗更多寄存器，用于保存并行指令的结果，同时需要消耗更多共享内存用于线程间通信。因此，寄存器分配也是影响性能的重要因素，因为其不仅决定单线程性能，而且间接影响 TLP。任何优化方法都必须平衡这些相互冲突的目标。

优化 AI 模型性能的另一个关键因素是提高全局内存访问效率。全局内存驻留在设备内存中，设备内存可通过 128 字节、64 字节或 32 字节内存事务访问。这些内存事务只能读取或写入与其大小对齐（即其首地址是其大小的整数倍）的设备内存的 128 字节、64 字节或 32 字节。根据 GPU 的计算能力或运行时配置，当某个线程束执行一条访问全局内存的指令时，如果线程束中各线程的全局内存访问地址落入相同的 128 字节、64 字节或 32 字节地址段，则这些全局内存访问可以合并为 128 字节、64 字节或 32 字节内存事务，这种合并访问方式可有效利用内存带宽。如果不采用合并访问方式，而是发散访问，则需要发射额外的内存事务。尽管发射每个额外的内存事务只会引入很小的额外延迟（因为所有的内存事务都是独立的，并且可以被并行处理），但发散访问导致的全局内存吞吐量降幅非常显著。例如，如果为每个线程的 4 字节访问生成一个 32 字节的内存事务，每个内存事务中除了被请求的 4 字节外，还包含相邻地址中的 28 字节无用数据，导致全局内存吞吐量降低 8 倍。如果采用 128 字节内存事务，则全局内存吞吐量降低 32 倍。因为内存发散访问导致的线程束吞吐量下降比由此导致的线程束延迟增加严重得多。为了最大化内存吞吐量，优化全局内存访问尤其重要，因为与片上存储器带宽和算术指令吞吐量相比，全局内存带宽较低，因此全局内存访问通常对性能有重要影响。

▶▶ 6.1.3 内存级并行性和线程束并行性

内存级并行性（Memory-level parallelism，MLP）[10][11] 是并行计算技术的一种。对于将大量执行时间花费在片外存储访问的内存受限型模型，很难通过提升 ILP 隐藏其片外存储访问的长延迟。这时，处理器微架构可以考虑通过重叠多个片外存储访问来并行处理这类长延迟操作，从而实现 MLP。这里的片外存储访问包括取指、加载操作和硬件/软件预取。MLP 定量描述了处理器并行处理多个未完成（outstanding）内存请求的能力，这也是定义程序存储需求的关键特征之一。通过 MLP 可以减少处理器由于长延迟操作而停顿的次数，并将等待存储服务的空闲周期在所有内存请求中摊销，从而减少长延迟操作导致的性能损失，同时也增加了内存带宽需求。

在描述 MLP 时，往往更关心加载操作而不是存储操作。因为加载操作得到的数据需要几乎立即在随后的计算中使用，而存储操作即使耗时较长，只要后续程序无需重用缓存行中的数据，存储操作对后续程序执行影响都不大。

当访存操作因某种原因（如缓存未命中）成为长延迟操作，且其后的访存操作也是长延迟操作时，可以通过将其与较早前的长延迟存储访问并行服务来隐藏其延迟。因此，具有较高 MLP 的程序的性能往往对访存延迟不敏感。图 6-1 所示为两个延迟重叠的加载指令 a 和 b。其中加载

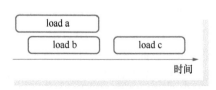

● 图 6-1 MLP 随时间的变化

指令 a 的延迟大于加载指令 b 的延迟。这时，消除加载指令 b 的延迟对性能没有影响，因为性能瓶颈是加载指令 a。此外，图 6-1 中还有一个单独的加载指令 c，这说明程序的 MLP 随时间变化。相应地，可分别定义瞬时 MLP 和平均 MLP 指标。其中，瞬时 MLP 为某个时钟周期的 MLP，平均 MLP 由对所有时钟周期的瞬时 MLP 进行平均得到。

在对 MLP 进行优化时，应首先优化或消除单独的长延迟操作（如加载指令 c）。因为消除重叠长延迟操作中的任何一个（如加载指令 a 或 b），并不能消除另一个操作的延迟，除非将二者全部消除。

MLP 只是表示处理器可以同时处理的内存请求数量，为了精确刻画线程束访存和计算操作的并行性，参考文献［12］引入了两个指标，即内存线程束并行性（Memory Warp Parallelism，MWP）和计算线程束并行性（Computation Warp Parallelism，CWP）。MWP 用于刻画系统内存并行性，其表示从 SM 处理器开始执行某个线程束的内存指令后，到同一线程束的所有内存请求得到服务为止的时间段内，每个 SM 可以同时访问内存的最大线程束数量。MWP 与 MLP 略有不同。如前所述，MLP 表示可以同时处理的内存请求数量，而 MWP 表示在每个 SM 的一个内存线程束等待周期内可以同时访问内存的最大线程束数量。二者的主要区别在于，MWP 将来自一个线程束中的所有内存请求都计为一个单位，而 MLP 则将各个内存请求都分别单独计算。CWP 则用于刻画模型特征，表示 SM 处理器在一个内存线程束等待期间可以执行的线程束数量加一。加一是为了包括等待内存值的线程束本身。CWP 与算术强度有相似之处，也有不同之处。相似之处在于，二者都表示访存操作与运算操作的比例关系。不同之处在于，算术强度不具有时序信息，而 CWP 重点考虑内存等待周期内的时序信息，并可用于确定代码段总执行时间是由计算占用时间决定，还是由访存占用时间决定。内存等待周期表示系统处理内存请求的时间段。图 6-2 概括了 MWP 和 CWP 数量的相对关系。

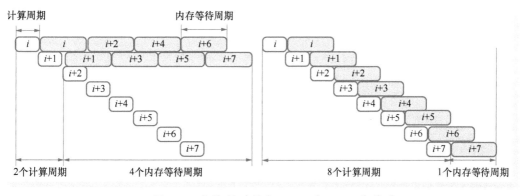

• 图 6-2　总执行时间与 MWP 和 CWP 的关系

图 6-2 中的白色方框表示计算指令占用的计算周期，彩色方框表示访存指令占用的内存等待周期，方框中的标识表示线程束序号。图 6-2 中所有计算周期和内存等待周期来自第 $i \sim i+7$ 个不同的线程束。在图 6-2 左侧，CWP 大于 MWP。其中，一个内存等待周期的时间长度为一个计算周期的两倍，因此处理器可以在一个内存等待周期内完成两个线程束的计算周期，由此可知，

CWP 为 3。假设系统可以同时处理两个内存线程束，即 MWP 为 2，这时，代码段总执行时间为两个计算周期和 4 个内存等待周期之和。当 CWP 大于 MWP 时，SM 中有足够的线程束正在等待内存值，因此内存访问周期可以被计算周期隐藏。在某些情况下，CWP 可能小于 MWP，如图 6-2 右侧所示。其中，一个内存等待周期的时间长度仍为一个计算周期的两倍，因此，CWP 仍为 3。假设系统可以同时处理 8 个内存线程束，即 MWP 为 8，在这种情况下，如果所有线程束都不相关，则线程束的内存等待周期不必等待其他线程束访存操作结束，而是可以紧接其前一个计算周期继续执行。这时，代码段总执行时间为 8 个计算周期和 1 个内存等待周期之和。

综上所述，当 CWP 大于 MWP 时，执行成本主要由访存占用时间决定；当 CWP 小于 MWP 时，执行成本主要由计算占用时间决定。

基于 MWP 和 CWP 指标建立的 GPU 性能模型通过估计每个 SM 中在一个内存等待周期（Memory Waiting Period）内可以同时访问内存的线程束数量，以及可以在同一时间段内完成计算的线程束数量，进而离线估算得到模型执行的时钟周期数，而不需要实际执行模型。

6.2 SM 占用率及其编程接口

面向延迟的系统，如 CPU，使用大缓存、分支预测和推测性取指来避免数据依赖导致的停顿。而面向吞吐量的系统，如 GPU，使用大规模并行来隐藏延迟。并行系统可以被看作是一种队列系统，利特尔法则（Little's Law）是队列系统性能分析的基础。该定律规定，在平衡状态下，系统中元素的平均数量（L）等于元素到达系统的平均速率（λ）和元素在系统中平均停留时间的乘积（W），即：

$$L = \lambda \times W \tag{6-3}$$

例如，如果平均每小时有 30 名顾客来到麦当劳，而且，为每位顾客服务的平均时间约为 6min（即 0.1h）。通过利特尔法则可以知道，麦当劳需要容纳的平均顾客数量为 3（= 30 × 0.1）人。如果将利特尔法则应用于 GPU 的并行过程，指令、内存事务或线程束等并行项都可被视为系统中的元素。用于表征并行过程的两个指标是平均延迟（即元素在系统中的平均停留时间）和吞吐量（即元素到达系统的平均速率）。由利特尔法则可得：

$$系统并行度 = 吞吐量 \times 平均延迟 \tag{6-4}$$

在 5.3 节已经提到，GPU 硬件将多个线程聚合成一个线程束作为基本执行单元。线程束调度器在若干线程束中选择就绪指令并将其交付执行。如果将线程束视为系统的并行项，则系统并行度对应于同时执行的线程束数量，即绝对占用率，吞吐量指标对应于执行的线程束总数除以总执行时间，即线程束吞吐量，线程束的开始时间和终止时间之间的差值对应于线程束延迟。从线程开始执行，直到线程束中的所有线程从内核退出的这段时间内，线程束被认为是活跃的。通过利特尔法则及其指标，上述性能问题可以表述为占用率和指令延迟及线程束吞吐量的关系。例如，在计算能力为 7.x 的设备上，大多数算术指令延迟为 4 个时钟周期（4 级流水）。SM 有 4 个线程束调度器，每个调度器在一个时钟周期内发射一条指令，即每个周期内执行 4 个线程束的吞吐量，因此系统中有

16（= 4 × 4）个活跃的线程束，即绝对占用率为 16 个线程束。也可以理解为，每个 SM 需要 16 个活跃线程束隐藏算术指令延迟。这种细粒度的多线程并行执行是隐藏内存延迟的关键。如果线程束表现出高 ILP，即在其指令流中有多个独立指令，则只需较少的线程束即可隐藏等量延迟。对于访存指令，因其某些输入操作数驻留在片外存储器，导致其访存延迟更长。此时，为保持线程束调度器忙碌所需的活跃线程束数量必然更多，其具体数量取决于内核代码及其 ILP。图 6-3 所示为活跃线程束数量与延迟和吞吐量的关系。图中的矩形表示线程束。

活跃线程束需要占用片上资源，而 SM 或计算单元（Compute Unit, CU）上的可用资源有限，这些资源包括所有线程可用的寄存器、共享存储等。因为每个线程都需要占用资源，因此有限的资源决定了在 SM 或 CU 上可以同时执行的线程数量，进而决定了同时处于活跃状态的最大线程束数量。SM 占用率（以下简称占用率）是衡量 GPU 内核程序 TLP 的指标。占用率越高，将计算和加载/存储操作交付硬件单元执行的可能性就越大。只有活跃线程束可用于隐藏延迟，可同时执行的活跃线程束数量是影响 GPU 性能的关键指标之一，也称为绝对占用率。在 CUDA 编程指南的计算功能表中给出了 GPU 的最大活跃线程束数量。根据性能分析场景的不同，占用率还可定义为 SM 上的活跃线程束数量与 SM 支持的最大活跃线程束数量的比值，或是 SM 上的活跃线程数与 SM 支持的最大活跃线程数的比值，二者的本质相同。这种以百分比表示的占用率也被称为相对占用率。随着线程的执行，SM 占用率会随时动态变化，并且每个 SM 的占用率也可能有所不同。

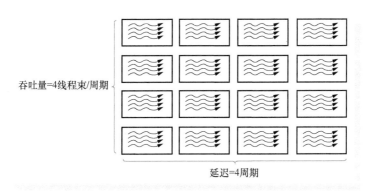

吞吐量=4线程束/周期

延迟=4周期

● 图 6-3　活跃线程束数量与延迟和吞吐量的关系

增加活跃线程束是优化延迟受限型内核的方法之一。低占用率导致执行单元没有足够的线程束隐藏相关指令之间的延迟，进而导致指令效率低下。为了提高占用率，就需要最小化每个线程占用的寄存器数量，但这会导致寄存器压力变大而将部分寄存器溢出到存储，进而引入访存延迟，反而降低性能。而且，高占用率会给缓存子系统带来极大的负载。大量线程争夺有限的共享缓存容量，导致缓存争用升高，缓存命中率因而降低，这同样导致整体性能降低。因此，当占用率足以隐藏延迟时，进一步增加占用率将导致每个线程的资源减少，不利于性能提升。可见，占用率和片上资源之间应保持平衡。高占用率使大量线程能同时运行并隐藏内存延迟，但可能会增加资源争用，而低占用率可减少的资源争用，但隐藏内存延迟的能力较差。因此，占用率调整是一个重要且具有挑战性的问题。在不同的占用率水平上执行同一个 AI 模型或应用，其性能差异可达数倍之多。AI 模型性能分析的早期步骤应该是检查工作负载的占用率，观察不同占用率对各种内核执行时间和性能的影响，而不是一味提高占用率。

本节以英伟达 GPU 和 CUDA 为例分析理论和实际占用率。虽然 AMD GPU 架构与英伟达 GPU 有所不同，但本节大部分分析结论也适用于 AMD GPU。

▶▶ 6.2.1　理论占用率和实际占用率

理论占用率可以从内核函数启动配置、内核函数编译选项和设备能力中推导得到。理论占用率可视为占用率的上限，因为理论值没有考虑指令依赖或内存带宽等限制。理论占用率可以从线程数量的角度计算得到，也可以从线程束数量的角度计算得到。无论采用哪种计算方法，都应在 SM 的资源限制下进行。如果从线程束数量的角度计算理论占用率，由于活跃线程束上限是 SM 活跃线程块数量上限和每个线程块的线程束数量的乘积，因此通过增加每个线程块可容纳的线程束数量，或增加每个 SM 可容纳的线程块数量，都可以提高活跃线程束数量上限。但这种提高必然受制于 SM 中有限的资源，即 SM 的寄存器数量和共享内存数量也会影响活跃线程束上限。由于寄存器在活跃线程块的线程间平均分配，如果每个线程占用的寄存器数量过多，则可执行的线程束数量就会减少，导致占用率降低。线程块的共享内存数量由内核函数启动参数指定。如果每个线程占用的共享内存数量过多，可执行的线程束数量也会减少，导致占用率降低。

在内核函数实际执行过程中，活跃线程束数量会因线程束的开始和结束而动态变化。为了充分隐藏相关指令间的延迟，SM 的线程束调度器需要在每个时钟周期选择活跃线程束交付执行。在整个内核函数执行期间，应保持适当数量的活跃线程束（即高占用率），以避免没有指令可发射而出现卡顿的情况。实际占用率由线程束调度器使用硬件性能计数器测量得到，测量方法是计算每个时钟周期调度器调度的活跃线程束数量，然后对每个 SM 上所有线程束调度器调度的活跃线程束数量求和，并除以 SM 处于活跃状态的时钟周期数，得到每个 SM 的平均活跃线程束。将平均活跃线程束再除以 SM 支持的最大活跃线程束数量，可以得到内核执行期间的 SM 实际占用率平均值。

影响实际占用率的因素种类繁多，大体包括计算资源、存储资源和工作负载等方面。计算资源因素包括 SM 中的 CUDA 核心数量、特殊功能单元（Special Function Unit，SFU）数量等硬件条件。假设 GPU 的每个 SM 有 128 个 CUDA 核，因为 1 条指令执行 32 次算术运算，则每个 SM 执行算术指令的速度不超过 4 个 IPC（Instruction Per Cycle），即每条指令需要 0.25 个周期。假设内核函数的每个线程束有 100 条算术指令，则在每个 SM 上的线程束吞吐量限制为 25 个周期。特殊功能单元用于执行诸如超越函数和平方根函数等这类"昂贵"的数学运算。类似地，假设每个 SM 有 32 个 SFU 单元且每个线程束有 5 条 SFU 指令，指令吞吐量的约束是每条 SFU 指令占 1 个周期，则每个 SM 的线程束吞吐量限制为 5 个周期。在评估占用率时，对此类硬件条件考虑得越多越详细，得到的评估结果就越准确。

存储资源因素包括内核函数在实际运行过程消耗的寄存器、共享内存和全局内存资源。对于

GEMM 计算，内核函数消耗的寄存器主要用于保存当前计算所需的分片和预取下一分片元素，以及保存矩阵 *C* 的中间结果。而内核函数消耗的共享内存则与线程块大小和每个线程占用的共享内存量有关。通过最大限度地使用片上存储器可尽量减少全局内存和设备之间的数据传输，提高 AI 模型的整体内存吞吐量。此外，由于编译器在指令调度之前已经知道共享内存使用情况，因此，指令调度算法在降低寄存器压力的同时应考虑共享内存使用量对占用率的限制。例如，如果已知的共享内存使用量将占用率限制为 0.7，则指令调度算法就不应试图通过降低寄存器压力将占用率提升到 0.8，因为这是不可能达到的目标。

此外，影响实际占用率的因素还包括线程块内的工作负载、线程块间的工作负载和内核函数实际启动的线程块数量。线程块内的工作负载由线程块内的线程束执行时间决定。尽管每个线程束执行相同数量的指令，但各个线程束的执行时间仍然可能长短不一。造成这种差异的原因之一是线程束中访存指令的实际延迟各不相同。如果线程块内某些线程束的执行时间超过其他线程束的执行时间，则会出现线程块内的工作负载不均衡。同理，如果网格内某些线程块的执行时间超过其他线程块的执行时间，则会出现线程块间的工作负载不均衡。例如，在 GEMM 计算中，由于分片的 *K* 维大小决定了分片的工作负载，如果不同分片的 *K* 维大小不同，将导致不同线程块间存在工作负载不平衡。工作负载不平衡会导致前一线程块中的所有线程束或前一线程束中的所有线程执行完成之前，下一线程块中的线程束或下一线程束中的线程无法开始执行，并导致占用率下降。此外，启动内核函数时设置的线程块数量太少，也会影响实际占用率。设备中 SM 的数量乘以每个 SM 的最大活跃线程块得到的乘积称为完整线程块（full wave）。如果启动内核函数时设置的线程块数量少于完整线程块值，则将导致实际占用率偏低。例如，TU102 GPU 包含 72 个 SM，每个 SM 可容纳 16 个线程块，则完整线程块值为 1152。如果内核函数启动的线程块少于该值，则实际占用率将小于其理论值。

延迟受限型内核函数的优化目标并不需要达到 100% 的占用率，只要活跃线程束数量足够隐藏延迟即达到优化目的。如果内核函数指令的数据依赖性较小，需要用于隐藏延迟的线程束数量也较少，较小的实际占用率就可以满足性能要求。如果内核函数中有较多访存等高延迟指令，则需要更多的线程束隐藏延迟，实际占用率也相应较高。

▶▶ 6.2.2　理论占用率约束条件分析

实际占用率不能超过理论占用率，因此增加实际占用率首先应该考虑通过调整前述限制因素，增加理论占用率，然后再检查实际占用率是否接近理论值。CUDA 软件包中提供了占用率计算器（CUDA Occupancy Calculator），可帮助开发者直观地考察在不同架构和资源约束变化条件下，各种因素（包括线程块大小、每个线程的寄存器和每个线程块的共享内存）对理论占用率的影响。本节将进行 5 个实验，通过改变每个线程块的线程数量、每个线程的寄存器数量和每个线程块的共享内存 3 个参数，分析不同条件下的理论占用率及其制约因素。实验设置和实验结果见表 6-1。

表 6-1 理论占用率实验设置和实验结果

GPU 计算能力的物理限制					
计算能力版本	8.0				
每个 SM 的 32 位寄存器数量	65536				
每个线程束的线程数量	32				
每个 SM 的线程束数量	64				
每个 SM 的线程数量	2048				
每个 SM 的线程块数量	32				
每个 SM 的共享内存大小（单位：字节）	167936				
实验编号	1	2	3	4	5
实验设置					
每个线程块的线程数量（即线程块大小）	64	32	64	64	128
每个线程的寄存器数量	32	32	64	32	32
每个线程块的共享内存大小（单位：字节）	2048	2048	2048	5120	5120
实验结果					
每个 SM 中的活跃线程数量	2048	1024	1024	1728	2048
每个 SM 中的活跃线程束数量	64	32	32	54	64
每个 SM 中的活跃线程块数量	32	32	16	27	16
每个线程块中的线程束数量	2	1	2	2	4
每个 SM 中的寄存器数量	2048	1024	4096	2048	4096
每个线程块的共享内存大小（单位：字节）	3072	3072	3072	6144	6144
理论占用率	1	0.5	0.5	0.84	1

注意，表 6-1 中每个线程块的共享内存中包括 CUDA 运行时占用的 1024 字节。

改变每个线程块的线程数量、每个线程的寄存器数量和每个线程块的共享内存大小可影响活跃线程束数量。在实验 1 中，每个 SM 的活跃线程数量可由每个 SM 的 32 位寄存器总数除以每个线程的寄存器数量得到，即 65536 / 32 = 2048。每个 SM 的活跃线程束数量可由每个 SM 的活跃线程数量除以每个线程束的线程数量得到，即 2048 / 32 = 64。因此，实验 1 的理论占用率为每个 SM 的活跃线程束数量除以每个 SM 的线程束数量，即 64 / 64 = 1。本节以实验 1 为基准，与其他实验做对照分析。

在实验 2 中，实验设置将每个线程块的线程数量减少为 32，每个 SM 的活跃线程数量可由每个 SM 的线程块数量乘以每个线程块的线程数量得到，即 32 × 32 = 1024。每个 SM 的活跃线程束数量同样可由每个 SM 的活跃线程数量除以每个线程束的线程数量得到，即 1024 / 32 = 32。因此，实验 2 的理论占用率为每个 SM 的活跃线程束数量除以每个 SM 的线程束数量，即 32 / 64 = 0.5。在实验 2 中，每个线程块的线程数量是限制因素，每个线程块的线程数过少导致每个 SM 的活跃线程数量过少，限制了理论占用率的提高。

在实验 3 中，实验设置将每个线程的寄存器数量增加为 64。用与实验 1 同样的计算方法，可以得到实验 3 的每个 SM 的活跃线程数量为 1024（= 65536 / 64），每个 SM 的活跃线程束数量为 32

（=1024／32）。因此，实验 3 的理论占用率为 0.5。此时，每个线程的寄存器数量是限制因素，每个线程占用的寄存器数量太多，每个 SM 的活跃线程数量过少，限制了理论占用率的提高。

在实验 4 中，实验设置将每个线程块的共享内存大小增加到 5120 字节。由于计算能力 8.0 后的 GPU 中，每个线程块占用的共享内存中包括 CUDA 运行时占用的 1024 字节，因此实际每个线程块占用的共享内存为 6144（= 5120 + 1024）字节。由此计算可得，每个 SM 的活跃线程块数量为 27（≈ 167936／6144），每个 SM 的活跃线程束数量为 54（= 27 × 2）。因此，实验 4 的理论占用率约为 0.84（≈ 54／64）。此时，每个线程块的共享内存大小是限制因素，每个线程块占用的共享内存太多，导致每个 SM 的活跃线程块数量过少，限制了理论占用率的提高。

和实验 4 相比，实验 5 的设置保持每个线程块的共享内存大小为 5120 字节不变，但将每个线程块的线程数量增加为 128。每个 SM 的活跃线程块数量可由每个 SM 的线程数量除以每个线程块的线程数量得到，即 2048 ／ 128 = 16，每个 SM 的活跃线程束数量为 64（= 16 × 4）。因此，实验 5 的理论占用率约为 1。

综合上述实验分析可知，计算理论占用率时采用的每个 SM 活跃线程束数量是由每个 SM 的活跃线程数量、每个 SM 的活跃线程块数量和每个 SM 的活跃线程束数量三者共同决定。例如，在实验 2 中，即使根据每个线程的寄存器数量计算每个 SM 的活跃线程数量可达到 2048，但根据每个线程块的线程数量计算得到的每个 SM 的活跃线程数量只能达到 1024，此时只能取二者的最小值作为该实验的每个 SM 的活跃线程数量。同理，每个 SM 的活跃线程块数量也是采用各种因素计算结果的最小值。例如，在实验 5 中，根据每个线程块的共享内存大小计算得到的每个 SM 的活跃线程块数量可达到 27（同实验 4），但根据每个线程块的线程数量计算得到的每个 SM 的活跃线程块数量只能达到 16，此时只能取二者的最小值。实验输出的每个 SM 的活跃线程数量、每个 SM 的活跃线程块数量和每个 SM 的活跃线程束数量都要受到 GPU 计算能力对应项的限制。如图 6-4 所示，总结

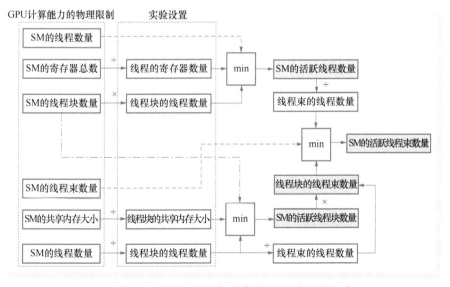

● 图 6-4　理论占用率计算过程及其限制因素

了理论占用率的计算过程及其限制因素，图中的虚连线表示 GPU 计算能力对应项的限制，浅灰色方框表示实验输出结果。

▶▶ 6.2.3　CUDA 运行时占用率编程接口

CUDA 运行时提供了与占用率相关的应用程序编程接口，可帮助开发者根据寄存器和共享内存需求选择启动配置参数，并检查占用率情况。其中部分接口声明如下：

```
template < class T >
__host__ cudaError_t cudaOccupancyMaxActiveBlocksPerMultiprocessor ( int* numBlocks,
T func, int blockSize, size_t dynamicSMemSize )
template < class T >
__host__ cudaError_t cudaOccupancyMaxPotentialBlockSize ( int* minGridSize, int*
blockSize, T func, size_t dynamicSMemSize = 0, int blockSizeLimit = 0 )
template < typename UnaryFunction, class T >
__host__ cudaError_t cudaOccupancyMaxPotentialBlockSizeVariableSMem ( int* minGrid-
Size, int* blockSize, T func, UnaryFunction blockSizeToDynamicSMemSize, int blockSize-
Limit = 0 )
template < class T >
__host__ cudaError_t cudaOccupancyAvailableDynamicSMemPerBlock ( size_t* dynamicS-
memSize, T func, int numBlocks, int blockSize )
```

cudaOccupancyMaxActiveBlocksPerMultiprocessor( )接口可根据内核函数的线程块大小和共享内存使用情况，提供内核函数的并行线程块数。根据并行线程块数可进一步计算得到并行线程束数量和占用率。该接口的用法示例如下：

```
__global__ void KernelFunc(int *d, int *a, int *b) {…}

int main() {
    int numBlocks;
    int blockSize = 32;
    ...
    cudaOccupancyMaxActiveBlocksPerMultiprocessor(&numBlocks, KernelFunc, blockSize, 0);
    ...
    return 0;
}
```

cudaOccupancyMaxPotentialBlockSize( )接口可为指定内核函数返回实现内核函数最大占用率的启动配置，包括网格大小和线程块大小。如果不需要按线程块动态分配共享内存，可将 dynamic-SMemSize 参数设置为 0。如果每个块的动态共享内存大小随块大小不同而变化，则应调用接口 cudaOccupancyMaxPotentialBlockSize( )获得启动配置。其中，参数 blockSizeToDynamicSMemSize 是指向一元函数的指针。该函数可根据线程块大小计算线程块需要的动态共享内存使用量。这时的参数 dynamicSMemSize 不起作用。根据上述接口返回的配置启动内核函数后，可调用接口 cudaOccupancyMaxActiveBlocksPerMultiprocessor( )计算占用率，检查占用率改善情况。cudaOccupancyMaxPotentialBlockSize( )接口的用法示例如下：

```
__global__ void KernelCopy(int *array, int arrayCount) {…}

int main () {
    int *array = …;
    int arrayCount = …;
    int blockSize, minGridSize, gridSize;
    cudaOccupancyMaxPotentialBlockSize(&minGridSize, &blockSize, (void*) KernelCopy,
0, arrayCount);
    gridSize = (arrayCount + blockSize - 1) / blockSize;
    KernelCopy<<<gridSize, blockSize>>>(array, arrayCount);
    …
    return 0;
}
```

cudaOccupancyAvailableDynamicSMemPerBlock( )接口可根据启动内核函数时指定的线程块数量（numBlocks）和线程块大小（blockSize），返回每个线程块可用的动态共享内存使用量。其他占用率相关接口的声明和用法可参考 CUDA 运行时 API 文档和<CUDA_Toolkit_Path>/include/cuda_occupancy.h 文件。

6.3 基于占用率的指令调度优化

如前所述，占用率对 GPU 整体性能有显著影响。因此，如何通过编译器后端指令调度算法最小化寄存器压力，进而改善占用率至关重要。本节在简要介绍 AMD GPU 架构后，以 AMDGPU 后端的 GCN（Graphics Core Next）最大占用率调度器（GCN Max Occupancy Scheduler）为例，说明在寄存器分配前指令调度算法中优化占用率的方法。

▶▶ 6.3.1 AMD GPU 编程模型和硬件执行模型

AMD GPU 编程模型遵循 OpenCL 异构并行编程规范。与英伟达 GPU/CUDA 中的线程、线程块等概念类似，AMD GPU 编程模型屏蔽了底层的硬件结构，并将其抽象为工作项（work item）、工作组（work group）等对应概念。GPGPU 采用数据并行计算编程模型。在此模型中，内核程序由一组主要用于执行算术运算的工作项（线程）执行。编程模型通常使用 SIMT 执行模型。这里的线程指代 GPU 上的某个逻辑计算线程。从编程的角度来看，线程是一种抽象，旨在降低并行计算软件编写复杂度。在硬件中，每个 GPU 线程在 SIMD 矢量处理单元中的某个通道执行。在调用内核时，主机端代码会指定多个并行 GPU 线程执行内核代码。内核由工作组中的许多工作项组成。AMD GPU 的 32 个或 64 个工作项构成一个 wavefront（类似于 CUDA 中的线程束）。wavefront 是 CU 运行的最小调度工作单元，可共享相同的计算单元，并同时执行相同的指令。工作组是由硬件支持的逻辑计算单元，一般包含 16 个 wavefront，wavefront 之间互相共享资源（特别是本地内存）并且可以有效地同步。工作组被分配到 CU 中执行的单元，CU 是负责执行工作组的硬件单元。一个 CU 必须能够支持至少一个完整的工作组，但如果硬件资源允许，也可以同时执行多个工作组。来自同一个工作组的所有工作项都应在同一个 CU 上执行。每个 AMD GPU 设备至少应包含一个 CU，但为了促进多个工作组的并行执行，AMD GPU 设备一般都包含多个 CU。AMD GPU 架构还支持在标量 ALU 上执行的标量指令。这些标量指令由编译器生成，对开发者来说是透明的，其可以与指令流中的向量指令混合。标量指令用于控制流或操作，其产生的结果由 wavefront 的所有工作项共享。如图 6-5 所示，简要描述了 CU 的架构。

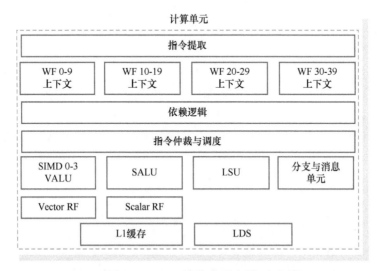

● 图 6-5 GCN 计算单元架构示意图

每个 CU 一般总共包含 40 个 wavefront（图 6-5 中缩写为 WF）上下文槽位（slot）。wavefront 上下文包括程序计数器、寄存器状态信息、同步和内存计数器，以及指令缓冲区等。wavefront 槽位在 SIMD 向量单元（Vector ALU，VALU）间平均分配，而且，在 wavefront 的整个生命周期内，同一 wavefront 的所有指令都由同一 SIMD/标量单元（Scalar ALU，SALU）对执行。每个 SIMD（也被称为执行单元）可调度多达 10 个并行 wavefront。为了等待某个 wavefront 内存操作完成，CU 可以暂停该 wavefront，并执行另一个 wavefront，这有助于隐藏延迟并最大限度地利用 CU 的计算资源。SIMD 的 VGPR 在活跃 wavefront 的线程中平均分配。如果内核程序需要的 VGPR 数量多于可用的 VGPR 数量，则 SIMD 无法执行最佳数量的 wavefront，占用率也将因此而受到影响。

在 GCN CU 中，SIMD 单元是负责执行 wavefront 的硬件组件。工作组内的每个 wavefront 都被分配给 CU 内的某个 SIMD 单元，SIMD 单元以锁步（lock-step）方式执行 wavefront 中的所有工作项。每个 CU 中通常包含 4 个 16 通道宽（RDNA 架构为 64 通道）的 SIMD 向量单元、4 个 64KB 的 32 位 VGPR 文件（VRF）、一个标量单元、一个 12.5KB 的 32 位 SGPR 文件（SRF）、一个 64KB［RDNA（Radeon DNA）架构为 128KB］本地数据共享（Local Data Share，LDS）、4 个纹理过滤器单元、16 个纹理获取加载/存储单元和 16 KB L1 缓存。4 个 CU 共享一个 16KB L1 指令缓存和一个 32KB L1 数据缓存。VALU 一次（每个时钟周期）可对 16 个元素进行操作，而 SALU 一次（每个时钟周期）可对一个元素进行操作。为了支持分支和条件执行，每个 wavefront 对应一个 EXECute 掩码，

EXECute 掩码中的各个位决定了在某个时刻哪些工作项处于活跃状态，哪些工作项处于休眠状态。SALU 负责执行 VALU 不能执行或执行效率不高的标量指令，而标量指令的主要目的是处理控制流并为 wavefront 执行与线程无关的计算。SALU 指令可以在任何时候改变 EXEC 掩码。

上述硬件参数可能在不同架构代际或不同 ISA 版本间发生变化。开发者不应对硬件参数硬编码，而应尽量通过运行时 API 从 GPU 设备上获得这些参数。通过 API 获得的实际参数可能与上述参数不同。

▶▶ 6.3.2 AMDGPU 后端的指令调度算法优化

前文已经提及，占用率取决于线程块（或工作组）的资源使用量。由于寄存器是稀缺资源，因此每个线程中的寄存器使用情况是决定占用率的重要因素。线程的寄存器使用量受编译器的寄存器分配算法影响，此外，共享内存或 LDS 的使用量对占用率也有重要影响。假设 AMD GPU 的单个工作组可以使用的组共享数据量限制为 32KB，为了充分利用 64KB LDS，应保证每个 CU 上至少运行两个工作组。假设每个工作组有 1024 个线程，给定 CU 有 65536 个可用 VGPR，则每个线程最多可使用 32（65536/2048）个 VGPR。如果内核程序需要 33 个 VGPR，则每个 CU 一次只能执行一个工作组。否则，工作组对 VGPR 的需求量将超过 CU 上可用的 VGPR 数量。

1. AMDGPU 后端中的占用率计算方法

AMDGPU 后端的占用率计算方法综合考虑了 LDS 和寄存器的使用量。AMDGPU 中有 VGPR 和 SGPR 两种寄存器，在根据寄存器使用量确定目标占用率时，应分别根据 VGPR 和 SGPR 两种寄存器数量计算占用率，然后取二者最小值。内核程序的 VGPR 使用量通常是决定占用率的瓶颈，因为在大多数情况下，内核程序对 VGPR 的需求比 SGPR 高得多。在某些情况下，SGPR 也许会被用完，但可能性较低。

4.3.3 小节已经简要介绍了 GCN 最大占用率调度器定制的调度器实现类 GCNScheduleDAGMILive 和调度策略实现类 GCNMaxOccupancySchedStrategy。二者的类继承关系如图 6-6 所示。

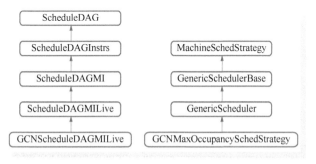

● 图 6-6 GCN 最大占用率调度器和调度策略实现类的继承关系

本节在前文寄存器分配前指令调度算法的基础上，重点论述 AMDGPU 后端针对占用率的指令调度优化方法。此处采用绝对占用率，即 CU 上的活跃 wavefront 数量，作为占用率衡量指标。AMDGPU 后端在计算占用率时考虑了 LDS、SGPR 和 VGPR 三者的影响，并以三者导致的最小活跃

wavefront 数量作为整体占用率。占用率计算逻辑主要在 computeOccupancy( ) 函数中实现，代码（见 llvm/lib/Target/AMDGPU/AMDGPUSubtarget.cpp）如下：

```
unsigned GCNSubtarget::computeOccupancy(const Function &F, unsigned LDSSize,
                        unsigned NumSGPRs, unsigned NumVGPRs) const {
  unsigned Occupancy = std::min(getMaxWavesPerEU(),
                        getOccupancyWithLocalMemSize(LDSSize, F));
  if (NumSGPRs)
    Occupancy = std::min(Occupancy, getOccupancyWithNumSGPRs(NumSGPRs));
  if (NumVGPRs)
    Occupancy = std::min(Occupancy, getOccupancyWithNumVGPRs(NumVGPRs));
  return Occupancy;
}
```

其中，getMaxWavesPerEU( ) 函数返回的最大执行单元 wavefront 数量为 10。AMDGPU 后端在计算占用率时通过调用 getOccupancyWithLocalMemSize( ) 函数考虑了 LDS 的影响。该函数通过将 LDS 总量除以内核函数的 LDS 用量，得到 CU 上的工作组数量，且该工作组数量不能超过 CU 可容纳的最大工作组数量。getOccupancyWithLocalMemSize( ) 函数代码实现如下：

```
unsigned AMDGPUSubtarget::getOccupancyWithLocalMemSize(uint32_t Bytes,
  const Function &F) const {
  const unsigned MaxWorkGroupSize = getFlatWorkGroupSizes(F).second;
  const unsigned MaxWorkGroupsPerCu = getMaxWorkGroupsPerCU(MaxWorkGroupSize);
  if (!MaxWorkGroupsPerCu)  return 0;
  const unsigned WaveSize = getWavefrontSize();
  unsigned NumGroups = getLocalMemorySize() / (Bytes ? Bytes : 1u);
  if (NumGroups == 0)  return 1;
  NumGroups = std::min(MaxWorkGroupsPerCu, NumGroups);
  // Round to the number of waves.
  const unsigned MaxGroupNumWaves = (MaxWorkGroupSize + WaveSize - 1) / WaveSize;
  unsigned MaxWaves = NumGroups * MaxGroupNumWaves;
  // Clamp to the maximum possible number of waves.
  MaxWaves = std::min(MaxWaves, getMaxWavesPerEU());
  assert(MaxWaves > 0 && MaxWaves <= getMaxWavesPerEU() && "computed invalid occupancy");
  return MaxWaves;
}
```

AMDGPU 后端在根据 VGPR 或 SGPR 计算占用率时，分别调用 getOccupancyWithNumVGPRs( ) 函数和 getOccupancyWithNumSGPRs( ) 函数将 VGPR 或 SGPR 使用量映射为占用率，VGPR 或 SGPR 的使用量越大，占用率越低。getOccupancyWithNumVGPRs( ) 函数实现代码如下：

```
unsigned GCNSubtarget::getOccupancyWithNumVGPRs(unsigned VGPRs) const {
  unsigned MaxWaves = getMaxWavesPerEU();
  unsigned Granule = getVGPRAllocGranule();
  if (VGPRs < Granule)  return MaxWaves;
  unsigned RoundedRegs = ((VGPRs + Granule - 1) / Granule) * Granule;
  return std::min(std::max(getTotalNumVGPRs() / RoundedRegs, 1u), MaxWaves);
}
```

其中，变量 Granule 为寄存器分配的粒度，该值一般为 4。也就是说，在计算 VGPR 使用量时，内核函数的实际 VGPR 使用量要向上取整为 4 的倍数。如参数 VGPRs 为 7 时，取整后的值 RoundedRegs 为 8。getTotalNumVGPRs( ) 函数获得 SIMD 上的可用 VGPR 数量。对于 AMD Vega 及之前的架构，该值为 256。在 Vega 架构之后的 RDNA 架构上，该值针对 WavefrontSize32 模式和 WavefrontSize64 模式分别为 1024 和 512。getTotalNumVGPRs( ) 函数实现代码（见<llvm_root>/llvm/lib/Target/AMDGPU/Utils/AMDGPUBaseInfo.cpp）如下：

```
unsigned getTotalNumVGPRs(const MCSubtargetInfo *STI) {
  if (!isGFX10Plus(*STI))  return 256;
  return STI->getFeatureBits().test(FeatureWavefrontSize32) ? 1024 : 512;
}
```

根据 getOccupancyWithNumVGPRs( ) 函数的实现，如果 SIMD 共有 256 个 VGPR 可用，内核函数使用 24 个或更少的 VGPR 可得到 10 个 wavefront 的最大占用率，而使用超过 24 个 VGPR 会得到小于 10 个 wavefront 的占用率。当内核函数的寄存器使用量超过 256 时，占用率为 1 且发生溢出。VGPR 使用量与占用率的关系如下：

$$Occupancy = \min\left(MaxWaves,\ floor\left(\frac{256}{ceiling(NumVGPRs)} \right) \right) \tag{6-5}$$

式中，MaxWaves 为最大占用率的 wavefront 数量（即 10 个 wavefront）；NumVGPRs 为内核函数的 VGPR 使用量。

内核函数通常由多个调度区域组成，内核函数的占用率由其中寄存器使用量最大的区域决定。例如，如果内核由 5 个调度区域组成，其中一个区域使用 32 个 VGPR，而其他区域都使用 24 个 VGPR，则由 getOccupancyWithNumVGPRs( ) 函数可确定内核占用率为 8，因为占用率是由使用 32 个 VGPR 的瓶颈区域决定。通过式（6-5）计算得到的 VGPR 使用量与占用率的关系见表 6-2。

在 GCN GFX8（项目代号 Volcanic Islands）之前，每个 SIMD 包含 512 个 SGPR。从 GCN GFX8 开始，SGPR 数量增加到 800。因此，在 GCN GFX8 之前的 GPU 上，内核函数使用 48 个或更少的 SGPR 可得到 10 个 wavefront 的最大占用率，而使用超过 48 个 VGPR 会得到小于 10 个 wavefront 的占用率。在 GCN GFX8 之后的 GPU 上，达到 10 个 wavefront 占用率的 SGPR 使用量只需小于 80 个。对于 RDNA 架构之后的 GPU，因为 SIMD 有足够的 SGPR，不易成为占用率的制约因素，可以认为占用率总为最大 wavefront 数（10）。根据 SGPR 计算占用率的逻辑主要在函数 getOccupancyWithNumSGPRs( ) 中实现，代码如下：

```
unsigned GCNSubtarget::getOccupancyWithNumSGPRs(unsigned SGPRs) const {
  if (getGeneration() >= AMDGPUSubtarget::GFX10)
    return getMaxWavesPerEU();
  if (getGeneration() >= AMDGPUSubtarget::VOLCANIC_ISLANDS) {
    if (SGPRs <= 80)  return 10;
    if (SGPRs <= 88)  return 9;
    if (SGPRs <= 100)  return 8;
    return 7;
```

```
    }
    if (SGPRs <= 48)  return 10;
    ...
    if (SGPRs <= 80)  return 6;
    return 5;
}
```

表 6-2　VGPR 使用量与占用率的关系

VGPR 使用量	占用率
24	10
28	9
32	8
36	7
40	6
48	5
64	4
84	3
128	2
256	1

2. 最大占用率指令调度策略

通过上述 computeOccupancy( ) 函数计算得到的占用率将由调度器实现类 GCNScheduleDAGMILive 在初始化时由 getOccupancy( ) 接口获取，并作为其成员变量 StartingOccupancy 的初始值。GCNScheduleDAGMILive 类的 schedule( ) 函数通过调用 GCNMaxOccupancySchedStrategy 调度策略接口，完成 GCN 子目标特定的调度处理。

在调度下一条指令时，调度器需要考察候选指令的寄存器压力增加幅度。GCNMaxOccupancySchedStrategy 类采用的启发式策略在 GenericScheduler 类已有实现的基础上，增加了目标相关约束，包括 VGPR 和 SGPR 超额寄存器压力（excess register pressure）和临界寄存器压力（critical register pressure），其目的是最大化内核占用率。超额寄存器压力是指超过某个寄存器类的最大可分配寄存器数量的寄存器压力值。某个寄存器类的最大可分配寄存器数量被称为超额寄存器压力限制。如果因指令调度导致寄存器压力上升，并可能导致占用率降低时，AMDGPU 后端将这时的寄存器使用量称为临界寄存器压力。临界寄存器压力限制是最大占用率对应的寄存器使用量。

为了考察寄存器压力变化对调度器的影响，每条调度候选指令都有记录寄存器压力变化的属性 RPDelta。该属性类型为结构体 RegPressureDelta，该结构体的定义如下：

```
struct RegPressureDelta {
  PressureChange Excess;
  PressureChange CriticalMax;
```

```
        PressureChange CurrentMax;
        ...
    };
```

其中，成员变量 Excess 记录的是某个寄存器类超过最大可分配寄存器数量的寄存器压力变化最大差值。例如，SGPR 的最大可分配寄存器数量为 10。如果调度某条指令将导致 SGPR 使用量从 12 上升到 15，则 Excess 将记录最大差值为 3（=15-12）；如果调度某条指令将导致 SGPR 使用量从 8 上升到 15，则 Excess 将记录最大差值为 5（=15-10）；如果调度某条指令将导致 SGPR 使用量从 13 下降到 9，则 Excess 将记录最大差值为-3（=10-13）。可见，Excess 记录的是超过最大可分配寄存器数量部分的寄存器压力变化，负的差值表示原有的已经超过目标限制的压力在调度候选指令后出现下降。成员变量 CriticalMax 记录的是某个寄存器类超过临界寄存器压力限制的寄存器压力变化最大增量。无论是 VGPR 还是 SGPR，任何一类寄存器的压力接近或超过临界寄存器压力限制时都会导致占用率下降。因此，CriticalMax 中只记录增量更大的寄存器类的压力变化值。成员变量 CurrentMax 记录的是监视器压力最大值中超过某个寄存器类限制的最大增量。监视器是跟踪寄存器压力变化的模块。例如，如果调度某条指令将导致 SGPR 使用量达到 15，此时，监视器记录的 SGPR 压力最大值为 15，该值超过压力监视器 SGPR 压力最大值限制 10，则 CurrentMax 将记录最大增量 5。

GCNMaxOccupancySchedStrategy 类中的 VGPR 和 SGPR 超额寄存器压力限制和临界寄存器压力限制变量定义如下：

```
        unsigned SGPRExcessLimit;
        unsigned VGPRExcessLimit;
        unsigned SGPRCriticalLimit;
        unsigned VGPRCriticalLimit;
```

在 GCN 架构上，SGPRExcessLimit 值为 94，VGPRExcessLimit 值为 61，即可分配的 SGPR 和 VGPR 数量不超过 94 个和 61 个；SGPRCriticalLimit 值为 45，VGPRCriticalLimit 值为 21，即为了实现最大占用率，SGPR 和 VGPR 的使用量不能超过 45 个和 21 个。

4.3.2 小节中已经提到，寄存器分配前调度 pass 实现类通过调用目标后端调度器实现类的 schedule( ) 函数，根据最大占用率策略对当前区域调度执行指令调度功能。GCNScheduleDAGMILive∷schedule( ) 函数实现代码如下：

```
    void GCNScheduleDAGMILive::schedule() {
      ...
      GCNRegPressure PressureBefore ;
      if(LIS) { PressureBefore = Pressure[RegionIdx];}

      ScheduleDAGMILive::schedule();
      ...
      GCNMaxOccupancySchedStrategy &S = (GCNMaxOccupancySchedStrategy&)* SchedImpl;
      auto PressureAfter = getRealRegPressure();
       if(PressureAfter.getSGPRNum() <= S.SGPRCriticalLimit &&
          PressureAfter.getVGPRNum() <= S.VGPRCriticalLimit) {
```

```
  Pressure[RegionIdx] = PressureAfter;
  LLVM_DEBUG(dbgs() << " Pressure in desired limits, done.\n");
  return;
}
unsigned Occ = MFI.getOccupancy();
unsigned WavesAfter = std::min(Occ, PressureAfter.getOccupancy(ST));
unsigned WavesBefore = std::min(Occ, PressureBefore.getOccupancy(ST));
unsigned NewOccupancy = std::max(WavesAfter, WavesBefore);
// Allow memory bound functions to drop to 4 waves if not limited by an attribute.
if (WavesAfter < WavesBefore && WavesAfter < MinOccupancy &&
    WavesAfter >= MFI.getMinAllowedOccupancy()) {
  LLVM_DEBUG(dbgs() << " Function is memory bound, allow occupancy drop up \
                       to " << MFI.getMinAllowedOccupancy() << " waves \n");
  NewOccupancy = WavesAfter;
}
...
unsigned MaxVGPRs = ST.getMaxNumVGPRs(MF);
unsigned MaxSGPRs = ST.getMaxNumSGPRs(MF);
if (PressureAfter.getVGPRNum() > MaxVGPRs ||
    PressureAfter.getSGPRNum() > MaxSGPRs)
  RescheduleRegions[RegionIdx] = true;

if (WavesAfter >= MinOccupancy) {
  if (Stage == UnclusteredReschedule && !PressureAfter.less(ST, PressureBefore)) {
    LLVM_DEBUG(dbgs() << " Unclustered reschedule did not help.\n");
  } else if (WavesAfter > MFI.getMinWavesPerEU() ||
      PressureAfter.less(ST, PressureBefore) || !RescheduleRegions[RegionIdx]) {
    Pressure[RegionIdx] = PressureAfter;
    return;
  } else {
    LLVM_DEBUG(dbgs() << " New pressure will result in more spilling.\n");
  }
}
```

AMDGPU 后端的调度器实现类 GCNScheduleDAGMILive 中的 schedule( ) 函数通过调用 ScheduleDAGMILive::schedule( ) 函数及其中的调度策略实现类对象，并根据最大占用率策略，由调度策略接口中实现的 pickNode( ) 函数选择最佳候选调度指令。

在调用 ScheduleDAGMILive::schedule( ) 函数前后，调度区域的寄存器压力会因选择不同调度指令而发生变化。调度区域的寄存器压力由 GCNScheduleDAGMILive 类的向量成员变量 Pressure 维护。Pressure 向量中的每一个元素对应一个寄存器类。

GCNMaxOccupancySchedStrategy::pickNode( ) 函数支持自顶向下、自底向上和双向三种方向的调度方法，默认的调度方向为双向调度。无论哪种调度方向，最终都需通过 pickNodeFromQueue( ) 函数调用 GenericScheduler::tryCandidate( ) 函数完成指令调度。pickNodeFromQueue( ) 函数在遍历调度单元时，首先调用 initCandidate( ) 函数，将上述 Pressure 向量初始化为压力监视器记录的寄存器类当前压力值（即压力监视器的成员变量 CurrSetPressure）。此外，前文已经提到的候选指令压力变化属性 RPDelta 的成员变量 Excess 和 CriticalMax 也由 initCandidate( )函数计算赋值。然后，Generic-Scheduler::tryCandidate( )函数根据在调度过程中检测到的超额寄存器压力和临界寄存器压力变化、指令停顿周期数等因素，选择最佳调度指令。pickNodeFromQueue( )函数实现代码（见<llvm_root>/llvm/lib/Target/AMDGPU/GCNSchedStrategy.cpp）如下：

```
void GCNMaxOccupancySchedStrategy::pickNodeFromQueue(SchedBoundary &Zone,
        const CandPolicy &ZonePolicy, const RegPressureTracker &RPTracker,
        SchedCandidate &Cand) {
  const SIRegisterInfo *SRI = static_cast<const SIRegisterInfo* >(TRI);
  ArrayRef<unsigned> Pressure = RPTracker.getRegSetPressureAtPos();
  unsigned SGPRPressure = Pressure[AMDGPU::RegisterPressureSets::SReg_32];
  unsigned VGPRPressure = Pressure[AMDGPU::RegisterPressureSets::VGPR_32];
  ReadyQueue &Q = Zone.Available;
  for (SUnit *SU : Q) {
    SchedCandidate TryCand(ZonePolicy);
    initCandidate(TryCand, SU, Zone.isTop(), RPTracker, SRI, SGPRPressure, VGPRPressure);
    // Pass SchedBoundary only when comparing nodes from the same boundary.
    SchedBoundary *ZoneArg = Cand.AtTop == TryCand.AtTop ? &Zone : nullptr;
    GenericScheduler::tryCandidate(Cand, TryCand, ZoneArg);
    ...
  }
}
```

pickNodeFromQueue( )函数调用流程如图 6-7 所示。

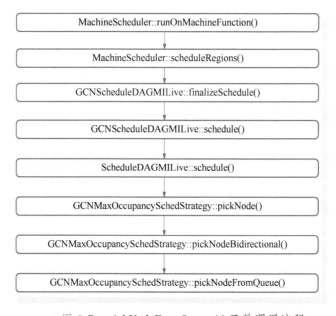

```
MachineScheduler::runOnMachineFunction()
            ↓
MachineScheduler::scheduleRegions()
            ↓
GCNScheduleDAGMILive::finalizeSchedule()
            ↓
GCNScheduleDAGMILive::schedule()
            ↓
ScheduleDAGMILive::schedule()
            ↓
GCNMaxOccupancySchedStrategy::pickNode()
            ↓
GCNMaxOccupancySchedStrategy::pickNodeBidirectional()
            ↓
GCNMaxOccupancySchedStrategy::pickNodeFromQueue()
```

● 图 6-7　pickNodeFromQueue( )函数调用流程

ScheduleDAGMILive::schedule( )函数完成调度指令后，如果 SGPR 和 VGPR 使用量未超过变量 SGPRCriticalLimit 和 VGPRCriticalLimit 表示的临界寄存器压力限制，则可以认为调度后的寄存器压力变化仍在合理范围内，在将调度后的压力值记录为当前压力值后，当前调度区域的调度过程正常结束，并可以进入下一个调度区域。如果 SGPR 或 VGPR 使用量超过上述临界寄存器压力限制，则意味着占用率受当前调度影响出现恶化，此时，需要比较调度前后寄存器压力对应的占用率，即 GCNScheduleDAGMILive::schedule( )函数中的变量 WavesBefore 和 WavesAfter，决定是否取消当前调度。如果占用率的恶化达到某个程度，就需要考虑重新调度其他指令。

衡量占用率恶化程度的重要指标是内核函数的最小占用率，该指标由 GCNScheduleDAGMILive 类的成员变量 MinOccupancy 表示。MinOccupancy 的初始值为 StartingOccupancy，即前述通过 getOccupancy( )接口得到的占用率。MinOccupancy 变量值在指令调度过程中动态变化，并记录调度过程出现的最小实际占用率。

在决定是否取消当前调度前，还应考虑到由于内存受限型内核函数访存时间占比较大，可以容忍较低的占用率。因此，即使当前调度造成的占用率下降到指定值（此处为 4），调度器仍可继续处理下一个调度区域。调度器可通过 LLVM IR 代码中的属性 amdgpu-memory-bound 确定内核函数是否为内存受限型。如下例中定义的 IR 函数即为内存受限型：

```
define amdgpu_kernel void @memoryhandler(i64 addrspace(1)* %out, i64 addrspace(1)*
%in, i64 %a, i64 %b, i64 %c) #3 {...}
attributes #3 = { "amdgpu-memory-bound"="true" }
```

schedule( )函数通过 SIMachineFunctionInf 类定义的接口 getMinAllowedOccupancy( )可获知内核函数是否为内存受限型，并决定是否允许占用率降至 4 以下。

影响占用率最直接的因素就是指令调度后的 SGPR 和 VGPR 寄存器使用量。如果指令调度后的 SGPR 和 VGPR 寄存器使用量超过 SIMD 允许内核函数使用寄存器数量的最大值，则应考虑取消当前指令调度。schedule( )函数通过 GCNSubtarget::getMaxNumVGPRs( )接口和 GCNSubtarget::getMaxNumSGPRs( )接口可计算得到内核函数允许使用的最大 SGPR 和 VGPR 寄存器数量 MaxSGPRs 和 MaxVGPRs。计算内核函数允许使用的最大 SGPR 和 VGPR 寄存器数量实际上是计算能满足 SIMD 中最少数量 wavefront（即 MinWavesPerEU，其计算方法见下文）要求的最大 SGPR 和 VGPR 数量。允许内核使用的最大 SGPR 和 VGPR 寄存器数量与 SIMD 中的可寻址 SGPR 和 VGPR 数量，以及 SIMD 中的 SGPR 总数和 VGPR 总数有关。SIMD 中的可寻址 SGPR 数量（即 AddressableNumSGPRs）由 AMD 各型 GPU ISA 文档定义。例如，GCN GFX10（RDNA）处理器的可寻址 SGPR 数量为 106 个，GCN GFX8 处理器的可寻址 SGPR 数量为 102 个，其他处理器的可寻址 SGPR 数量默认为 104 个。在 GCN GFX8 之后的处理器上，每个 SIMD 中的 SGPR 总数为 800 个。在此之前的处理器上，每个 SIMD 中的 SGPR 总数为 512 个。这些 SGPR 在 SIMD 中的最少数量 wavefront 上平均分配。假设 SIMD 中的 SGPR 总数为 512 个，每个 SIMD 中最少有 4 个 wavefront，则每个 wavefront 分得的 SGPR 数量为 128。由此可见，可寻址 SGPR 数量和每个 wavefront 分得的 SGPR 数量不一定相同，因此，取二者的最小值为允许内核使用的最大 SGPR 寄存器数量（即 MaxNumSGPRs）。这其中还包括某些不能被内核变量使用的预留 SGPR, 如 VCC 等。将这些预留 SGPR 扣除后, 可得内核真正可用的 MaxNumSGPRs。综上所述, MaxNumSGPRs 的计算公式为:

$$MaxNumSGPRs = min\left(AddressableNumSGPRs, \frac{512}{MinWavesPerEU}\right) \qquad (6-6)$$

根据 GPU ISA 文档, 各架构的 SIMD 可寻址 VGPR 数量 (AddressableNumVGPRs) 均为 256。前文已经提到, 在 GCN GFX9 (Vega) 及之前的处理器上, SIMD 中的 VGPR 总数为 256; 在 GCN GFX10 及之后的处理器上, SIMD 中的 VGPR 总数为 512 或 1024。将这些 VGPR 在 SIMD 中最少数量 wavefront 上平均分配后, 再取其与可寻址 VGPR 数量的最小值, 可得内核真正可用的最大 VGPR 寄存器数量 (即 MaxNumVGPRs)。假设 SIMD 中的 VGPR 总数为 256 个, 每个 SIMD 中最少有 4 个 wavefront, 则每个 wavefront 分得的 VGPR 数量为 64, 允许内核使用的 MaxNumVGPRs 也为 64。综上所述, MaxNumVGPRs 的计算公式为:

$$MaxNumVGPRs = min(AddressableNumVGPRs, \frac{256}{MinWavesPerEU}) \qquad (6-7)$$

上述 SIMD 中的最少数量 wavefront 是指 SIMD 中的 wavefront 数量 (即 WavesPerEU) 的最小值。WavesPerEU 由 AMDGPUSubtarget::getWavesPerEU() 接口计算得到。在 GCN GFX9 及之前的处理器上, SIMD 可支持的最大 wavefront 数量 (MaxWavesPerEU) 为 10; 在 GCN GFX10 及之后的处理器上, MaxWavesPerEU 为 16 或 20 (取决于处理器是否支持 GFX10.3 附加指令)。SIMD 可支持的最少 wavefront 数量由每个工作组中的 wavefront 数量除以每个 CU 中的 SIMD 数量 (EUsPerCU) 得到。每个工作组中包含线程数量 (即 FlatWorkGroupSizes) 的最大值和最小值分别为 1024 和 1。因此, 每个工作组中的 wavefront 数量为 16 (= 1024 / 64)。在 GCN GFX9 及之前的处理器上, EUsPerCU 为 4; 在 GCN GFX10 及之后的处理器上, EUsPerCU 为 2。将一个工作组中的 wavefront 平均分配给 SIMD, 即可得 SIMD 可支持的最少数量 wavefront。例如, 该值在 GCN GFX9 中为 4 (= 16 / 4), WavesPerEU 默认范围为 {4, 10}。如果 IR 属性 amdgpu-waves-per-eu 中指定的 WavesPerEU 范围小于该默认值范围, 则使用属性指定的 WavesPerEU。IR 属性 amdgpu-waves-per-eu 示例如下:

```
attributes #2 = { "amdgpu-waves-per-eu"="5, 8" }
```

上述 amdgpu-waves-per-eu 属性指定的范围为 {5, 8}, 该范围小于 WavesPerEU 默认范围 {4, 10}, 因此最终 WavesPerEU 取值为 {5, 8}。综上所述, MinWavesPerEU 的计算公式为:

$$MinWavesPerEU = \frac{\dfrac{MaxFlatWorkGroupSizes}{WavefrontSize}}{EUsPerCU} \qquad (6-8)$$

如果调度后的寄存器使用量超过内核允许使用的最大寄存器数量, 则应考虑取消当前调度并重新调度该区域。调度器通过 BitVector 类型的成员变量 RescheduleRegions 标记是否应重新调度某个调度区域。

GCNScheduleDAGMILive::schedule() 函数流程图总结如图 6-8 所示。

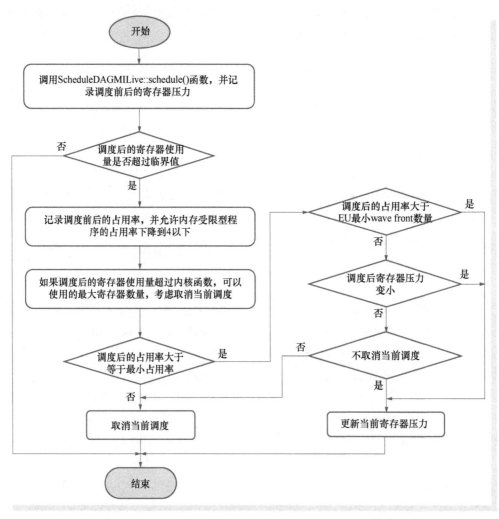

● 图 6-8　GCNScheduleDAGMILive::schedule()函数流程图

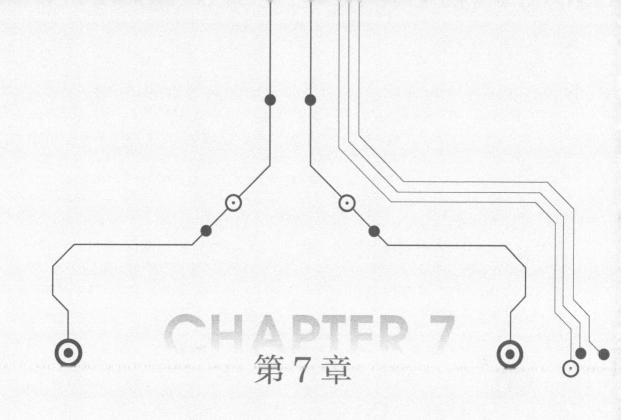

CHAPTER 7
第 7 章

AI芯片软硬件系统接口设计

AI 算力需求的增长不仅是对原有的 CPU 通用计算算力和存储容量的挑战，更使得整个通用计算软硬件系统设计难以满足要求。AI 应用的繁荣不仅催生了各式各样的新型 AI 硬件加速器系统和软件栈，也促进了 AI 软硬件系统架构的不断扩展。用于开发和部署 AI 模型的硬件解决方案的选择范围非常广泛，从通用解决方案（GPU）和可编程解决方案（FPGA）到专用 ASIC 解决方案，都在经历快速迭代演进。如何选择最佳解决方案取决于目标应用、模型特性和芯片软硬件系统设计约束。

AI 芯片软硬件系统设计需要算法、软件、硬件三个方面的密切配合。为了实现软硬件间的高效分工和协作，实现软硬件间的兼容性和可移植性，进而实现编程模型与硬件架构的可持续提升，软硬件接口的划分和定义非常重要。本章 7.1 节和 7.2 节分别以目前业界主流的 GPGPU 和 AI 加速器为研究对象，专注于 AI 软硬件系统的底层软硬件接口设计，着重论述了 AI 编译器与 AI 加速器硬件相关的接口设计。本章 7.3 节介绍了对于 AI 加速器开发非常重要的、面向硬件的模型量化方法。

7.1　GPGPU 软硬件接口设计

在 AI 芯片研发已蔚为趋势的当下，GPU 仍是 AI 模型部署，尤其是训练的主力平台。尽管 GPU 通用架构因未针对特定模型进行优化或优化较少，因而具有比专用架构更大的面积和功耗。但由于通用架构的灵活性和可扩展性，主流深度学习框架，如 TensorFlow、PyTorch 或 Caffe 等，均可通过 GPU 加速库在 GPU 上执行高度优化的标准层实现。对于 GPU 在 AI 模型加速方面的应用，业界和学界的主要关注重点一般集中在并行计算编程语言和模式，以及 GPGPU 处理器硬件架构的研究，相关出版物和网络资源数量庞大、内容丰富。相比之下，对于 GPGPU 软硬件接口设计的研究和介绍并不多见。本节在简要介绍 GPGPU 主机端编程接口的基础上，以内核分派过程为线索，论述了相关主机端软件和 GPGPU 硬件模块的基本功能划分和主要工作流程。

▶▶ 7.1.1　GPGPU 主机端编程接口

由于 GPU 属于通用处理器，不可能像 AI 专用芯片那样针对特定的 AI 模型做硬件优化，而是通过并行计算编程模型使 AI 应用更好地适配 GPGPU 硬件平台。目前，业界主流的 GPGPU 编程模型有 CUDA 和 OpenCL。在使用 GPGPU 运行 AI 模型时，模型算子开发应遵循 CUDA 或 OpenCL 编程模型规范。尽管 CUDA 或 OpenCL 二者的 API 和语言风格不尽相同，但在编程模式上却基本类似，主要包括以下步骤：

1）分配主机端和设备端内存，初始化输入数据，获取设备信息，将主机内存数据复制到设备内存。

2）读入并编译内核函数，设置函数参数。

3）启动内核函数。

4）将内核函数返回值数据从设备内存复制到主机内存。

5）释放设备端和主机端分配的内存。

上述步骤主要通过主机端程序调用编程模型 API 完成。如图 7-1 所示，总结了上述步骤中涉及的主要 CUDA 和 OpenCL API。

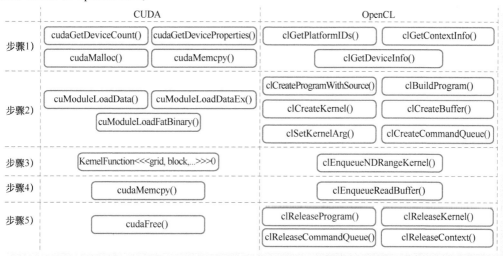

● 图 7-1 CUDA 和 OpenCL API 总结

由前文对 CUDA 和 OpenCL 的简要介绍可知，CUDA 或 OpenCL 的基本模块和概念是一致的。其中 SM 或 CU 承担由大量线程或工作项构成的工作负载，在每个线程或工作项上分配的计算任务具有各自特定的输入和输出数据位置。这些线程或工作项合称为线程块或工作组。内核函数中的线程使用特殊的内建变量（如 CUDA 的 blockIdx 和 threadIdx）访问每个线程块和线程索引。为了有效地使用片上共享资源，线程通常被组织成小于线程块或工作组的集合，该集合通常被称为线程束或 wavefront。从编程模型的角度看，以 GPGPU 作为计算设备的 AI 应用和框架，更关心线程块或工作组，因为线程块或工作组是 GPU 计算的基本可调度实体。由于 AMD 在代码和文档开源方面为开发者提供了更多便利，本章软件部分主要以 AMD GPU 和 OpenCL 为分析对象。

▶▶ 7.1.2 内核分派过程

内核与 GPU 的交互起始于内核启动 API，该 API 为深度神经网络的每个算子或融合算子产生内核启动命令。本节首先描述用于向 AMD GPU 发送内核启动命令的队列结构，该队列结构如图 7-2 所示。

主机端应用启动内核函数的 OpenCL 接口为 clEnqueueNDRangeKernel()。该函数声明如下：

```
cl_int clEnqueueNDRangeKernel(
    cl_command_queue command_queue, cl_kernel kernel, cl_uint work_dim,
    const size_t* global_work_offset, const size_t* global_work_size,
    const size_t* local_work_size, cl_uint num_events_in_wait_list,
    const cl_event* event_wait_list, cl_event* event);
```

其中，参数 command_queue 为主机端软件队列，该队列由主机端运行时生成。内核在执行前，缓存在与该队列关联的设备上排队等待分派。参数 kernel 为内核对象。参数 work_dim 指定全局工作项和工作组中工作项的维数。指针参数 global_work_offset 指向一个 work_dim 无符号值数组，这些值可用于计算工作项的全局 ID 偏移量。如果 global_work_offset 为空，则全局 ID 从偏移量（0，0，0）开始。指针参数 global_work_size 指向一个 work_dim 无符号值数组，这些值描述了内核函数的 work_dim 维度中全局工作项的数量。全局工作项的总数可由 global_work_size 数组中的所有值相乘得到。指针参数 local_work_size 指向一个 work_dim 无符号值数组，这些值描述了组成工作组的工作项的数量（也称为工作组的大小），该工作组将执行

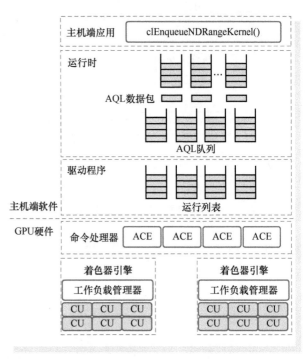

● 图 7-2 内核启动命令队列结构

由参数 kernel 指定的内核。工作组中工作项的总数可由 local_work_size 数组中的所有值相乘得到。上述函数参数值通过参数寄存器传递给 GPU 设备。GPU 设备根据这些参数值分派计算任务。指针参数 event_wait_list 和参数 num_events_in_wait_list 指定在执行此命令前需要等待完成的事件。如果 event_wait_list 为空，则参数 num_events_in_wait_list 必须为 0，此命令不会等待任何事件完成。对于等待事件列表中的每个事件，主机端运行时为其生成事件命令，并在 GPU 设备处理完成后通知 CPU。

主机端应用调用 clEnqueueNDRangeKernel（）API 启动内核函数后，主机端运行时将内核启动命令插入到由其管理的软件队列中。此时，主机端运行时已经为 GPU 生成若干个用于存放 AQL（Architected Queuing Language）数据包的 AQL 队列。一旦内核启动命令对象到达软件队列的头部，主机端运行时便将该命令转换为 AQL 数据包，并插入到 AQL 队列。AQL 数据包中包含与内核分派有关的信息，如网格或工作组的大小，以及对象文件中关于内核函数的信息，如相关段的大小，可用于内核启动或内存传输等请求 GPU 操作。AQL 队列可由 GPU 和用户空间共享，主机端应用可以不通过系统调用发出 GPU 命令。在设备内存和主机内存间搬移数据的内存传输命令基本上采用与内核启动相同的队列结构，但内存传输命令将被分派到硬件 DMA 引擎，而不是计算引擎。DMA 命令也可不经过上述队列结构，而直接由单独的 DMA 引擎处理，以此实现并行化效果。

如图 7-2 中所示的 AQL 队列由用户空间程序根据需要创建和管理，由驱动程序协助进行初始化，并可被 GPU 硬件直接访问。驱动程序为 GPU 提供一个包含所有 AQL 队列内存位置的运行列表（runlist）。每当运行时创建新的 AQL 队列，驱动程序都需要更新运行列表，并通知 GPU。此外，当

AI 模型或应用需要在不同 GPU 设备上运行时，例如，不同 GPU 设备读取不同批次的数据进行训练，并在训练完成后由各 GPU 设备通知 CPU，此时，主机端运行时可以通过驱动程序插入同步命令实现不同 GPU 设备间的同步。

在处理内核启动命令之前，主机端运行时还需要设置一些参数寄存器和状态寄存器，以便相应的硬件模块获取附加信息，如缓冲区描述符、内核参数等。因此，运行时还应通过内存分配 API 为内核参数分配内存。对于 AMD GPU，内核执行时访问其参数内存的方式与访问常量内存相同。

▶▶ 7.1.3　GPGPU 硬件分派过程

AQL 队列中的数据包由 GPU 硬件负责处理。为了将 AQL 数据包分配给计算引擎，数据包处理器负责从与其关联的 AQL 队列中检测并分派内核命令。对于 AMD GPU，数据包处理器由命令处理器（Command Processor，CP）实现，其功能模块结构图如图 7-3 所示。

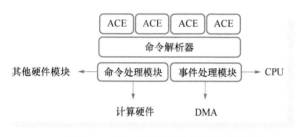

● 图 7-3　命令处理器功能模块结构图

检测到驱动程序更新运行列表后，GPU 命令处理器使用硬件调度将 AQL 队列分配给异步计算引擎（Asynchronous Compute Engine，ACE）。ACE 是负责处理 AQL 队列数据包的硬件单元，也负责管理计算着色器（Shader），并将内核分配给计算硬件，其可作为命令处理器中的命令缓存队列。命令处理器包含 4 个 ACE，一次最多可以为每个 ACE 分配 8 个 AQL 队列。因此，GPU 设备最多支持 32 个并发 QAL 队列[13]。

命令处理器在检查 ACE 时若发现有新的命令，则启动命令处理器解析命令。根据命令解析结果的不同，由命令处理模块和事件处理模块负责命令的跟踪和相关性处理，并根据需要中断 CPU。对于事件处理命令，事件处理模块可视事件执行情况决定如何处理，如在事件结束时向主机端发出中断等；对于内核启动命令，命令处理模块将其交由计算硬件模块处理。命令处理器还负责配置 GPU 执行 wavefront，并确保 wavefront 开始执行时，内核所需的 SGPR 和 VGPR 已经配置完成。内核计算所需数据通过 DMA 命令负责处理，因此，命令处理器还将与 DMA 引擎接口，以便启动 DMA 执行并解决其他命令对 DMA 的依赖性。不同命令间的依赖关系也由命令处理器处理。

当命令队列中的所有命令都处理完成后，命令处理器通过中断通知主机。主机驱动可将新命令下发给命令处理器。如没有新命令，则令命令处理器等待。

GPU 将其计算资源划分为若干个着色器引擎（Shader Engine，SE）。根据深度神经网络算子工作负载的不同，这些 SE 及其 CU 可能全部或部分被承载工作负载的工作组占用。因此，主机端软件决定了需要多少 SE 和 CU 参与计算任务。ACE 将工作负载分解为工作组，并将工作组从 QAL 队列头部的内核分派到 SE。ACE 必须按顺序将工作组分配给 SE，且不能破坏分配顺序。

ACE 为了将工作组分配给 SE，首先必须确定如何将工作组分配给 SE 上的某个 CU。SE 上的工作负载管理器负责将工作组分配给 CU。每个工作负载管理器中有 4 个用于暂存工作组的槽位，每个槽位对应一个 ACE，各个 ACE 可以独立访问各个工作负载管理器。工作负载管理器与 CU 之间通过协商过程确定 CU 的可用性。如果 CU 有足够资源，工作负载管理器通过其控制器以轮询方式将来自 4 个槽位中的工作组分配给 CU，所有 CU 可以并行工作。此外，工作负载管理器还应向 CU 提供工作组相关信息，如 7.1.2 节中提到的 global_work_offset 参数等。工作负载管理器功能模块结构图如图 7-4 所示。

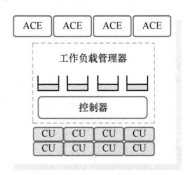

● 图 7-4　工作负载管理器功能模块结构图

工作负载管理器将任务分发给 GPU 设备及其 CU 后，CU 以 wavefront 为单位处理工作组，并负责完成取指、译码、执行和写回等内核执行流程。CU 模块的工作原理不属于软硬件接口范畴，本章不做论述。

7.2　AI 加速器软硬件接口设计

深度学习与神经网络的应用场景丰富多变。针对工作负载规模和应用特性，保持 AI 软硬件系统的可扩展性和可配置性，是对 AI 加速器软硬件接口设计的基本要求。

7.2.1　AI 加速器硬件架构

在深入研究设备软件栈之前，首先应对 AI 加速器的架构和底层硬件有所了解，这有助于理解 AI 加速器软硬件接口设计的逻辑和目的。AI 加速器与 CPU 和 GPU 有着根本的不同。AI 加速器是一种灵活、可配置、可扩展、细粒度的并行处理器，其目的是为各种计算密集型算法提供高性能加速支持。AI 加速器及其设备软件栈共同构成了并行计算编程平台，可以支持高性能计算、机器人和其他数据科学领域的各种智能应用工作负载。这类平台属于特定领域计算类别，专注于人工智能的特定定制，其功能模块设计通常需要深入了解目标工作负载，并仔细分析和利用数据流（或数据重用模式）设计，减少片外存储器访问次数。

1. AI 加速器功能模块

AI 加速器一般由若干通过片上结构（fabric）相互连接的处理引擎（Processing Engine，PE）组成，每个处理引擎由大量高度并行的计算核心和片上 SRAM 存储单元构成，这很符合 AI 模型中操作（如卷积、全连接、池化等）的高并行特性，并使得模型和数据能够驻留在 AI 加速器上，从而大大提高内存带宽和延迟。片上网络（Network on Chip，NoC）、高带宽内存（High Bandwidth Memory，HBM）、数据重用等技术的应用可进一步优化加速器的数据流。AI 模型中的主要操作是大量乘累加，而且模型的规模有不断扩大的趋势，而每个乘累加操作需要三次内存访问：两次用于获取乘数，一次用于乘积写回。因此，虽然处理引擎的硬件设计逻辑简单，但需要对大量数据执行操作，这使得内存访问成为计算的真正瓶颈。在这种情况下，高效的数据流设计和内存数据重用方案是 AI 加速器架构设计的基础。

为了减少 AI 加速器对高延迟和高功耗的片外 DRAM 的访问，AI 加速器的存储器层次结构可以分为多个级别。对单级片上存储器层次结构，通常为输入激活和权重数据（包含偏执量）划分各自专用的存储缓冲区。这些缓冲区可用作不同硬件模块之间的数据通道，并为硬件模块中的计算核心提供足够的访问带宽。

对于多级片上存储器结构，通常第一级存储器是处理引擎中的寄存器文件，其中保存了数据流策略选择的重用数据，可以是来自其他处理引擎的部分和（partial sum）数据或权重数据，而连接处理引擎的 NoC 可实现处理引擎间的数据搬移。第二级存储器是由所有处理引擎共享的全局缓冲区，其中保存了处理引擎阵列计算所需的数据和计算得到的结果。通常输入数据、权重数据和计算结果在全局缓冲区中有各自的存储区域。全局缓冲区有利于输入数据重用和隐藏 DRAM 访问延迟，其大小根据模型需要确定。第三级存储器是片外 DRAM，其中保存了当前层的所有权重和激活数据。权重和激活数据从主处理器卸载到 DRAM，在模型执行过程中，这些数据被周期性地搬移到靠近处理引擎的上一级存储器中，由处理引擎处理，然后将输出结果写回 DRAM，并由主处理器进一步分析处理。AI 加速器架构设计中的数据流策略就是尽可能重用存储在寄存器文件和全局缓冲区中的数据，并协调计算操作和数据搬移之间的时序关系，提高吞吐量性能。输入数据、权重数据和部分和数据在三级存储中的分布和重用方案在不同数据流策略中各不相同。有些策略重用存储在寄存器文件中的权重数据，将输入和部分和数据分配给处理引擎；有些策略重用存储在寄存器文件中的部分和数据，而将权重和输入数据以各种方式分配给处理引擎。片外 DRAM、全局缓冲区和处理引擎阵列中的寄存器文件通过 FIFO 相互通信。

CPU 可对寄存器进行编程，通过配置输入/输出大小、过滤器数量、过滤器大小等参数驱动处理引擎和存储结构共同构成计算任务流水线，为计算密集型工作负载实现高计算资源利用率，为内存密集型工作负载实现高内存带宽利用率。AI 加速器功能模块结构如图 7-5 所示。

此外，为了进一步提高性能和能效，有些 AI 加速器利用权重和激活矩阵中存在的大量零值，针对这类稀疏数据做专门优化，从而降低模型部署的总内存需求。常用的稀疏压缩方法有 4 种：压缩稀疏行（Compressed Sparse Row，CSR）方法、压缩稀疏列（Compressed Sparse Column，CSC）方法、压缩图像大小（Compressed Image Size，CIS）方法和行程编码（Run Length Coding，

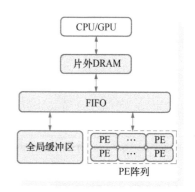

● 图 7-5　AI 加速器功能模块结构图

RLC）方法。所有方法的核心思想是将矩阵中的零值以更节省存储空间的方法表示。考虑稀疏性的 AI 加速器架构设计了适应稀疏矩阵的处理引擎，通过跳过无用的操作（乘以权重和激活中的零值）可以大大减少所需的内存带宽，加快模型执行速度。

2. 典型 AI 加速器产品的硬件架构

AI 加速器在早期阶段作为通用处理器的片上协处理器出现，主要是为了解决通用处理芯片在 AI 模型加速方面的局限性。虽然早期片上加速器的功能和性能非常有限，基本上只能用于小型神经网络，但这类加速器揭示了人工智能专用芯片的基本思想，证明了专用硬件架构的可行性。其代表产品是神经处理单元（Neural Processing Unit，NPU）[19]。NPU 的设计思想使用硬件化的片上神经网络加速 AI 模型代码，每个 NPU 由 8 个处理引擎组成，如图 7-6 所示。每个处理引擎执行一个神经元的计算，即乘累加和 Sigmoid。因此，NPU 执行的是多层感知器（Multiple Layer Perceptron，MLP）神经网络计算。

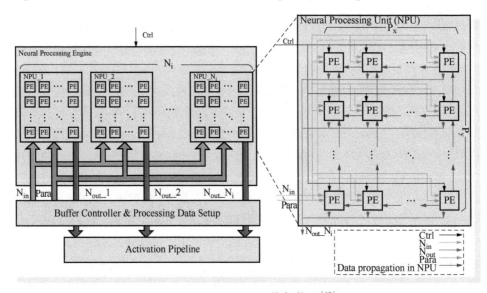

● 图 7-6　NPU 硬件架构图[19]

图 7-6 中的左侧部分是由多个神经处理单元（NPU）及其数据流组成的神经处理引擎（Neural Processing Engine，NPE），右侧部分是由多个 PE 组成的神经处理单元 NPU 结构和数据流。在 NPU 上编程时，开发者需要手动标注满足上述条件的代码段，然后由编译器将代码段编译为 NPU 指令，并在运行时将计算任务从 CPU 卸载到 NPU。

另一类 AI 加速器是独立的（stand-alone）专用领域加速器。这类定制架构独立于 CPU，可部署大型、复杂的 AI 模型，其代表产品是谷歌的 TPU。谷歌于 2017 年发表了第一篇 TPU（也称为 TPU1）论文[20]。TPU1 的特点是采用脉动阵列结构。该结构可以看作是专门的固定权重（weight-stationary）数据流或二维 SIMD 架构（见图 7-7），其专注于推理任务，已部署在谷歌数据中心。之后，Google 发布了云 TPU（也称为 TPU2），可用于数据中心的训练和推理。TPU2 也采用了脉动阵列，同时引入了矢量处理单元。在 Google I/O'18 大会上，Google 发布了具有液体冷却功能的 TPU3。在 Google Cloud

Next ' 18 大会上，Google 发布了其边缘 TPU，其目标针对物联网的推理任务。

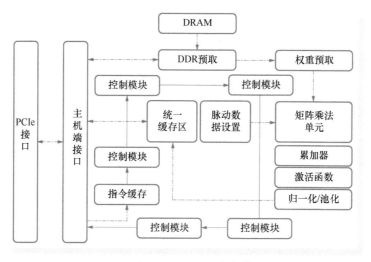

● 图 7-7　TPU 硬件架构图

大多数 AI 加速器主要针对有限的几种 AI 模型和数据流进行设计和优化，这种架构的静态特性限制了硬件资源的可重用性，也限制了其对更大或更新模型的支持。当算法和应用目标的变化导致模型的特征和层出现结构性变化时，固定模型或功能加速器很难有效映射到新的模型。这时需要更灵活的可编程 AI 加速器设计来支持不同类型的层和模型。这类 AI 加速器具有完整且灵活的指令集，可用于支持常用的函数和算子，并允许在处理引擎上运行任何代码或算法。

由于可编程特性，加速器的架构和软件栈的设计复杂度都相应增加。为了支持可编程特性并实现峰值性能，设备软件栈通过编译器将工作负载中的操作映射到各个固定的专用硬件模块。可编程 AI 加速器通过这些独立、可配置的专用硬件模块为 AI 模型提供完整的硬件加速。而且，这种模块化架构可以根据不同模型的推理需求，灵活地调整规模，为 AI 模型部署提供了高度可配置的解决方案。

在不同的加速器设计中，对专用硬件模块的功能定义和划分各不相同。例如，参考文献［21］中提出了一种名为 Thinker 的、针对混合神经网络（hybrid neural networks）的 ASIC 可重构加速器。在该架构中，PE 被组织成两个 16×16 的异构可配置阵列，分别为通用 PE（general PE）和超级 PE（super PE）。前者支持卷积网络、循环神经网络和全连接网络，而后者是前者的扩展，支持更多的操作，如池化层、Tanh、Sigmoid 等非线性激活函数等。

在英伟达的 NVDLA（NVIDIA Deep Learning Accelerator）硬件规范中，为了支持深度神经网络推理不可或缺的操作，专用硬件模块被分为 6 类：卷积引擎模块、激活引擎模块、池化引擎模块、LRN（Local Response Normalization）模块、数据整形引擎模块和桥接 DMA（Bridge DMA）模块。其中，卷积引擎模块支持直接卷积、Winograd 卷积等 4 种卷积模式。激活引擎模块支持深度学习算法需要的 ReLU、PReLU、Sigmoid、Tanh 等几种非线性函数，以及设置缩放因子的线性函数。其中一些函数使用专用的硬件逻辑支持，而更复杂的函数则包含专用的查找表。池化引擎模块支持 3 种常用的池化功能：最大池化、最小池化和平均池化。LRN 模块是专门为 LRN 功能构建的专用单元，可在通道维度执行特殊的归一化功能。数据整形引擎执行数据格式转换，例如，拆分或切片、合并、归约等。桥接 DMA 模块是一个数据复制引擎，用于在系统 DRAM 和专用高性能内存接口之间移动数据。NVDLA 硬件架构如图 7-8 所示。

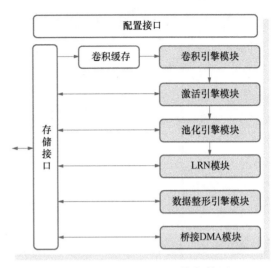

● 图 7-8　NVDLA 硬件架构图

TVM 团队推出的开源深度学习加速器架构 VTA（Versatile Tensor Accelerator）[22] 体现了主流 AI 加速器的主要特征。为了支持任务流水线，VTA 架构包括取指、加载、计算和存储 4 个专用硬件模块，模块间通过 FIFO 队列和本地内存块（SRAM）相互通信。由这些模块共同定义的任务流水线可以高效利用片上计算和存储资源，而且，为了最大限度地利用计算资源，VTA 设计采用了任务级流水线并行（Task-Level Pipeline Parallelism，TLPP）和访问-执行解耦（Access-Execute Decoupling，AED）[23] 机制，允许不同指令分别在各个硬件模块中同时执行，存储器操作也可以与计算操作同时进行。其中，取指模块是从 CPU 到 VTA 的入口点，其主要作用是加载 CPU 通过 VTA 运行时在 DRAM 物理连续缓冲区中生成的任务指令流，并根据指令类型将其解码、分派到加载、计算和存储模块的相应命令队列。加载模块将输入、权重数据从 DRAM 加载到片上缓冲区中。计算模块可被视为 VTA 架构中的 RISC 处理器，该模块将微代码（micro-code）内核和操作数从 DRAM 加载到片上缓存和寄存器文件中，并在其 GEMM 核心和张量 ALU 上分别执行高算术强度的密集线性代数运算和低算术强度的一般张量运算。GEMM 核心对输入张量和权重张量执行矩阵乘法，可实现常见的深度学习算子，如二维卷积或全连接算子。张量 ALU 主要执行通用张量操作，如加法、激活、归一化和池化任务。计算模块产生的计算结果写入寄存器文件的同时被刷新到输出缓冲区，并在稍后由存储模块读取并写入 DRAM。VTA 硬件架构如图 7-9 所示。

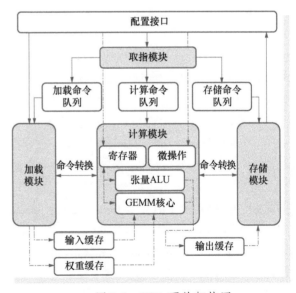

● 图 7-9　VTA 硬件架构图

为了实现在高效专用硬件模块上灵活配置工作负载，AI 加速器还应在系统设计时考虑包含编译器的设备软件栈，支持在 CPU 主机和加速器之间协同执行 AI 模型推理任务。

NVDLA 的编译器根据 NVDLA 实现的硬件配置将神经网络转换为硬件层。这些硬件层针对给定的 NVDLA 配置进行了优化，其主要目的是将 AI 模型中的操作有效地映射到 NVDLA 实现的专用硬件模块。基于对目标硬件配置的了解，编译器可以针对可用专用硬件模块生成适当的操作。例如，选择不同的卷积操作模式（如 Winograd 卷积或基本卷积），或根据可用的硬件缓冲区大小等将某些操作拆分为多个较小的单元等。优化后的硬件层由引擎调度模块调度到各个专用硬件模块上执行。

不同于 NVDLA 这类为固定模型构建的固定功能加速器，其编译器仅执行转换和优化功能，VTA 架构为了实现可编程特性还定义了两级指令集及 JIT 编译器。两级指令集中包括描述可变延迟操作（如 DMA 传输和张量矩阵乘法）的高阶指令集和描述深度学习算子数据访问模式及计算执行的固定延迟微操作（micro-op）低阶指令集。高阶指令集包括 LOAD、GEMM、ALU 和 STORE 四类指令，指令描述的功能分别对应前述 VTA 架构中的专用硬件模块。其中，LOAD 指令分为两类。一类 LOAD 指令描述如何将 DRAM 中的数据加载并存储到片上 SRAM。取指模块将这类 LOAD 指令推送到加载模块的加载命令队列。另一类 LOAD 指令描述如何将微内核加载到微操作缓存中，取指模块将这类 LOAD 指令推送到计算模块的计算命令队列。GEMM 和 ALU 指令基于低阶微操作指令序列调用微代码内核，在计算模块的 GEMM 核心和张量 ALU 上对张量数据分别执行矩阵乘法操作和激活函数、归一化及池化等 ALU 操作。微操作指令描述定义给定深度学习算子的数据访问模式和执行的计算。取指模块将 GEMM 指令和 ALU 指令推送到计算命令队列，由计算模块处理。STORE 指令将计算结果张量从输出缓冲区存储到 DRAM，取指模块将 STORE 指令推送到存储命令队列，由存储模块处理。

VTA JIT 编译器负责生成 VTA 自定义指令格式的二进制文件，其中除包含 LOAD、STORE、ALU 和 GEMM 指令组成的指令流之外，还包含 JIT 编译器为每个计算指令生成的微操作内核，用于描述计算任务的内存访问模式。VTA 设计了两种类型的计算微操作：ALU 微操作和 GEMM 微操作。ALU 微操作由张量 ALU 执行，而 GEMM 微操作由 GEMM 内核执行。虽然 VTA 指令集只针对 VTA 架构，但对其他 AI 加速器的通用编程接口设计也有借鉴意义。从 VTA 的指令集设计不难看出，多级指令集设计的基本原则是高阶指令集用于任务调度，低阶指令集定义硬件操作。二者相互配合，为 AI 加速器提供更大的灵活性。

另外，微软服务器中用于实时人工智能的 FPGA 平台 Brainwave NPU[24] 采用了由矩阵-向量和向量-向量运算构成的单线程 SIMD 指令集，为开发者提供了一个简单的编程抽象并通过单线程模型减轻了软件开发的负担，也有助于底层微架构有效地利用流水线并行性。

目前，大部分加速器架构都专注于推理优化，并假设 AI 模型已在部署前经过训练。鉴于训练数据集和神经网络的规模较大，单个加速器不再能够支持大型神经网络的训练，因而不可避免地需要部署一组加速器或借助 GPU 完成神经网络训练功能。参考文献［25］中提出了一种用于在加速器阵列上进行 AI 模型训练的混合并行结构。在该结构中，加速器之间的通信在加速器阵列上的模型训练中占主导地位。文献［25］中的通信模型可以识别数据通信的产生位置以及流量规模，并且在该通信模型的基础上进行分层并行优化，最大限度地减少通信流量，提高系统性能和能效。

▶▶ 7.2.2　AI 加速器设备软件栈

AI 模型和算法的持续演进与专用硬件架构的创新发展使得 AI 软硬件系统中的每一层都有不断精进的要求和空间，这其中包括应用层的 AI 算法和深度神经网络架构，再到中间层框架的驱动程序和编译器，以及底层的专用硬件加速器。只有当 AI 模型和应用能够通过 AI 软硬件系统充分利用 AI 加速器计算资源时，AI 加速器标称峰值算力才有意义。因此，AI 加速器离不开完善的软件生态系统支持。设备软件栈是 AI 加速器软硬件系统的组成部分，其为 AI 加速器软硬件系统提供了更好

的灵活性，可以有效应对 AI 算法和网络结构的发展变化，保证硬件专用化的性能优势，并为产品功能和性能的持续改进提供更大空间。设备软件栈简化了 AI 应用和并行计算芯片之间的适配，对于 AI 应用部署和性能优化至关重要，其具体实现方式取决于各厂商的架构设计需求。本节介绍的设备软件栈是对现有各种开源实现的总结，其主要模块包括模型编译、UMD（User Mode Driver）

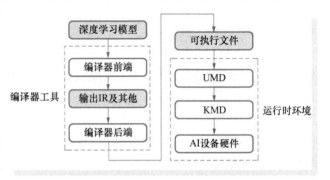

● 图 7-10　设备软件栈功能模块结构图

和 KMD（Kernel Mode Driver），功能模块结构图如图 7-10 所示。

设备软件栈通过自动化编译和优化工作流程降低了 AI 加速器专用架构带来的编程难度。深度学习框架通过设备软件栈运行时接口以及编译器前端（如 XLA 或 TVM）为设备软件栈提供 AI 模型和数据，经设备软件栈处理并优化后，生成可在 AI 加速器上执行的代码。设备软件栈中的模型编译模块一般包括前端和后端两个部分。其中，前端的主要功能是读入 AI 模型并基于高阶 IR 执行硬件无关的转换和优化，将深度学习框架生成的预训练模型转换为编译器后端可以处理的 IR 和其他相关信息。输出 IR 的格式可以是 JSON、ProtoBuf 或其他自定义格式。后端的主要功能是基于前端输出 IR 执行硬件相关的优化、代码生成和编译，输出符合 AI 加速器要求的可执行文件。本书第 2 章和第 3 章已经详细介绍了编译器前后端功能及其优化方法。由于高阶 IR 设计不受目标硬件的限制，因此使编译器前端标准化程度和可重用性较高，可以采用常用 AI 编译器完成。而编译器后端严重依赖硬件约束，定制化程度高。因此，本节将对编译器后端中与硬件相关的接口实现做详细说明。

UMD 模块是设备软件栈与应用层的主要接口，其主要功能是加载编译器后端生成的可执行文件，建立图中输入/输出张量与内存位置的关联，并将推理任务提交给下层 KMD 模块。相比 GPU，AI 加速器的软件栈复杂度较低，其中的 UMD 和 KMD 的功能可以合并，编译器中的其他模块也可以根据设计需要增减。

深度学习框架输出预训练模型后，由编译器前端从中解析输出包含 IR、输入张量、权重张量和

量化信息在内的中间信息。设备软件栈的模型执行流程从编译器后端开始，编译器后端模块工作过程可分为两个阶段：编译计算和生成代码。其中，编译计算过程需要 IR 解析、依赖图生成、存储空间分配、JIT 编译等多个 pass 的配合，然后由代码生成 pass 将编译结果输出为可执行文件。上述所有 pass 都由 pass 管理器协调和管理。本节将依次介绍各个 pass 的功能和执行过程。编译器后端功能模块结构图如图 7-11 所示。

1. IR 解析过程

IR 解析过程根据深度学习框架输出计算图，生成和算子、算子参数及张量相关的暂存信息，供后续处理使用。本节以如下计算图为例，说明 IR 解析、IR 到依赖图的转换和代码生成等过程。计算图中包括一个输入数据张量的加载操作、三个卷积操作和一个加法操作。计算图及其对应的 JSON 格式 IR 如图 7-12 所示。代码如下：

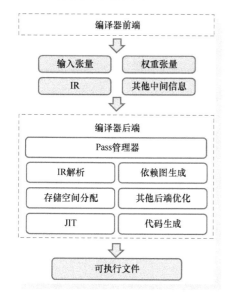

● 图 7-11　编译器后端功能模块结构图

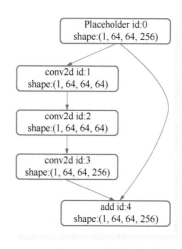

● 图 7-12　计算图示例

```
[
  {
    "op_id":"0",
    "op_type":"Placeholder",
    "input_node": null,
    "op_meta": {…},
    "tensor_path":"input_tensor/0"
  },
  {
    "name":"1",
    "op_type":"conv2d",
    "input_node": ["0","weight_tensor/weight1"],
    "op_meta": {…}
```

```
    },
    {
      "op_id":"2",
      "op_type":"conv2d",
      "input_node":["1","weight_tensor/weight2"],
      "op_meta":{…}
    },
    {
      "op_id":"3",
      "op_type":"conv2d",
      "input_node":["2","weight_tensor/weight3"],
      "op_meta":{…}
    },
    {
      "op_id":"4",
      "op_type":"add",
      "input_node":["0","3"],
      "op_meta":{…}
    }
  ]
```

上述 IR 未完整显示操作的所有属性，仅显示对依赖图生成和代码生成有影响的部分属性。如对卷积操作，仅显示其输入节点、输入/输出形状等信息，而忽略其数据布局、跨距等信息。除上述 IR 外，深度学习框架还输出训练得到的权重张量和输入数据张量，以及量化相关信息（量化方法介绍详见 7.3 节），IR 解析过程根据这些信息提取出模型执行所需信息。对于 IR 中的算子相关节点，IR 解析过程需要为其确定专用硬件执行模块或处理引擎，以及该节点依赖的节点总数，并维护指向每个依赖节点的指针。部分节点类型与处理引擎的对应关系见表 7-1。对于 IR 中的权重张量和输入数据张量，IR 解析过程需要为其分配存储空间，并按需要转换格式。

表 7-1　节点类型与处理引擎的对应关系

节点类型	处理引擎
conv2d	
matmul	矩阵处理引擎
dense	
…	
add	
subtract	
multiply	向量处理引擎
mean	
min/max	
…	

（续）

节 点 类 型	处 理 引 擎
relu	激活函数处理引擎
tanh	
gelu	
reciprocal	
...	
loadweight	DMA 引擎
loadbias	
placeholder	
...	
...	...

此外，IR 解析过程还可以增加 IR 完整性检测和异常检测功能，例如，检测拓扑结构中是否有循环的畸形网络，或布局不适合相关网络操作的数据，以及硬件不支持的算子等。

2. 依赖图的生成过程

合理调度数据在存储器内的搬移是保持计算资源繁忙、实现高效硬件加速的关键。在硬件架构设计中最大限度地利用计算资源的有效方法是 TLPP，而 TLPP 又是通过 AED 实现的，AED 也是 TPU 用来最大化计算资源利用率的机制。

实现 AED 硬件流水线需要首先明确指令之间的依赖关系。在深度学习框架输出的 AI 模型中已经存在依赖关系，这些依赖关系都是算子间的数据依赖，即前驱算子输出的张量就绪后，后续算子的计算才能进行。生成依赖图的目的是在原有数据依赖的基础上构造有利于硬件并行执行的、更复杂的依赖关系。由于硬件计算资源有限，硬件模块只能同时执行计算图中有限数量的、相同类型的算子，因此依赖图主要体现因硬件计算资源有限导致的依赖关系，称为硬件约束依赖。例如，若硬件架构中只有一个执行卷积运算的专用硬件模块，则计算图中的所有卷积算子只能依次执行。这时，前后卷积算子在执行顺序上形成硬件约束依赖关系。

为了提取 TLPP，依赖图生成过程首先根据 IR 中的算子类型（由上述 IR 中的 op_type 字段标示）及其对应的处理引擎，将 IR 中的所有算子划分为依赖图中的不同节点类型，并初步建立这些节点间的数据依赖关系和硬件约束依赖关系。例如，上述 IR 中的加载输入张量操作由 DMA 引擎执行，三个卷积操作由卷积引擎执行，加法操作由向量处理引擎执行。因此，示例中的节点分为 DMA 引擎、矩阵处理引擎和向量处理引擎三类，分别执行 DMA 数据搬移、卷积计算和加法计算，如图 7-13 所示。图 7-13 中右侧所示依赖图是左侧计算图的直接映射，其中只反映了数据依赖关系（用实线箭头表示）。

其次，上述 IR 中的所有操作并不包括隐含操作。例如，执行卷积操作前需要首先通过 DMA 引擎加载权重张量。加法操作计算完成后，也需要通过 DMA 引擎将计算结果保存到全局缓冲区中。

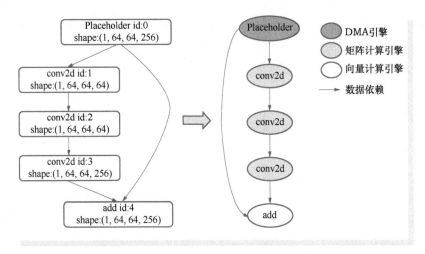

● 图 7-13　AI 模型 IR 到依赖图的转换

此外，对于卷积操作和加法操作，还需要将 JIT 编译器生成的计算指令通过 DMA 引擎加载到全局缓冲区中。这些隐含操作需要在构造依赖关系前作为 DMA 引擎节点添加到依赖图中。如图 7-14 右侧所示，通过 DMA 引擎加载权重张量节点为 loadweight，加载指令节点为 loadcmd，保存计算结果节点为 savetsr。这些节点与其各自的卷积节点和加法节点间存在数据依赖关系。

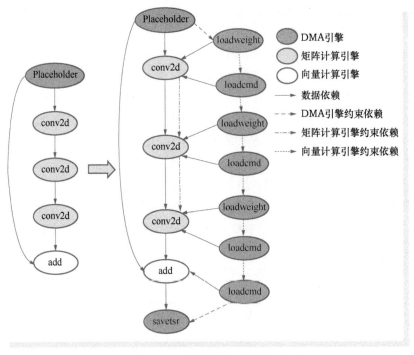

● 图 7-14　依赖图中的依赖关系

除数据依赖关系外，如图 7-14 所示依赖图中的所有加载、保存操作节点间都存在 DMA 引擎约束依赖关系，所有卷积节点间存在矩阵处理引擎约束依赖。图中用不同类型的虚线箭头表示不同引擎的硬件约束依赖关系。因为示例 IR 中只有一个向量计算操作（加法），所以依赖图中不存在向量处理引擎约束依赖关系。为了提取 TLPP，编译器后端可将计算和存储资源按照依赖图节点类型划分为多个互斥的执行上下文，并通过上下文中的依赖计数体现多个依赖关系，以免没有依赖关系的加载、计算和存储并发操作之间存在相互干扰。执行上下文划分由软件定义，不同 AI 加速器设计可以根据需求得到不同定义。

3. 依赖图的执行过程

下面以一个类 ResBlock 的简化示例说明专用硬件模块根据执行上下文执行依赖图的过程。如图 7-15 所示的依赖图中有一个最大池化操作和一个归约求和操作，这两个操作都由向量处理引擎执行，其他操作与上例相同。各节点左上方的数字代表执行的步骤，执行每一步时上下文发生的变化见表 7-2。为了简化起见，此处省略了 DMA 引擎加载计算指令的过程。

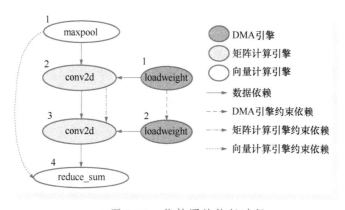

● 图 7-15　依赖图的执行过程

执行上下文内容可以根据需要定义。本例的执行上下文包括表 7-2 中的相关引擎状态变量和依赖计数变量。状态变量表示引擎是处于运行状态还是空闲状态，依赖计数变量表示当前节点依赖的其他所有上游节点的数量。只有当当前节点的依赖计数为 0 时，引擎才可以执行该节点代表的操作。各变量值随执行步骤的变化见表 7-2。

表 7-2　依赖图执行步骤

步骤	DMA 引擎		矩阵处理引擎		向量处理引擎	
	依赖计数	状态	依赖计数	状态	依赖计数	状态
0	0	空闲	2	空闲	0	空闲
1	0	运行	2	空闲	0	运行
2	0	运行	0	运行	1	空闲

（续）

步骤	DMA 引擎		矩阵处理引擎		向量处理引擎	
	依赖计数	状态	依赖计数	状态	依赖计数	状态
3	0	空闲	0	运行	1	空闲
4	0	空闲	0	空闲	0	运行
5	0	空闲	0	空闲	0	空闲

上表中的步骤 0 是初始状态，前驱节点已经执行完成。当前节点为最大池化节点和第一个加载权重节点时，二者各自对应的向量处理引擎和 DMA 引擎的依赖计数都为 0，因此，这两个节点满足执行条件，可以开始执行。依赖图中第一个卷积节点依赖于最大池化节点和第一个加载权重节点，因此，矩阵处理引擎的依赖计数为 2，卷积操作不能执行。

当执行步骤 1 时，DMA 引擎和向量处理引擎都处于运行状态。DMA 引擎执行加载权重操作，向量处理引擎执行最大池化操作，矩阵处理引擎仍处在空闲状态不能执行，因为矩阵处理引擎的依赖计数为 2。

当执行步骤 2 时，DMA 引擎和向量处理引擎执行完毕，因此，矩阵处理引擎的依赖计数为 0，可以执行第一个卷积操作。与此同时，DMA 引擎的依赖计数也为 0，可以执行第二个卷积节点的权重加载操作。而向量处理引擎的依赖计数为 1，因为归约求和节点依赖的第二个卷积节点还未执行，此时数据流中也没有属于向量处理引擎的操作。因此，向量处理引擎的状态为空闲。

当执行步骤 3 时，DMA 引擎已经完成第二个卷积节点的权重加载操作，如果没有其他张量需要加载，则 DMA 引擎的状态为空闲。第二个卷积节点依赖的前一个卷积操作已经执行完成，矩阵处理引擎的依赖计数为 0，矩阵处理引擎可以开始执行第二个卷积操作。向量处理引擎仍处于空闲状态，依赖计数为 1。

当执行步骤 4 时，DMA 引擎仍处于空闲状态。矩阵处理引擎已经完成第二个卷积操作，状态也为空闲。归约求和节点依赖的卷积操作已经完成，因此，向量处理引擎的依赖计数为 0，向量处理引擎可以执行归约求和操作。

当执行步骤 5 时，所有引擎执行完成，都处于空闲状态。

从表 7-2 中可以看到，通过划分执行上下文，可以实现 AED 硬件流水线并尽可能实现引擎的并行执行。虽然在表 7-2 的某些步骤中，即使引擎依赖计数为 0，引擎状态也可能为空闲，一定程度上影响了执行并行度，其原因在于上例是从完整模型中截取的一小部分，依赖图规模有限，没有足够的并行节点。完整模型及其对应依赖图的规模较大，可以实现更高的并行度。

4. 存储空间分配

AI 模型和应用的性能对 AI 加速器存储结构和数据访问方式高度敏感。为了实现存储高效利用率，AI 加速器的存储结构设计在确保将软件存储操作抽象方法映射到 AI 加速器物理资源的同时，也必须考虑模型的存储访问速度和访问数据大小限制，以避免延迟并确保系统性能。在设计芯片的存储结构时，数据结构的存储空间分配是实现高性能的重要因素，设计人员面临着将数据放置在片外或片上存储器中的多种选择。

图 7-16 所示为存储结构视角的 AI 加速器数据通路。7.2.1 节中已经提到，AI 加速器的存储结构通常分为三个层级。当数据请求到达 AI 加速器所连接的主机时，主机会通过 PCIe 接口（或 SoC 中的片上总线）将当前层的所有权重和激活数据传输到设备端片外 DRAM。然后，这些数据由 DAM 从 DRAM 搬移到靠近处理引擎的片上全局缓冲区（全局缓冲也可直接通过 PCIe 读写数据）。全局缓冲区分为若干个 SRAM 区域，用于缓存输入激活数据、权重数据和其他数据。全局缓冲区通过连接各个处理引擎的端口，将数据加载到引擎的寄存器中，然后处理引擎获取数据并开始计算。

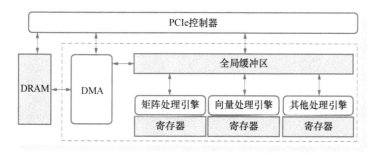

● 图 7-16　AI 加速器数据通路

激活和权重数据通常是多维张量，如果张量大小超过 DRAM 容量，编译器还需要将激活或权重张量分片，并将张量的多维坐标投影到 DRAM 的线性空间中。理想情况下，数据结构应该驻留在尽可能快的存储器中。相对于其他存储资源，寄存器的访问速度最快，但其数量有限，这意味着只能将相对较小的数据结构映射到寄存器。因此，寄存器应该用作保存可重用数据的数据缓存。

大部分 AI 模型都以一种有规律和可预测的方式访问存储器，为了实现数据到不同存储类型的灵活映射，并建立可重用性，编译器应该根据 AI 模型访存特性优化存储分配及处理引擎读写数据的时机与方式，避免将存储器区域选择硬编码到应用程序逻辑中。编译器的 IR 解析过程可根据 IR 中的输入张量和权重张量大小信息，将 DRAM 划分为不同区域，并以约定的格式将这些张量数据保存在各自的 DRAM 区域中。

存储空间分配的关键之一是全局缓冲区的高速缓存替换策略设计。由于全局缓冲区容量有限，从 DRAM 载入数据的同时需要将缓存中的非重用数据替换出去。对于 AI 模型，通常不能直接使用 LRU（Least Recently Used）等常用策略，而需要先对计算图做分析和测试，统计计算图中算子输入输出张量的替换情况，并通过拓扑排序等优化方法选择最优缓存替换方案。由于输入激活张量只在计算开始时载入一次，权重张量按层载入全局缓冲区指定位置，因此，对于输入激活张量和权重张量不需要考虑缓存替换策略，只有各层输出的特征图需要在计算过程中不断更新，并允许下一层的输出特征图占用当前层的输入缓存，提高缓存利用率。如图 7-17 所示，以一个包含卷积和加法算子的简单计算图为例，说明缓存策略的实现和实施方案。

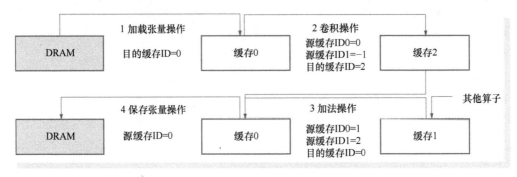

● 图 7-17　高速缓存替换策略示例

图 7-17 中包含加载张量、卷积、加法和保存张量四个操作，每个操作有一个对应的缓存策略项。假设系统中共有三个可用缓存区域（即图中的缓存 0~2），每个缓存区域有各自的 ID。第一个加载张量操作将输入激活张量从 DRAM 加载到缓存 0 中，其缓存策略项仅需指定目的缓存区域为缓存 0。第二个卷积操作的输入分别为权重张量和输入激活张量。由于权重张量在全局缓冲区的固定位置，因此将缓存策略项中的一个源缓存 ID 指定为−1，另一个源缓存 ID 指定为输入激活张量的缓存位置，即缓存 0。同时将该卷积操作的输出特征图的缓存位置指定为缓存 2。之所以将特征图输出到缓存 2，是因为缓存 1 已经被图中的其他算子输出占用。第三个加法操作将缓存 1 和缓存 2 中的张量相加，结果存回缓存 0 中。因此，其缓存策略项的两个源缓存 ID 分别指定为 1 和 2，目的缓存 ID 指定为 0。最后，保存张量操作将结果写回 DRAM，其缓存策略项只需要指定源缓存 ID 为 0。上述替换方案中的源缓存 ID 和目的缓存 ID 应作为代码生成输出的一部分保存在可执行文件中，硬件将按照替换方案执行张量的加载和保存操作。

5. JIT 编译与代码生成

JIT 编译器与代码生成过程可根据后端其他 pass 的输出，生成自定义指令格式的可执行文件，其中主要包含输入数据和权重数据信息、IR 中所有操作对应的粗粒度指令流，以及 JIT 编译器为向量处理引擎和矩阵处理引擎生成的微操作指令。

粗粒度指令编译过程主要涉及计算算子输入张量大小、计算权重张量大小、确定算子处理引擎类型、确定输入张量、权重张量和输出张量在全局缓冲区中的位置。如果算子对应的处理引擎为矩阵处理引擎或向量处理引擎，则调用 JIT 编译接口生成相应的微操作指令。生成的微操作指令结合上述粗粒度指令的编译输出，按照约定二进制格式输出给硬件执行，微操作指令编译过程根据上述部分算子信息填充微操作指令各个字段内容。微操作指令集及指令字段定义视架构设计需求而定，原则上希望通过细粒度的通用指令支持不同的算子。除支持不同处理引擎外，微操作指令集甚至可以针对不同存储器定义特定的指令。例如，访问 SRAM 使用 SRAM 指令，访问 DRAM 使用 DRAM 指令。指令集的粒度还取决于取指时间和指令执行时间的关系。如果指令的执行时间远小于取指时间，则指令集的粒度偏小。这种情况下应增加指令的复杂度，使其足以隐藏取指时间。

设备软件栈也应支持构建自定义算子，用于开发新的神经网络和算法。业界厂商在开发设备软件栈时普遍采用开源策略，这有助于提高外部开发者参与平台开发的积极性，并可借助社区的力量开发和完善上游库和软件层。设备软件栈中还可以实现针对专用架构开发的算子库，算子库包含针对常见运算，如线性代数、神经网络函数和 AI 模型中的其他运算高度优化的原语和基础构建模块。算子库的输入为来自 AI 应用的高阶图描述，输出为 AI 加速器所需的可执行大规模并行计算图，中间过程涉及针对 AI 加速器处理引擎和存储结构的工作负载分区和数据分区。外部开发者可以使用微操作指令开发新的库支持新的工作负载，并将这些库贡献给开源社区。

7.3 量化技术与实现

AI 模型及其参数规模过大的现象一直饱受诟病，特别是为了在存储容量有限的移动平台上部署 AI 模型，必须解决模型尺寸过大的问题。解决的方法有两种。一种是通过提出新的神经网络结构[26][27]，在精简模型规模的同时优化计算和存储操作。另一种方法是本节要重点阐述的神经网络权重参数和特征输入的低比特量化表示（简称量化）。量化技术利用了深度学习算法模型对噪声的包容性，模型经过训练后只选取关键特征并忽略噪声，这意味着模型可以容忍量化误差导致的网络权重和偏置的微小变化。由于算法模型具有抗噪声和容错能力，因此，在一定范围内降低激活和权重的表示精度，不会显著影响推理结果的准确性。而且，量化是实现低精度推理的一种有效方法，通过将 32 位浮点数模型参数的表示精度降低为 16 位、8 位，甚至更少位数，可以显著减小模型大小和模型运行时占用的内存空间。量化后的模型计算更简单，计算量更小，进而降低功耗，延迟也随之减小。本节首先介绍量化的原理，然后以加法、矩阵计算和 Tanh 激活函数为例介绍算子量化和激活函数量化实现方法。

▶▶ 7.3.1 量化技术原理

量化技术的基本要求是允许只用量化的整数运算来完成所有的算术运算。为了实现这一目标，首先应对量化方案做数学上的严格定义。通用量化方案是一个仿射映射（affine mapping），即在定点整数 q 和实数 r 之间的量化使用以下公式实现[28]：

$$r = \text{scale} \times (q - \text{zero\_point}) \tag{7-1}$$

式中，参数 scale（以下简写为 S）控制量化的缩放程度，也被称为量化缩放标度，其值是与 r 类型相同的任意正实数，通常在软件中以浮点数表示。参数 zero_point（以下简写为 Z）被称为零点，是与实数 0 对应的量化值。对于 8 位量化，q 为量化后的 8 位整数。激活输入数据本质上是非对称的，零点可以在量化数据类型表示范围内的任何位置。权重数据是对称的，零点可以等于 0。在实现时，对称量化相对简单。权重数据应采用按通道（per-channel）对称量化，按层（per-layer）对称量化效果欠佳，而对激活输入数据采用按层非对称量化效果较好。

▶▶ 7.3.2 算子量化和激活函数量化

本节分别以加法和矩阵乘算子，以及 Tanh 激活函数为例，说明算子量化和激活函数量化方法。

其中，加法和矩阵乘算子的量化实现参考了 TensorFlow Lite 和 gemmlowp 的开源实现。

1. 加法算子量化方法

元素加法是最简单的算子，通过理解加法算子的量化实现方法，有助于理解其他更复杂算子的量化实现方法。假设有两个实数数组 A 和 B，其元素分别为实数 r_1 和 r_2。A 和 B 的元素加法结果为数组 C，其元素为实数 r_3。元素加法算式如下：

$$r_3 = r_1 + r_2 \tag{7-2}$$

将公式（7-1）代入式（7-2）中的实数 r_1、r_2 和 r_3，可得加法计算结果量化值 q_3，推导过程如下：

$$r_3 = r_1 + r_2$$
$$=> S_3 \times (q_3 - Z_3) = S_1 \times (q_1 - Z_1) + S_2 \times (q_2 - Z_2)$$
$$=> q_3 - Z_3 = \left(\frac{S_1}{S_3}\right) \times (q_1 - Z_1) + \left(\frac{S_2}{S_3}\right) \times (q_2 - Z_2)$$
$$=> q_3 = Z_3 + \left(\frac{S_1}{S_3}\right) \times (q_1 - Z_1) + \left(\frac{S_2}{S_3}\right) \times (q_2 - Z_2)$$
$$=> q_3 = Z_3 + M_1 \times (q_1 - Z_1) + M_2 \times (q_2 - Z_2) \tag{7-3}$$

式中，系数 $M_1 = S_1 / S_3$，$M_2 = S_2 / S_3$。M_1、M_2 是仅取决于量化缩放标度 S_1、S_2、S_3 的常数，可以由编译器离线计算得到。根据经验发现，M_1、M_2 始终在（0，1）区间内，因此可以将所有系数 M 表示为如下归一化形式：

$$M = 2^{-n} \times M_0 \tag{7-4}$$

式中，M_0 在区间 [0.5，1) 内；n 为非负整数位移量。归一化乘数 M_0 可以表示为定点数，2^{-n} 可以用移位操作实现。如此一来，实数运算可转变为整数运算。

M_0 是影响量化方案精度的重要因素。M_0 占用的位数越多，量化对精度的影响越小。但由于在加速器芯片上有大量并行计算，M_0 占用的位数越多，消耗的硬件资源就越多。为了节约硬件资源，在不显著影响精度的前提下，M_0 应占用尽量少的位数。因此，在决定 M_0 的量化位数时需要均衡考虑硬件资源消耗和精度损失。M_0、n、S、Z 等量化参数都可由编译器前端提前计算得到，并预先加载到全局缓冲区的指定位置，硬件相关单元在计算时从这些缓冲区位置加载量化参数。

由公式（7-1）可知，为了得到量化值，首先应确定量化缩放标度和零点。为了保存量化参数，可在软件中定义如下数据结构：

```
struct QuantizationParams {
  float scale;
  std::uint8_t zero_point;
};
```

为了计算量化缩放标度，首先要确定实数数组的最大值 max 和最小值 min，并由量化值的数据类型（或位数）确定量化值的最大值 qmax 和最小值 qmin。例如，对于 8 位量化，qmax 和 qmin 可以分别为 255 和 0。确定上述范围后，可得量化缩放标度计算方法如下：

$$scale = \frac{max-min}{qmax-qmin} \tag{7-5}$$

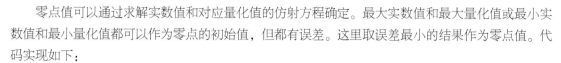

第 7 章
AI 芯片软硬件系统接口设计

零点值可以通过求解实数值和对应量化值的仿射方程确定。最大实数值和最大量化值或最小实数值和最小量化值都可以作为零点的初始值，但都有误差。这里取误差最小的结果作为零点值。代码实现如下：

```
const float zero_point_from_min = qmin - min / scale;
const float zero_point_from_max = qmax - max / scale;
const float zero_point_from_min_error = std::abs(qmin) + std::abs(min / scale);
const float zero_point_from_max_error = std::abs(qmax) + std::abs(max / scale);
const float zero_point_float = zero_point_from_min_error <
            zero_point_from_max_error ? zero_point_from_min : zero_point_from_max;
if (zero_point_float < qmin) { zero_point = qmin;}
else if (zero_point_float > qmax) { zero_point = qmax;}
else { zero_point = static_cast<int>(round(zero_point_float)); }
```

得到量化参数后可以调用量化函数对实数数组做量化。量化函数的主要功能由公式（7-1）和钳位范围定义：

```
const float transformed_val = qparams.zero_point + real_val / qparams.scale;
const float clamped_val = std::max(0.f, std::min(255.f, transformed_val));
quantized_val = static_cast<std::uint8_t>(std::round(clamped_val));
```

其中，变量 real_val 是待量化的实数，变量 qparams 是保存量化参数的 QuantizationParams 结构体实例。公式（7-1）经变换后计算得到量化值 transformed_val。变量 clamped_val 是根据量化范围 $[0, 255]$ 得到的钳位值，std::round( ) 将钳位值舍入到最接近的整数。

公式（7-4）将系数 M 分解为 M_0 和移位 n 的实现过程见如下函数 QuantizeMultiplier( )：

```
void QuantizeMultiplier(float float_multiplier, int8_t* quantized_multiplier, int*
shift) {
    if(float_multiplier == 0.) {
        *quantized_multiplier = 0;
        *shift = 0;
        return;
    }

    const float q = std::frexp(float_multiplier, shift);
    auto q_fixed = static_cast<int16_t>(std::round(q * (1ll << 7)));
    assert(q_fixed <= (1ll << 7));
    if (q_fixed == (1ll << 7)) {
        q_fixed /= 2;
        ++*shift;
    }
    assert(q_fixed <= std::numeric_limits<int8_t>::max());
    *quantized_multiplier = static_cast<int8_t>(q_fixed);
}
```

其中，*quantized_multiplier 中保存了计算得到的 M_0，"*shift" 中保存了位移量 n。函数 frexp（float x, int *exponent）的作用是将浮点数 x 分解成尾数（mantissa）和指数。函数 frexp( ) 的返回值是尾数，尾数绝对值范围为（0.5，1），并将指数存入指针变量 exponent 中，即 $x = $ mantissa ×

. 299

$2^{*\,exponent}$。如果使用 8 位量化，则表示乘数 M_0 的 8 位整数值为最接近 $M_0 \times 2^7$ 的值。例如，如果 x 为 0.25，则函数 frexp( ) 的分解结果为尾数 0.5 和指数 -1，M_0 的 8 位整数值为 64（$= 0.5 \times 2^7$）。得到系数 M 的量化结果后，量化的元素加法计算过程可套用公式（7-3）。代码实现如下：

```
for (int i = 0; i < size; ++i) {
    const int32 input1_val = input1_data[i] - params.input1_zero_point;
    const int32 input2_val = input2_data[i] - params.input2_zero_point;
    const int32 shifted_input1_val = input1_val * (1 << params.left_shift);
    const int32 shifted_input2_val = input2_val * (1 << params.left_shift);
    const int32 scaled_input1_val = MultiplyByQuantizedMultiplierSmallerThanOneExp(
            shifted_input1_val, params.input1_multiplier, params.input1_shift);
    const int32 scaled_input2_val = MultiplyByQuantizedMultiplierSmallerThanOneExp(
            shifted_input2_val, params.input2_multiplier, params.input2_shift);
    const int32 raw_sum = scaled_input1_val + scaled_input2_val;
    const int32 raw_output = MultiplyByQuantizedMultiplierSmallerThanOneExp(
        raw_sum, params.output_multiplier, params.output_shift) + params.output_offset;
    const int32 clamped_output = std::min(params.quantized_activation_max,
        std::max(params.quantized_activation_min, raw_output));
    output_data[i] = static_cast<uint8>(clamped_output);
}
```

其中，变量 input1_data 和 input2_data 为数组 A、B 量化后的元素，变量 size 为数组长度。变量 input1_zero_point 和 input2_zero_point 是提前为实数数组 A、B 计算好的零点，变量 input1_multiplier 和 input2_multiplier，以及 input1_shift 和 input2_shift 分别为数组 A、B 的乘数 M 的量化结果，变量 output_multiplier 和 output_shift 为数组 C 的量化结果。变量 output_data 为经过钳位和向下类型转换后的 uint8 量化输出。

上述代码中的 MultiplyByQuantizedMultiplierSmallerThanOneExp( ) 函数调用 gemmlowp 加速库中实现的另外两个函数 SaturatingRoundingDoublingHighMul( ) 和函数 RoundingDivideByPOT( ) 模拟浮点数乘法功能，MultiplyByQuantizedMultiplierSmallerThanOneExp( ) 函数实现代码如下：

```
inline int32 MultiplyByQuantizedMultiplierSmallerThanOneExp(
    int32 x, int32 quantized_multiplier, int left_shift) {
    using gemmlowp::RoundingDivideByPOT;
    using gemmlowp::SaturatingRoundingDoublingHighMul;
    return RoundingDivideByPOT(
        SaturatingRoundingDoublingHighMul(x, quantized_multiplier), -left_shift);
}
```

除了饱和和舍入等常规细节处理外，SaturatingRoundingDoublingHighMul（a，b）函数的基本功能是对函数参数 a 和 b 执行计算 $(a \times b) / 2^{31}$，RoundingDivideByPOT（x）函数的基本功能是对函数参数 x 执行舍入算术右移。例如，如果 32 位量化值为 5，乘数 M 为 0.2，则 32 位量化函数 MultiplyByQuantizedMultiplierSmallerThanOneExp( ) 的功能是通过定点数运算模拟 5 × 0.2 浮点数乘法。乘数 M 分解后得到的量化参数 M_0 的 32 位整数值为 1717986918（$= 0.8 \times 2^{31}$），位移量 n 为 2。因此，MultiplyByQuantizedMultiplierSmallerThanOneExp( ) 函数的三个参数 x、quantized_multiplier、left_shift

的值分别为 5、1717986918、−2。SaturatingRoundingDoublingHighMul（5，1717986918）函数执行计算（5 × 1717986918）／ $2^{31} \approx 4$。RoundingDivideByPOT（4，2）函数执行计算 4／2^2 = 1，该结果即为 5 × 0.2。因此，MultiplyByQuantizedMultiplierSmallerThanOneExp（）函数会经过两次舍入移位，一次由 SaturatingRoundingDoublingHighMul（）函数执行，一次由 RoundingDivideByPOT（）函数执行。元素加法量化计算流程如图 7-18 所示。

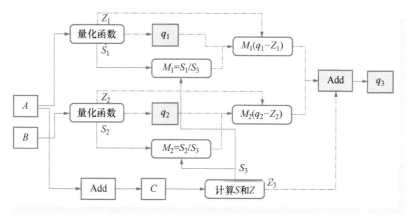

● 图 7-18　加法量化计算流程图

图 7-18 中的白色直角矩形框表示实数数组或实数计算，灰色直角方框表示量化数组或量化计算。圆角矩形框表示功能函数，其中包括完成量化功能函数和计算量化参数（如 S、Z 等）函数。图中的虚线表示量化值的处理流程，实线表示实数值的处理流程。量化值处理流程可由硬件用定点运算实现。

2. 矩阵乘算子量化方法

由于 AI 模型的大部分网络参数和计算量集中于卷积层，矩阵乘算子量化可以显著减少芯片面积、功耗和片外存储器传输的数据量。假设矩阵 A 是大小为 $m \times n$ 的量化激活矩阵，B 是大小为 $n \times p$ 的量化权重矩阵。乘积矩阵中的每一项是 A 矩阵对应行和 B 矩阵对应列的点积。例如，乘积矩阵中第 j 行、第 k 列的元素 $c_{j,k}$ 由 A 的第 j 行元素向量 a_j 与 B 矩阵的第 k 列元素向量 b_k 相乘得到，$c_{j,k}$ 及其量化值的计算公式如下：

$$c_{j,k} = a_j \cdot b_k = \sum_{i=0}^{n} a_j^{(i)} b_k^{(i)}$$

$$=> S_c(q_c - Z_c) = \sum_{i=0}^{n} S_a(q_a^{(i)} - Z_a) \times S_b(q_b^{(i)} - Z_b)$$

$$=> S_c(q_c - Z_c) = S_a S_b \left(\sum_{i=0}^{n} q_a^{(i)} q_b^{(i)} - \sum_{i=0}^{n} q_a^{(i)} Z_b - \sum_{i=0}^{n} q_b^{(i)} Z_a + \sum_{i=0}^{n} Z_a Z_b \right)$$

$$=> q_c = Z_c + (S_a S_b / S_c) \left(\sum_{i=0}^{n} q_a^{(i)} q_b^{(i)} - \sum_{i=0}^{n} q_a^{(i)} Z_b - \sum_{i=0}^{n} q_b^{(i)} Z_a + \sum_{i=0}^{n} Z_a Z_b \right)$$

$$=> q_c = Z_c + M \left(\sum_{i=0}^{n} q_a^{(i)} q_b^{(i)} - \sum_{i=0}^{n} q_a^{(i)} Z_b - \sum_{i=0}^{n} q_b^{(i)} Z_a + \sum_{i=0}^{n} Z_a Z_b \right) \tag{7-6}$$

式中，量化激活矩阵和量化权重矩阵的量化整数值和零点分别为 q_a、Z_a、q_b、Z_b。$\sum_{i=0}^{n} q_a^{(i)} q_b^{(i)}$ 项是激活输入量化值和权重量化值的点乘，由于激活输入的量化值随推理过程的时间变化而变化，因此这一项的实时计算量不可避免。$\sum_{i=0}^{n} q_b^{(i)} Z_a$ 和 $\sum_{i=0}^{n} Z_a Z_b$ 两项中的元素值（激活零点 Z_a、权重零点 Z_b 和权重量化值 q_b）在推理过程中保持不变，因此这两项可以由编译器事先离线计算得到。$\sum_{i=0}^{n} q_a^{(i)} Z_b$ 项中因为有激活输入的量化值，因此每次推理过程都需要由硬件的向量处理器计算该项。如果权重采用对称量化，强制权重零点 Z_b 为 0，则可以消除与权重零点 Z_b 相关的计算成本。此时，硬件只需要实时计算激活输入量化值和权重量化值的点乘。

式（7-6）中的系数 $M = S_a S_b / S_c$，其量化方法与前述加法量化相同。卷积算子的量化实现代码如下（见 <tensorflow_root>/lite/kernels/internal/reference/conv.h）：

```
for (int batch = 0; batch < batches; ++batch) {
  for (int out_y = 0; out_y < output_height; ++out_y) {
    for (int out_x = 0; out_x < output_width; ++out_x) {
      for (int out_channel = 0; out_channel < output_depth; ++out_channel) {
        const int in_x_origin = (out_x * stride_width) - pad_width;
        const int in_y_origin = (out_y * stride_height) - pad_height;
        int32 acc = 0;
        for (int filter_y = 0; filter_y < filter_height; ++filter_y) {
          for (int filter_x = 0; filter_x < filter_width; ++filter_x) {
            for (int in_channel = 0; in_channel < input_depth; ++in_channel) {
              const int in_x = in_x_origin + dilation_width_factor * filter_x;
              const int in_y = in_y_origin + dilation_height_factor * filter_y;
              // If the location is outside the bounds of the input image,
              // use zero as a default value.
              if ((in_x >= 0) && (in_x < input_width) && (in_y >= 0) &&
                  (in_y < input_height)) {
                int32 input_val = input_data[Offset(input_shape, batch, in_y, in_x, in_
                                    channel)];
                int32 filter_val = filter_data[Offset(filter_shape, out_channel, filter_y,
                                          filter_x, in_channel)];
                acc += (filter_val + filter_offset) * (input_val + input_offset);
              }
            }
          }
        }
        if (bias_data) {
          acc += bias_data[out_channel];
        }
        acc = MultiplyByQuantizedMultiplier(acc, output_multiplier, output_shift);
```

```
        acc += output_offset;
        acc = std::max(acc, output_activation_min);
        acc = std::min(acc, output_activation_max);
        output_data[Offset(output_shape, batch, out_y, out_x, out_channel)]=
                                        static_cast<uint8>(acc);
      }
    }
  }
}
```

其中，变量 input_data 是 8 位量化输入数据，变量 filter_data 是 8 位量化权重数据。uint8 数值乘加需要一个 32 位累加器。变量 bias_data 是 32 位量化偏置数据，其量化零点为 0，其量化缩放标度与累加器的量化缩放标度相同，都等于权重量化缩放标度和输入量化缩放标度的乘积。32 位量化累加器输出最终被缩小至 8 位量化输出的范围，并被向下类型转换为 uint8 整数值。矩阵乘量化计算流程如图 7-19 所示。

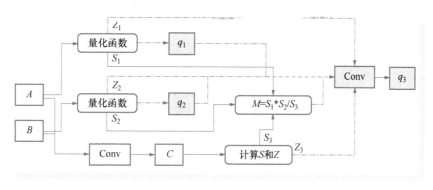

● 图 7-19　矩阵乘量化计算流程图

图 7-19 中各种标识的含义与图 7-18 中的相同。

▶▶ 7.3.3　激活函数量化方法

不同激活函数的量化方法各有不同。本小节以 Tanh 激活函数的量化方法为例，介绍通过查找表实现激活函数量化的方法。这种方法的基本实现途径是通过查找表将按张量（per-tensor）激活函数的量化输入值转换为量化输出值。为了构造查找表，首先应遍历量化类型数值范围中的所有整数（例如，对于 uint8 量化，遍历从 0~255 的所有整数），反量化函数在对每一个整数做反量化后，将得到的实数值输入激活函数，可得到激活函数的输出实数值。该输出实数值经过量化函数处理后即为激活函数的量化输出。经过上述处理后便可建立从量化类型数值范围到激活函数查找表数值范围的映射。激活函数查找表中共有 256 项，每一项的索引值（即图 7-20 中的 qx）为量化类型数值范围内的一个整数，由索引可得到相应的量化激活函数输出（即图 7-20 中的 qy）。激活函数查找表构造过程如图 7-20 所示。

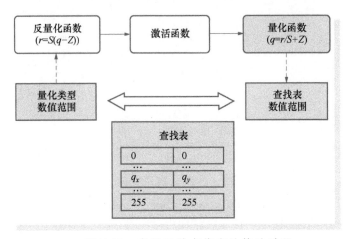

● 图 7-20　激活函数查找表的构造过程

构造激活函数查找表的代码实现如下：

```
template <typename T>
void PopulateLookupTable(struct OpData* data, const TfLiteTensor* input,
        TfLiteTensor* output, const std::function<float(float)>& transform) {
  static_assert(sizeof(T) == 1, "Lookup table valid only for 8bit");
  const float inverse_scale = 1 / output->params.scale;
  int32_t maxval = std::numeric_limits<T>::max();
  int32_t minval = std::numeric_limits<T>::min();
  for (int32_t val = minval; val <= maxval; ++val) {
    const float dequantized = input->params.scale * (val - input->params.zero_point);
    const float transformed = transform(dequantized);
    const float rescaled = std::round(transformed * inverse_scale);
    const int32_t quantized = static_cast<int32_t>(rescaled + output->params.zero_point);
    data->table_zero[val] = static_cast<uint8_t>(std::max(std::min(maxval, quantized),
                                                 minval));
  }
}
```

其中，类型参数 T 指定了量化类型，[minval, maxval] 为量化类型数值范围，可调用的 std::function 对象 transform 中封装的是激活函数，变量 table_zero 为生成的激活函数查找表。在 TensorFlow Lite 实现中，激活函数 Tanh 的零点值（代码中的 params.zero_point）为 0，量化缩放标度（代码中的 params.scale）为 1/128；Logsoftmax 的零点值为 127，量化缩放标度为 16/256。

在硬件实现中，查找表的输入是来自其他算子的量化输出。出于计算精度的需要，这些量化输出可能不是 8 位量化值，而是更高位数（如 16 位或 24 位）的值。因此，在输入查找表之前还需要对其做从 16 位/24 位到 8 位的量化。这中间可能出现的范围越界数值可通过线性差值解决，如 NVDLA 查找表架构的实现方法。硬件设计中使用查找表的使用方法如图 7-21 所示。

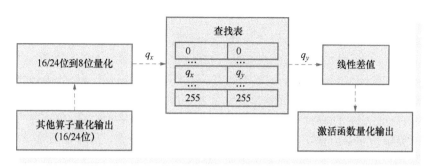

● 图 7-21　激活函数查找表的使用方法

通过查找表使用量化激活函数的代码实现如下：

```
template <typename T>
void EvalUsingLookupTable(struct OpData* data, const TfLiteTensor* input,
                                       TfLiteTensor* output) {
  static_assert(sizeof(T) == 1, "Lookup table valid only for 8bit");
  const int size = MatchingFlatSize(GetTensorShape(input), GetTensorShape(output));
  T* output_data = GetTensorData<T>(output);
  const T* input_data = GetTensorData<T>(input);
  for (int i = 0; i < size; ++i) {
    *output_data ++ = static_cast<T>(data->table_zero[*input_data++]);
  }
}
```

其中，变量 input_data 为量化的输入数据指针，变量 output_data 为量化的输出数据指针。

不同厂商的量化实现对实现细节有各自的优化设计。例如，LRN/Sigmoid/TanH 等激活函数曲线中只有一小部分具有明显的斜率变化，而其他部分都比较平坦，几乎没有太大变化。结合激活函数曲线的这种特点，NVDLA 的硬件架构中设计了包含 X 表和 Y 表的两级混合查找表架构。其中一个作为原始表（raw table）覆盖整个动态范围，另一个作为密度表（density table）覆盖动态范围的一小部分。由于覆盖率差异，原始表的采样率较低，而密度表的采样率相对较高。针对不同激活函数的实现，X 表或 Y 表都有可能作为原始表或密度表。NVDLA 查找表的设计细节可参见 NVDLA 官方文档。

参 考 文 献

[1] CHEN T Q, MOREAU T, JIANG Z, et al. TVM: End-to-End Optimization Stack for Deep Learning [EB/OL]. ArXiv e-prints: CoRR, (2018) [2022-03-13]. https://arxiv.org/abs/1802.04799.

[2] ROTEM N, FIX J, ABDULRASOOL S, et al. Glow: Graph Lowering Compiler Techniques for Neural Networks [EB/OL]. ArXiv e-prints: CoRR, (2018) [2022-03-13]. https://arxiv.org/abs/1805.00907.

[3] Google LLC. XLA. Optimizing Compiler for Machine Learning [EB/OL]. [2022-03-13]. https://www.TensorFlow.org/xla.

[4] LI M, LIU Y, LIU X, et al. The Deep Learning Compiler: A Comprehensive Survey [EB/OL]. ArXiv e-prints: CoRR, (2020) [2022-03-13]. https://arxiv.org/abs/2002.03794.

[5] XING Y, WENG J, WANG Y S, et al. An In-depth Comparison of Compilers for Deep Neural Networks on Hardware [C]. Las Vegas, NV, USA: The 15th IEEE International Conference on Embedded Software and Systems (ICESS), 2019.

[6] RAGAN-KELLEY J, BARNES C, ADAMS A, et al. Halide: A Language and Compiler for Optimizing Parallelism, Locality, and Recomputation in Image Processing Pipelines [C]. New York, NY, USA: The 34th ACM SIGPLAN Conference on Programming Language Design and Implementation, 2013.

[7] Introduction to Relay IR [EB/OL]. [2022-03-13]. https://tvm.apache.org/docs/arch/relay_intro.html.

[8] NVIDIA Corporation. Developing Portable CUDA C/C++ Code with Hemi [EB/OL]. [2022-03-13]. https://developer.nvidia.com/blog/developing-portable-cuda-cc-code-hemi/.

[9] HAMES L, SCHOLZ B. Nearly Optimal Register Allocation with PBQP [C]. Oxford, UK: The 7th Joint Modular Languages Conference, 2006.

[10] CHOU Y, FAHS B, ABRAHAM S. Microarchitecture Optimizations for Memory-Level Parallelism [C]. New York, NY, USA: The 31st International Symposium on Computer Architecture, 2004.

[11] GLEW A. MLP yes! ILP no! In Wild and Crazy Ideas Session [C]. San Jose, California, USA: The 8th International Conference on Architectural Support for Programming Languages and Operating Systems, 1998.

[12] HONG S, KIM H. An Analytical Model for a GPU Architecture with Memory-Level and Thread-Level Parallelism Awareness [C]. Austin, TX, USA: The 36th International Symposium on Computer Architecture, 2009.

[13] OTTERNESS. N, ANDERSON. J. H. Exploring AMD GPU Scheduling Details by Experimenting With "Worst Practices" [C]. Online: The 29th International Conference on Real-Time Networks and Systems, 2021.

[14] NVIDIA Corporation. NVIDIA TESLA V100 GPU ARCHITECTURE [EB/OL]. [2022-03-13]. https://images.nvidia.com/content/volta-architecture/pdf/volta-architecture-whitepaper.pdf.

[15] NVIDIA Corporation. NVIDIA TURING GPU ARCHITECTURE [EB/OL]. [2022-03-13]. https://images.nvidia.com/aem-dam/en-zz/Solutions/design-visualization/technologies/turing-architecture/NVIDIA-Turing-Architecture-Whitepaper.pdf.

[16] NVIDIA Corporation. NVIDIA AMPERE GA102 GPU ARCHITECTURE [EB/OL]. [2022-03-13]. https://www.nvidia.com/content/PDF/nvidia-ampere-ga-102-gpu-architecture-whitepaper-v2.pdf.

[17] MARKIDIS S, WEI S. NVIDIA Tensor Core Programmability, Performance & Precision [EB/OL]. ArXiv e-

prints: CoRR, 2018 [2022-03-13]. https://arxiv.org/abs/1803.04014.

[18] JIA Z, MAGGIONI M, STAIGER B, et al. Dissecting the NVIDIA Volta GPU Architecture via Microbenchmarking [EB/OL]. ArXiv e-prints: CoRR, (2018) [2022-03-13]. https://arxiv.org/abs/1804.06826.

[19] ESMAEILZADEH H, SAMPSON A, CEZE. L, et al. Neural Acceleration for General-purpose Approximate Programs [C]. Vancouver, BC, Canada: The 45th Annual IEEE/ACM International Symposium on Microarchitecture, 2012.

[20] JOUPPI N P, YOUNG C, PATIL N, et al. Toronto, ON, Canada: In-datacenter Performance Analysis of A Tensor Processing Unit [C]. Toronto ON Canada: 44th Annual International Symposium on Computer Architecture, 2017.

[21] YIN S, OUYANG P, TANG S, et al. A 1. 06-to-5. 09 TOPS/W Reconfigurable Hybrid-neural-network Processor for Deep Learning Applications [C]. Kyoto, Japan: Symposium on VLSI Circuits, 2017.

[22] MOREAU T, CHEN T, JIANG Z, et al. VTA: An open hardware-software stack for deep learning [EB/OL]. ArXiv e-prints: CoRR, (2018) [2022-03-13]. https://arxiv.org/abs/1807.04188.

[23] SMITH J. Decoupled Access/Execute Computer Architectures [C]. Los Alamitos, CA, USA: In Proceedings of the 9th Annual Symposium on Computer Architecture, 1982.

[24] FOWERS J, OVTCHAROV K, PAPAMICHAEL M, et al. A Configurable Cloud-Scale DNN Processor for Real-Time AI [C]. Los Angeles, CA, USA: The 45th Annual International Symposium on Computer Architecture (ISCA), 2018.

[25] SONG. L, MAO. J, ZHUO. Y, et al. HyPar: Towards Hybrid Parallelism for Deep Learning Accelerator Array [C]. Washington, DC, USA: The 25th International Symposium on High Performance Computer Architecture, 2019.

[26] IANDOLA. F. N, MOSKEWICZ. M. W, ASHRAF. K, et al. Squeezenet: Alexnet-level Accuracy with 50x Fewer Parameters and <0. 5MB Model Size [EB/OL]. ArXiv e-prints: CoRR, 2016 [2022-03-13].

[27] HUANG. G, LIU. Z, MAATEN. L, et al. Densely Connected Convolutional Networks [C]. Honolulu, Hawaii, USA: Computer Vision and Pattern Recognition (CVPR), 2017.

[28] JACOB. B, KLIGYS. S, CHEN. B. , et al. Quantization and Training of Neural Networks for Efficient Integerarithmetic-only Inference [C]. Salt Lake City, UT, USA: Computer Vision and Pattern Recognition, 2018.